高等学校教材

有机合成

Organic Synthesis

马梦林　牟元华　徐　鹏　黄扬杰　主编

化学工业出版社

·北京·

内容简介

《有机合成》共 11 章，分别为绪论、有机合成基础、有机金属化合物参与的碳 - 碳键的形成、稳定的碳负离子和亲核试剂反应生成碳 - 碳键、有机合成中的氧化反应、有机合成中的还原反应、有机合成中的环化反应、有机合成中的保护基、有机合成中的芳香环取代反应、切断法、不对称合成。本书从合成和切断两个方向来讨论有机合成化学的重要反应、方法、原理，并对重要的英文词汇进行了标注，便于学生学习，同时每章给出了一定量的英文辅助阅读材料供学生阅读学习。

本书可适用于本科生、研究生有机合成课程的教学，也可供相关专业从业人员作为参考之用。

图书在版编目（CIP）数据

有机合成 / 马梦林等主编. -- 北京 : 化学工业出版社，2024. 6. -- ISBN 978-7-122-46065-3

Ⅰ. O621.3

中国国家版本馆CIP数据核字第2024PW6193号

责任编辑：李　琰　　文字编辑：杨玉倩　葛文文
责任校对：王鹏飞　　装帧设计：韩　飞

出版发行：化学工业出版社
（北京市东城区青年湖南街13号　邮政编码100011）
印　　装：北京云浩印刷有限责任公司
787mm×1092mm　1/16　印张18¾　字数438千字
2025年2月北京第1版第1次印刷

购书咨询：010-64518888　　售后服务：010-64518899
网　　址：http://www.cip.com.cn
凡购买本书，如有缺损质量问题，本社销售中心负责调换。

定　　价：58.00元

前 言

有机合成作为有机化学的组成部分，是其最富有活力的分支，不仅是有机化学工业的基础，而且在药物合成、材料制备等相关领域中占有十分重要的位置。本书从合成和切断两个方向来学习和讨论有机合成化学的重要反应、方法、原理，并对重要的英文词汇进行了标注，便于学生学习，同时每章给出了一定量的英文辅助阅读材料供学生阅读学习。

全书共 11 章，由西华大学马梦林老师主持全书的编写与统稿。另重庆科技大学徐鹏老师主持了第 3 章的编写；重庆交通大学牟元华老师主持了第 5 章的编写；西华大学周倩老师参与了第 6 章的编写；西华大学符志成老师和张亚会老师主持了第 7 章的编写；闽江学院黄扬杰老师和陈守雄老师参与了第 8 章的编写；西华大学姚星辉老师和马兰老师参与了第 10 章的编写；西华大学杨维清老师主持了第 11 章的编写。西华大学研究生李云、王星仪、朱玥、陈元元、赵静、陈璐和何彩露等参与了结构式绘制和校对工作。

西华大学王周玉和陈明军教授在教材编写和出版过程中提供了大量帮助，在此表示感谢。同时感谢西华大学“化学”国家一流专业建设项目为教材出版提供的资助。四川大学陈华教授、罗美明教授、王玉良教授、付海燕教授，四川轻化工大学李玉龙教授，重庆科技大学熊伟教授，闽江学院林棋教授和西南民族大学李清寒教授审阅了书稿，并提出大量修改意见。四川大学刘波教授审阅了书稿第 1 章绪论，并提出宝贵的修改意见；四川大学刘小华教授审阅了书稿第 11 章不对称合成，并提出宝贵的修改意见。在此一并向他们表示衷心感谢。

由于编者水平有限，书中难免存在不足之处，恳请读者批评指正。

编者

2024 年 4 月

目 录

第 1 章　绪论 (Introduction) ………………………………………………… 1

第 2 章　有机合成基础 (Basic knowledge of organic synthesis) ……………… 9

2.1　有机合成中的选择性 (Selectivity in organic synthesis) …………………… 9

2.1.1　化学选择性 (Chemoselectivity) ……………………………………… 9

2.1.2　区域选择性 (Regioselectivity) ……………………………………… 10

2.1.3　立体选择性 (Stereoselectivity) ……………………………………… 11

2.2　有机合成中的官能团化学 (Functional group chemistry in organic synthesis) … 12

2.2.1　官能团化 (Functionalization) ………………………………………… 12

2.2.2　官能团转化 (Interconversion of functional group) ………………… 14

2.3　逆合成分析术语与基础 (Terminology and base of retrosynthetic analysis) … 18

2.3.1　切断的策略 (Strategy of disconnection) …………………………… 18

2.3.2　合成子与合成等价体 (Synthons and synthetic equivalent) ………… 19

2.4　亲电和亲核试剂概述 (Overview of electrophilic reagent and nucleophilic reagent) ………………………………………………………………… 20

2.4.1　亲电试剂概述 (Overview of electrophilic reagent) ………………… 20

2.4.2　亲核试剂概述 (Overview of nucleophilic reagent) ………………… 24

第 3 章　有机金属化合物参与的碳 – 碳键的形成 (Formation of carbon–carbon bond involving organometallic compound) …………………………………… 35

3.1　格氏试剂与碳 – 碳键形成 (Grignard reagent and formation of carbon–carbon bond) ………………………………………………………………… 35

3.1.1　格氏试剂的制备 (Preparation of Grignard reagent) ………………… 35

3.1.2　格氏试剂的反应 (Reaction of Grignard reagent) …………………… 36

3.2　有机锂试剂与碳 – 碳键形成 (Organolithium reagent and formation of carbon–carbon bond) ………………………………………………………… 43

3.2.1 有机锂试剂的制备 (Preparation of organolithium reagent) …… 43
3.2.2 有机锂试剂的反应 (Reaction of organolithium reagent) …… 44
3.3 有机锌和有机镉试剂与碳－碳键形成 (Organozinc/organocadmium reagents in formation of carbon−carbon bond) …… 45
3.3.1 有机锌试剂的制备 (Preparation of organozinc reagent) …… 45
3.3.2 有机锌试剂的反应 (Reaction of organozinc reagent) …… 46
3.3.3 有机镉试剂的反应 (Reaction of organocadmium reagent) …… 49
3.4 有机铜 (Ⅰ) 试剂与碳－碳键形成 [Organocopper(Ⅰ) reagent and formation of carbon-carbon bond] …… 49
3.4.1 有机铜 (I) 试剂的制备 [Preparation of organocopper(I) reagent] …… 49
3.4.2 有机铜 (I) 试剂的反应 [Reaction of organocopper(I) reagent] …… 49
3.5 有机锡试剂与碳－碳键形成 (Organotin reagent and formation of carbon−carbon bond) …… 53
3.6 有机准金属试剂与碳－碳键形成 (Organometalloid reagent and formation of carbon−carbon bond) …… 54

第 4 章 稳定的碳负离子和亲核试剂反应生成碳－碳键 (Formation of carbon−carbon bond by reaction of stabilized carbanion and nucleophile) …… 63

4.1 碳负离子的形成 (Formation of carbanion) …… 63
4.1.1 由活泼亚甲基形成的碳负离子 (Carbanion generated from active methylene) … 63
4.1.2 被一个 −*C* 基团稳定的碳负离子 (Carbanions stabilized by one −*C* group) …… 64
4.1.3 形成碳负离子常用的碱 (Commonly used bases for forming carbanion) …… 65
4.2 碳负离子的烷基化反应 (Alkylation of carbanion) …… 65
4.2.1 活泼亚甲基化合物的烷基化 (Alkylation of active methylene compound) …… 66
4.2.2 烷基化产物的水解 (Hydrolysis of the alkylated product) …… 69
4.2.3 单 −*C* 基团稳定的碳负离子的烷基化 (Alkylation of carbanion stabilized by one −*C* group) …… 70
4.2.4 间接法合成 α- 烷基醛和酮 (Indirect synthesis of α−alkylated aldehyde and ketone) …… 72
4.3 碳负离子的酰基化反应 (Acylation of carbanion) …… 74
4.3.1 活泼亚甲基化合物的酰基化 (Acylation of active methylene compound) …… 74
4.3.2 单 −*C* 基团稳定的碳负离子的酰基化 (Acylation of carbanion stabilized by one −*C* group) …… 76
4.4 碳负离子的缩合反应 (Condensation reaction of carbanion) …… 78

4.4.1 活泼亚甲基化合物的缩合反应 (Condensation reaction of active methylene compound) …… 78
4.4.2 与 α, β- 不饱和体系发生迈克尔反应 (Micheal reaction with α, β-unsaturated system) …… 81
4.4.3 单 $-C$ 基团稳定的碳负离子的缩合反应 (Condensation reaction of carbanion stabilized by one $-C$ group) …… 82
4.5 被磷或硫稳定的碳负离子 (Carbanion stabilized by phosphorus or sulfur) …… 87
4.5.1 磷叶立德与维蒂希反应 (Phosphorus ylide and Wittig reaction) …… 87
4.5.2 硫叶立德 (Sulfur ylide) …… 90

第 5 章 有机合成中的氧化反应 (Oxidation reactions in organic synthesis) …… 99

5.1 有机氧化基础知识 (Basic knowledge of organic oxidation reaction) …… 99
5.2 无机氧化剂 (Inorganic oxidant) …… 100
5.2.1 铬氧化剂 (Chromium oxidant) …… 100
5.2.2 锰氧化剂 (Manganese oxidant) …… 104
5.2.3 四氧化锇 (OsO_4) …… 105
5.2.4 高碘酸 (Periodic acid) …… 106
5.2.5 四乙酸铅 [$Pb(OAc)_4$] …… 106
5.2.6 臭氧 (Ozone) …… 107
5.2.7 二氧化硒 (SeO_2) …… 108
5.2.8 卤素 (Halogen) …… 109
5.3 有机氧化剂 (Organic oxidant) …… 110
5.3.1 过氧酸 (Peroxy acid) …… 110
5.3.2 二甲基亚砜 (Dimethyl sulfoxide) …… 114
5.3.3 奥彭瑙尔反应 (Oppenauer reaction) …… 115
5.3.4 坎尼扎罗反应 (Cannizzaro reaction) …… 116

第 6 章 有机合成中的还原反应 (Reduction reactions in organic synthesis) …… 122

6.1 有机还原反应的类型 (Types of organic reduction reactions) …… 122
6.1.1 催化氢化 (Catalytic hydrogenation) …… 123
6.1.2 金属氢化物还原 (Metal hydride reduction) …… 126
6.1.3 电子转移反应 (Electron transfer reaction) …… 128
6.2 常见官能团的还原 (Reduction of common functional groups) …… 129
6.2.1 烯烃的还原 (Reduction of alkene) …… 129

6.2.2 炔烃的还原 (Reduction of alkyne) …… 130
6.2.3 醛和酮的还原 (Reduction of aldehyde and ketone) …… 130
6.2.4 羧酸及其衍生物的还原 (Redaction of carboxylic acids and their derivatives) … 135
6.2.5 腈的还原 (Reduction of nitrile) …… 136
6.2.6 亚胺的还原 (Reduction of imine) …… 136
6.3 碳－杂原子键的还原断裂 (Reductive cleavage of carbon-heteroatom bond) … 137

第 7 章 有机合成中的环化反应 (Cyclization reactions in organic synthesis) …… 143

7.1 环化概述与策略 (Introduction and strategy of cyclization reaction) …… 143
7.2 非环前体的环化反应 (Cyclization reaction of non-cyclic precursor) …… 145
7.2.1 环的大小与反应速率 (Ring size and reaction rate) …… 145
7.2.2 Baldwin 规则 (Baldwin rules) …… 145
7.2.3 阴离子环化反应 (Anionic cyclization reaction) …… 149
7.2.4 阳离子环化反应 (Cationic cyclization reaction) …… 150
7.2.5 自由基环化反应 (Free radical cyclization reaction) …… 152
7.3 双边环化与环加成反应 (Bilateral cyclization and cycloaddition reaction) … 152
7.3.1 六元环的形成 (Formation of six-membered ring) …… 153
7.3.2 五元环的形成 (Formation of five-membered ring) …… 158
7.3.3 四元环的形成 (Formation of four-membered ring) …… 161
7.3.4 三元环的形成 (Formation of three-membered ring) …… 162
7.3.5 中环和大环的形成 (Formation of middle and big rings) …… 164
7.4 芳香族杂环的合成 (Synthesis of aromatic heterocycle) …… 165
7.4.1 五元杂环的合成 (Synthesis of five-membered heterocycle) …… 165
7.4.2 六元杂环的合成 (Synthesis of six-membered heterocycle) …… 169
7.4.3 六元稠杂环化合物的合成 (Synthesis of six-membered fused heterocyclic compound) … 171

第 8 章 有机合成中的保护基 (Protecting groups in organic synthesis) …… 178

8.1 保护基的基础知识 (Basic knowledge of protecting groups) …… 178
8.2 羟基的保护 (Protection of hydroxyl group) …… 179
8.2.1 生成醚来保护羟基 (Protecting hydroxyl group by forming ether) …… 179
8.2.2 生成酯来保护羟基 (Protecting hydroxyl group by forming ester) …… 182
8.3 羧基的保护 (Protection of carboxyl group) …… 183
8.3.1 生成酯来保护羧基 (Protecting carboxyl group by forming ester) …… 184
8.3.2 生成原酸酯来保护羧基 (Protecting carboxyl group by forming ortho ester) … 186

8.4 羰基的保护 (Protection of carbonyl group) …… 187
8.4.1 *O*, *O*- 缩醛 (酮) 保护基 (Protecting groups of *O*, *O*-acetal or *O*, *O*-ketal) … 187
8.4.2 *S*, *S*- 缩醛 (酮) 保护基 (Protecting groups of *S*, *S*-acetal or *S*, *S*-ketal) …… 189
8.5 1, 2- 和 1, 3- 二醇的保护 (Protection of 1, 2- and 1, 3-diol) …… 191
8.6 氨基的保护 (Protection of amino group) …… 192
8.6.1 叔丁氧羰基 (*t*-Butyloxycarbonyl) …… 194
8.6.2 苄氧羰基 (Carbobenzyloxy) …… 194
8.6.3 9- 芴甲氧基羰基 (9-Fluorenylmethyloxycarbonyl) …… 195

第 9 章 有机合成中的芳香环取代反应 (Aromatic substitution reaction in organic synthesis) …… 201

9.1 亲电芳香取代 (Electrophilic aromatic substitution) …… 202
9.1.1 傅 - 克烷基化 (Friedel-Crafts alkylation) …… 202
9.1.2 傅 - 克酰基化 (Friedel-Crafts acylation) …… 206
9.1.3 其他烷基化和酰化反应 (Other alkylation and acylation reactions) …… 208
9.1.4 卤化 (Halogenation) …… 209
9.1.5 硝化 (Nitration) …… 212
9.2 亲核芳香取代 (Nucleophilic aromatic substitution) …… 216
9.2.1 芳基重氮离子中间体的还原脱氮 (Reductive denitrification of aryldiazonium ion intermediate) …… 217
9.2.2 由芳基重氮离子中间体合成苯酚 (Phenol from aryldiazonium ion intermediate) … 217
9.2.3 由芳基重氮离子中间体合成芳基卤化物 (Aryl halide from aryldiazonium ion intermediate) …… 218

第 10 章 切断法 (Disconnection approach) …… 224

10.1 单官能团醇的 C—C 键的切断 (C—C disconnection of monofunctional alcohol) …… 225
10.1.1 C—C 键的 1, 1- 切断合成醇 (1, 1-C—C disconnection: the synthesis of alcohol) … 226
10.1.2 C—C 键的 1, 2- 切断合成醇 (1, 2-C—C disconnection: the synthesis of alcohol) …… 227
10.1.3 醇和相关化合物的合成实例 (Example of the synthesis of alcohol and related compound) …… 227
10.2 单官能团羰基化合物 C—C 键的切断 (C—C bond disconnection of monofunctional carbonyl compound) …… 229

10.2.1 碳负离子的酰基化制备羰基化合物（Preparation of carbonyl compound by acylation of carbanion）…… 230
10.2.2 碳负离子的烷基化 (Alkylation of carbanion) …… 232
10.2.3 炔烃的氧化 (Oxidation of alkyne) …… 234
10.3 单官能团化合物的 C=C 键的切断 (C=C bond disconnection of monofunctional compound) …… 235
10.3.1 消除反应 (Elimination reaction) …… 235
10.3.2 Wittig 反应 (Wittig reaction) …… 237
10.3.3 炔烃的还原 (Reduction of alkyne) …… 238
10.4 1, 2- 双官能团化合物的切断 (Disconnection of 1, 2-difunctional compound) …… 239
10.4.1 酰基负离子等价物 (Acyl anion equivalent) …… 239
10.4.2 烯烃制备 1, 2- 双官能团化合物 (Preparation of 1, 2-difunctional compound by alkene) …… 241
10.5 1, 3- 双官能团化合物的切断 (Disconnection of 1, 3-difunctional compound) …… 242
10.5.1 β- 羟基羰基化合物的合成 (Synthesis of β-hydroxy carbonyl compound) …… 242
10.5.2 α,β- 不饱和羰基化合物的合成 (Synthesis of α, β-unsaturated carbonyl compound) …… 244
10.5.3 1,3- 二羰基化合物的合成 (Synthesis of 1, 3-dicarbonyl compound)…… 246
10.6 1, 4- 双官能团化合物的切断 (Disconnection of 1, 4-difunctional compound) …… 247
10.6.1 α- 卤代酮作反常极性合成子制备 1, 4- 双官能团化合物 (Synthesis of 1, 4-difunctional compound by using α-haloketone as unnatural polarity synthon) … 248
10.6.2 酰基阴离子等价物的共轭加成 (Conjugate addition of acyl anion equivalent) … 249
10.6.3 4- 羟基酮化合物切断为环氧化合物 (Disconnection of 4-hydroxyketone into epoxid) …… 249
10.7 1, 5- 双官能团化合物的切断 (Disconnection of 1, 5-difunctional compound) …… 250
10.7.1 特定碳负离子等价物的 Michael 加成 (Micheal addition of specific carbanion equivalent) …… 250
10.7.2 罗宾逊环化反应 (Robinson annelation) …… 253
10.7.3 1, 5- 二羰基化合物制备杂环 (Synthesis of heterocycle by 1, 5-dicarbonyl compound) …… 254
10.8 1, 6- 二羰基化合物的切断 (Disconnection of 1, 6-dicarbonyl compound) … 254

10.8.1 环己烯氧化 (Oxidation of cyclohexene) ······ 255
10.8.2 Diels-Alder 反应 (Diels-Alder reaction) ······ 255
10.8.3 Baeyer-Villiger 反应 (Baeyer-Villiger reaction) ······ 256
10.9 芳香族化合物的切断 (Disconnection of aromatic compound) ······ 257

第 11 章 不对称合成 (Asymmetric synthesis) ······ 264

11.1 基础知识与分析方法（Basic knowledge and analytical method）······ 264
11.1.1 手性（Chirality）······ 264
11.1.2 不对称合成中的一些术语（Terms in asymmetric synthesis）······ 267
11.1.3 对映体组成的测定（Determination of enantiomeric composition）······ 269
11.2 获得手性化合物的策略（Strategies for obtaining chiral compound）······ 271
11.3 第一代方法：使用手性底物（First generation method: using chiral substrate）······ 272
11.4 第二代方法：采用手性助剂（Second generation method: using chiral auxiliary）······ 274
11.5 第三代方法：采用手性试剂（Third generation method: using chiral reagent）······ 275
11.6 第四代方法：不对称催化（Fourth generation method: asymmetric catalysis）······ 276
11.6.1 金属催化剂（Metal catalyst）······ 277
11.6.2 酶催化剂（Enzyme catalyst）······ 282
11.6.3 有机小分子催化剂（Organic small molecule catalyst）······ 283

第1章 绪论

(Introduction)

以编年体的形式给出200多年有机合成发展史，在波澜壮阔的有机合成发展中感受科学的进步，体会有机合成的艺术与科学，站在巨人的肩上开始我们的有机合成生涯。

1828年

O
H₂N NH₂
urea
尿素

弗里德里希·维勒将无机物氰酸铵（NH_4OCN）第一次转化为有机物尿素，标志着有机合成的开始，打开了一个全新的天地。（The first conscious synthesis of a natural product was that of urea by Friedrich Wöhler. This event also marks the beginning of organic synthesis.）

1845年

O
Me OH
acetic acid
乙酸

1845年科尔贝用元素碳合成乙酸是合成史上的又一大成就，他在论著中首次用“合成”（synthesis）一词。（The synthesis of acetic acid from elemental carbon by Kolbe in 1845 is the second major achievement in the history of total synthesis. It is historically significant that, in his 1845 publication, Kolbe used the word “synthesis” for the first time to describe the process of assembling a chemical compound from other substances.）

1890年

OH
HO O
HO OH
OH
glucose
葡萄糖

Hermann Emil Fischer
赫尔曼·埃米尔·费歇尔

费歇尔因在糖和嘌呤类化合物的合成方面所做出的非凡贡献获1902年诺贝尔奖。（Awarded the Nobel Prize “in recognition of the extraordinary services he has rendered by his work on sugar and purine syntheses”.）

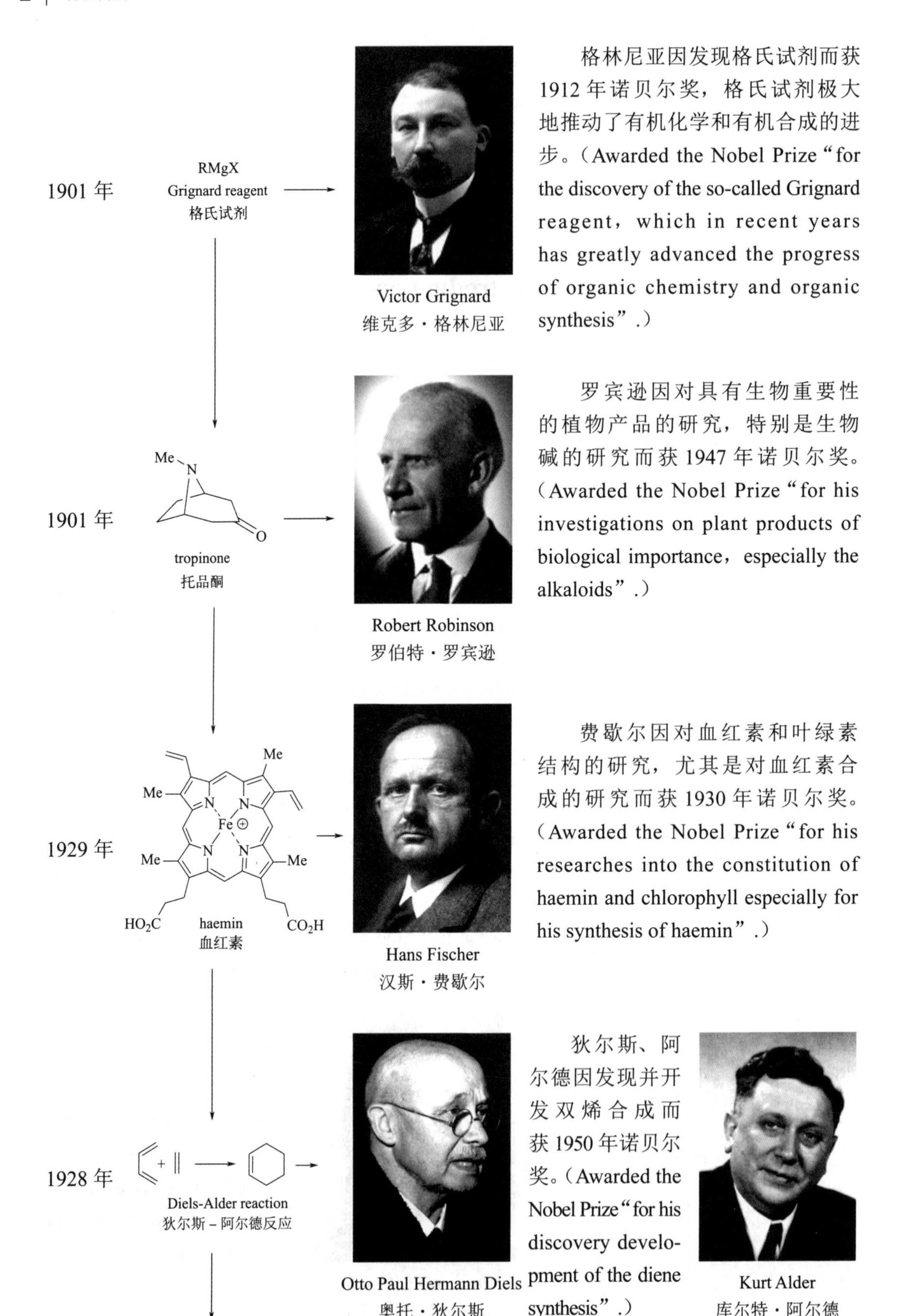

Victor Grignard
维克多 · 格林尼亚

格林尼亚因发现格氏试剂而获1912年诺贝尔奖，格氏试剂极大地推动了有机化学和有机合成的进步。(Awarded the Nobel Prize "for the discovery of the so-called Grignard reagent, which in recent years has greatly advanced the progress of organic chemistry and organic synthesis".)

Robert Robinson
罗伯特 · 罗宾逊

罗宾逊因对具有生物重要性的植物产品的研究，特别是生物碱的研究而获1947年诺贝尔奖。(Awarded the Nobel Prize "for his investigations on plant products of biological importance, especially the alkaloids".)

Hans Fischer
汉斯 · 费歇尔

费歇尔因对血红素和叶绿素结构的研究，尤其是对血红素合成的研究而获1930年诺贝尔奖。(Awarded the Nobel Prize "for his researches into the constitution of haemin and chlorophyll especially for his synthesis of haemin".)

Otto Paul Hermann Diels
奥托 · 狄尔斯

狄尔斯、阿尔德因发现并开发双烯合成而获1950年诺贝尔奖。(Awarded the Nobel Prize "for his discovery development of the diene synthesis".)

Kurt Alder
库尔特 · 阿尔德

1944—1981 年 伍德沃德时代

quinine 奎宁 (1944)

cephalosporin C 头孢菌素C (1966)

prostaglandin F2α 前列腺素 F2α (1973)

penems 青霉烯类 (1978)

lysergic acid 麦角酸 (1954)

chlorophyll a 叶绿素 a (1960)

Robert Burns Woodward
罗伯特·伯恩斯·伍德沃德

伍德沃德因在有机合成艺术方面的杰出成就而获 1965 年诺贝尔奖。（Awarded the Nobel Prize "for his outstanding achievements in the art of organic synthesis".）

伍德沃德对有机合成的贡献不仅在于他合成了当时最令人生畏的分子结构，更在于他为该领域带来的"机理分析"和"立体化学控制"等新思路。（Woodward's climactic contributions to synthesis included the conquest of some of the most fearsome molecule architectures of the time. What distinguished him from his predecessors was that he brought "mechanistic rationale" and "stereochemical control" to the field.）

1951 年

ferrocene
二茂铁

Geoffrey Wilkinson
杰弗里·威尔金森

威尔金森因在金属有机化学方面独立完成的开创性工作而获 1973 年诺贝尔奖，是"金属有机化学"的奠基人。（Awarded the Nobel Prize "for his pioneering work，performed independently，on the chemistry of the organometallic compound，so called sandwich compounds".）

$RhCl(PPh_3)_3$ Wilkinson 催化剂

威尔金森催化剂开启了络合催化的新时代。Wilkinson 的贡献在于建立了高效的均相催化体系，发现了络合催化剂设计的规律；他创建的研究方法、所采用的有机膦配体等都直接影响了该领域之后几十年的研究与工业开发。

1954 年

$$R^1RC^{-}-\overset{+}{P}Ph_3 + R^3C(=O)R^2 \longrightarrow RR^1C=CR^2R^3$$

Wittig reaction
维蒂希反应

Georg Wittig
格奥尔格·维蒂希

维蒂希因将硼、磷及其化合物用于有机合成之中而与赫伯特·布朗分享 1979 年诺贝尔奖。（Awarded the Nobel Prize "for his development of the use of boron-and phosphorus-containing compounds，respectively，into important reagents in organic synthesis".）

1965 年

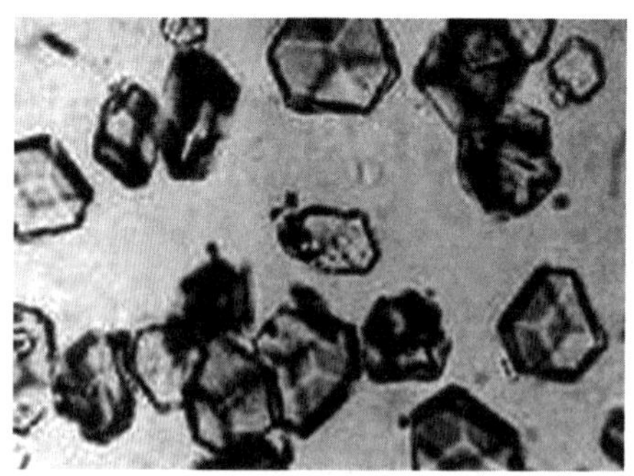

crystallized bovine insulin
结晶牛胰岛素

从 1958 年开始，经过 6 年多的曲折努力，我国科学家终于在 1965 年 9 月成功地获得了人工全合成牛胰岛素的晶体。这是世界上第一个人工合成的具有生物活性的结晶蛋白质，它标志着人类在认识生命、探索生命奥秘的征途中迈出了关键性的一步，从而成为我国自然科学发展史上的一个重要里程碑。（From 1958 on，after going through great efforts for more than six years，Chinese scientists obtained successfully the crystals of total synthesis of bovine insulin in September 1965. That was the first human synthesized crystalline protein with biological activity in the world. As a crucial step toward understanding and exploring the secrets of life，it stands as one of the major milestones in history of the development of natural sciences in China.）

1973 年

vitamin B_{12}
维生素B_{12}

伍德沃德组织了 14 个国家的 110 位化学家，探索维生素 B_{12} 的合成。维生素 B_{12} 的结构极为复杂，伍德沃德设计了一个拼接式的合成方案，即先合成维生素 B_{12} 的各个局部结构，然后把它们拼接起来。在合成维生素 B_{12} 过程中，伍德沃德与霍夫曼一起，提出了“分子轨道对称守恒原理”（principle of conservation of molecular orbital symmetry）。

Roald Hoffmann
罗阿尔德 · 霍夫曼

霍夫曼因提出分子轨道对称守恒原理而与福井谦一共同获 1981 年诺贝尔奖。（Awarded the Nobel Prize “for his theories, developed independently, concerning the course of chemical reactions”.）

Kenichi Fukui
福井谦一

1961—1992 年　科里时代

erythronolide B 由红霉内酯 B (1975)

longifolene 长叶烯 (1961)

gingkolide B 银杏内酯 B (1988)

(±)-porantherine 波兰他林 (1974)

prostaglandin F2α 前列腺素 F2α (1969)

venustatriol 角鲨烯骨架的环醚 (1988)

glycinoeclepin A 线虫孵化信息素 (1990)

lactacystin 乳胞素 (1992)

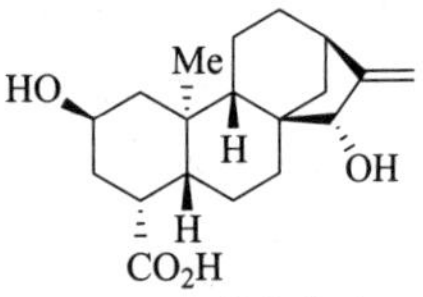

(±)-atractyligenin 苍术苷元 (1987)

Elias James Corey
艾里亚斯·詹姆斯·科里

科里因对有机合成理论和方法的发展做出的贡献而获得1990年诺贝尔奖。(Awarded the Nobel Prize"for his development of the theory methodology of organic synthesis".)

科里为有机合成领域带来了一种高度组织化和系统化的方法。他努力获得的理念远比其合成的众多化合物更有价值、更有意义，体现在如下五个方面："逆合成分析"理论、新的合成方法、不对称合成、机理分析以及对生物和医学的重要贡献。科里提出了系统化的逆合成概念，使得合成设计变成一门可以学习的科学，而不是带有个人色彩的绝学。(The benefits and spin-offs from his endeavors were even more impressive: the theory of retrosynthetic analysis，new synthetic methods，asymmetric synthesis，mechanistic proposals，and important contributions to biology and medicine.)

1994年

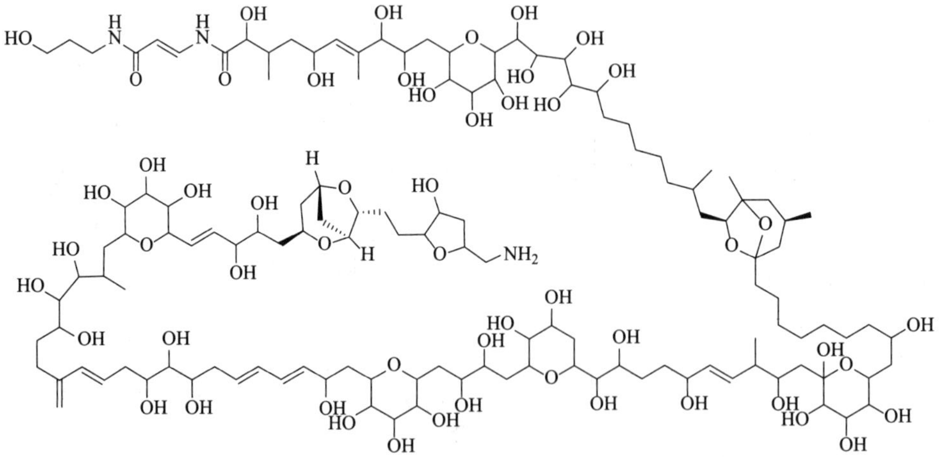

palytoxin
岩沙海葵毒素

哈佛大学教授岸义人（Yoshito Kishi）组织完成了迄今为止分子量最大、手性中心最多的天然产物岩沙海葵毒素的全合成，其全合成是有机合成历史上最伟大的里程碑之一，它标志着人类已经具备了合成任何复杂分子的能力。(Professor Yoshito Kishi of Harvard University successfully orchestrated the total synthesis of palytoxin, a significant achievement in the field of organic synthesis. This breakthrough signifies humanity's capability to replicate even the most intricate molecules.)

2001 年
asymmetric synthesis
不对称合成

Ryoji Noyori
野依良治

William S. Knowles
威廉·诺尔斯

K. Barry Sharpless
卡尔·巴里·夏普莱斯

瑞典皇家科学院将 2001 年诺贝尔化学奖奖金的一半授予美国科学家诺尔斯与日本科学家野依良治，以表彰他们在“手性催化氢化反应”领域所做出的贡献；奖金另一半授予美国科学家巴里·夏普莱斯，以表彰他在“手性催化氧化反应”领域所取得的成就。（Prize citation for Profs. W.S. Knowles and R. Noyori "for their work on chirally catalyzed hydrogenation reactions" . Prize citation for Prof. K.B. Sharpless "for his work on chirally catalyzed oxidation reactions" .）

2010 年
coupling reactions
偶联反应

Richard F. Heck
理查德·赫克

Akira Suzuki
铃木章

Ei-ichi Negishi
根岸英一

Heck 反应、Negishi 交叉偶联反应和 Suzuki-Miyaura 交叉钯催化的偶联反应，开创了碳 - 碳键形成的新方向，是一类非常重要的有机合成反应，他们因此获得 2010 年诺贝尔化学奖。（Awarded the Nobel Prize “for the work in palladium-catalyzed coupling reactions in organic synthesis” .）

2021 年
organic small
molecule catalysts
有机小分子催化剂

Benjamin List
本亚明·利斯特

David MacMillan
大卫·麦克米伦

2021 年诺贝尔化学奖授予本亚明·利斯特和大卫·麦克米伦，因为他们开拓了不对称反应的第三种催化剂——有机小分子催化剂。

2022 年
click chemistry
点击化学

Carolyn Bertozzi
卡罗琳・贝尔托西

Morten Meldal
莫顿・梅尔达尔

K. Barry Sharpless
卡尔・巴里・夏普莱斯

2022 年美国科学家贝尔托西、丹麦科学家梅尔达尔和美国科学家夏普莱斯因“点击化学”获诺贝尔化学奖。点击化学又称为“链接化学”或者“速配接合组合式化学”，其核心要素是通过小单元的拼接，来快速可靠地完成形形色色分子的化学合成。（The Nobel Prize in Chemistry was awarded to Bertozzi, Meldal and Sharpless for the development of click chemistry and bio-orthogonal chemistry — work that has “led to a revolution in how chemists think about linking molecules together”.）

有机合成尽管在过去的二百多年里已经取得了辉煌的成就，但是仍然面临众多的挑战，如何实现有机合成的高效性、高选择性及绿色化是现代有机合成化学所面临的巨大挑战。随着化学的聚焦点从结构转向功能化，如何更为有效地合成出具有特定物理、化学或生物学性质的分子是有机合成化学家面临的又一个新的挑战，也是一项十分艰巨的任务。由结构导向的有机合成向由功能导向的有机合成转变无疑是今后有机合成化学最重要的发展方向之一。

参考文献与课后阅读推荐材料(References and recommended materials for reading after class)

1. Nicolaou K C, Vourloumis D, Winssinger N, et al. The art and science of total synthesis at the dawn of the twenty-first century. Angewandte Chemie-International Edition, 2000, 39(1): 44-122.
2. Chen J, Wang A, Huo H H, et al. Progress on the total synthesis of natural products in China: From 2006 to 2010. Science China Chemistry, 2012, 55(7): 1175-1212.
3. Johansson Seechurn C C C, Kitching M O, Colacot T J, et al. Palladium-catalyzed cross-coupling: A historical contextual perspective to the 2010 Nobel Prize. Angewandte Chemie-International Edition, 2012, 51(21): 5062-5085.
4. Kolb H C, Finn M G, Sharpless K B. Click chemistry: Diverse chemical function from a few good reactions. Angewandte Chemie-International Edition, 2001, 40(11): 2004-2021.
5. 汤卡罗．人工合成胰岛素的精神代代相传——纪念我国人工合成结晶牛胰岛素 50 周年．大学化学，2015, 30(2)：1-5.
6. 张霁，聂飚，张英俊．有机合成在创新药物研发中的应用与进展．有机化学，2015, 35(2)：337-361.
7. 李苏华．点击化学与生物正交化学的发展历程——浅谈 2022 年诺贝尔化学奖．自然杂志，2022, 44(6)：432-442.

第 2 章
有机合成基础

(Basic knowledge of organic synthesis)

2.1 有机合成中的选择性 (Selectivity in organic synthesis)

官能团（functional group）之所以被赋予这样一个特定的称谓，是因为它们与有机分子特定类型的反应活性之间存在着必然的联系。作为共性，官能团自身的特征反应与其在分子中所处具体位置无关，也就是说与其所处的具体分子环境没有关系。这就导致了含有多个官能团的复杂分子的合成中会出现取决于特定反应步骤的化学选择性（chemoselectivity），必须慎重地选择那些只能在预期官能团或官能团组上发生反应的试剂及恰当的反应条件，甚至有时为防止副反应发生，不得不对分子中的其他官能团进行保护。化学选择性的意义在于不同官能团之间的选择性；区域选择性（regioselectivity）指的是同一官能团不同位点之间的控制；立体选择性（stereoselectivity）是对立体化学的控制，本章将详细讨论这三个方面的选择性（英文导读 2.1）。

2.1.1 化学选择性 (Chemoselectivity)

化学选择性是三种选择性类型中最为直接的。官能团之间的化学选择性主要包含如下三个方面的内容（英文导读 2.2）。

① 一个分子中含有不同反应性（reactivity）的若干个官能团时，选择其中一个官能团进行反应。例如在 2- 环己烯酮（**1**）的还原过程中，可以采用不同的试剂和反应条件得到不同的产品（**2**）或（**3**）[式（2.1)]。

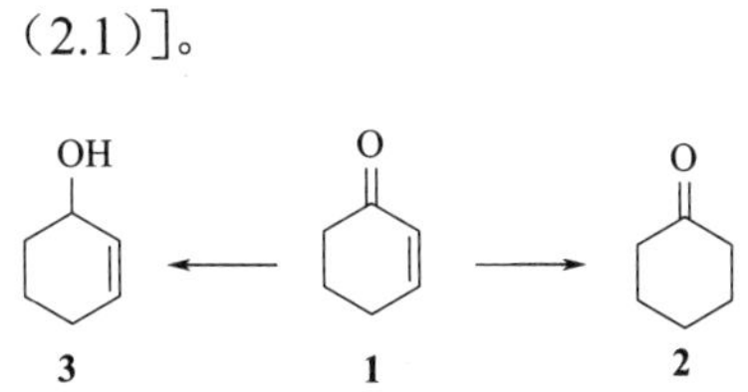

(2.1)

② 一个分子中含有多个相同官能团时，仅选择其中一个进行反应。例如将对称的二元酸（**5**）中的两个相同官能团羧基一边转化为酯，另一边转化为酰氯化物（**4**），或得到两个酸中只有一个羧基被还原的内酯产物（**6**）[式（2.2)]。

③ 选择性地通过严格控制反应条件将官能团反应停留在仅生成中间体的阶段，而这

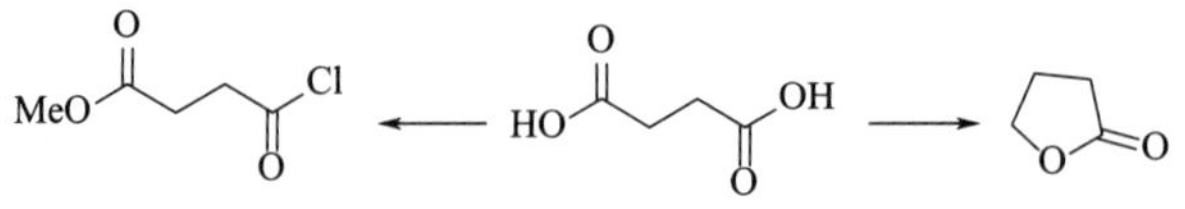

(2.2)

个中间体还能在同一条件下继续发生反应生成另一终产物。例如从羧酸衍生物（**7**）出发得到中间体酮（**8**），而不是希望继续反应而得到醇（**9**）；或者一个伯醇（**10**）被氧化停留在中间体醛（**11**），而不是被直接氧化为羧酸（**12**）［式（2.3）］。

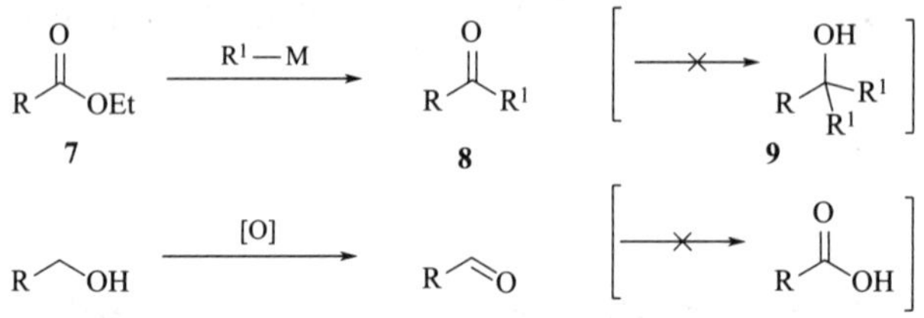

(2.3)

2.1.2 区域选择性 (Regioselectivity)

化合物中的同一个官能团也可能同时出现多个反应位点，对其中一个位点的选择性即区域选择性，其中最为熟悉的是烯烃、炔烃和芳烃中同一官能团不同反应位点的问题。不对称的取代烯烃（alkene）和炔烃（alkyne）主要从两个方向发生加成反应，其中一个方向的产物一般为主要产物［例如，可以通过马尔科夫尼科夫规则（Markovnikov rule，也称马氏规则）确定主产物］，这种具有选择性的反应过程就被认为是有区域选择性的。例如不对称烯烃与 HX 的加成，按照马氏规则，HX 中的卤原子加在取代基较多的双键碳原子上，而氢原子加在含氢原子较多的双键碳上，这就是区域选择性的结果，其机理类似于式（2.4）所示（英文导读 2.3）。

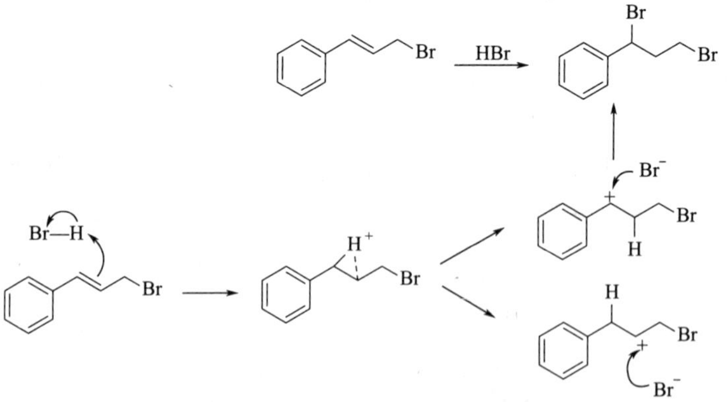

(2.4)

区域选择性在芳香烃（aromatic hydrocabon）和杂环（heterocycle）的亲电取代中也十分常见，例如，取代苯在进行亲电取代反应时，苯环上已有的取代基根据其吸电子或供电子情况影响苯环的电子云密度，从而影响新引入的取代基在苯环上的定位，使新引入取代基进入原有取代基的邻位（*ortho*-position）、对位（*para*-position）或间位（*meta*-position），如式（2.5）所示（英文导读 2.4）。

R o- R m- R p- (2.5)

区域选择性的实质是控制相同官能团的不同反应位点。经典的例子如控制不饱和羰基化合物（carbonyl compound）的直接加成（1, 2- 加成）或共轭加成［1, 4- 加成或迈克尔加成（Michael addition）］。另外，区域选择性将会在后面的章节中多次提到，例如，不对称酮（ketone）发生的不同 α 位碳负离子的加成反应，以及在拜耳 - 维利格（Baeyer-Villiger）氧化中的基团迁移问题（英文导读 2.5）。

2.1.3 立体选择性 (Stereoselectivity)

当一个特定的反应所生成的产物能够显示立体异构（stereoisomerism）时常常是某一种立体异构体占优势，这种反应的选择性称为立体选择性。立体选择性初看起来是三种选择性中最容易理解的，但它是最难实现的一种。在很多反应中，无论是形成新的碳 - 碳键还是仅仅改变一些官能团，都有可能会出现立体化学的问题。例如，生成一个新的双键，就会有 *E* 或 *Z* 两种几何构型（*E* or *Z* geometric isomer）；再如，产生了一个新的立体中心（stereogenic centre），就会有与分子中原有的立体中心进行关联的不同构型的选择。只有这些方面都能得到控制才能真正实现立体选择性（英文导读 2.6）。

立体异构体可分为两类。第一类就是几何异构体（geometric isomer），即 *E*- 异构体和 *Z*- 异构体，例如在典型的羟醛缩合反应（aldol condensation reaction）中，会在新形成的碳 - 碳键的两端都产生新的立体中心，见式（2.6）。可烯醇化的酮（**13**）可以与苯甲醛缩合得到不同对映异构体的混合物，即羟醛缩合产物中的甲基和羟基或者在碳骨架的同一面（***syn*-14**）或者在不同面（***anti*-14**）。如果将羟醛缩合产物脱水形成烯酮（**15**）便会产生新的立体选择性问题，即新形成的双键或是 *E* 构型或是 *Z* 构型。在维蒂希（Wittig）反应中同样的几何异构情况也会出现，类似的选择性在后面的章节中将会看到。

13 —PhCHO / 碱→ *syn*-14 或 *anti*-14 —H^+→ *E*-15 或 *Z*-15 (2.6)

另一类型的立体选择性是由于反应的产物或起始原料或它们二者中都存在立体中心（stereogenic centre）。在每一个产生立体中心的反应过程中，新的立体中心可以具有 *R*- 构型或者 *S*- 构型（*R*- or *S*-configuration）。如果起始原料不含有立体中心，产物则含有一对对映异构体（enantiomer），如不进行立体控制，所生成的产物通常是两种构型等比例的混合物，称为外消旋体（racemate）。对映选择性（enantioselectivity）是指采用特定的反应条件使得产物的新立体中心以对映异构体的某一种构型为主导。这一过程常称为不对称合成（asymmetric synthesis）［式（2.7）］（英文导读 2.7）。

(*R*)-1-苯乙醇 ← → (*S*)-1-苯乙醇 (2.7)

例如，当起始原料已经含有一个立体中心，预期反应可以生成一对非对映异构体（diastereomer），产物的一种或者两种构型都可能具有手性，但它们不一定是等比例的。这种相对于原来分子的立体中心的相对立体选择性称为非对映选择性，例如羰基或双键化合物的加成［式（2.8）］。

Me_2CuLi

(*S*)　　(3*S*,4*S*)　+　(3*S*,4*R*)　　（2.8）

2.2 有机合成中的官能团化学 (Functional group chemistry in organic synthesis)

2.2.1 官能团化 (Functionalization)

对于有机合成来说，在分子中引入官能团（introducing functional group）（也称官能团化）和官能团的转换（functional group conversion）是非常重要的两个方面。在合成实践中一些位置引入官能团相对较为容易，而在另一些过程中又很难直接引入官能团，只能通过官能团之间的转换才能实现。本节将以图示的方式概述在分子中直接引入各种官能团的反应（英文导读 2.8）。

2.2.1.1 烯烃官能团化 (Functionalization of alkene)

烯烃常见的官能团化反应如式（2.9）所示。

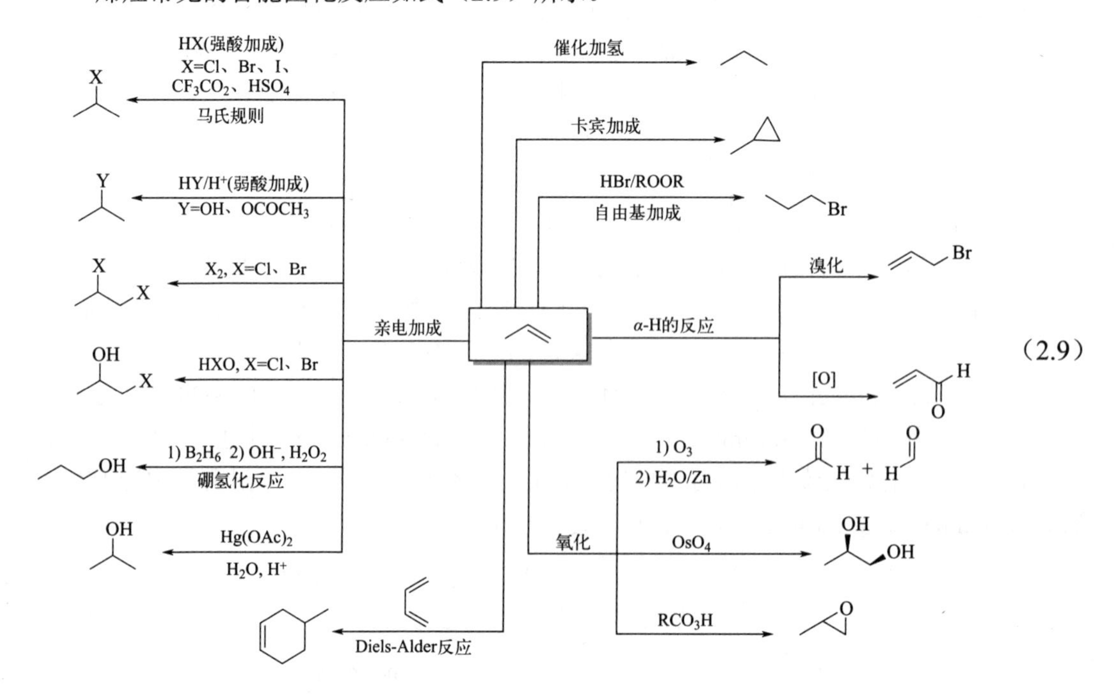

2.2.1.2　炔烃官能团化 (Functionalization of alkyne)

炔烃常见的官能团化反应如式（2.10）所示。

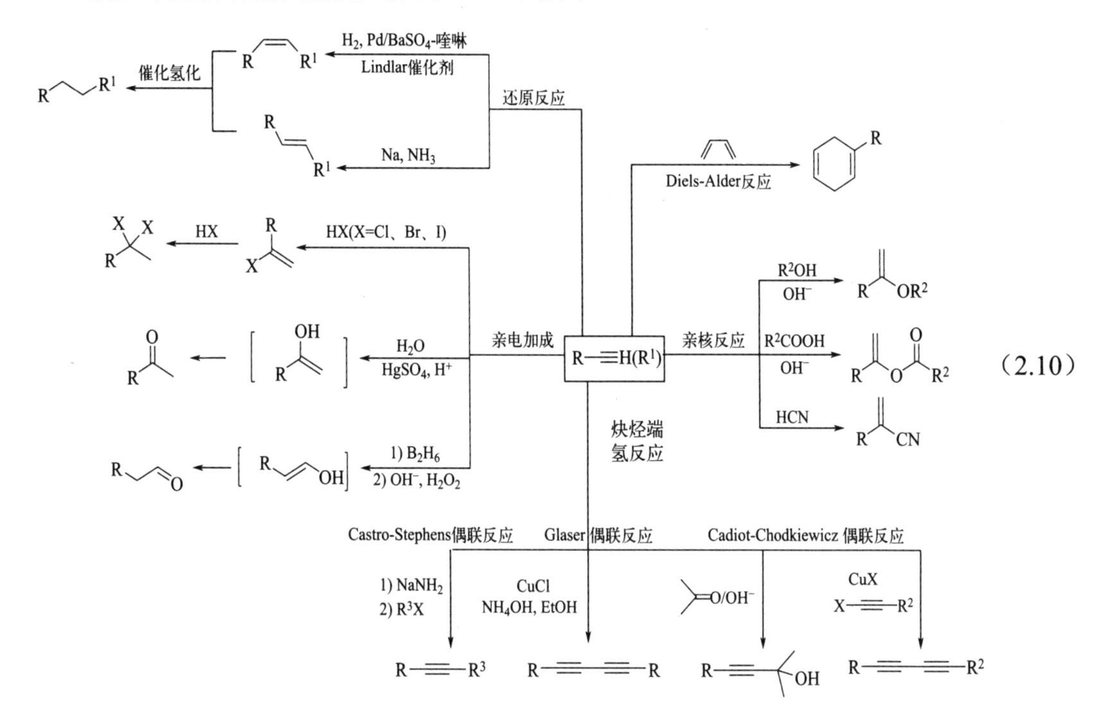

（2.10）

2.2.1.3　芳香烃官能团化 (Functionalization of aromatic hydrocarbon)

以苯环为例的芳香环常见的官能团化反应如式（2.11）所示。

Cl
R
HCOH,
HCl/ZnCl2
RCl/AlCl3
Friedel-Crafts
烷基化反应
CHO
CO,HCl
AlCl3,Cu2Cl2
Gattermann-Koch
反应
O
R
还原
Zn(Hg)/HCl
Clemmensen 还原
CH2R
NH2NH2, OH−
Wolff-Kishner-黄鸣龙反应
RCOCl/AlCl3
Friedel-Crafts
酰基化反应
Ar
ArI/Cu
Ullmann 反应
HNO3,H2SO4
硝化反应
SO3H
SO3,H2SO4
磺化反应
X2/FeX3
卤化反应
NO2
X

（2.11）

2.2.1.4 取代苯官能团化 (Functionalization of substituted benzene derivative)

芳香环定位基团的性质与定位如表 2.1 所示。

表 2.1 亲核取代芳香环的定位与速率（The orientation and rate of nucleophilic substituted aromatic ring）

取代基（substituent）	亲核取代的定位（orientation of electrophilic substitution）	相对于苯环的取代速率（rate of substitution relative to that of benzene）
烷基或芳香基，—OH, —OR, —NH_2, —NHR, —NR_2	邻位，对位（*o, p*）	快（faster）
—X	邻位，对位（*o, p*）	相似或慢（similar or slower）
—C═O,—C≡N, —NO_2, —SO_3H, —CF_3	间位（*m*）	慢（slower）

2.2.2 官能团转化 (Interconversion of functional group)

在合成的实践中发现一些官能团容易以特定方式引入，而另一些官能团则难以被引入，多数是在保持分子其余部分不受影响的情况下通过官能团的转换来实现的，本节将以图示的形式讲解官能团之间的相互转换。

2.2.2.1 羟基的官能团转化 (Transformation of the hydroxyl group)

羟基的官能团转化的常见反应如式（2.12）所示。

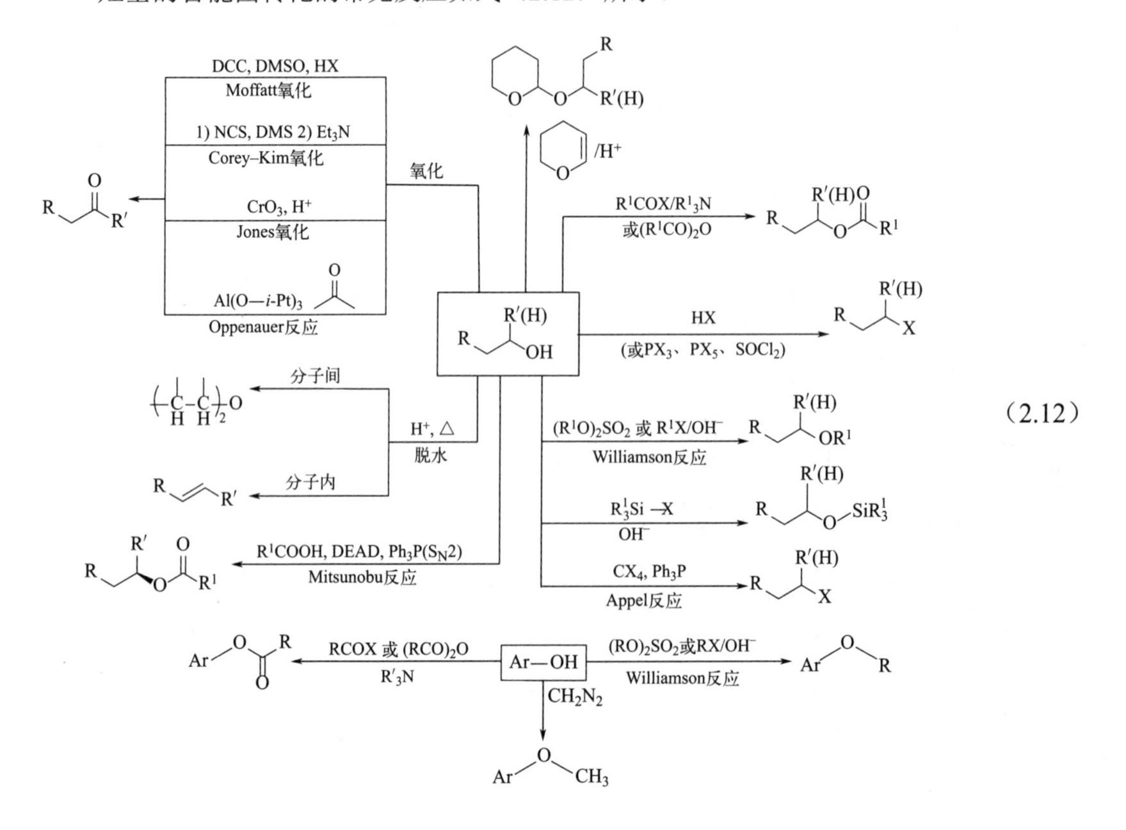

2.2.2.2 卤素的官能团转化 (Transformation of halogen compound)

卤素官能团转化的常见反应如式（2.13）所示。

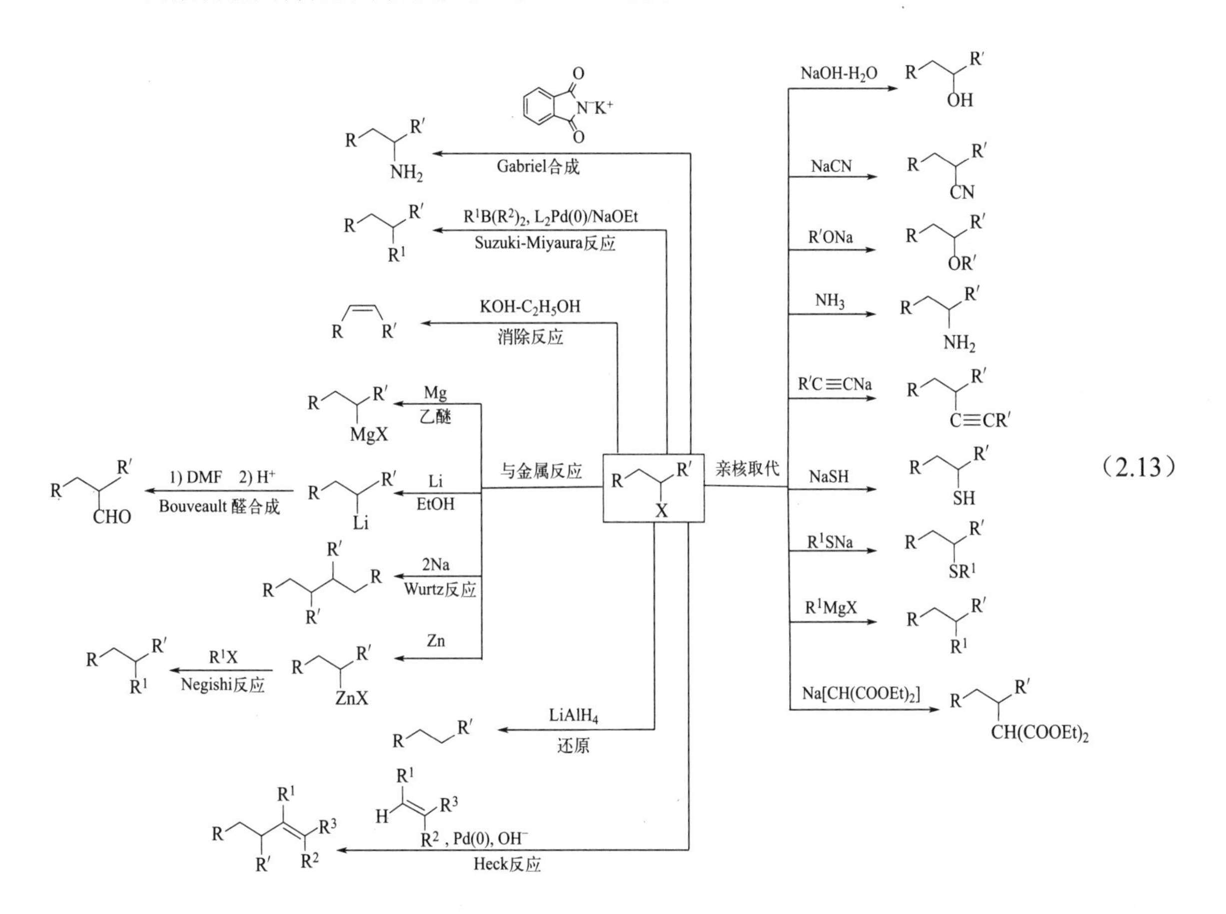

（2.13）

2.2.2.3 硝基的官能团转化 (Transformation of nitro compound)

硝基官能团转化的常见反应如式（2.14）所示。

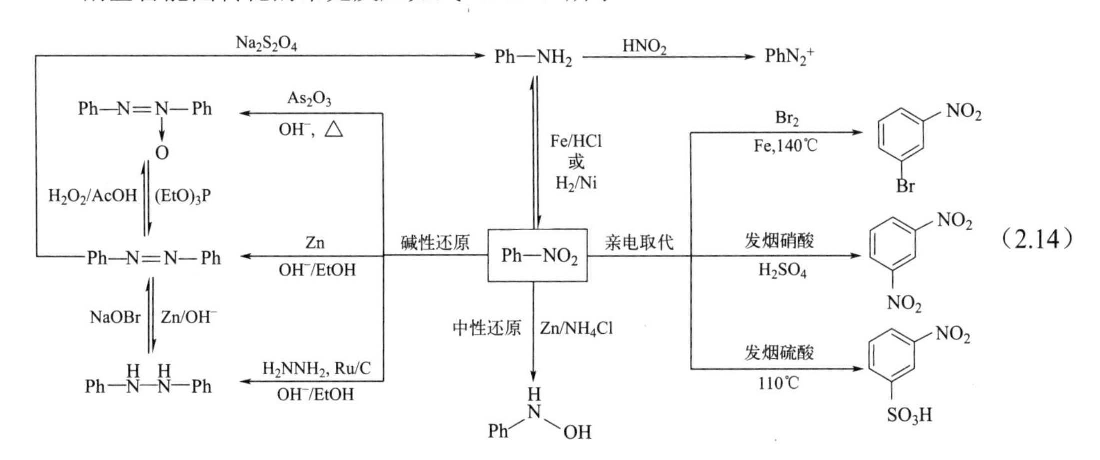

（2.14）

2.2.2.4 氰基的官能团转化 (Transformation of cyano compound)

氰基官能团转化的常见反应如式（2.15）所示。

R—C≡N

H_2/Ni 或 $LiAlH_4$ → R$\frown$$NH_2$

1) R′MgX/乙醚 2) H_3O^+ → RC(=O)R′

H_2O, H^+ 或 OH^- → RC(=O)NH_2 → (H_2O, H^+ 或 OH^-) → RC(=O)OH

R′OH/H^+ → RC(=O)OR′

（2.15）

2.2.2.5 氨基的官能团转化 (Transformation of the amino group)

氨基官能团转化的常见反应如式（2.16）所示。

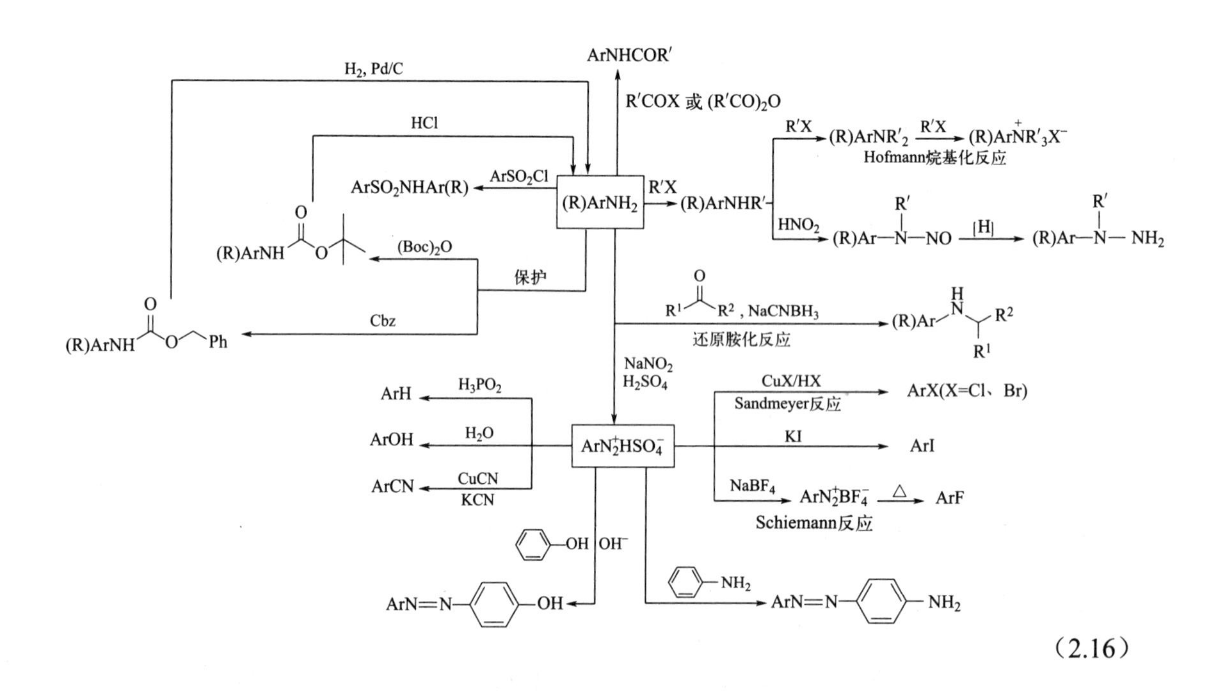

（2.16）

2.2.2.6 羰基的官能团转化 (Transformation of carbonyl group)

醛和酮的官能团转化的常见反应如式（2.17）所示。

2.2.2.7 羧基的官能团转化 (Transformation of carboxyl group)

羧基的官能团转化的常见反应如式（2.18）所示。

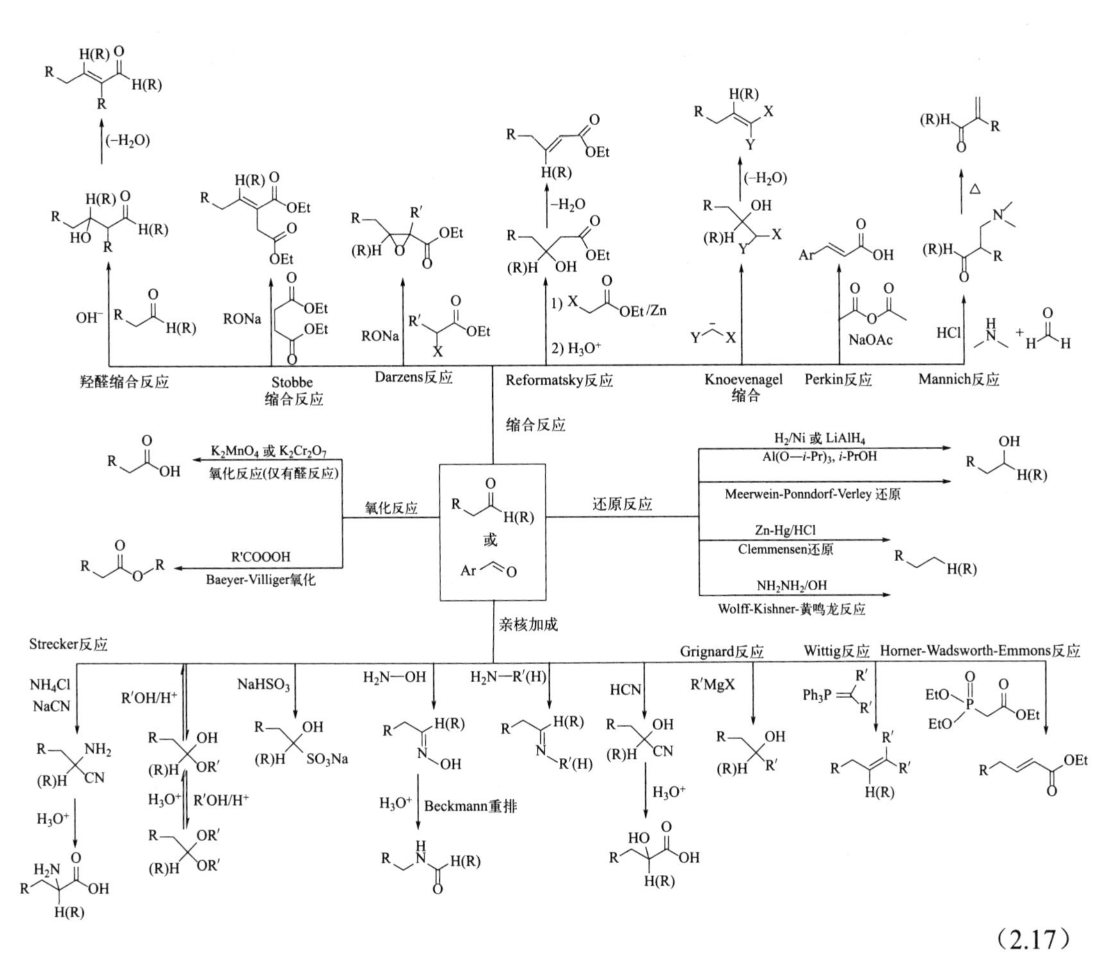

羟醛缩合反应
Stobbe 缩合反应
Darzens反应
Reformatsky反应
Knoevenagel 缩合
Perkin反应
Mannich反应
缩合反应
OH^-
RONa
NaOAc
HCl
1) X⌒COOEt/Zn
2) H_3O^+
$(-H_2O)$
$-H_2O$
K_2MnO_4 或 $K_2Cr_2O_7$
氧化反应(仅有醛反应)
氧化反应
R'COOOH
Baeyer-Villiger氧化
还原反应
H_2/Ni 或 $LiAlH_4$
Al(O—i-Pr)$_3$, i-PrOH
Meerwein-Ponndorf-Verley 还原
Zn-Hg/HCl
Clemmensen还原
NH_2NH_2/OH
Wolff-Kishner-黄鸣龙反应
或
亲核加成
Strecker反应
NH_4Cl
NaCN
R'OH/H^+
H_3O^+
$NaHSO_3$
H_2N—OH
H_2N—R'(H)
Beckmann重排
HCN
Grignard反应
R'MgX
Wittig反应
Horner-Wadsworth-Emmons反应

(2.17)

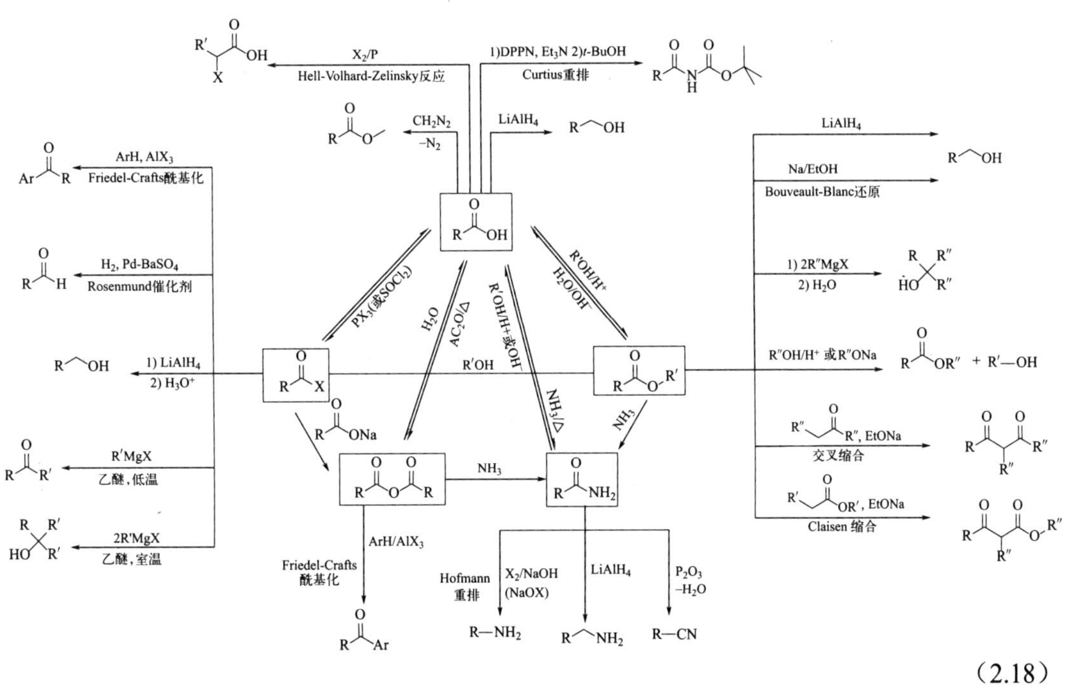

X_2/P
Hell-Volhard-Zelinsky反应
1)DPPN, Et_3N 2)t-BuOH
Curtius重排
CH_2N_2
$-N_2$
$LiAlH_4$
ArH, AlX_3
Friedel-Crafts酰基化
H_2, Pd-BaSO$_4$
Rosenmund催化剂
1) $LiAlH_4$
2) H_3O^+
R'MgX
乙醚,低温
2R'MgX
乙醚,室温
PX_3(或$SOCl_2$)
H_2O
Ac_2O/△
R'OH/H+或OH⁻
R'OH/H^+
H_2O/OH^-
R'OH
NH_3/△
NH_3
ArH/AlX_3
Friedel-Crafts 酰基化
Hofmann 重排
X_2/NaOH (NaOX)
P_2O_5
$-H_2O$
Na/EtOH
Bouveault-Blanc还原
1) 2R″MgX
2) H_2O
R″OH/H^+ 或 R″ONa
交叉缩合
Claisen 缩合

(2.18)

2.3 逆合成分析术语与基础 (Terminology and base of retrosynthetic analysis)

2.3.1 切断的策略 (Strategy of disconnection)

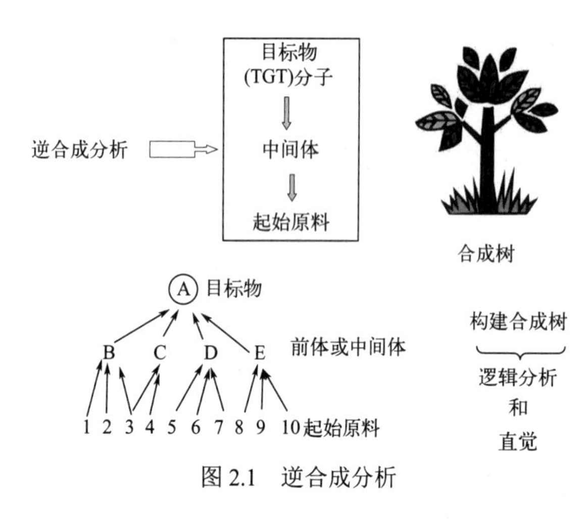

图 2.1　逆合成分析

逆合成分析（retrosynthetic analysis）是一种解决问题的技术，或者说解决问题的思路（图 2.1），其核心是将合成目标物（TGT）分子的结构逐渐简单化，进而转化为一系列结构，并最终获得简单或可以直接购买到的起始原料。将一个分子变化为一个个简单的结构是通过一系列转化过程来实现的，这种转化过程倒过来就是所需要的合成路线（英文导读 2.9）。

对于特定的目标化合物的分子骨架的设计合成分析，在合成路线的设计过程中，不仅要以正确的序列把所需的碳原子连在一起，而且其关键点在于整个设计的重心需聚焦到目标物的官能团上。

例如，设计普劳诺托（**16**），其为一种抗溃疡病药物［式（2.19）］。普劳诺托是在研究泰国一种植物时而发现的生物活性成分，具有增加胃黏膜血流量、增强膜抵抗力的作用。此化合物是含 16 个碳原子的直链，在 C2 和 C3、C6 和 C7、C10 和 C11 之间有反式（*E*）双键，在 C7 上有一个羟甲基，C3、C11、C15 上均有甲基。

HO　15　11　7　3　OH　14　10　6　2　（2.19）

16

对于一个 C_{16} 直链化合物来说，直接得到较难实现，需要从较小的单元来逐步构建。但是采用哪些更小结构单元呢？回答这个问题需要明确切断法两点主要的技术要求：

其一，设计的合成反应步骤数目越少越有利，这是一个简单但非常重要的原则。有机合成的反应极少能达到 100% 的产率，一般情况下有机反应能获得 60% ～ 80% 的产率就比较满意了。假定每步有 75% 的产率，推算一下，三步的合成总产率只有 42%，而五步反应总产率只有 23%。反应步骤增加必然会延长反应的周期，同时增加更多的繁杂操作步骤，因而应尽可能采用短的合成路线。

其二，所需的官能团在碳骨架（carbon skeleton）构建过程中必须以正确的方式连接在上面。由于官能团构成方面的这一需求，在合成化合物（**16**）时，构成 C_{16} 链的切断受到严格的限制，其中官能团是考虑的重心。碳 - 碳键形成主要有如下两种类型：两个要连接的碳原子共同构成一个官能团；一个碳原子原来带有一个官能团，而另一个碳原子与这个官能团直接相邻（英文导读 2.10）。

普劳诺托（**16**）可能切断的线索就逐渐呈现出来了［式（2.20）］。右侧一端，可以考虑从 C3 入手，试图形成 3, 4- 键（切断 a）；或者从 C7 入手，试图形成 7, 8- 键（切断 b）；甚至可以尝试采用C6思路，直接形成双键（切断c）。在另外一端的切断方式就更容易判断了，应该是从官能团碳的两侧展开，即 11, 12- 键（切断 d）或 10, 11- 键（切断 e）。

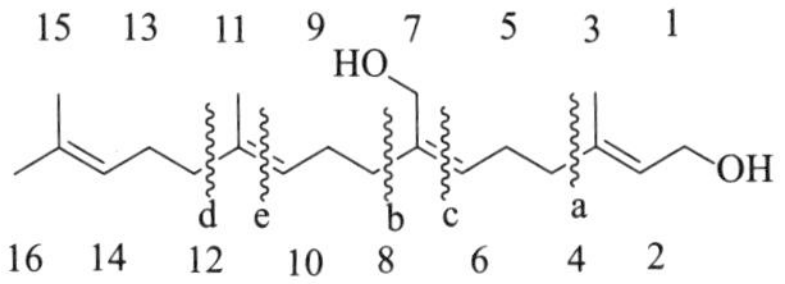

(2.20)

一切真理都来源于丰富的知识和直接的经验。能得心应手地根据这些设计原则设计出合理科学的合成路线，除了掌握有机化学的理论、有机反应的事实和反应机理之外，还依赖于丰富的有机合成的具体实践经验，这是接下来将要学习的重点。

2.3.2 合成子与合成等价体 (Synthons and synthetic equivalent)

合成子（synthon）也称为合成元，是由 Corey 首先提出的，用以简化目标分子的概念。根据 Corey 的定义，合成子是指分子中可由相应的合成操作生成片段或用反向操作使其降解的结构单元。一个合成子可以大到接近整个分子，也可小到只有一个氢原子。

碳 - 碳键的实质就是两个碳原子之间共用一对电子。碳 - 碳键的形成可以有三种方式：其一，每个碳原子提供一个电子成为共用的电子对；其二，一个碳原子贡献两个电子形成共用电子对；其三，周环反应中的双烯合成。三种类型分别为自由基型合成子、离子型合成子和中性分子合成子，这三种方式见式（2.21）（英文导读 2.11）。

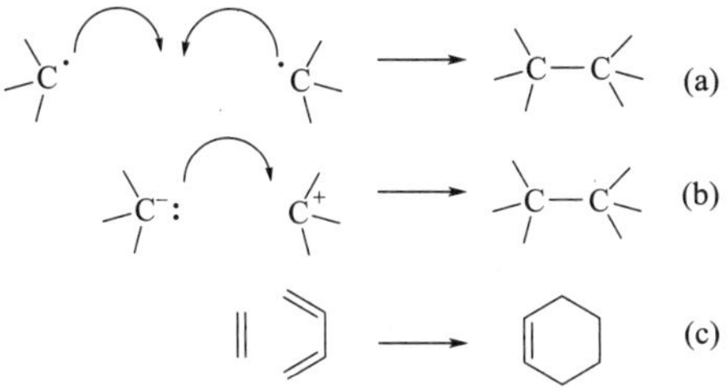

(2.21)

式（2.21a）是自由基反应，表示了两个自由基（free radical）的结合，其合成子即为两个自由基。式（2.21c）这样的周环反应中，逆向切断时形成的合成子是中性分子，即在Diels-Alder反应的合成子就是双烯体和亲双烯体。更为熟悉的实验室反应是式（2.21b），即亲核试剂（nucleophile reagent）与亲电试剂（electrophile reagent）的反应。式（2.21b）中分别是以碳负离子（carbanion）和碳正离子（carbocation）表示的，但碳负离子和碳正离子仅是实践过程中一种非常极端的情况，通常的形式多用反应式（2.22）表示。

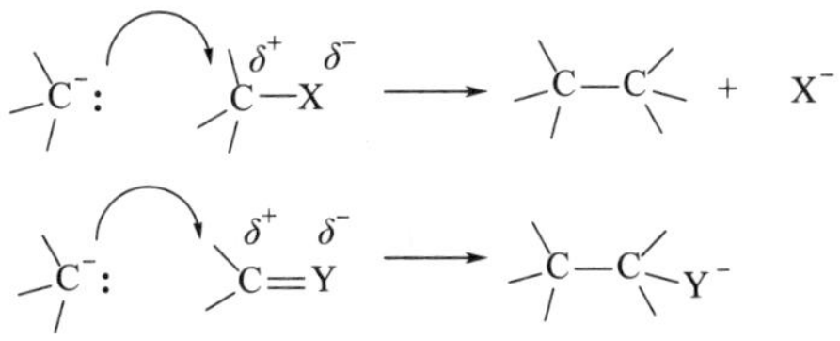

(2.22)

根据共价键的断裂形式进行分类，有三种类型，分别是协同反应、自由基反应、离子型反应。协同反应的特点在于在反应过程中，旧键的断裂和新键的形成都相互协调地在同一步骤中完成。协同反应往往有一个环状过渡态，它是一种基元反应。

自由基反应即由碳 - 碳键经过均裂产生自由基而引发的反应。自由基反应由链引发、链转移和链终止三个阶段构成。链引发阶段是产生自由基的阶段，由于键的均裂需要能量，所以链引发阶段需要加热、光照或化学引发剂引发。链转移阶段是由一个自由基转变成另一个自由基的阶段，犹如接力赛，自由基不断地传递下去，所以称为链反应。链终止阶段是自由基消失的阶段，自由基两两结合成键，所有的自由基都消失了，自由基反应也就终止了。

离子型反应即由碳 - 碳键经过异裂生成离子而引发的反应，是有机合成常见的反应类型。离子型反应有亲核反应和亲电反应。由亲核试剂“进攻”而发生的反应称为亲核反应，亲核试剂是对正原子核有显著亲和力而起反应的试剂。由亲电试剂“进攻”而发生的反应称为亲电反应，亲电试剂是对电子有显著亲和力而起反应的试剂。

从上面的反应可以看出碳 - 碳单键的形成是通过两个碳自由基的相互作用，或者是一个亲核的碳与一个亲电的碳之间的反应，亦或者是通过协同反应来实现的，如式（2.23）所示。

$$
\begin{aligned}
&\gt C-C\lt \;\Longrightarrow\; \gt C^{-}: \;+\; C^{+}\lt \quad \text{(a)}\\
&\gt C-C\lt \;\Longrightarrow\; \gt C\cdot \;+\; \cdot C\lt \quad \text{(b)}\\
&\text{cyclohexene} \;\Longrightarrow\; CH_2{=}CH_2 \;+\; CH_2{=}CH{-}CH{=}CH_2 \quad \text{(c)}
\end{aligned}
\qquad (2.23)
$$

需要注意的是，式（2.23）并不代表合成反应，准确地说它们是各类有机合成反应的逆过程，式（2.23）是式（2.21）的逆过程。式（2.23b）为均裂，即构成共价键的电子对在断裂时平均分配到两个原子上，形成带有单电子的活泼原子或基团——自由基（又叫游离基）。式（2.23a）为异裂，即构成共价键的电子对在断裂时完全转移到一个原子上，形成正离子和负离子。

像式（2.23）这样的反应过程称为切断（disconnection），切断的碎片称为合成子（synthon）。切断到合成子的方法即逆合成分析（retrosynthetic analysis），将在后续的学习中经常用到，逐渐被大家所熟悉。由于大多数合成子不太稳定，需要把它转化为相应的试剂后再使用，与合成子相对应的或能起合成子作用的化合物称为合成等价物（synthetic equivalent）。

在进行逆合成分析时，结构上的每一步变化被称为转换（transform），一般采用双线箭头“⟹”表示，而通常合成步骤的每一步被称为反应（reaction），一般用单线箭头“⟶”表示。

2.4 亲电和亲核试剂概述 (Overview of electrophilic reagent and nucleophilic reagent)

2.4.1 亲电试剂概述 (Overview of electrophilic reagent)

本节从基本概念的角度来讲解亲电碳的基本知识。

2.4.1.1　亲电的烷基化试剂 (Electrophilic alkylating reagent)

基础有机化学中最基本的一个反应是卤代烷的亲核取代反应，我们对此过程也非常熟悉，卤代烷特别是溴代烷与亲核试剂的反应是由于卤素的吸电子诱导效应（$-I$），使带有卤素的碳缺少电子，成为亲电的碳。这些反应的机理与涉及的立体化学，如单分子的分步 S_N1 过程［式（2.24a)］或双分子的协同 S_N2 过程［式（2.24b)］，大家都很熟悉。因为亲核试剂最终与烷基连接，即亲核试剂被烷基化，这一过程称为烷基化（alkylation）。

(a) **2** ⇌ 碳正离子 + X^- —Nu^-→ R₃C–Nu + X^-

(b) Nu^- + **2** ⇌ $[Nu\cdots C\cdots X]$ (δ^-, δ^-) → Nu–C + X^-

（2.24）

卤代烃是一类比较活泼的烷基化试剂，卤代烷的结构对反应活性有很大的影响。烷基相同时，卤素原子不同，反应活性不同，如式（2.25）所示。

$$R—I > R—Br > R—Cl \quad (2.25)$$

卤素相同时，烷基不同，反应活性也不同，其活性顺序如式（2.26)。苄基卤和烯丙基卤代物活性最大。卤代烃一般使用伯卤代烃，有时也可使用仲卤代烃，但仲卤代烃或叔卤代烃在反应条件下往往会发生消除反应得到烯烃，不适合用于制备。而乙烯型、苯基型一般活性很低，很少作烷基化试剂。

$$PhCH_2X \approx RCH{=}CHCH_2X > R_3CX > R_2CHX > RCH_2X > CH_3X \gg PhX \approx CH_2{=}CHX \quad (2.26)$$

在式（2.24）中，X 最为常见的是卤素。卤代烷是最为常见的烷基化试剂，但烷基化试剂不止这一类。只要 C—X 能被充分极化（polarized)，且 X^- 是稳定的负离子，同时它既不是强亲核试剂也不是强碱，亲核取代（nucleophilic substitution）就可以发生。最为常见的另一大类烷基化试剂就是硫酸烷基酯，特别是甲基磺酸烷基酯（**17**）和对甲苯磺酸烷基酯（**18**)；甲基化中常用的为硫酸二甲酯（**19**）和三氟磺酸甲酯（**20**）［式（2.27)］。

17　**18**　**19**　**20**　（2.27）

羧酸酯（**21**）不是一个很好的烷基化试剂，如式（2.28）所示，其碳 - 氧键虽然可以极化，但从结构示意图上可以看出，羰基碳的亲电性远大于酯氧 α- 碳的亲电性，其与亲核试剂的反应优先发生在羰基上，所以羧酸酯不是一个有效的烷基化试剂（英文导读 2.12)。

21　–OH　–OR　–SH　–SR　（2.28）

醇、醚、硫醇和硫醚同样也不是有效的烷基化试剂［式（2.28）］，其原因与羰基不一样，是因为—OH、—OR、—SH 和—SR 是不好的离去基团（leaving group）。易接受电子、承受负电荷能力强的基团是好的离去基团。当离去基团共轭酸的 pK_a 越小，离去基团越容易从其他分子中脱离。因为当其共轭酸的 pK_a 越小，相应离去基团不需和其他原子结合，以阴离子（或电中性离去基团）的形式存在的趋势也就增强。因而强碱往往不是很好的离去基团，离去基团离去能力与酸性对照如表 2.2 所示。

表 2.2　离去基团离去能力与酸性（Leaving group ability and acidity）

离去基团（leaving group）	共轭酸的 pK_a（pK_a of acid）	结果（result）
I—	−10.0	良好的离去基团
Br—	−9.0	
Cl—	−7.0	
—O–S(=O)(=O)–C₆H₄–CH₃ (对甲苯磺酰氧基)	−7	
CF_3COO—	0.2	
F—	3.2	离去性能中等偏弱的基团
CH_3COO—	4.8	
CN—	9.1	
C_6H_5O—	10	
CH_3CH_2S—	11	不良的离去基团
CH_3O—	15.5	
OH—	15.7	
CH_3CH_2O—	17	
H_2N—	36	无法离去的基团
CH_3—	49	

环氧乙烷（ethylene oxide）（**22**）和它的类似物是另一大类良好的烷基化试剂，虽然环氧化物没有良好的离去基团，但这不影响其作为良好的烷基化试剂使用，它与亲核试剂的反应会进一步开环，最终解除环张力，使得反应得以顺利进行［式（2.29）］。

$$Nu^- + \underset{\mathbf{22}}{\overset{\delta^+}{\triangle}}O^{\delta^-} \longrightarrow Nu\text{—}CH_2CH_2\text{—}O^- \longrightarrow Nu\text{—}CH_2CH_2\text{—}OH \quad (2.29)$$

2.4.1.2　亲电的酰基化试剂 (Electrophilic acylation reagent)

羰基碳原子的亲电性主要是由于氧原子接受电子的共轭效应（conjugate effect）。共轭效应指的是在一个共轭体系中，由于电子的离域，p 或 π 电子分布发生变化的效应，是指一个原子或者取代基的电子与分子中邻近剩余部分的 p 轨道或者 π 轨道重叠，从而使电子从这个原子或者取代基流入或者流出的一种效应。吸电子共轭效应（$-C$）和 2.4 节中讲解的吸电子诱导效应（$-I$）完全不一样，共轭效应可以理解为原子上的孤对电子与该原子及其键合原子之间的 π 键的共振结构，如式（2.30）所示。吸电子共轭效应（$-C$）导致碳原子亲电能力增强，且增强程度要远大于吸电子诱导效应（$-I$）。

$$^{-}:\ddot{O}-C^{+} \longleftrightarrow :\ddot{O}=C \qquad (2.30)$$

羰基碳原子的亲电能力同时也和相连的其他原子或基团的给电子（electron-donating）或吸电子（electron-withdrawing）的能力有一定关系，但不是羰基碳原子亲电的主要因素，这个因素导致羰基化合物的反应活性次序如式（2.31）所示（英文导读 2.13）。

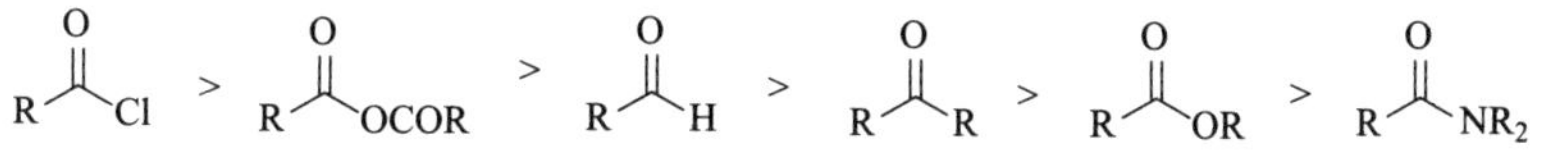

$$RCOCl > RCOOCOR > RCHO > RCOR > RCOOR > RCONR_2 \qquad (2.31)$$

羰基化合物与亲核试剂的一般反应可如式（2.32）所示：

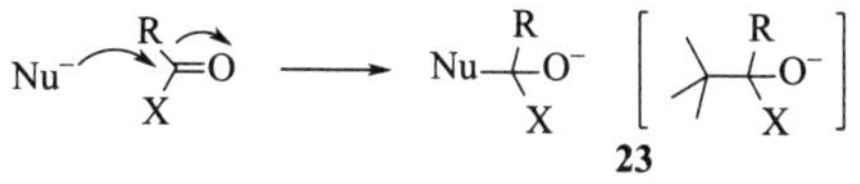

$$Nu^{-} + R(X)C=O \longrightarrow Nu-C(R)(X)-O^{-} \quad [\,\mathbf{23}\,] \qquad (2.32)$$

最初生成的负离子（**23**）可以按照以下三种方式中的一种进一步发生反应，分别是酰化反应、加成反应和缩合反应，这三种方式的理解是学习有机合成所必需的，这三个重要知识点将贯穿在后续的学习之中（英文导读 2.14）。具体如下：

① 如果 X 是一个良好的离去基团，如卤素 Cl 和 Br 或烷氧基 OEt 和 OMe 等，则它能够以 X^- 的形式消去。其结果是 X 基团被亲核试剂所取代，亲核试剂与酰基相连［式（2.33）］，发生酰化反应（acylation reaction）。

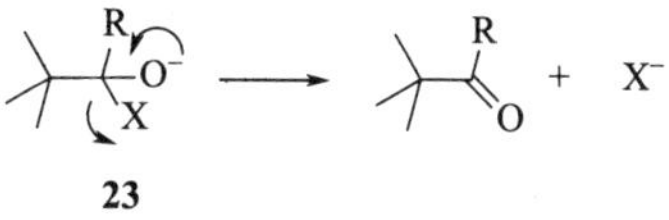

$$\mathbf{23} \longrightarrow R-C(=O)- \; + \; X^{-} \qquad (2.33)$$

② 如果 X 不是一个良好的离去基团，如烷基 R 或芳基 Ar 等，负离子（**23**）则可能从反应介质中获得一个质子，或者在后处理过程中获取一个质子［式（2.34）］，发生羰基的加成反应（addition reaction）。

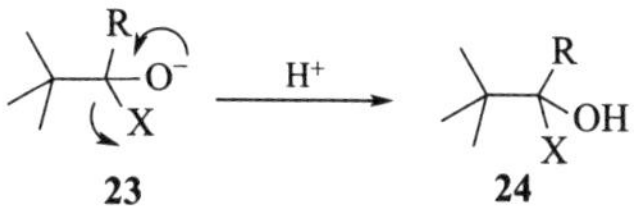

$$\mathbf{23} \xrightarrow{H^+} \mathbf{24}\ (-C(R)(X)OH) \qquad (2.34)$$

③ 如果 X 不是一个良好的离去基团，同时加成物（**24**）在羟基的 β- 碳原子上还有一个酸性氢，则在亲核加成后紧接着脱水［式（2.35）］，这类加成 - 消除过程称为缩合反应（condensation reaction）。

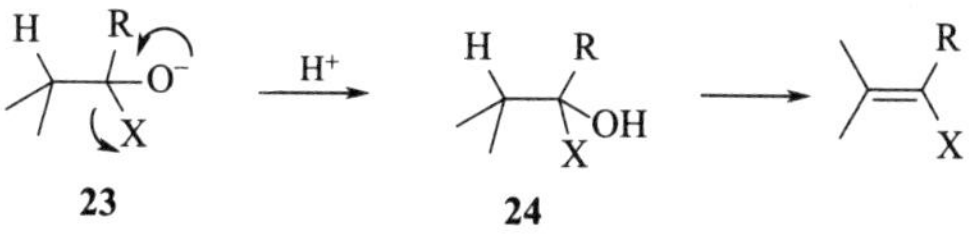

$$\mathbf{23} \xrightarrow{H^+} \mathbf{24} \longrightarrow >C=C(R)(X) \qquad (2.35)$$

2.4.1.3 亲电的亚胺与腈 (Electrophilic imine and nitrile)

含有碳 - 氮双键的化合物在与亲核试剂反应时，表现出了与羰基化合物相似的性质。一般来讲亚胺化合物与亲核试剂的反应是可以顺利进行的，如式（2.36a）所示，但其远不如羰基化合物与亲核试剂的反应。但是，如果氮带正电荷则碳具有高度亲电性，亲核试剂与亚胺盐的亲核加成［式（2.36b）］就是一类重要的合成操作，比如曼尼希反应（Mannich reaction）和维尔斯迈尔 - 哈克 - 阿诺德反应（Vilsmeier-Haack-Arnold reaction）。

$$Nu^- + R(X)C{=}NR' \longrightarrow Nu{-}C(R)(X){-}N^-R' \longrightarrow Nu{-}C(R)(X){-}NHR' \quad (a)$$

$$Nu^- + R(X)C{=}N^+R'_2 \longrightarrow Nu{-}C(R)(X){-}NR'_2 \quad (b) \qquad (2.36)$$

氰基化合物也可作为亲电试剂［式（2.37）］，氰基的亲核加成首先生成亚胺负离子，亚胺的性质决定了其不稳定，可以发生水解而得到相应的羰基化合物（英文导读 2.15）。

$$Nu^- + R{-}C{\equiv}N \longrightarrow Nu(R)C{=}N^- \xrightarrow{H^+} Nu(R)C{=}NH \xrightarrow[H_2O]{H^+} Nu(R)C{=}O + NH_4^+ \qquad (2.37)$$

2.4.1.4 亲电的 α, β- 不饱和烯烃 (Electrophilic α, β-unsaturated alkene)

基础有机化学中已学习到烯烃具有亲核性并可以与亲电试剂发生反应。但是，如果双键相邻的一个位置上的碳原子是亲电的，那么亲核进攻不仅可以在亲电的碳上发生，也可以在双键的“远”端发生，即通常所说的共轭加成，如反应式（2.38）中所示（英文导读 2.16）。

(2.38)

2.4.1.5 亲电的卡宾 (Electrophilic carbene)

中性的缺电子卡宾 $:C<^{X}_{Y}$ 有较高的亲电活性，在有机合成中有一定的应用，其主要是与烯烃或富电子芳烃反应［式（2.39）］。

(2.39)

2.4.2 亲核试剂概述 (Overview of nucleophilic reagent)

在式（2.21）的亲电试剂 - 亲核试剂作用的结构式中，亲核试剂用碳负离子代表，现在就来讨论碳负离子和有关亲核试剂的普遍特点。

2.4.2.1 有机金属试剂 (Organometallic reagent)

格氏试剂（Grignard reagent）是基础有机化学中接触最多的有机金属试剂，也是在亲核 - 亲电反应中应用最为广泛的有机金属试剂。它们的制备相对简单，可由卤代烷或者卤代芳烃与镁在干燥的醚类溶剂中制备，并且在溶液中是相对稳定的，但格氏试剂可以被氧、水和其他质子性溶剂分解［式（2.40）］。格氏试剂通常被看成 R—MgX 的结构，RMgX 中 R 是烷基或芳基，X 是溴或碘，其被极化为 $\overset{\delta^-}{R}—\overset{\delta^+}{Mg}X$，甚至可以看作是 $R^{-+}MgX$，它们表现为碳负离子，是合成子 R^- 很好的一个代表（英文导读 2.17）。

$$\text{R—MgX} + \text{H—Y} \longrightarrow \text{R—H} + \text{Y—MgX} \quad \text{Y=OH, OR, NHR, NR}_2 \tag{2.40}$$

有机锌试剂（organozinc reagent）应用面相对较小，活性比格氏试剂弱，后处理相对困难。但是雷福尔马茨基反应（Reformatsky reaction）却恰恰利用了它们较低的反应活性（英文导读 2.18）。

二烷基镉试剂（dialkyl cadmium，R_2Cd）是由格氏试剂和氯化镉制备的，由于镉的电正性较镁低，二烷基镉试剂的活性也比格氏试剂低，其对亲电试剂具有较高选择性（英文导读 2.19）。

烷基锂（alkyl-lithium）和芳基锂（aryl-lithium）化合物比相应的格氏试剂活性更高，但选择性较低（英文导读 2.20）。

有机铜试剂（organocopper reagent）可以作为有效的含碳的亲核试剂，同时显示出非同寻常的选择性，这种试剂的两种类型都是从卤化亚铜和烷基锂化合物衍生而得的［式（2.41）］（英文导读 2.21）：

$$\begin{aligned} &\text{RLi+CuX} \longrightarrow \text{RCu+LiX} \\ &\text{2RLi+CuI} \longrightarrow \text{R}_2\text{CuLi+LiI} \end{aligned} \tag{2.41}$$

简单的烷基铜不易溶于有机溶剂，除非采用配位体如三烷基膦与之络合。二烷基铜锂可溶于醚，因而直接作为试剂使用。

2.4.2.2 稳定的碳负离子 (Stable carbanion)

大多数稳定的碳负离子由 C—H 的异裂（heterolysis）产生，但是在通常情况下，C—H 的离解（dissociation）不能自发进行，因为碳键上的氢很少是强酸性的，因此为了促进异裂需要使用碱［式（2.42）］：

$$\underset{\mathbf{25}}{\text{C—H}} + {}^-\text{B} \rightleftharpoons \text{C}^- + \text{BH} \tag{2.42}$$

因为碳负离子本身也是碱性的，能够重新夺取质子，因此反应式（2.42）是一可逆反应，认识到这一点对后续的理解十分重要。如果要求化合物（**25**）完全去质子化，B^- 必须是比碳负离子更强的碱。或者换一种说法，化合物（**25**）的酸性越强，为实现完全去质子化所需的碱就越弱。在有机合成实践中，分子的完全去质子化需要化学计量的碱。通常有如下三类形式的稳定的碳负离子。

其一，当负电中心与一个吸电子共轭效应（$-C$）基团如羰基邻近时，碳负离子获得最大稳定性，稳定作用来自负电荷的离域作用，如反应式（2.43）所示（英文导读 2.22）。

（2.43）

常见的 $-C$ 基团稳定效应的次序为—NO_2>—C(=O)—>—SO_2≈—CN；其中羰基稳定性次序为醛 > 酮 > 酯。如果负离子中心连有两个 $-C$ 基团，电荷的离域更多，大大增加了负离子的稳定性，它的碱性也相应降低。如果负离子中心连有三个 $-C$ 基团，它就几乎没有碱性了。

其二，当负电中心与一个具有吸电子诱导效应（$-I$）的基团邻近时，碳负离子便可获得稳定性，这种类型的稳定化作用不如 $-C$ 基团所产生的作用强。因此通常情况下需要两个或者更多的 $-I$ 取代基才可以获得一个中等强度稳定的碳负离子，如—CF_3 或者—$CH(SR)_2$，含有一个正电荷的 $-I$ 基团也是如此，如式（2.44）所示（英文导读 2.23）。

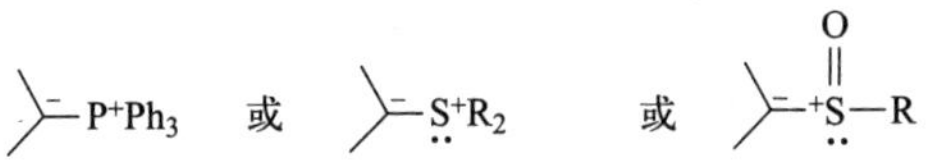

P^+Ph_3 或 S^+R_2 或 $^+S(=O)—R$ （2.44）

值得注意的是，对于这类稳定作用（除氟以外），最有效的稳定原因是那些分子结构中与阴离子相邻的原子是位于周期表第三周期的原子（特别是磷和硫）。这些原子有未占有的 3d 轨道，它们可与有孤对电子的碳原子的 2p 轨道重叠，从而对负电荷起共轭稳定作用。

其三，当负电的中心在三键碳原子上时，三键使碳负离子稳定化。1- 烷基炔虽然不是强酸，但仍是比烷烃强得多的酸，因而容易被格氏试剂和类似试剂等的烷基碳负离子或氨基负离子去质子化，如反应式（2.45）所示（英文导读 2.24）：

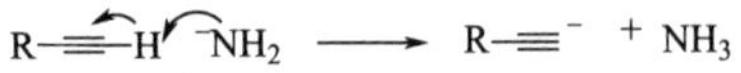

$$R—≡—H\ ^-NH_2 \longrightarrow R—≡^- + NH_3 \quad (2.45)$$

炔基碳负离子比烷基碳负离子稳定，是由于所含未共用电子对的轨道具有较高的 s 成分。氢氰酸比炔烃酸性更强，氰离子比炔基碳负离子更稳定，这可能是 π 键体系极化的结果，极化减少了碳上的电子，从而降低了孤对电子成键的可能性。

本章小结 (Summary)

1. 选择性是有机合成中非常重要的问题。化学选择性是指不同官能团之间的选择性，区域选择性指的是同一官能团不同反应位点之间的控制，立体选择性是对立体化学的控制。将官能团引入到分子中特定的位置以及官能团之间的互相转化，它们均在有机合成的方法步骤中起重要作用。
2. 对烯、炔烃和芳香烃及取代苯四类化合物的官能团化进行了总结。
3. 对醇羟基和酚羟基、胺和偶氮盐、卤代物和硝基化合物、醛和酮以及羧酸及其衍生物的官能团之间的互相转化进行了总结。
4. 有机合成的一般策略包括目标化合物的切断和逆合成分析、亲电与亲核的合成子的识别，以及这些合成子的合成等价物的辨认。

5. 亲电试剂，包括烷基化试剂、酰基化试剂、含有 C═N 和 C≡N 键的试剂以及 α, β-不饱和烯烃、卡宾的基础知识。
6. 亲核试剂包括格氏试剂、有机锂和有机铜试剂等有机金属试剂的基础知识；被一个或多个吸电子共轭效应 ($-C$) 基团或吸电子 ($-I$) 基团稳定的碳负离子的相关知识。

1. Selectivity is a very important issue in organic synthesis. The chemoselectivity (selectivity between different functional groups), regioselectivity (control between different aspects of the same functional group) and stereoselectivity (control over stereochemistry) are three aspects of selectivity that we pay attention.
2. Functionalization of alkenes, alkynes and arenes were summarized.
3. Functional group interconversions of alcoholic and phenolic hydroxyl groups, amines and diazonium salts, halogen and nitro compounds, aldehydes and ketones, and carboxylic acids and their derivatives were summarized.
4. The general strategy for the planning of a synthesis involves disconnection and retrosynthetic analysis of the target molecule, recognition of the electrophilic and nucleophilic synthons, and identification of possible synthetic equivalents for these synthons.
5. Basic knowledge about electrophilic reagents includes alkylation reagents, acylation reagents, reagents containing C═N and C≡N bonds, α, β-unsaturated alkene, and carbenes.
6. Basic knowledge about nucleophilic reagents such as Grignard reagent, organolithium reagent and organocopper reagent. Knowledge of carbanions stabilized by one or more $-C$ or $-I$ groups.

重要专业词汇对照表 (List of important professional vocabulary)

English	中文	English	中文
carboxylic acid derivative	羧酸衍生物	carbon skeleton	碳骨架
carboxylic acid	羧酸	carbonyl compound	羰基化合物
acylation reaction	酰化反应	chemoselectivity	化学选择性
addition reaction	加成反应	condensation reaction	缩合反应
aldehyde	醛	cyano group	氰基
aldol condensation reaction	羟醛缩合反应	diastereomer	非对映异构体
alkene	烯烃	disconnection	切断
alkylation reagent	烷基化试剂	electron-donating	给电子的
alkyne	炔烃	electron-withdrawing	吸电子的
amino group	氨基	electrophile reagent	亲电试剂
aromatic ring	芳环	enantioselectivity	对映选择性
aromatic hydrocarbon	芳香烃	functional group	官能团
asymmetric synthesis	不对称合成	functionalization	官能团化
carbanion	碳负离子	Grignard reagent	格氏试剂
carbocation	碳正离子	halogen	卤素

续表

English	中文	English	中文
heterocycle	杂环	racemate	外消旋体
inductive effect	诱导效应	free radical	自由基
ketones	酮	*R*-configuration	*R*- 构型
leaving group	离去基团	reactivity	反应性
Markovnikov rule	马尔科夫尼科夫规则	regioselectivity	区域选择性
conjugate effect	共轭效应	retrosynthetic analysis	逆合成分析
meta position	间位	*S*-configuration	*S*- 构型
nitro group	硝基	stable carbanion	稳定的碳负离子
nucleophile reagent	亲核试剂	stereogenic centre	立体中心
organometallic reagent	有机金属试剂	stereoselectivity	立体选择性
orientation	定位	substituent	取代基
ortho positions	邻位	substituted benzene	取代苯
para positions	对位	synthon	合成子
polarized	极化	Wittig reaction	维蒂希反应

重要概念英文导读 (English reading of important concepts)

2.1 Functional groups are so called because they impart specific types of reactivity to organic molecules. In general, the characteristic reactions of functional group is observed, irrespective of the precise molecular environment in which the functional group is situated. It should be obvious that the synthesis of a complicated molecule containing several functional groups depends on the chemoselectivity of the individual reaction steps. Reagents must be chosen which react only at the desired functional group or groups, and if necessary, other functionality in the molecule must first be protected in order to prevent unwanted side reaction. The chemoselectivity (selectivity between different functional groups), regioselectivity (control between different aspects of the same functional group) and stereoselectivity (control over stereochemistry) are three aspects of selectivity that we pay attention to and will discuss.

In chemical synthesis, the term "selectivity" refers to the discrimination displayed by a reagent A when it reacts with two different reactants B and C. Selectivity can also refer to the discrimination between two different reaction pathways when A is made to react with a single reactant B. There are also more specific terms that define a particular subtype of selectivity. For example, "stereoselectivity" refers to controlling the stereochemical outcome of a reaction and can be further divided into enantio- and diastereselectivity. The term "regioselectivity" refers to the directional preference of the breaking or making of a chemical bond, whereas the term "chemoselectivity" describes the preferential reaction of a given reagent with one of two or more functional groups that are present in a reactant or a group of reactants.

2.2 (1) Selective reaction of one among several functional groups of different reactivity.

(2) Selective reaction of one of several identical functional groups.

(3) Selective reaction of a functional group to give a product which could itself react with the same reagent.

2.3 Two of the most widely known examples of empirical rules for predicting the outcomes of organic reactions are named for the Russian chemists Aleksandr Mikhailovich Zaitsev (1841—1910) and Vladimir Vasil’evich Markovnikov (1838—1904). Today most students in organic chemistry are familiar with the empirical rules devised by these two chemists: Zaitsev’s (Saytzeff’s) Rule for predicting the regiochemistry of base-promoted β-elimination from alkyl halides and Markovnikov rule for predicting the regiochemistry of the addition of unsymmetrical electrophiles to unsymmetrical alkenes. Indeed, Markovnikov’s name is one of the few remembered by students in organic chemistry years after they have completed the course.

Unsymmetrically substituted alkenes and alkynes may in principle undergo addition reactions in either of two directions. One of these directions normally predominates (as determined, for example, by Markownikoff’s rule for ionic addition) and such reactions are thus said to be regioselective, since the initial attack occurs at one end of the alkene or alkyne group in preference to the other.

2.4 Regioselectivity is also observed in electrophilic aromatic and heteroaromatic substitutions: for example, in benzene derivatives the effect of existing substituents is to direct the incoming electrophile either to the *ortho*- and *para*-positions or to the *meta*-position. Unlike the benzene series for which the relative reactivity of the substrates is textbook knowledge, it is not a priori obvious at which position(s) halogenation will occur for heteroaromatic systems, especially in compounds that contain multiple (hetero)aromatic rings or in compounds that contain both heteroarene and benzene rings.

2.5 Regioselectivity means controlling different aspects of the same functional group. Classic examples are controlling direct (1, 2-) or conjugate (Michael or 1, 4-) addition to unsaturated carbonyl compounds. In later chapters, regioselectivity will be encountered again, for example in addition to an α, β-unsaturated carbonyl compound, in the formation of specific enolates from unsymmetrical ketones and in the Baeyer-Villiger oxidation.

2.6 Where a particular reaction leads to a product that is capable of exhibiting stereoisomerism, it is not unusual for one stereoisomer to predominate; such a reaction is described as stereoselective. Stereoselectivity is at first sight the easiest of the three selectivity to understand and the most difficult to exercise. In many reactions, whether new carbon-carbon bonds are being formed or whether some functional group is merely being altered, stereochemistric appears. It may be that a double bond is formed which can have *E* or *Z* geometric, isomer or that a new stereogenic center is formed, perhaps by reduction of a ketone, and therefore a relationship develops with other stereogenic centers in the molecule. If these aspects are controlled, then we have stereoselectivity.

2.7 Alternatively, the stereoselectivity of a reaction may result from the presence of stereogenic centres in the product or the starting compound or both. In every reaction which generates a stereogenic centre, the new stereogenic centre may have either the *R*- or *S*-configuration. If the starting compound contains no stereogenic centre, the product then consists of a pair of enantiomers (usually in equal proportions: this is termed a racemate). Enantioselective reactions represent a special case in which the conditions employed in the reaction lead to a product in which one configuration (*R* or *S*) at the new stereogenic centre or centres predominates over the other. This process is often referred to as an asymmetric synthesis.

2.8 The introduction of functional groups into molecules and the conversion of functional groups are important aspects of synthesis. However, we should point out that it is relatively easy to functionalize some positions in some examples, but not in others, so the expected product can only be obtained through functional group conversion. This section will summarize the various reactions of introducing functional groups.

2.9 Retrosynthetic analysis is a problem-solving technique for transforming the structure of a synthetic target (TGT) molecule to a sequence of progressively simpler structures along a pathway which ultimately leads to simple or commercially available starting materials for a chemical synthesis. The transformation of a molecule to a synthetic processor is accomplished by the application of a transform, the extract reverse of a synthetic reaction. Retrosynthetic analysis is the cornerstone of organic synthesis, allowing scientists to simplify complex target molecules into small fragments by disconnecting bonds.

2.10 The construction of the molecular framework for any given target compound is, however, not merely a matter of joining together the requisite number of carbon atoms in the right way. The attention must be paid to the position of functional groups in the end-product. Firstly, as a rule, the fewer the number of steps in a synthesis, the better. Secondly, the necessary functionality must be built into the carbon skeleton as the latter is being assembled. The principal reactions leading to carbon-carbon bond formation are those in which either both of the carbons to be joined initially bear functional groups or one of the carbons initially bears a functional group and the other is directly adjacent to a functional group.

2.11 A carbon-carbon bond may be defined as the sharing of a pair of electrons between the carbon atoms. There are three ways in which such a bond may be formed. First, each carbon atom provides one electron to the shared pair. Second, one of the carbons contributes both electrons for the shared pair. Third, the synthesis of dienes in the pericyclic reaction.

2.12 The electrophilicity of carbonyl carbon is much greater than that of oxygen alpha carbon. Alcohols, ethers, thiols and thioethers are also ineffective alkylating agents because —OH, —OR, —SH and —SR are poor leaving groups.

2.13 The electrophilicity of the carbonyl carbon atom is due principally to the electron-withdrawing conjugate effect ($-C$) of the oxygen. The electrophilicity of the carbonyl carbon atom also depends on the electron-donating or -withdrawing ability of other attached atoms or groups.

2.14 (i) If X is a leaving group (Cl, Br, OEt, OMe etc.), it may be eliminated as X^-. The result is substitution of the group X by the carbon nucleophile; the nucleophile becomes attached to an acyl group. We call it "acylation reaction".

(ii) If X is not a leaving group (R, Ar etc.), the anion **23** is likely to pick up a proton from the reaction medium or pick up a proton during the isolation procedure. We call it "addition reaction" to the carbonyl group.

(iii) If X is not a leaving group, and the adduct **24** also contains an acidic hydrogen adjacent to the hydroxyl group, elimination of water may follow the nucleophilic addition. We call it this addition-elimination sequence "condensation reaction".

2.15 The compounds containing carbon-nitrogen double bonds resemble carbonyl compounds in their reactions with nucleophiles. The carbon-nitrogen double bonds in imines are fundamentally important functional groups in organic chemistry. This is largely due to the fact that imines act as electrophiles towards carbon nucleophiles in reactions that form carbon-carbon bonds, thereby serving as one of the most widely used precursors for the formation of amines in both synthetic and biosynthetic settings. Cyano compounds also behave as electrophiles, nucleophilic addition to cyano compounds giving anions of imines, which are not stable and undergo hydrolysis to carbonyl compounds.

2.16 If the carbon atom one position removed from the double bond is electrophilic, then nucleophilic attack may occur not only at the electrophilic carbon but at the "far" end of the double bond as in reactions, i.e. conjugate addition.

2.17 During the past 100 years, the Grignard reagents have probably been the most widely used organometallic reagents. Most of them are easily prepared in ethereal solution (usually diethyl ether or, since the early 1950s, THF) by the reaction of an organic halide with metallic magnesium. Most of them are stable in ethereal solution (although atmospheric moisture and oxygen should be excluded) and in general are quite reactive. Discovered by Victor Grignard at the University of Lyon in France in 1900, their ease of preparation and their broad applications in organic and organometallic synthesis made these new organomagnesium reagents an instant success. The importance of this contribution to synthetic chemistry was recognized very early, and for his discovery Grignard was awarded a Nobel Prize in Chemistry in 1912. The Grignard reagents may be regarded as having the structure R—MgX, which is polarized as $\overset{\delta^-}{R}—\overset{\delta^+}{Mg}X$ or even $R^-\ {}^+MgX$. They behave as carbanions and are adequately represented by the synthon R^-.

2.18 The organozinc reagents are less reactive than Grignard reagents and are allegedly more difficult to handle. Organozinc reagents have found widespread use in a variety of processes. Compared to Grignard reagents, organozincs offer a unique functional group tolerance and reactivity. Indeed, ester, keto, cyano, and nitro functions stay unaffected that obviates the use of protecting groups.

2.19 Dialkylcadmium reagents are also less reactive than Grignard reagents because cadmium is less electropositive than magnesium. But they are sometimes used by virtue of their greater selectivity towards electrophiles.

2.20 Alkyl-lithium and aryl-lithium compounds are more reactive, and even less selective, than the corresponding Grignard reagents.

2.21 Among the variety of organometallic reagents, organocopper reagents are the most widely used and powerful tools in synthetic organic chemistry, delivering carbon, hydrogen, and heteroatom nucleophiles. Organocopper reagents may function as useful carbon nucleophiles and which exhibit an unusual degree of selectivity. Because of the low polarity of the copper-carbon bond, a unique reactivity profile ranging from conjugate addition and S_N2 type substitution reactions to carbometallation of alkynes is observed.

2.22 The best stabilization of the carbanion is achieved when the anionic centre is adjacent to a $-C$ group such as carbonyl, cyano, nitro or sulfonyl. Stabilization results from the delocalization of the negative charge.

2.23 When the anionic centre is adjacent to an electron-withdraing inductive effect ($-I$) group, stabilization of the carbanion results, although this type of stabilization is less effective than that involving a $-C$ group. Two or more $-I$ substituents make a moderately stable carbanion, e.g.$-CF_3$ or $-CH(SR)_2$, as do $-I$ groups carrying a positive charge.

2.24 When the anionic centre resides on a triply bonded carbon atom, a degree of stabilization is conferred on the carbanion. l-alk ynes, although by no means strong acids, are nevertheless much stronger acids than alkanes and are thus deprotonated easily by Grignard and similar reagents (alkyl carbanion and amide ion).

习题 (Exercises)

2.1 对下面几个重要官能团，选择适当的试剂完成转换。

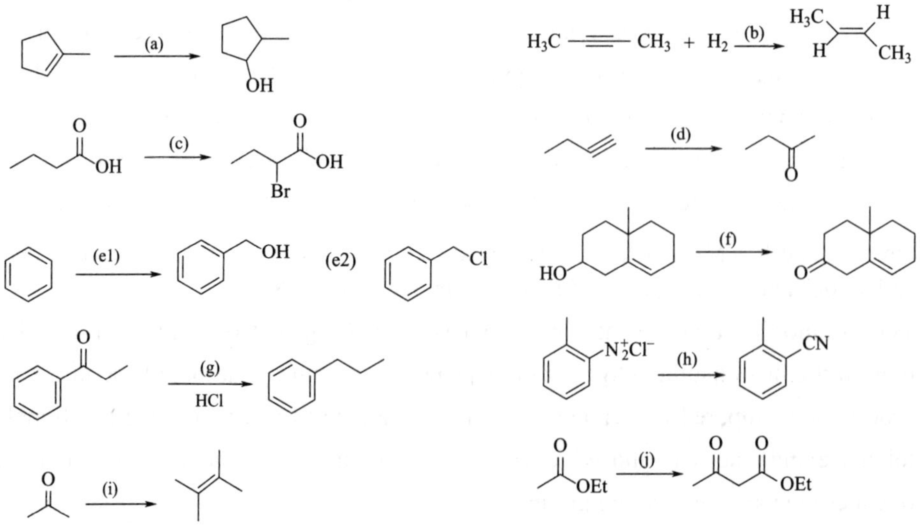

(a) OH

H_3C — CH_3 + H_2 (b) H_3C H H CH_3

O OH (c) O OH Br

(d) O

(e1) OH (e2) Cl

HO (f) O

O (g) HCl

$N_2^+Cl^-$ (h) CN

O (i)

O OEt (j) O O OEt

2.2 Complete the transformation of functional groups?

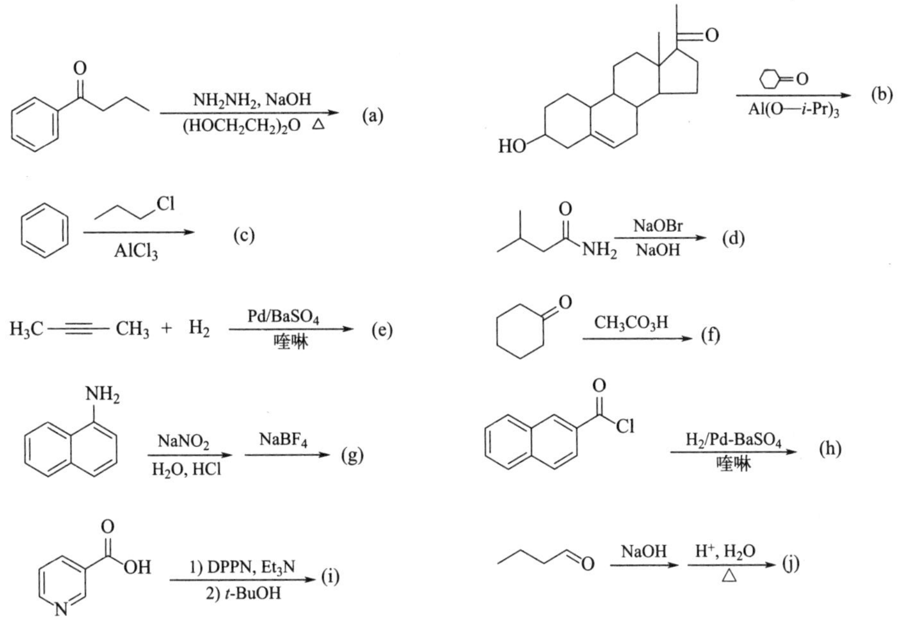

(a) NH_2NH_2, NaOH; $(HOCH_2CH_2)_2O$ △

(b) cyclohexanone (=O); Al(O—*i*-Pr)$_3$

(c) AlCl$_3$

(d) NaOBr; NaOH

(e) H_3C—≡—CH_3 + H_2 Pd/BaSO$_4$; 喹啉

(f) CH_3CO_3H

(g) $NaNO_2$; H_2O, HCl; $NaBF_4$

(h) H_2/Pd-BaSO$_4$; 喹啉

(i) 1) DPPN, Et_3N; 2) *t*-BuOH

(j) NaOH; H^+, H_2O; △

2.3 以列表的形式给出你熟悉的亲核试剂。

2.4 以列表的形式给出你熟悉的亲电试剂。

2.5 Step-by-step retrosynthetic analysis of each of the target molecules reveals that they can be efficiently prepared in a few steps from the starting material shown below. Do a retrosynthetic analysis and suggest reagents for carrying out the desired synthesis.

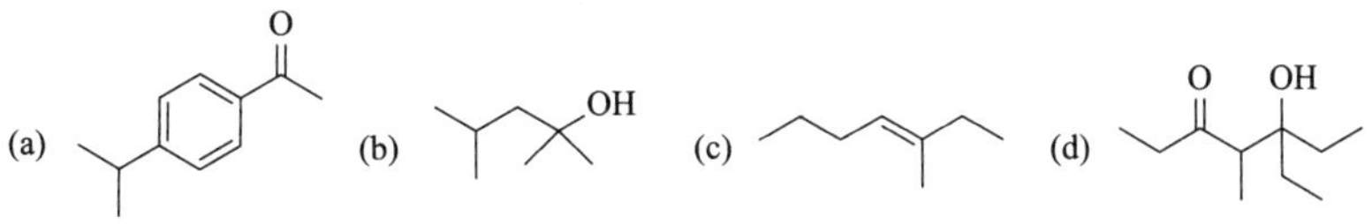

(a) (b) (c) (d)

参考文献与课后阅读推荐材料 (References and recommended materials for reading after class)

1. Afagh N A, Yudin A K. Chemoselectivity and the curious reactivity preferences of functional groups. Angewandte Chemie-International Edition, 2010, 49(2): 262-310.
2. Warren S, Wyatt P. Workbook for organic synthesis: the disconnection approach. Hoboken: Wiley, 2009.
3. Wyatt P, Warren S. Organic synthesis strategy and control. Hoboken: Wiley, 2008.
4. Mackie R K, Smith D M, Aitken R A. Guidebook to organic synthesis. 北京：世界图书出版公司，2011.
5. Lewis D E. Feuding rule makers: Aleksandr Mikhailovich Zaitsev (1841—1910) and Vladimir Vasilevich Markovnikov (1838—1904). A commentary on the origins of Zaitsev's rule. Bulletin for the History of Chemistry, 2010, 35(2): 115-124.

6. Khare A, Shrivastava R. Retrosynthetic analysis-a review. International Journal of Pharmacy and Technology, 2011, 3(3): 1463-1476.
7. Wu Y W, Hu L, Li Z, et al. Catalytic asymmetric umpolung reactions of imines. Nature, 2015, 523(7561): 445-450.
8. Kromann J C, Jensen J H, Kruszyk M, et al. Fast and accurate prediction of the regioselectivity of electrophilic aromatic substitution reactions. Chemical Science, 2018, 9(3): 660-665.
9. Dietmar S. The Grignard Reagents. Organometallics, 2009, 28(6): 1598-1605.
10. Dilman A D, Levin V V. Advances in the chemistry of organozinc reagents. Tetrahedron Letters, 2016, 57(36): 3986-3992.
11. Breit B, Schmidt Y. Directed reactions of organocopper reagents. Chemical reviews, 2008, 108(8): 2928-2951.
12. Colquhoun H M, Holton J, Thompson D J, et al. New pathways for organic synthesis. New York: Plenum Press, 1984.
13. Carruthers W. Some modern methods of organic synthesis. 2nd ed. 北京：世界图书出版公司，2004.

第3章 有机金属化合物参与的碳－碳键的形成

(Formation of carbon-carbon bond involving organometallic compound)

3.1 格氏试剂与碳－碳键形成 (Grignard reagent and formation of carbon–carbon bond)

法国科学家 Grignard 在 1900 年发明了格氏试剂（RMgX，Grignard reagent），并因此于 1912 年获得了诺贝尔奖。格氏试剂在碳 - 碳键的构建中具有非常广泛的应用。

3.1.1 格氏试剂的制备 (Preparation of Grignard reagent)

3.1.1.1 格氏试剂的制备方法 (Preparation method of Grignard reagent)

格氏试剂一般由卤代烃与镁屑在无水乙醚或四氢呋喃（THF）中制备［式（3.1）］。其中，镁屑需预处理以除去表面的氧化物，如用稀盐酸洗涤后，再用易挥发溶剂（如丙酮）洗去残留的酸液，最后真空干燥。为减少自偶联，芳基格氏试剂的制备一般用四氢呋喃作为溶剂；烷基格氏试剂的制备一般用乙醚作为溶剂。活泼的卤代烃如碘代烃不需引发剂引发，不活泼的卤代烃可用少许碘、1, 2- 二溴乙烷等引发剂引发。另外，格氏试剂的制备常为放热反应，制备中还需控制适宜的反应温度，防止反应突然启动而失控。

$$RX + Mg \xrightarrow[0\sim5℃]{\text{无水}Et_2O} RMgX \quad (3.1)$$

当式（3.1）中的 R 基团为烷基、苄基和烯丙基时制备相对容易，但当 R 为乙烯基卤时需要特殊的条件。它不能生成格氏试剂的主要原因是格氏试剂会进一步与卤代烯烃作用而发生歧化，如式（3.2）所示。

R–CH=CH–MgX + R–CH=CH–X ⟶ R–CH=CH₂ + R–C≡CH　　(3.2)

但将卤代烯烃与镁在 THF 中作用，能顺利地制得格氏试剂，产率很好。这是因为溶剂分子能和格氏试剂中的镁牢固地结合，因而不能发生歧化。

格氏试剂性质活泼，其可与水、氧、二氧化碳、活泼氢官能团、羰基官能团等反应［式（3.3）］。此外，水、氧等还可淬灭自由基而导致反应中止。因此，制备及使用过程都必须保证体系严格无水、无氧，并在惰性气体保护下进行。

$$
\begin{aligned}
&R—MgX + 1/2O_2 \longrightarrow R—OMgX\\
&R—MgX + H_2O \longrightarrow R—H + Mg(OH)X\\
&R—MgX + CO_2 \longrightarrow R—COOMgX
\end{aligned}
\tag{3.3}
$$

3.1.1.2 格氏试剂制备机理 (Mechanism of preparation of Grignard reagent)

首先，卤代烃（RX）在镁表面产生自由基 R·、X·，X·和 Mg 结合后进一步与卤代烃 RX 反应转化为格氏试剂（RMgX），见式（3.4）。

Mg Mg / R—X ⟶ Mg Mg / R X ——单电子转移⟶ Mg Mg / R· ·MgX ⟶ R—MgX （3.4）

烃基相同，而卤素不同时，卤代烃与镁的反应活性为：RI>RBr>RCl>RF。卤素相同，而烃基不同时，卤代烃与镁的反应活性有：RX>ArX。这是由于烷基碳 - 卤键键能小于芳基碳 - 卤键键能，前者更易断裂形成相应的烷基自由基，且形成的烷基自由基较芳基自由基更稳定。卤素相同而烃基级数不同时，卤代烃与镁反应的难易程度有：伯卤代烃 > 仲卤代烃 > 叔卤代烃。这是由于伯碳自由基中间体的稳定性更差，反应活性更高，更易参与后续的自由基传递。制备示例如式（3.5）。

$$
\begin{aligned}
&CH_3CH_2I + Mg \xrightarrow[0\sim5℃]{干燥Et_2O} CH_3CH_2MgI\\
&C_6H_5Br + Mg \xrightarrow[干燥THF,回流]{BrCH_2CH_2Br\,(催化剂)} C_6H_5MgBr\\
&C_6H_5Cl + Mg \xrightarrow[干燥THF,回流]{I_2(催化剂)} C_6H_5MgCl
\end{aligned}
\tag{3.5}
$$

由于碘代烷最贵，而氯代烷的反应性较差，所以，实验室中常采用反应性居中的溴代烷来合成 Grignard 试剂。单质碘对反应有催化作用，因此常常加入少量碘来促进反应。

3.1.2 格氏试剂的反应 (Reaction of Grignard reagent)

3.1.2.1 烃基化 (Hydrocarbylation)

格氏试剂具有亲核性，可与活泼的卤代烷烃偶联制备更高级的烷烃［式（3.6）］，反应历程为亲核取代。需要注意的是，由于活泼的卤代烷烃易与格氏试剂偶联，如烯丙型、苄基型、三级卤代烃，因此在使用此类卤代烃制备相应的格氏试剂时，需要控制适宜的温度以防其自偶联。

$$R—MgX + R'—X \longrightarrow R—R' + MgX_2 \tag{3.6}$$

反应示例如式（3.7）所示。

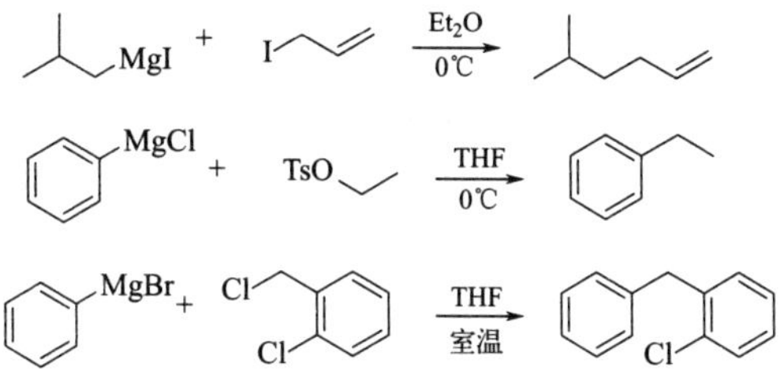

(3.7)

另外，格氏试剂不仅具有亲核性，还具有强碱性。当格氏试剂与含有 *β*- 氢的仲、叔卤代烷烃反应时，消除反应常与取代反应竞争；对于活泼的仲、叔卤代烷烃，消除反应还可成为主反应，如式（3.8）所示。

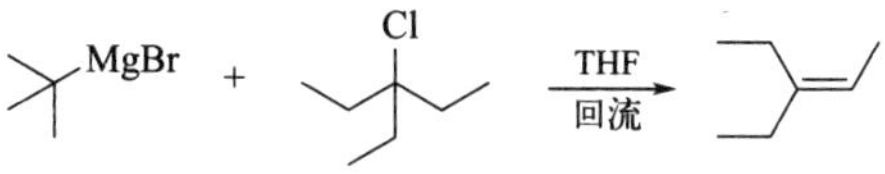

(3.8)

格氏试剂可与环氧乙烷反应制备增加两个碳的伯醇。当环氧基的两个碳原子化学环境不相同时，格氏试剂进攻位阻（steric hindrance）小的碳原子［式（3.9)］。因此，格氏试剂还可与环氧乙烷衍生物反应，制备仲醇。

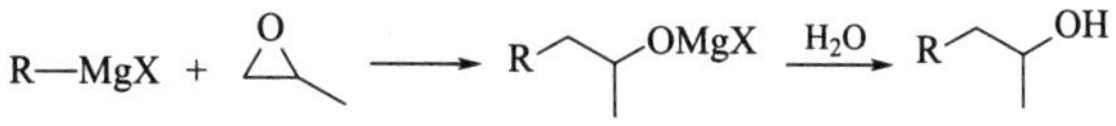

(3.9)

反应示例见式（3.10)。

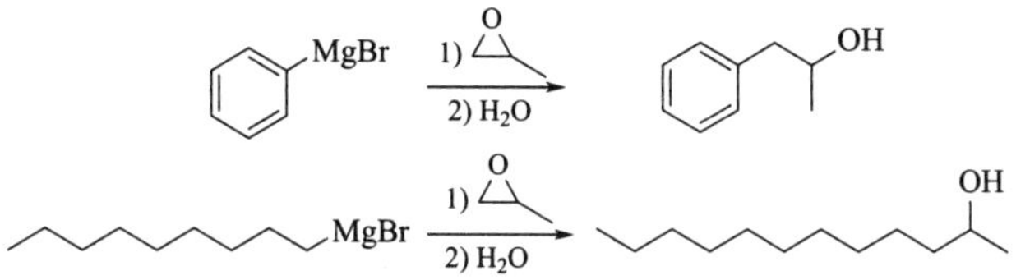

(3.10)

当然，有机镁化合物也能与氧杂环丁烷作用生成伯醇，碳链增长三个碳原子，如反应式（3.11）所示。更大的环氧烷由于环张力减小没有开环的动力，格氏试剂不能与其反应开环生成碳链增长的醇。

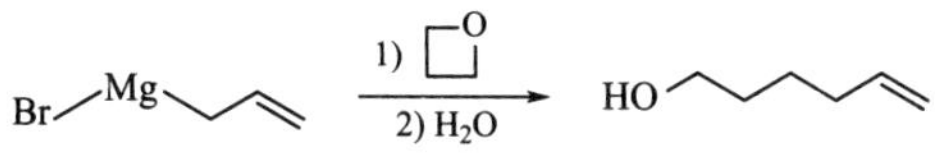

(3.11)

烯基、芳基格氏试剂还可与卤代烯烃、卤代芳烃、烯基 / 芳基三氟甲磺酸酯（拟卤代烃），在钯、镍等金属配合物催化剂作用下，发生熊田交叉偶联反应（Kumada cross-coupling reaction）［式（3.12)］。在 20 世纪 70 年代，大量的研究工作集中在过渡金属催化的低活性的烯基和芳基卤化物的碳 - 碳键形成反应上。1972 年，M.Kumada 和 R.J.P.Corriu 独立发现了芳基或烯基卤化物与格氏试剂在催化量的镍 - 膦配合物存在下的立体选择性交叉偶联反应。在接下来的几年里，Kumada 探索了反应的范围和局限性（英文导读 3.1)。

$$RMgX + R'—X \xrightarrow{\text{Ni 或 Pd}} R—R' + MgX_2 \tag{3.12}$$

其中，R 可以是烯基、芳基；R′可以是烷基、烯基、芳基；X 可以是 F、Cl、Br、I、OTf。

该偶联反应为催化循环（catalytic cycle）反应。以 Pd 配合物催化为例，首先 Pd（0）或 Pd（Ⅱ）配合物等前催化剂（precatalyst）在溶剂、配体（ligand）、格氏试剂等的作用下转化为活性催化剂，后者插入碳 - 卤键而发生氧化加成（oxidative addition），随后格氏试剂的 R 基与中间体的卤素交换而发生转金属化反应（transmetallation），所产生的中间体经还原消除（reductive elimination）而释放偶联产物及活性催化剂（active catalyst），后者进入下一个反应循环，见式（3.13）。这类钯催化偶联反应，例如 Kumada 交叉偶联、Stille 交叉偶联、Negishi 交叉偶联的反应机理均包括三个关键过程，即活化催化剂对卤代烃氧化加成、转金属化和还原消除（英文导读 3.2）。

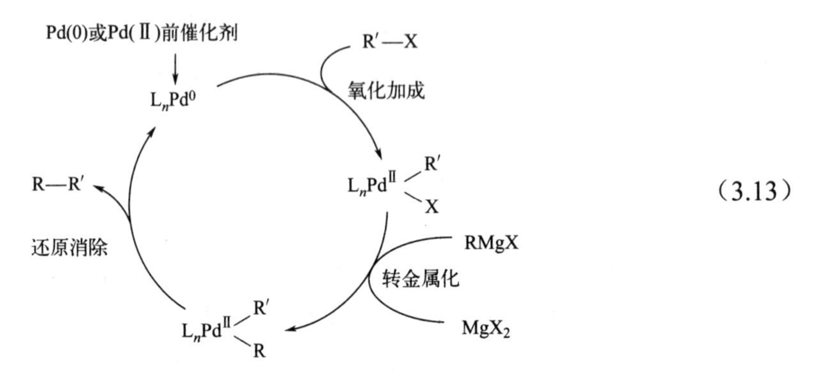

（3.13）

由于催化循环中涉及 Pd（0）中间体以及对水、氧气等敏感的格氏试剂，因此反应需在无氧、无水条件下进行。反应的立体选择性较好，反应前后卤代烯烃的相对立体化学保持不变。Kumada 交叉偶联反应广泛应用于碳 - 碳键的构建，但由于底物格氏试剂的强碱性，因此该反应对碱敏感的底物并不适用，反应如式（3.14）所示。

4-MeO-C_6H_4MgBr + Br-CH=CH_2 $\xrightarrow[\text{苯}]{Pd(PPh_3)_4}$ 4-MeO-C_6H_4-CH=CH_2

C_6H_5MgBr + C_6H_5OTf $\xrightarrow[\text{THF}]{PdCl_2(dppf)}$ C_6H_5-C_6H_5

EtMgCl + C_6H_5Cl $\xrightarrow[\text{MTBE, 40℃}]{Ni(acac)_2}$ C_6H_5Et

CH_2=CHMgBr + 2-氟萘 $\xrightarrow[\text{甲苯, 回流}]{NiCl_2(dppp)}$ 2-乙烯基萘

（3.14）

虽然 Kumada 交叉偶联中，钯催化剂的化学选择性、立体选择性往往优于镍催化剂，但前者不能催化活性较低的氯代、氟代芳烃的 Kumada 交叉偶联。此时，可用镍催化剂来催化氯代、氟代芳烃与格氏试剂偶联。对于镍催化剂，其催化活性与膦配体种类有关，一般具有如下顺序：$Ni(dppp)Cl_2 > Ni(dppe)Cl_2 > Ni(PR_3)_2Cl_2 \approx Ni(dppb)Cl_2$。

3.1.2.2 与羰基化合物加成 (Addition to carbonyl compound)

格氏试剂与醛、酮等羰基化合物（carbonyl compound）反应形成醇盐，后者经水解生

成醇［式（3.15)］。格氏试剂与甲醛反应可用于合成增加一个碳的伯醇；与其他醛反应可合成仲醇；与酮反应可合成叔醇，这些与醛和酮的加成反应是格氏试剂最有用的反应。

$$RMgX + (H)R'C(=O)R''(H) \longrightarrow R-C(R''(H))(R'(H))-OMgX \xrightarrow{H_2O} R-C(R''(H))(R'(H))-OH \quad (3.15)$$

格氏试剂对羰基的加成反应机理尚不完全清楚，但主流认为主要通过协同过程或自由基途径进行。一方面，具有低亲电子性的底物倾向于以协同方式通过环状过渡态反应。另一方面，空间要求高的底物和具有弱 C—Mg 的具有较大空间位阻的格氏试剂倾向于通过自由基途径反应，该自由基途径始于从 RMgBr 到底物的电子转移（英文导读 3.3），可能经历四元环状过渡态（cyclic transition state）的协同过程，见式（3.16）：

$$(H)R'(H)R''C=O + R-MgX \longrightarrow \left[(H)R'(H)R''C{\cdots}O{\cdots}MgX{\cdots}R\right]^{\ddagger} \longrightarrow R-C(R''(H))(R'(H))-OMgX \xrightarrow{H_2O} R'-C(R''(H))(R'(H))-OH \quad (3.16)$$

涉及单电子转移（single electron transfer，SET）的自由基历程见式（3.17）。

$$(H)R'(H)R''C=O \xrightarrow[SET]{R-MgX} \left[(H)R'(H)R''\dot{C}-O^{-}\ \ R{\cdot}{\cdot}\overset{+}{Mg}X\right] \longrightarrow R-C(R''(H))(R'(H))-OMgX \xrightarrow{H_2O} R'-C(R''(H))(R'(H))-OH \quad (3.17)$$

反应示例如式（3.18）：

$$\text{环己基-MgCl} + HCHO \xrightarrow{THF\ \ H_2O} \text{环己基-}CH_2OH$$
$$PhMgBr + HCHO \xrightarrow{THF\ \ H_2O} PhCH_2OH$$
$$(CH_3)_3CCH_2MgBr + CH_3CH_2CHO \xrightarrow{Et_2O\ \ H_2O} (CH_3)_3CCH_2CH(OH)CH_2CH_3$$
$$(CH_3)_2CHMgBr + CH_3COCH_3 \xrightarrow{Et_2O\ \ H_2O} (CH_3)_2CHC(OH)(CH_3)_2 \quad (3.18)$$
$$CH_2=CHMgBr + \text{环己酮} \xrightarrow{Et_2O\ \ H_2O} \text{1-乙烯基环己醇}$$
$$\text{2,2-二甲基-1,3-二氧戊环-4-}CHO + (CH_3)_2C=CHCH_2CH_2MgBr \xrightarrow[0℃至室温]{THF} (CH_3)_2C=CHCH_2CH_2CH(OH)\text{-(2,2-二甲基-1,3-二氧戊环-4-基)}$$

格氏试剂与酰氯、酸酐、酯、酰胺（仅 $RC(=O)NR'R''$）等羧酸衍生物反应时，首先生成酮，酮再与另一分子格氏试剂进一步反应，最后所得相应的醇盐经水解生成醇［式（3.19)］。

$$RMgX + LC(=O)R' \longrightarrow RC(=O)R' \xrightarrow{RMgX} R_2C(OMgX)R' \xrightarrow{H_2O} R_2C(OH)R' \quad (3.19)$$

反应分为两个阶段，首先格氏试剂对羧酸衍生物加成 - 消除，随后格氏试剂对酮羰基亲核加成［式（3.20)］：

$$RMgX + L\text{-}C(=O)\text{-}R' \longrightarrow R\text{-}C(R')(L)\text{-}\overset{-}{O}\overset{+}{Mg}X \longrightarrow R\text{-}C(=O)\text{-}R' \xrightarrow{RMgX} R_2C(R')OMgX \xrightarrow{H_2O} R_2C(R')OH \tag{3.20}$$

反应示例如式（3.21）所示。

2 EtMgI + (ε-己内酯) $\xrightarrow{Et_2O}$ $\xrightarrow{H_2O}$ HO(CH$_2$)$_5$C(OH)Et$_2$

2 CH$_2$=CHMgBr + $CH_3CH_2CON(CH_3)_2$ $\xrightarrow{THF}$ $\xrightarrow{H_2O}$ Et(CH$_2$=CH)$_2$C–OH　（3.21）

2 PhMgBr + 环丙基甲酰氯 (Cl–CO–C$_3$H$_5$) $\xrightarrow{THF}$ $\xrightarrow{H_2O}$ Ph$_2$C(OH)(C$_3$H$_5$)

若试剂空间位阻较大，且反应温度较低，则可以停留在酮阶段。如羰基α位存在叔丁基时的反应，见式（3.22）。

$CH_3CH_2CH_2MgBr$ + Cl–CO–C(CH$_3$)$_3$ $\xrightarrow[-78℃]{THF}$ $\xrightarrow{H_2O}$ $CH_3CH_2CH_2$–CO–C(CH$_3$)$_3$　（3.22）

格氏试剂与甲酸酯反应则生成两个取代基相同的仲醇；格氏试剂与碳酸酯作用生成叔醇，例如反应式（3.23）。

$CH_3(CH_2)_3MgBr$ $\xrightarrow[2)\ H_3O^+]{1)\ HCOOEt}$ $[CH_3(CH_2)_3]_2CHOH$

CH_3CH_2MgBr $\xrightarrow[2)\ H_3O^+]{1)\ EtO\text{-}CO\text{-}OEt}$ $(CH_3CH_2)_3COH$　（3.23）

格氏试剂与醛、酮、环氧化物反应制备醇的反应是一类非常有用并且重要的有机合成反应，反应总结如式（3.24）所示。

RX $\xrightarrow{Mg}$ RMgX：

- 氧杂环丁烷 → $RCH_2CH_2CH_2OH$
- CH_2O → RCH_2OH
- 环氧乙烷 → RCH_2CH_2OH
- R'CHO → R(R')CHOH
- HCO_2R' → R$_2$CHOH
- R'-环氧乙烷 → R'CH(OH)CH$_2$R
- $R'CO_2R''$ → HO–C(R)$_2$R'
- R'COR'' → HO–C(R)(R')R''
- R'O–CO–OR' → HO–CR$_3$

（3.24）

3.1.2.3 与亚胺、腈加成 (Addition to imine and nitrile)

格氏试剂与亚胺发生亲核加成反应，所得胺盐经水解转化为仲胺［式（3.25）］。

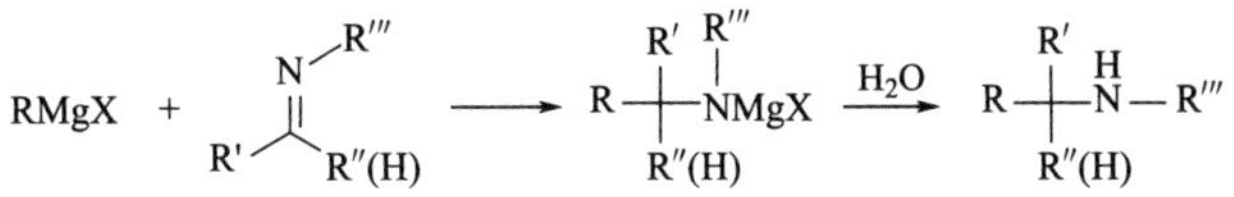

$$\mathrm{RMgX} + \mathrm{R'C(=NR''')R''(H)} \longrightarrow \mathrm{R{-}C(R')(R''(H)){-}N(R''')MgX} \xrightarrow{H_2O} \mathrm{R{-}C(R')(R''(H)){-}NH{-}R'''} \tag{3.25}$$

格氏试剂与腈类化合物反应，所得亚胺盐经水解转化为酮［式（3.26）］。和格氏试剂与羧酸衍生物反应不同的是，由于反应没有经历中间化合物酮，反应不会过度进行，因此这是制备酮的一个更有效的方法。

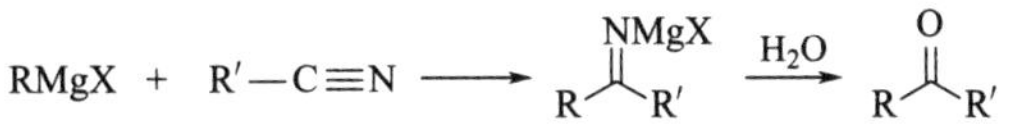

$$\mathrm{RMgX} + \mathrm{R'{-}C{\equiv}N} \longrightarrow \mathrm{RC(=NMgX)R'} \xrightarrow{H_2O} \mathrm{RC(=O)R'} \tag{3.26}$$

反应示例如式（3.27）所示。

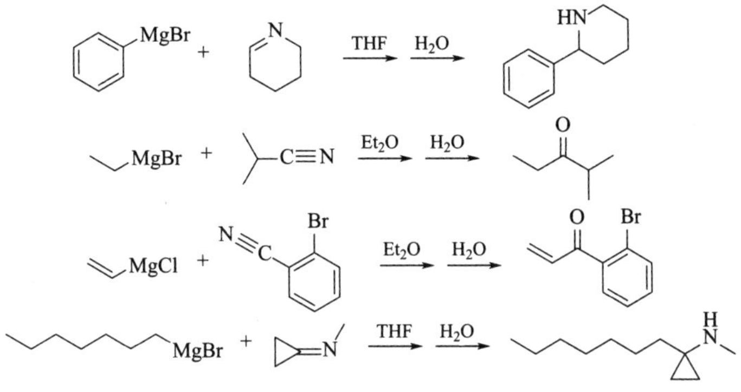

（3.27）

3.1.2.4　与 α,β- 不饱和羰基化合物加成 (Addition to α,β-unsaturated carbonyl compound)

格氏试剂与 α,β- 不饱和羰基化合物可发生 1, 2- 加成［式（3.28a）］，也可发生 1, 4- 加成，即共轭加成（conjugation addition）［式（3.28b）］。加成方式取决于进攻试剂和羰基的总体位阻。

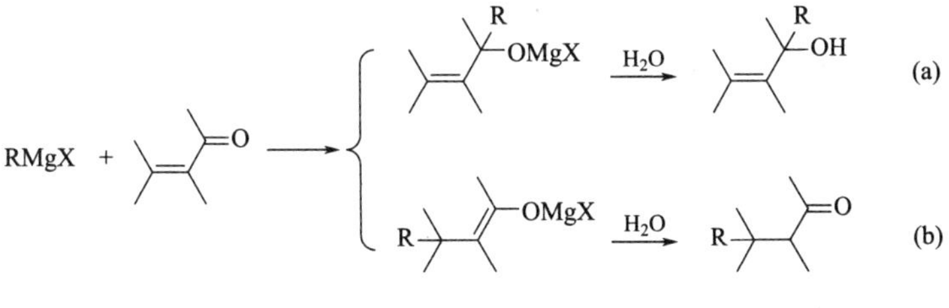

（3.28）

格氏试剂与无空间位阻（steric hindrance）或较小空间位阻的 α,β- 不饱和羰基化合物反应时，1, 2- 加成占优势；当 α,β- 不饱和羰基化合物有较大空间位阻时，1, 4- 加成占优势。同一 α,β- 不饱和羰基化合物与不同空间位阻的格氏试剂反应时，情况类似。较小空间位阻的格氏试剂，1, 2- 加成占优势；较大空间位阻的格氏试剂，1, 4- 加成占优势。如果羰基 α 位位阻很大，如羰基 α 位存在叔丁基时，则无论使用哪种格氏试剂，总是得到 1, 4- 加成产物。

反应示例如式（3.29）所示。

$$\mathrm{MeMgBr} + \text{巴豆醛(CHO)} \xrightarrow{\mathrm{THF}} \xrightarrow{H_2O} \text{烯丙醇}(\text{主}) + \text{3-甲基丁醛(CHO)}(\text{副})$$

$$\mathrm{MeMgBr} + \text{1-环己烯基异丁基酮} \xrightarrow{Et_2O} \xrightarrow{H_2O} \text{(主)} + \text{OH (副)} \qquad (3.29)$$

$$\text{PhCH=CHCO}t\text{Bu} + \mathrm{MeMgBr} \xrightarrow{\mathrm{THF}} \xrightarrow{H_2O} \text{PhCH(CH}_3\text{)CH}_2\text{CO}t\text{Bu}$$

若使用亚铜盐、锌盐等，将格氏试剂原位转化为活性更低的有机金属（organometallics）试剂，再进行加成，则会增加1, 4-加成产物的比例。总体看，格氏试剂与α, β-不饱和羰基化合物由于选择性不好，不是一个良好的有机合成反应。

3.1.2.5 与含活泼氢的化合物反应 (Reaction with compound containing active hydrogen)

活泼氢试剂包括RCOOH、RSO_3H、H_2O、ROH、ArOH、RSH、NH_3、RNH_2、R_2NH以及各种无机酸、带吸电子基的亚/次甲基等。格氏试剂与含有活泼氢的化合物作用时，主要体现其强碱性。此时，格氏试剂夺取活泼氢而转化为相应的烃［式（3.30）］。

$$\mathrm{RMgX} \xrightarrow{\text{活泼氢试剂}} \mathrm{RH} \qquad (3.30)$$

端炔HC≡CR（terminal alkyne）也是含活泼氢化合物，其端炔的氢原子可以直接被格氏试剂夺取，从而可将端炔转化为相应的炔基格氏试剂，这也是制备炔基格氏试剂的一个常用方法。炔基格氏试剂性质与一般的格氏试剂类似，可以参与典型的格氏反应。如对羰基化合物的加成反应［式（3.31）］：

$$\mathrm{PhC{\equiv}CMgBr} + \mathrm{H\text{-}CO\text{-}CH{=}CH_2} \xrightarrow{\mathrm{THF}} \xrightarrow{H_2O} \mathrm{PhC{\equiv}C\text{-}CH(OH)CH{=}CH_2} \qquad (3.31)$$

格氏试剂与含有活泼氢的化合物的反应具有广泛的用途，如用于同位素标记（isotope labeling）。此外，对于某些卤代芳烃的去卤素反应（dehalogenation），其卤素直接氢解较困难时，亦可先将其先转化为相应的格氏试剂，再与水、醇等反应而达到去卤素的目的，如反应式（3.32）所示。

$$\mathrm{PhD} \xleftarrow{D_2O} \mathrm{PhMgX} \xrightarrow{H_2O} \mathrm{PhH} \qquad (3.32)$$

3.1.2.6 与盐的交换反应 (Exchange reaction with salt)

格氏试剂与盐发生交换反应，常用于制备活性更低、选择性更好的其他有机金属试剂，如有机锌、有机铝、有机镉、有机铜、有机锡和有机汞等［式（3.33）］。

$$\mathrm{RMgX} + \mathrm{M'Y} \longrightarrow \mathrm{RM'} + \mathrm{MgXY} \qquad (3.33)$$

其中，M′Y常为金属卤化物。该反应中M′的电负性须大于Mg。反应示例见式（3.34）。

$$\begin{aligned} 2\,\mathrm{RMgCl} + \mathrm{CdCl_2} &\longrightarrow \mathrm{R_2Cd} + 2\,\mathrm{MgCl_2} \\ 3\,\mathrm{RMgCl} + \mathrm{AlCl_3} &\longrightarrow \mathrm{R_3Al} + 3\,\mathrm{MgCl_2} \end{aligned} \qquad (3.34)$$

3.1.2.7 与二氧化碳或酰胺反应 (Reaction with carbon dioxide and tertiary amide)

格氏试剂与二氧化碳发生羧基化反应，生成羧酸盐离子［式（3.35)］。

XMg—R + O=C=O ⟶ R–C(=O)OMgX $\xrightarrow{H^+}$ R–C(=O)OH （3.35）

反应例式如式（3.36）所示。

1-萘基 MgBr $\xrightarrow[2)\ H^+]{1)\ CO_2}$ 1-萘基 COOH （3.36）

格氏试剂和一级以及二级酰胺反应时和羧酸反应一样，其主要作用是从氮或氧上除去（酸性的）质子［式（3.37)］。

R–MgX + H–O–C(=O)R' ⟶ RH + $^-$O–C(=O)R'

R–MgX + H–NH–C(=O)R' ⟶ RH + HN=C(O$^-$)R' （3.37）

RMgX 与三级酰胺，如 *N*, *N*- 二甲基酰胺反应生成羰基化合物，其反应机理见式（3.38)。

XMg—R + R^{1}C(=O)N(CH$_3$)$_2$ ⟶ R(R^1)C(O$^-$Mg$^+$X)N(CH$_3$)$_2$ $\xrightarrow{2H^+}$ [R(R^1)C(OH)$^+$HN(CH$_3$)$_2$] ⟶ R–C(=O)–R^1 （3.38）

在这个反应中，最初的加合物不直接分解为羰基化合物，因为—$N(CH_3)_2$ 是很差的离去基团，但是在后处理过程中，通过质子化而得的—$[NH(CH_3)_2]^+$ 与—$N(CH_3)_2$ 相比却是个很好的离去基团，例式见反应式（3.39)。

CH$_3$CH$_2$C≡C–MgBr + H–C(=O)–N(CH$_3$)$_2$ ⟶ CH$_3$CH$_2$C≡C–C(=O)H

3-CF$_3$C$_6$H$_4$MgBr + H–C(=O)–N(CH$_3$)Ph ⟶ 3-CF$_3$C$_6$H$_4$C(=O)H （3.39）

3.2 有机锂试剂与碳 - 碳键形成 (Organolithium reagent and formation of carbon−carbon bond)

3.2.1 有机锂试剂的制备 (Preparation of organolithium reagent)

有机锂试剂可由卤代烃与金属锂直接反应制备［式（3.40)］，常用己烷、庚烷、苯等烃类溶剂，以及乙醚、四氢呋喃等醚类溶剂。

$$R—Br + 2Li \longrightarrow R—Li + LiBr \quad (3.40)$$

制备示例如式（3.41）所示。

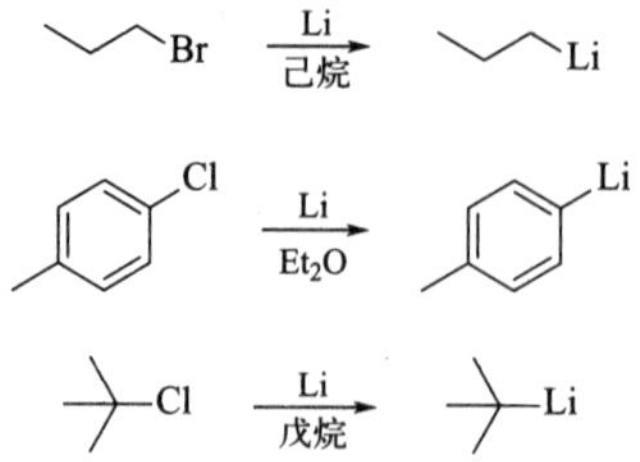

$$\xrightarrow[\text{己烷}]{Li} \quad \xrightarrow[Et_2O]{Li} \quad \xrightarrow[\text{戊烷}]{Li} \quad (3.41)$$

分子中含有活泼氢的烃类，其相应的有机锂试剂还可由活泼的有机锂试剂与之进行锂氢交换来制备，此为广义的酸碱反应［式（3.42）］。

$$R—Li + R'—H \longrightarrow R—H + R'—Li \quad (3.42)$$

由于正丁基锂制备方便，且生成的丁烷易于挥发后处理方便，因此常使用正丁基锂来制备其他烃基锂，制备示例如式（3.43）所示。

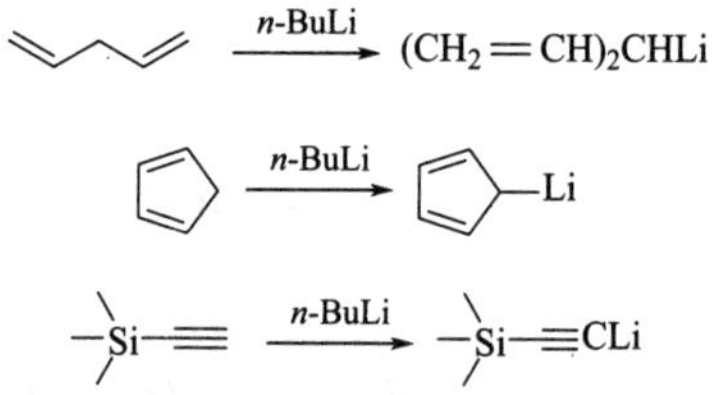

$$\xrightarrow{n\text{-BuLi}} (CH_2=CH)_2CHLi$$

$$\xrightarrow{n\text{-BuLi}} \quad (3.43)$$

$$\xrightarrow{n\text{-BuLi}} \equiv CLi$$

芳基锂试剂常用卤代芳烃与丁基锂通过锂卤交换反应来制备［式（3.44）］。该反应仅限于溴、碘代芳烃，氟代芳烃及多数氯代芳烃均不能进行上述锂卤交换反应。因此，还可利用该性质选择性地制备卤代芳基锂试剂。

$$ArX + n\text{-BuLi} \longrightarrow ArLi + n\text{-BuX} \quad (3.44)$$

反应示例如式（3.45）所示。

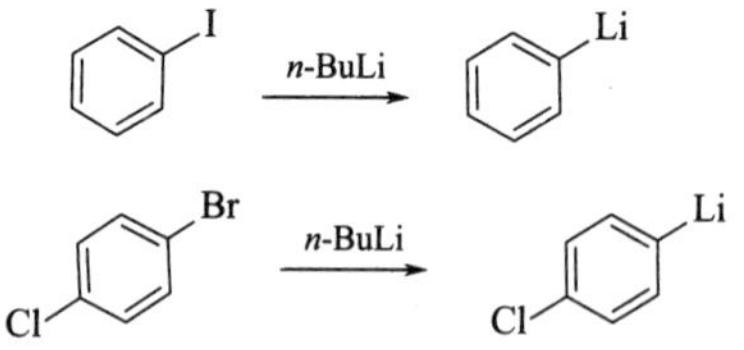

$$\xrightarrow{n\text{-BuLi}} \quad \xrightarrow{n\text{-BuLi}} \quad (3.45)$$

有机锂试剂在碳 - 碳键的构建中应用广泛，常用的有机锂试剂有叔丁基锂、丁基锂、乙基锂、戊基锂、苯基锂、甲基锂等。有机锂试剂与格氏试剂一样，极易与水、氧气、二氧化碳、活泼氢官能团、羰基官能团等反应，制备、转移、使用等均应在惰性气体保护下进行。有机锂试剂性质活泼，有的暴露于空气中即会自燃，如叔丁基锂，使用时应特别小心。

3.2.2 有机锂试剂的反应 (Reaction of organolithium reagent)

有机锂试剂能发生与格氏试剂类似的反应，如与环氧乙烷及其衍生物反应，制备增加两个碳的一、二级醇；与卤代烃直接偶联，或与卤代烃在催化剂作用下发生 Kumada 交叉偶联；与甲醛反应，制备增加一个碳的醇；与其他醛反应，制备二级醇；与酮反应，制备三级醇；与羧酸衍生物加成，制备酮或三级醇；与亚胺加成后再水解，制备仲胺；与腈加成后再水解，制备酮；作为强碱，对含活泼氢的化合物去质子化；与盐交换用于制备活性更低、选择性更好的其他有机金属试剂。

有机锂与格氏试剂一样可以与醛酮发生加成反应，生成的产物经水解得到醇类化合物，但二者也有区别。格氏试剂与位阻大的酮不容易发生加成反应，而很容易发生竞争性的羰基还原反应，如式（3.46）只生成还原反应产物醇。而有机锂试剂则对位阻不敏感，与位阻大的酮仍然可发生加成反应，如式（3.46）所示。

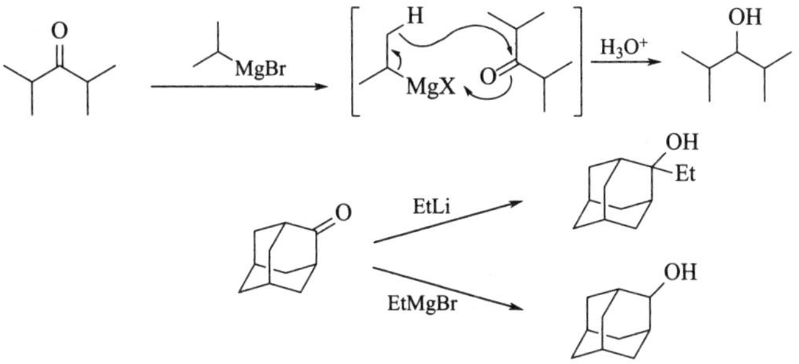

（3.46）

有机锂试剂是比相应的格氏试剂更强的亲核试剂，在某些情况下会更有效。例如，其使羧酸盐离子转变为酮、三级酰胺转变为醛和酮，见反应式（3.47）。

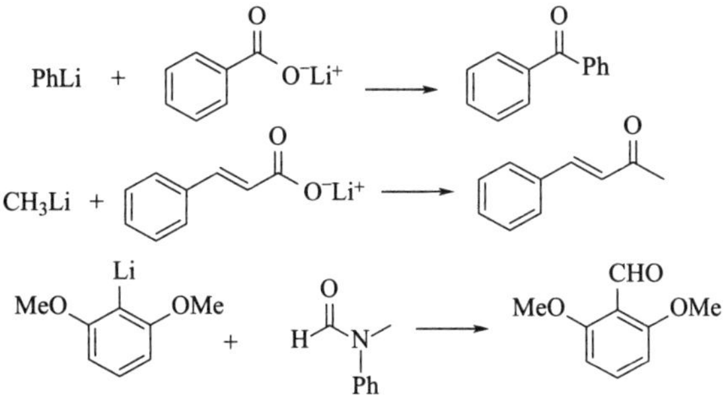

（3.47）

上面的第二个例子说明，在羰基上的加成要比在 $>C=C-C=O$ 体系的共轭加成优先。这种优势比用格氏试剂时更为显著。热力学上，Li 和氧比 Mg 和氧有更好的亲和势，比如相同位阻的 EtLi 和 EtMgX 与 α, β- 不饱和羰基化合物反应时，仍是 EtLi 的 1, 2- 加成更有优势。此外，Li 离子比 Mg 更小，其更易与氧结合，故 Li、Mg 试剂的 1, 2- 加成相比较，无论是热力学还是动力学上均是 RLi 占优势，对比如式（3.48）所示。

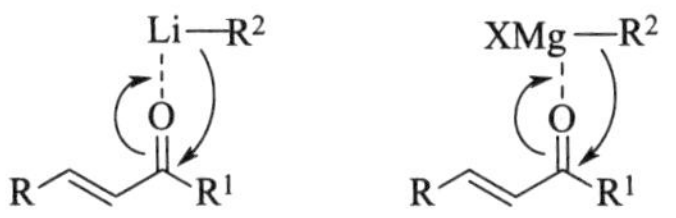

（3.48）

3.3　有机锌和有机镉试剂与碳 - 碳键形成 (Organozinc/organocadmium reagents in formation of carbon−carbon bond)

3.3.1　有机锌试剂的制备 (Preparation of organozinc reagent)

有机锌试剂常使用格氏试剂或有机锂试剂与锌盐通过金属交换反应来制备［式

(3.49)]。此外，也可通过金属锌与卤代烃在引发剂作用下直接制备，反应机理类似于卤代烃在金属镁表面的单电子转移历程。

$$
\begin{aligned}
&2RMgX + ZnX_2 \longrightarrow R_2Zn + 2MgX_2 \\
&2RLi + ZnX_2 \longrightarrow R_2Zn + 2LiX
\end{aligned}
\tag{3.49}
$$

制备示例如式（3.50）所示。

$$
\begin{aligned}
&CH_2{=}CHMgBr + ZnCl_2 \xrightarrow[r.t.]{THF} CH_2{=}CHZnCl \\
&2EtMgBr + ZnCl_2 \xrightarrow[r.t.]{THF} Et_2Zn \\
&MeLi + ZnCl_2 \xrightarrow[0℃]{THF} MeZnCl \\
&\text{正丙基}Br + Zn \xrightarrow[DMF,\ r.t.]{I_2(\text{引发})} \text{正丙基}ZnBr
\end{aligned}
\tag{3.50}
$$

3.3.2 有机锌试剂的反应 (Reaction of organozinc reagent)

3.3.2.1 与羰基化合物反应 (Reaction with carbonyl compound)

有机锌试剂的活性比相应的格氏试剂、有机锂试剂都低，其只能与较活泼的羰基化合物醛、酮加成，而不能与羧酸衍生物的羰基加成。对于不稳定的镁、铝、锌等有机金属试剂，其制备及后续对羰基的加成可设计为一锅的串联反应（tandem reaction），如巴比耶偶联反应（Barbier coupling reaction），见式（3.51）。不稳定的有机金属试剂在羰基化合物存在下立即反应，这个过程称为 Barbier 反应。P. Barbier 描述了使用金属镁的原始方案，后来促进了著名的格氏反应的发展。最近，在水性溶剂中的其他金属（例如 Sn、In、Zn 等）已在类似条件下使用，结果良好（英文导读 3.4）。

$$
EtOOC\text{–}C(=CH_2)CH_2Br + R'C(=O)R'' \xrightarrow[THF/H_2O]{Zn,\ \triangle} \text{α-亚甲基-γ-丁内酯}(R', R'') \tag{3.51}
$$

机理如式（3.52）所示。

(3.52)

底物首先与金属锌反应产生有机锌试剂，后者对酮羰基加成，产生的氧负离子分子内对酯羰基加成，进一步消除乙氧基而转化为产物。

又如，雷福尔马茨基反应（Reformatsky reaction）利用有机锌试剂对酯羰基的惰性，在惰性气体保护下将 α- 溴代羧酸酯转变为相应的有机锌试剂，然后有机锌试剂对体系中的醛、酮羰基加成，最后经水解后转化为 β- 羟基酸酯［式（3.53）］。1887 年，S.

Reformatsky 报道了在锌金属存在下，碘乙酸乙酯与丙酮反应生成 3- 羟基 -3- 甲基丁酸乙酯。此后，经典的 Reformatsky 反应被定义为 α- 卤代酯与醛或酮之间的锌诱导反应（英文导读 3.5）。

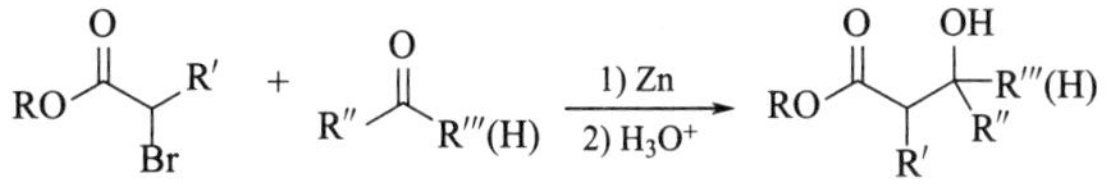

（3.53）

机理如式（3.54）所示。

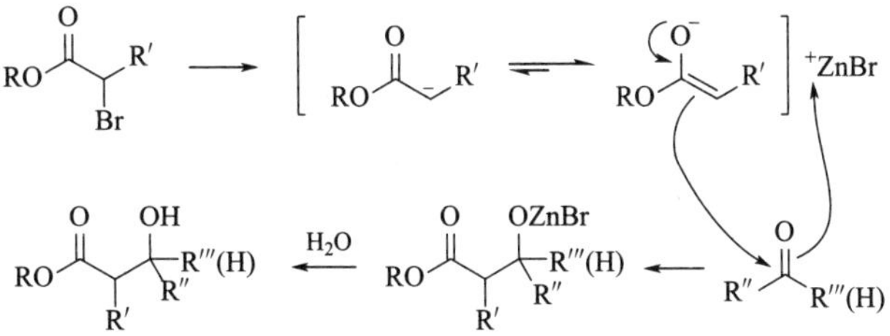

（3.54）

注意，β- 羟基酸酯易失水，如在强酸或加热反应时，Reformatsky 反应的直接产物 β- 羟基酸酯脱水为 α,β- 不饱和羧酸酯。除了 α- 溴代羧酸酯外，其他如 α- 溴代酮、2- 溴甲基丙烯酸烷基酯、4- 溴 -2- 丁烯酸烷基酯等也可以和锌反应制备类似的 Reformatsky 试剂，参与该反应。除醛和酮外，Reformatsky 试剂还可与酰氯、环氧化物、硝酮、氮丙啶、亚胺、腈等发生布莱斯反应（Blaise reaction）。

反应示例如式（3.55）所示。

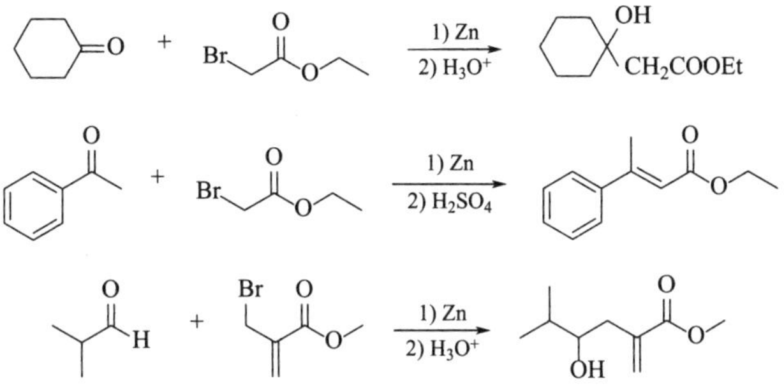

（3.55）

3.3.2.2　西蒙斯 - 史密斯反应 (Simmons-Smith reaction)

1958 年，H. E. Simmons 和 R. D. Smith 首次在锌铜偶（Zn-Cu）存在下利用二碘甲烷（CH_2I_2）将未官能团化的烯烃（如环己烯、苯乙烯）立体定向转化为环丙烷。这种转化被证明是普遍的，并已成为制备环丙烷的最有效的反应。此反应以其发现者的名字命名，被称为西蒙斯 - 史密斯反应（Simmons-Smith reaction）（英文导读 3.6）。反应中烯烃相对构型保持。由于 ICH_2ZnI 对烯烃加成的结果与单线态（singlet state）卡宾（$:CH_2$）对烯烃加成结果类似，故称 ICH_2ZnI 为类卡宾（carbenoid），反应示例见式（3.56）。

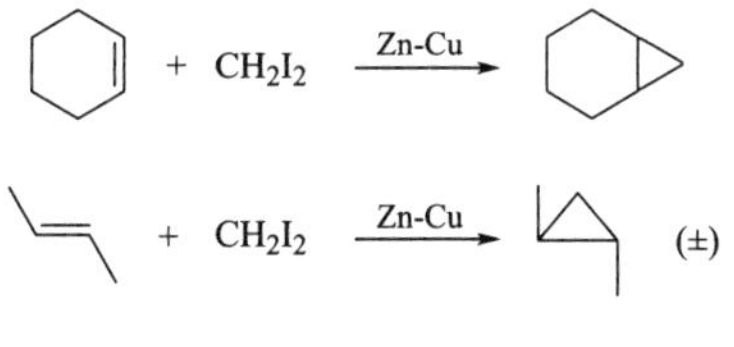

（3.56）

其中，烯烃双键电子密度越高，其反应活性越高。该反应条件温和、副反应少、产率高，且立体选择性好，是目前最高效的构建环丙烷衍生物的方法。

3.3.2.3 Negishi交叉偶联反应 (Negishi cross-coupling reaction)

在 1972 年发现 Ni 催化的烯基和芳基卤化物与格氏试剂的偶联（Kumada 交叉偶联）后，为了提高该反应的官能团耐受性（functional group tolerance），1977 年，根岸英一（E.Negishi）及其同事报道了烯基铝试剂与烯基或芳基卤化物的首次立体定向镍催化烯基 - 烯基和烯基 - 芳基交叉偶联。根岸的研究表明，当有机锌在 Pd(0)- 催化剂存在下偶联时，获得了反应速率、产率和立体选择性等方面的最佳结果。Pd 或 Ni 催化的有机锌与芳基、烯基或炔基卤化物的立体选择性交叉偶联被称为 Negishi 交叉偶联［式（3.57）］（英文导读 3.7）。

$$\mathrm{RZnX} + \mathrm{R'{-}Y} \xrightarrow{\text{Ni 或 Pd}} \mathrm{R{-}R'} + \mathrm{ZnXY} \tag{3.57}$$

其中，R 可以是芳基、烯基、烯丙基、苄基、高烯丙基、高炔丙基；X 可以是 Cl、Br、I；R′可以是芳基、烯基、炔基、酰基；Y 可以是 Cl、Br、I、OTf、AcO。

Negishi 交叉偶联的机理与 Kumada 交叉偶联反应类似，催化循环中同样涉及 Pd(0) 中间体等氧气敏感物，因此严格的无水无氧操作是必要的。以 Pd 催化剂催化为例，反应依然经历氧化加成、转金属化、还原消除三个关键步骤，见式（3.58）。

Pd(0)或Pd(Ⅱ)前催化剂 → L_nPd^0；L_nPd^0 + R′—Y →（氧化加成）$L_nPd^{II}(R')(Y)$；$L_nPd^{II}(R')(Y)$ + RZnX →（转金属化）$L_nPd^{II}(R')(R)$ + ZnXY；$L_nPd^{II}(R')(R)$ →（还原消除）R—R′ + L_nPd^0　（3.58）

反应示例如式（3.59）所示。

PhZnCl + Cl—C₆H₄—CH₃ (对位) $\xrightarrow[\text{THF}]{NiCl_2(PPh_3)_2}$ 4-甲基联苯

PhZnCl + 2-溴噻吩 $\xrightarrow[\text{THF, NMP}]{Pd(PPh_3)_4}$ 2-苯基噻吩

4-(MeO₂C)C₆H₄ZnBr + I—CH=CH—(CH₂)₃CH₃ $\xrightarrow[\text{THF}]{Pd_2(dba)_3}$ 4-(MeO₂C)C₆H₄—CH=CH—(CH₂)₃CH₃

$Me_3Si{-}C{\equiv}C{-}ZnBr$ + PhBr $\xrightarrow[\text{THF}]{Pd(PPh_3)_4}$ $Me_3Si{-}C{\equiv}C{-}Ph$　（3.59）

由于 Negishi 交叉偶联反应的官能团耐受性较好，如底物中存在羟基、羧基等活泼氢官能团，反应依然能够顺利进行，因此在碳 - 碳键构建中应用非常广泛。

3.3.3 有机镉试剂的反应 (Reaction of organocadmium reagent)

有机镉试剂主要用于把酰卤转变为酮，如式（3.60）所示。

$$2RMgX + CdCl_2 \longrightarrow R_2Cd \xrightarrow{2R^1COCl} 2R^1COR$$

Cd　+　Cl–CH₂–CO–Cl　→　Cl–CH₂–CO–(CH₂)₃CH₃　（3.60）

Cd　+　MeO–CO–CH₂CH₂–CO–Cl　→　MeO–CO–CH₂CH₂–CO–R

这些反应证明了二烷基镉试剂的选择性，因为在每个实例中酰卤都是比卤代烃、酯或酮先发生反应。

3.4 有机铜 (Ⅰ) 试剂与碳 - 碳键形成 [Organocopper(Ⅰ) reagent and formation of carbon-carbon bond]

3.4.1 有机铜 (Ⅰ) 试剂的制备 [Preparation of organocopper(Ⅰ) reagent]

有机铜 (Ⅰ) 试剂常由卤化亚铜与烃基锂反应制备［式（3.61)］。由于 RCu 在常见有机溶剂中溶解性很差，而二烃基铜锂 R_2CuLi 可溶于醚，故在有机合成中常使用 R_2CuLi。对于具有一定酸性的化合物，其有机铜试剂可在碱性下由有机锂与卤化亚铜直接反应制得，如端炔可直接制备相应的炔化亚铜。但因炔化亚铜在空气中易自偶联（homocoupling）而变质，故一般其制备及后续转化采用一锅法，即在体系中产生后立即进行下一步转化。

$$RLi + CuX \longrightarrow RCu \text{ 或 } R_2CuLi \qquad (3.61)$$

3.4.2 有机铜 (Ⅰ) 试剂的反应 [Reaction of organocopper(Ⅰ) reagent]

3.4.2.1 与卤代烃偶联 (Coupling with halohydrocarbons)

二烃基铜锂 R_2CuLi 性质较格氏试剂、有机锂试剂温和，广泛用于与卤代烃偶联构建 C—C 键［式（3.62)］。

$$RX + R'_2CuLi \longrightarrow R—R' + R'Cu + LiX \qquad (3.62)$$

卤代烃中的烃基可以是一级烷烃、二级烷烃、芳基、乙烯基、烯丙基等，二烃基铜锂 R_2CuLi 中的烃基可以为一级烷烃、芳基、乙烯基、烯丙基等。

反应示例如式（3.63）所示。

$$(CH_3)_2CuLi + I\text{-}C_4H_9 \xrightarrow{Et_2O} C_5H_{12}$$

$$(CH_2{=}C(CH_3))_2CuLi + Br\text{-}C_6H_4\text{-}CH_3 \xrightarrow{DMF} CH_2{=}C(CH_3)\text{-}C_6H_4\text{-}CH_3 \quad (3.63)$$

$$n\text{-}Bu_2CuLi + PhCH{=}CHBr \xrightarrow{THF} PhCH{=}CH\text{-}C_4H_9$$

3.4.2.2 与酰氯反应 (Reaction with acyl halide)

在亲核反应中，酰氯羰基较酮羰基活泼，二烃基铜锂 R_2CuLi 与酰氯反应而不与酮反应，故反应停留在酮阶段［式（3.64）］。该反应对底物中的官能团耐受范围宽，如酰氯底物中含有烷氧基、羰基、氰基时，对反应均无影响。

$$RCOCl + R'_2CuLi \xrightarrow{THF} RCOR' \quad (3.64)$$

反应示例如式（3.65）所示。

$$n\text{-}Bu_2CuLi + ClCOCH_2CH_3 \xrightarrow{THF} CH_3(CH_2)_3COCH_2CH_3$$

$$Et_2CuLi + ClCO\text{-}C_6H_4\text{-}Br \xrightarrow{THF} CH_3CH_2CO\text{-}C_6H_4\text{-}Br$$

$$n\text{-}Bu_2CuLi + ClCO\text{-}C_6H_4\text{-}COCH_3 \xrightarrow{DMF} CH_3(CH_2)_3CO\text{-}C_6H_4\text{-}COCH_3 \quad (3.65)$$

$$Ph_2CuLi + ClCOC(CH_3)_3 \xrightarrow{NMP} (CH_3)_3CCOPh$$

3.4.2.3 与 α, β- 不饱和羰基化合物加成 (Addition to α, β-unsaturated carbonyl compound)

二烃基铜锂 R_2CuLi 一般不与碳碳双键、孤立羰基反应，但当碳碳双键与羰基共轭形成 α, β- 不饱和羰基化合物时，R_2CuLi 则易与之发生共轭加成，也就是 1, 4- 加成，且反应收率高，见式（3.66）。

$$(CH_3)_2CuLi + CH_3CH{=}CHCO(CH_2)_3COCH_3 \xrightarrow{THF} (CH_3)_2CHCH_2CO(CH_2)_3COCH_3$$

$$(CH_2{=}CH)_2CuLi + \text{环戊烯酮} \xrightarrow{THF} \text{3-乙烯基环戊酮} \quad (3.66)$$

$$(CH_3)_2CuLi + \text{环己烯酮} \longrightarrow \text{3-甲基环己酮}$$

上述即为有机铜锂试剂最为有用的反应，有机铜锂对 α, β- 不饱和酮进行共轭加成，生成对应的饱和酮的 β- 取代衍生物，而在这些条件下，非共轭的酮的羰基不会进一步发生反应。此反应提供了在有机合成中向 α, β- 不饱和酮化合物的 β 位导入烷基、芳基、烯基、烯丙基、苄基的重要方法，并已成为标准的、专一性的、收率高的合成方法。

但有机铜锂试剂对 α, β- 不饱和醛的共轭加成一般在合成中没有用，因为在发生共轭加成的同时，还会在醛羰基上反应生成 α- 产物。

3.4.2.4 与环氧化合物加成 (Addition to epoxide)

和格氏试剂、有机锂试剂类似，有机铜锂试剂 R_2CuLi 与环氧化合物反应时，一般进攻空间位阻小的碳原子［式（3.67）］。

$$R_2CuLi + \text{(propylene oxide)} \xrightarrow{Et_2O} \text{RCH}_2\text{CH(OH)CH}_3 + RCu + LiBr \qquad (3.67)$$

3.4.2.5 自偶联与交叉偶联 (Homocoupling and cross-coupling)

有机铜试剂在加热或存在氧化剂时，易发生自偶联反应。可以利用炔化亚铜的自偶联来构建对称性的分子，如式（3.68）。

$$\text{(Z)-}H_3C\text{CH=CH}Cu \xrightarrow[DMF]{90℃} H_3C\text{CH=CH–CH=CH}CH_3$$

$$\text{1-naphthyl-Cu} \xrightarrow[\text{甲苯}]{90℃} \text{1,1'-binaphthyl} \qquad (3.68)$$

$$(C_6H_5)_2CuLi \xrightarrow[DMF]{O_2} C_6H_5\text{–}C_6H_5$$

1869 年，Glaser 发现在氨水存在下用铜 (Ⅰ) 盐处理苯乙炔时，会形成沉淀物，在空气氧化后生成对称化合物 1, 4- 二苯基 -1, 3- 丁二炔（二苯基二乙炔）。在铜盐存在下通过末端炔烃的氧化偶联制备对称共轭二炔和多炔（线性或环状），称为 Glaser 偶联（英文导读 3.8）。其在构建对称的丁二炔结构时非常有效。实际应用时，不将炔化亚铜分离，而是将端炔在体系中转化为炔化亚铜，再原位自偶联。该反应条件温和，操作方便，底物范围宽，常见的有机官能团在该反应中均不受影响。Glaser 偶联示例见式（3.69）。

$$\text{HO–C(CH}_3)_2\text{–C≡CH} \xrightarrow[O_2,\ CH_3CN]{CuI,\ DMAP} \text{HO–C(CH}_3)_2\text{–C≡C–C≡C–C(CH}_3)_2\text{–OH}$$

$$\text{2-thienyl–C≡CH} \xrightarrow[O_2,\ \text{二氯甲烷}]{CuI,\ DMAP} \text{2-thienyl–C≡C–C≡C–2-thienyl} \qquad (3.69)$$

Glaser 偶联的机理和相关方法非常复杂，尚未完全了解。研究表明，该机制高度依赖于实验条件。目前公认的机理涉及二聚炔基铜 (Ⅱ) 络合物。除了氧气外，$CuCl_2$、$K_3Fe(CN)_6$ 等也经常用作氧化剂。该反应有多种改进的版本，如 Glaser-Eglinton 偶联、Glaser-Hay 偶联（英文导读 3.9）。

若希望构建非对称的丁二炔结构，则可以将端炔转化为炔化亚铜，同样不分离，采用一锅法的串联反应，再与另一卤代炔原位进行 Cadiot-Chodkiewicz 交叉偶联。由于 Glaser 偶联在不对称丁二炔衍生物合成中的局限性，Cadiot-Chodkiewicz 交叉偶联是 Glaser 偶联的重要补充，是合成不对称丁二炔衍生物的有效方法（英文导读 3.10）。该偶联在有机共轭材料中具有广泛的应用，如式（3.70）所示。

$$R-\!\equiv \;+\; X-\!\equiv\!-R' \xrightarrow[\text{碱}]{\text{CuX}} R-\!\equiv\!-\!\equiv\!-R' \qquad (3.70)$$

其中，卤代炔烃常为炔基溴；CuX 可以是 CuCl、CuBr、CuI 等各种亚铜盐；常用的碱为各种有机胺。机理如式（3.71）所示。

$R-\!\equiv\!-\!\equiv\!-R'$　CuX　$R-\!\equiv^{-}$　B　HB$^+$　$R-\!\equiv$　X^-　还原消除　$R-\!\equiv\!-Cu$　$R-\!\equiv\!-Cu(X)(\equiv\!-R')$　$X-\!\equiv\!-R'$　氧化加成　（3.71）

在碱作用下，端炔转化为炔基负离子，炔基负离子与卤化亚铜作用转化为炔化亚铜，炔化亚铜对卤代炔烃氧化加成，经还原消除而释放偶联产物及卤化亚铜，后者随后进入下一个催化循环。同样由于反应中经历了炔化亚铜中间化合物，为了减少其自偶联，体系常需严格地除氧。该反应在天然产物合成、超分子化学领域应用广泛。反应示例如式（3.72）。

$$Me_3Si-\!\equiv \;+\; Br-\!\equiv\!-Ph \xrightarrow[H_2NOH\cdot HCl]{CuCl,\ BuNH_2} Me_3Si-\!\equiv\!-\!\equiv\!-Ph$$

$$Me_2C(OH)-\!\equiv\!-Br \;+\; \equiv\!-(2\text{-吡啶基}) \xrightarrow[H_2NOH\cdot HCl]{CuCl,\ BuNH_2} Me_2C(OH)-\!\equiv\!-\!\equiv\!-(2\text{-吡啶基}) \qquad (3.72)$$

1975 年，K.Sonogashira 及其同事报道，在催化量的 $Pd(PPh_3)2Cl_2$ 和碘化亚铜（CuI）存在下，通过乙炔气体与芳基碘化物或乙烯基溴化物反应，可以在温和条件下制备对称取代的炔烃。同年，R.F.Heck 和 L.Cassar 的研究小组独立报道了类似的钯催化过程，但这些过程没有使用铜共催化，反应条件苛刻。末端炔烃与芳基和乙烯基卤代烃的铜钯催化偶联生成烯炔称为 Sonogashira 交叉偶联，可以认为是 Castro-Stephens 偶联的催化形式。同样地，不将炔化亚铜分离，而是使用前体端炔在体系中原位转化［式（3.73）］。由于反应中涉及 Pd（0），以及为抑制炔化亚铜的自偶联，体系需要严格除氧，包括溶剂中的溶解氧（英文导读 3.11）。

$$R-X \;+\; \equiv\!-R' \xrightarrow[\text{CuX, 碱}]{\text{Pd(0)或Pd(II)}} R-\!\equiv\!-R' \qquad (3.73)$$

其中，R 可以是芳基、烯基；X 可以是 Cl、Br、I、OTf；常用的钯催化剂为 $Pd(PPh_3)_2Cl_2$、$Pd(PPh_3)_4$；常用的铜盐为 CuI、CuBr；常用的碱有三乙胺、二乙胺、二异丙基乙胺、哌啶等。机理如式（3.74）所示。

前催化剂　Pd(0)或Pd(II) → L_nPd^0　R—X　氧化加成　$L_nPd^{II}(X)(R)$　转金属化　$Cu-\!\equiv\!-R'$　CuX　HB$^+$　$\equiv\!-R'$　B　$L_nPd^{II}(\equiv\!-R')(R)$　还原消除　$R-\!\equiv\!-R'$　（3.74）

Sonogashira 交叉偶联中，亚铜盐催化剂的作用尚不完全明确，但一般认为卤化亚铜及端炔在碱作用下反应产生了炔化亚铜。同时，前催化剂钯配合物在溶剂、配体、碱等作用下活化为零价钯（zerovalent palladium）催化剂，后者插入卤代芳烃、卤代烯烃的碳 - 卤键而发生氧化加成，然后与炔化亚铜发生转金属化作用，所产生的卤化亚铜随即进入下一个循环，所得中间体通过还原消除释放产品及钯活性催化剂，钯活性催化剂随即进入下一循环（英文导读 3.12）。反应示例如式（3.75）所示。

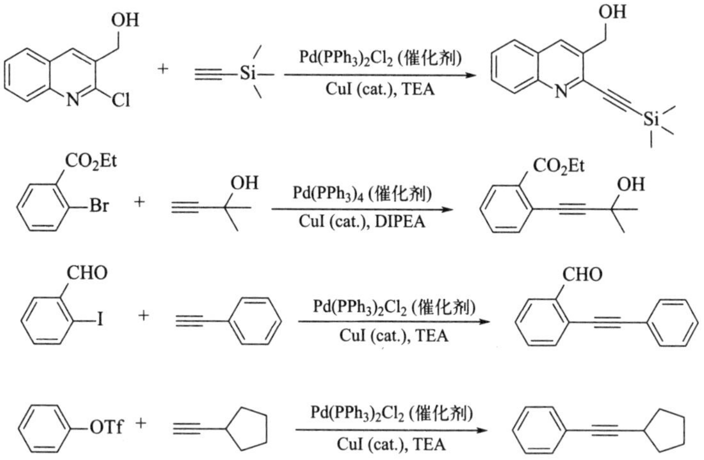

（3.75）

几乎所有官能团均能耐受 Sonogashira 偶联条件，底物范围很广。对于活性高的碘代芳烃、碘代烯烃，以及芳基、烯基三氟甲磺酸酯，该反应能在非常温和的条件下进行。卤代底物活性一般遵循 I>OTf>Br≫Cl 的顺序。值得注意的是，底物的位阻对反应影响较大，某些大位阻底物需要较高的温度才能进行，但高温又往往会促进炔基自偶联等副反应发生。该反应的溶剂不需要严格地除水，某些底物甚至在水中也能进行 Sonogashira 偶联。由于其诸多优点及在构建烯基、芳基炔烃的高效性，Sonogashira 偶联在有机合成中应用非常广泛。

3.5　有机锡试剂与碳 - 碳键形成 (Organotin reagent and formation of carbon–carbon bond)

由于有机锡试剂对空气中的氧气、水一般都较稳定，其在碳 - 碳键的构建中具有广泛的应用。有机锡试剂可以对羰基加成，如式（3.76）所示。

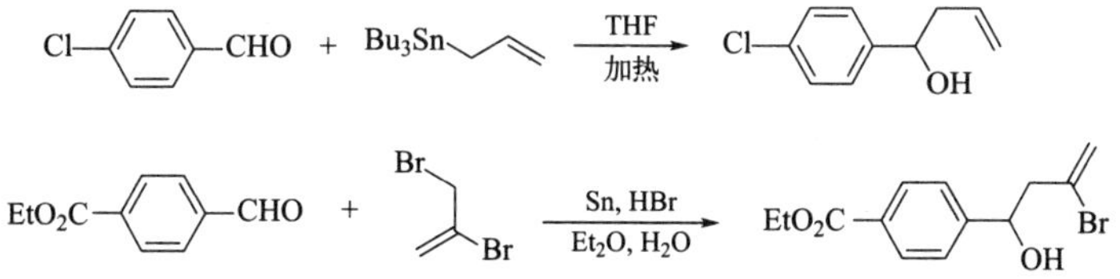

（3.76）

1976 年，C.Eaborn 等人发表了有机锡化合物（有机锡）的第一个钯催化反应。一年后的 1977 年，M.Kosugi 和 T.Migita 报道了有机锡与芳基卤化物和酰氯的过渡金属催化 C—C 键形成反应。1978 年，J.K.Stille 使用有机锡化合物在比 Kosugi 反应条件温和得多的反应条件下合成酮，产率显著提高。有机锡烷和有机亲电试剂之间的 Pd(0) 催化偶联反应形成新的 C—C 键，称为 Stille 交叉偶联（Stille cross-coupling reaction）[式（3.77）]（英文导读 3.13）。

$$\mathrm{R{-}SnR'_3 + X{-}R'' \xrightarrow{Pd(0)} R{-}R'' + X{-}SnR'_3} \tag{3.77}$$

其中，R 可以是烯丙基、烯基、芳基；R′是烷基；R″可以是烯基、芳基、酰基；X 可以是 F、Cl、Br、I、OTf、OPO(OR)$_2$ 等。

该偶联反应机理与前面介绍的 Kumada 交叉偶联、Negishi 交叉偶联等同属一类，均为催化循环反应，同样涉及氧化加成、转金属化、还原消除三个关键中间过程。

Stille 交叉偶联底物范围很宽，底物中的诸多官能团在反应中均不受影响，如羧基、酰胺、酯、硝基、醚、胺、羟基、酮羰基、甲酰基等。与其他金属试剂参与的偶联反应相比，该反应的另一个优势是其对湿气、氧气均不敏感。唯一的缺点是有机锡往往具有较强的生物毒性。反应示例如式（3.78）。

2 PhI + Bu_3Sn–CH=CH–$SnBu_3$ $\xrightarrow[\text{DIPEA, THF}]{Pd(CH_3CN)_2Cl_2}$ PhCH=CHPh

CO_2Et / Br（溴代丙烯酸乙酯）+ Bu_3Sn–CH=CH$_2$ $\xrightarrow[\text{甲苯}]{Pd(PPh_3)_4}$ CO_2Et（二烯产物） (3.78)

PhBr + Bu_3Sn–C(=CH$_2$)CONMe$_2$ $\xrightarrow[\text{甲苯}]{Pd(PPh_3)_4}$ Ph–C(=CH$_2$)CONMe$_2$

3.6 有机准金属试剂与碳 - 碳键形成 (Organometalloid reagent and formation of carbon-carbon bond)

有机准金属（如硼、硅、锗、锑、硒等）试剂在碳 - 碳键的构建中往往也有着其独特的优势。如利用有机硼酸、有机硼酸酯与卤代烯烃、卤代芳烃、酰卤偶联的 Suzuki（铃木）交叉偶联反应（Suzuki cross-coupling reaction）[式（3.79）]。1979 年，A.Suzuki 和 N.Miyaura 报道了在钯催化剂存在下，通过 1- 烯基硼烷与芳基卤化物反应，立体选择性合成芳基 α-烯烃。有机硼化合物与有机卤化物或三氟甲磺酸酯之间的钯催化交叉偶联反应为形成碳 - 碳键提供了一种强有力的通用方法，称为 Suzuki 交叉偶联（英文导读 3.14）。

$$\mathrm{R{-}BR'_2 + X{-}R'' \xrightarrow[\text{碱MY, 配体L}]{Pd(0)} R{-}R'' + X{-}BR'_2} \tag{3.79}$$

其中，R 可以是烷基、烯丙基、烯基、炔基、芳基；R' 可以是烷基、烷氧基、羟基；R" 可以是烯基、芳基、烷基；X 可以是 Cl、Br、I、OTf、OPO(OR)$_2$；碱 MY 常为 Na_2CO_3、K_2CO_3、Cs_2CO_3、KF、CsF、Ba(OH)$_2$、K_3PO_4、NaOH 等无机碱。机理如式（3.80）所示。

首先，零价钯催化剂插入卤代烯烃、卤代芳烃等的碳 - 卤键而发生氧化加成，所得中间体与体系中的碱发生复分解（metathesis）反应，随后与硼酸、硼酸酯发生转金属化反应，最后通过还原消除释放产物及零价钯催化剂，零价钯催化剂随即进入下一个催化循环。其中 L 表示配体，MY 表示加入体系中的碱。Suzuki 偶联反应示例见式（3.81）（英文导读 3.15）。

R—R″　L_nPd^0　R″—X
还原消除　氧化加成
L
L_nPd^{II}(R)(R″)　R—BR'_2 + MY　L_nPd^{II}(X)(R″)
Y—$\bar{B}R'_2$—Y + L　R—$\bar{B}R'_2$—Y　MY　复分解　MX
转金属化　L_nPd^{II}(Y)(R″)

(3.80)

PhB(pin) + I—CH=CH—CH_3 —[$PdCl_2(dppf)_2$ (cat.), K_2CO_3, DME]→ Ph—CH=CH—CH_3

2-噻吩基-$B(OH)_2$ + 6-碘异吲哚啉-1-酮 (I, O, NH) —[$PdCl_2(dppf)_2$ (cat.), Cs_2CO_3, DMF, H_2O]→ 6-(2-噻吩基)异吲哚啉-1-酮 (S, O, NH)　(3.81)

CH_2=CHBF_3K + 3-溴苯酚 (Br, OH) —[$Pd(PPh_3)_4$ (cat.), Cs_2CO_3, THF, H_2O]→ 3-乙烯基苯酚 (OH)

在 1968 年，T. Mizoroki 和 R. F. Heck 独立发现芳基、苄基和苯乙烯基卤化物在受阻胺和催化量的 Pd(0) 存在下，在高温下与烯烃化合物反应，形成芳基、苄基和苯乙烯基取代的烯烃。钯催化的烯烃芳基化或烯基化被称为赫克反应（Heck reaction）（英文导读 3.16），是钯催化剂重要的偶联反应之一。零价钯先对不饱和卤代烃进行氧化加成，再与烯烃反应，最终得到相当于不饱和基团取代烯烃的产物，如式（3.82）所示。反应可将烯烃与另一个芳烃或烯烃直接相连，且所使用的原料是易得的卤代芳烃或卤代烯烃，因而在有机合成中得到了广泛的应用。

R^1X + (H)(R^4)C=C(R^2)(R^3) —[Pd(0), 碱]→ (R^1)(R^4)C=C(R^2)(R^3)

R^1=芳基, 烯基, 烷基；X=Cl, Br, OTf, OTs　(3.82)

MeO—C_6H_4—Cl + CH_2=CH—CO—OMe —[$Pd_2(dba)_3$, $P(t\text{-}Bu)_3$, Cs_2CO_3]→ MeO—C_6H_4—CH=CH—CO—OMe

Heck 反应的例子很多，其中在工业上成功应用于一些化工产品的制备。如对甲氧基肉桂酸辛酯是一种广泛使用的护肤化妆品中的紫外线吸收剂，其合成可以使用 4- 溴苯甲醚和丙烯酸辛酯的 Heck 反应一步制得，如式（3.83）所示。

MeO—C_6H_4—Br + 丙烯酸辛酯 (O, O) —[Pd/C, Na_2CO_3]→ MeO—C_6H_4—CH=CH—CO—O—辛基　(3.83)

本章提到的钯催化偶联反应，以及其他尚未介绍的如 Hiyama 交叉偶联，其机理都非常相似，都涉及了零价钯等对氧气敏感的物质，因此常需要在惰性气体保护下进行。反应中若还涉及对水敏感的金属试剂时，反应溶剂、试剂等的干燥也是必要的。限于篇幅，除了本章介绍的几种有机金属试剂外，还有多种有机（准）金属试剂在合成中也经常使用，如有机镉、有机铝、有机硅等，此处不再作介绍。

本章小结 (Summary)

1. 格氏试剂、有机锂试剂的制备方法。格氏试剂、有机锂试剂参与碳 - 碳键构建的反应，如与卤代烃偶联；与环氧化合物的加成；与醛、酮、羧酸衍生物等羰基化合物的加成；与 α, β- 不饱和羰基化合物的两种加成方式；与亚胺、腈等含氮不饱和化合物的加成；作为强碱对活泼氢化合物的去质子化；与其他金属的交换反应；等等。
2. 有机锌的两种制备方法，即金属锌与卤代烃直接反应、格氏试剂和有机锂试剂与锌盐交换反应。有机锌试剂参与的反应，如用于制备 β- 羟基酸酯的 Reformatsky 反应、与醛酮羰基加成的 Barbier 偶联、制备环丙烷衍生物的 Simmons-Smith 反应、与卤代烃偶联的 Negishi 反应等。
3. 有机铜 (Ⅰ) 试剂的两种制备方法。有机铜 (Ⅰ) 试剂在碳 - 碳键构建中的应用，包括与卤代烃偶联制备烃类化合物；与酰氯反应制备酮衍生物；与 α, β- 不饱和羰基化合物共轭加成；与环氧化合物加成；制备对称结构化合物的自偶联；制备对称丁二炔衍生物的 Glaser 偶联；制备非对称丁二炔衍生物的 Cadiot-Chodkiewicz 交叉偶联；制备烯基、芳基炔衍生物的 Sonogashira 交叉偶联；等等。
4. 其他有机金属试剂、有机准金属试剂参与碳 - 碳键构建的反应。如有机锡试剂与醛羰基的加成；与卤代烃、酰卤在钯配合物催化下的 Stille 交叉偶联。再如有机硼酸 / 酯与卤代烯烃、卤代芳烃、酰卤反应的 Suzuki 交叉偶联反应；等等。

1. Preparation methods of Grignard reagents and organolithium reagents. The reactions in construction of carbon-carbon bonds involving Grignard reagents and organolithium reagents, such as coupling with halohydrocarbons; addition to epoxy compounds; addition to carbonyl compounds (e.g., aldehydes, ketones, and carboxylic acid derivatives); 1,2- and 1,4-addition to α, β-unsaturated carbonyl compounds; addition to nitrogen-containing unsaturated compounds (e.g., imines, nitriles); as strong bases in the deprotonation of active hydrogen compounds; exchange reactions with other metals salt; etc.
2. Two methods for preparation of organozinc, namely direct reaction of metal zinc with halohydrocarbon, the exchange reactions of Grignard reagents or organolithium reagents with zinc salts. The reactions in construction of carbon-carbon bonds involving organozinc reagents, such as Reformatsky reaction for the preparation of β-hydroxyesters; the addition to aldehydes and ketones; the Simmons-Smith reaction for the construction of cyclopropane derivatives; the Negishi reaction for coupling with halohydrocarbons; etc.
3. Two methods for the preparation of organocopper(Ⅰ) reagents. The application of organic copper (Ⅰ) reagents in the construction of carbon-carbon bonds, including coupling with halohydrocarbons for the preparation of hydrocarbon compounds; reaction with acylchlorides for the preparation of ketone derivatives; conjugate addition with α, β-unsaturated carbonyl

compounds; addition to epoxy compounds for the preparation of alcohols; homocoupling for the preparation of symmetrical compounds; Glaser coupling for the preparation of symmetrical butadiyne derivatives; Cadiot-Chodkiewicz cross-coupling for the preparation of asymmetrical butadiyne derivatives; Sonogashira cross-coupling for the preparation of alkenyl, aromatic of alkyne derivatives; etc.

4. Other organometallic reagents and organometalloid reagents participate in the construction of carbon-carbon bonds, such as organictin reagents addition to aldehyde carbonyl groups; Stille cross-coupling with halohydrocarbons and acyl halides catalyzed by palladium complexes; the Suzuki cross-coupling reaction of organic boronic acid/ester with halogenated alkenes, halogenated aromatic hydrocarbons, acyl halides; etc.

重要专业词汇对照表 (List of important professional vocabulary)

English	中文	English	中文
hydrocarbylation	烃基化	steric hindrance	位阻
catalytic cycle	催化循环	precatalyst	前催化剂
ligand	配体	active catalyst	活性催化剂
oxidative addition	氧化加成	transmetallation	转金属化反应
reductive elimination	还原消除	cyclic transition state	环状过渡态
single electron transfer	单电子转移	organometallics	有机金属
terminal alkyne	端炔	dehalogenation	去卤素反应
tandem reaction	串联反应	carbenoid	类卡宾
singlet state	单线态	functional group tolerance	官能团耐受性
homocoupling	自偶联	cross-coupling	交叉偶联
zerovalent palladium	零价钯	metathesis	复分解

重要概念英文导读 (English reading of important concepts)

3.1 During the 1970s, a great deal of research effort was focused on the transition metal-catalyzed carbon-carbon bond forming reactions of unreactive alkenyl and aryl halides. In 1972, M. Kumada and R. J. P. Corriu independently discovered the stereoselective cross-coupling reaction between aryl or alkenyl halides and Grignard reagents in the presence of a catalytic amount of a nickel-phosphine complex. In the following years, Kumada explored the scope and limitations of the reaction. Consequently, this transformation is now referred to as the Kumada cross-coupling.

3.2 The reaction mechanism of this type of palladium-catalyzed coupling reaction (e.g. Kumada cross-coupling, Stille cross-coupling, Negishi cross-coupling) often includes three key processes, namely, the oxidative addition of the activated catalyst to the halohydrocarbon, the transmetallation, and the reductive elimination to afford the target product.

3.3 The nucleophilic addition of organometallic reagents to carbonyl compounds, to form new carbon-carbon bonds, is a fundamental process in contemporary organic synthesis. This simple alkylation process, complementary to the reduction of carbonyl compounds, provides a reliable method for generating a wide array of alcohol products. These alcohols are frequently encountered as key building blocks in the synthesis of complex pharmaceutical drugs and biologically active molecules. The discovery of Grignard reagents as carbanion equivalents and their subsequent additions to carbonyl compounds marked a milestone in synthetic chemistry, enabling facile access to a diverse range of alcohols using preformed organomagnesium reagents with high generality, reactivity and easy manipulation.

The mechanism of the addition of Grignard reagents to carbonyl compounds is not fully understood, but it is thought to take place mainly via either a concerted process or a radical pathway (stepwise). It was found that substrates with low electron affinity react in a concerted fashion passing through a cyclic transition state. On the other hand, sterically demanding substrates and bulky Grignard reagents with weak C—Mg bonds tend to react through a radical pathway, which commences with an electron-transfer (ET) from RMgBr to the substrate.

3.4 In the case of unstable organometallic reagents, it is convenient to generate the reagent in the presence of the carbonyl compound, to produce an immediate reaction. This procedure is referred to as the Barbier reaction. The original protocol with magnesium metal was described by P. Barbier and later resulted in the development of the well-known Grignard reaction. Most recently other metals (e.g., Sn, In, Zn, etc.) in aqueous solvents have been used under similar conditions with good results.

3.5 In 1887, S. Reformatsky, reported that in the presence of zinc metal, iodoacetic acid ethyl ester reacted with acetone to yield 3-hydroxy-3-methylbutyric acid ethyl ester. Since then, the classical Reformatsky reaction was defined as the zinc-induced reaction between an α-halogenated ester and an aldehyde or ketone.

3.6 In 1958, H.E. Simmons and R.D. Smith were the first to utilize diiodomethane (CH_2I_2) in the presence of zinc-copper couple (Zn-Cu) to convert unfunctionalized alkenes (e.g., cyclohexene, styrene) to cyclopropanes stereospecifically. This transformation proved to be general and has become the most powerful method of cyclopropane formation: it bears the name of its discoverers and is referred to as the Simmons-Smith reaction.

3.7 In 1977, E. Negishi and co-workers reported the first stereospecific Ni-catalyzed alkenyl-alkenyl and alkenyl-aryl cross-coupling of alkenyl alanes (organoaluminums) with alkenyl or aryl halides. Extensive research by Negishi showed that the best results (reaction rate, yield, and stereoselectivity) are obtained when organozincs are coupled in the presence of Pd(0)-catalysts. The Pd- or Ni-catalyzed stereoselective cross-coupling of organozincs and aryl, alkenyl, or alkynyl halides is known as the Negishi cross-coupling.

3.8 In 1869, Glaser discovered that when phenylacetylene was treated with a copper(Ⅰ)-salt in the presence of aqueous ammonia, a precipitate formed, which after air oxidation yielded a symmetrical compound, 1,4-diphenyl-1,3-butadiyne (diphenyldiacetylene). The preparation of symmetrical conjugated diynes and polyynes (linear or cyclic) by the oxidative homocoupling of terminal alkynes in the presence of copper salts is known as Glaser coupling.

3.9 The mechanism of the Glaser coupling and related methods is very complex and is not fully understood. Studies revealed that the mechanism is highly dependent on the experimental conditions. The currently accepted mechanism involves dimeric copper (Ⅱ)acetylide complexes.

3.10 Due to the limitation of Glaser coupling in the synthesis of asymmetric butadiyne derivatives, Cadiot-Chodkiewicz cross-coupling is an important complement to Glaser coupling, which is an efficient method for the synthesis of asymmetric butadiyne derivatives.

3.11 In 1975, K. Sonogashira and co-workers reported that symmetrically substituted alkynes could be prepared under mild conditions by reacting acetylene gas with aryl iodides or vinyl bromides in the presence of catalytic amounts of $Pd(PPh_3)Cl_2$ and cuprous iodide (CuI). During the same year, the research groups of both R.F. Heck and L. Cassar independently disclosed similar Pd-catalyzed processes, but these were not using copper co-catalysis, and the reaction conditions were harsh. The copper-palladium catalyzed coupling of terminal alkynes with aryl and vinyl halides to give enynes is known as the Sonogashira cross-coupling and can be considered as the catalytic version of the Castro-Stephens coupling.

3.12 The mechanism of the Sonogashira cross-coupling follows the expected oxidative addition-reductive elimination pathway. However, the structure of the catalytically active species and the precise role of the CuI catalyst is unknown. The reaction commences with the generation of a coordinatively unsaturated Pd(0) species from a Pd(Ⅱ) complex by reduction with the alkyne substrate or with an added phosphine ligand. The Pd(0) then undergoes oxidative addition with the aryl or vinyl halide followed by transmetallation by the Cu(Ⅰ)-acetylide. Reductive elimination affords the coupled product and the regeneration of the catalyst completes the catalytic cycle.

3.13 In 1976, the first palladium catalyzed reaction of organotin compounds (organostannanes) was published by C. Eaborn et al. A year later in 1977, M. Kosugi and T. Migita reported transition-metal-catalyzed C—C bond forming reactions of organotins with aryl halides and acid chlorides. In 1978, J.K. Stille used organotin compounds for the synthesis of ketones under reaction conditions much milder than Kosugi′s and with significantly improved yields. The Pd(0)-catalyzed coupling reaction between an organostannane and an organic electrophile to form a new C—C bond is known as the Stille cross coupling.

3.14 In 1979, A. Suzuki and N. Miyaura reported the stereoselective synthesis of arylated (*E*)-alkenes by the reaction of 1-alkenylboranes with aryl halides in the presence of a palladium catalyst. The Pd-catalyzed cross-coupling reaction between organoboron compounds and organic halides or triflates provides a powerful and general method for the formation of carbon-carbon bonds known as the Suzuki cross-coupling.

3.15 The mechanism of the Suzuki cross-coupling is analogous to the catalytic cycle for the other cross-coupling reactions and has four distinct steps: 1) oxidative addition of an organic halide to the Pd(0)-species to form Pd (Ⅱ) ; 2) exchange of the anion attached to the palladium for the anion of the base (metathesis); 3) transmetallation between Pd (Ⅱ) and the alkylborate complex; 4) reductive elimination to form the C—C bond and regeneration of Pd(0). Although organoboronic acids do not transmetallate to the Pd (Ⅱ) -complexes, the corresponding ate-complexes readily undergo transmetallation. The quaternization of the boron atom with an anion increases the nucleophilicity of the alkyl group and it accelerates its transfer to the palladium in the transmetallation step. Very bulky and electron-rich ligands [(e.g., P(*t*-Bu)$_3$] increase the reactivity of otherwise unreactive aryl chlorides by accelerating the rate of the oxidative addition step.

3.16 In the early 1970s, T. Mizoroki and R.F. Heck independently discovered that aryl, benzyl and styryl halides react with alkenes at elevated temperatures in the presence of a hindered amine and catalytic amount of Pd(0) to form aryl-, benzyl-, and styryl-substituted alkenes. Today, the palladium-catalyzed arylation or alkenylation of alkenes is referred to as the Heck reaction.

习题 (Exercises)

3.1 Write the major organic products for the following reactions.

PhMgBr —(epoxide, THF)→ (a)   MgBr —(CH_3COCH_3)→ (b)

2 mol MgBr —($HCOOC_2H_5$)→ (c)   2 CH_3MgI + O, OC_2H_5 ⟶ (d)

MgBr + CH_3CHO ⟶ (e)   CHO + MgBr ⟶ (f)

EtO, O, O, H —(1) EtMgBr (1.0 e.q.) 2) H_3O^+)→ (g)   O —(1) MeLi (2.0 e.q.), CuI (过量) 2) H_3O^+)→ (h)

CN —(1) MeLi (1.0 e.q.) 2) H_3O^+)→ (i)   COOEt —(1) LDA 2) PhCHO)→ (j)

MgX, MeO + O, O, O ⟶ —(H_2O)→ (k)   N, S, I —(MgBr(1.0 e.q.), $PdCl_2$(dppf) (5 mol%), Et_2O, r.t.)→ (l)

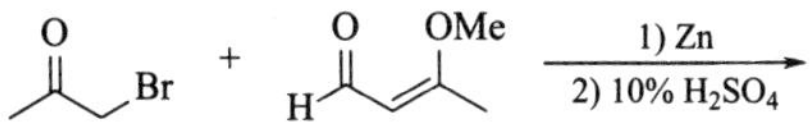

Br + H OMe —1) Zn; 2) 10% H_2SO_4→ (m)

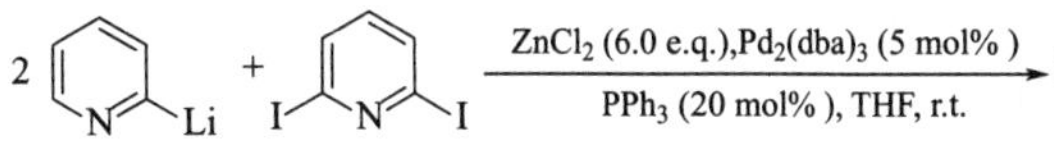

2 Li + I N I —$ZnCl_2$ (6.0 e.q.), $Pd_2(dba)_3$ (5 mol%); PPh_3 (20 mol%), THF, r.t.→ (n)

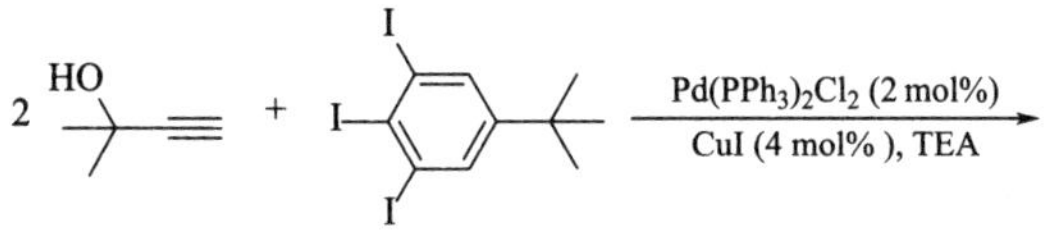

2 HO + I I I —$Pd(PPh_3)_2Cl_2$ (2 mol%); CuI (4 mol%), TEA→ (o)

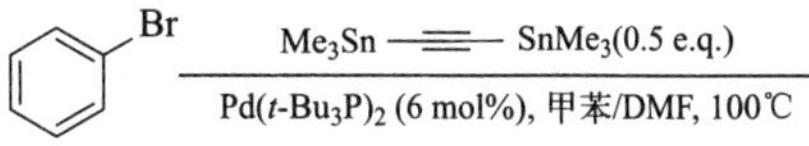

Br —Me_3Sn—≡—$SnMe_3$(0.5 e.q.); $Pd(t\text{-}Bu_3P)_2$ (6 mol%), 甲苯/DMF, 100℃→ (p)

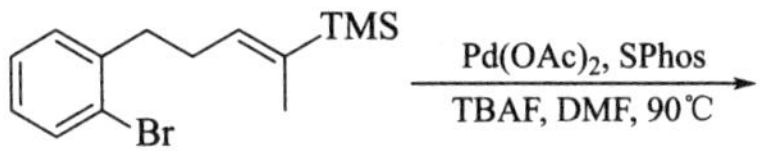

TMS Br —$Pd(OAc)_2$, SPhos; TBAF, DMF, 90℃→ (q)

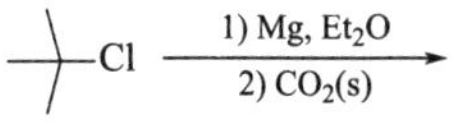

Cl —1) Mg, Et_2O; 2) CO_2(s)→ (r)

Ph Ph —PhLi→ —H_2O→ (s)

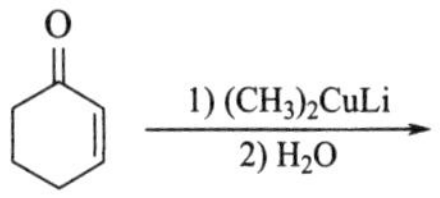

O —1) $(CH_3)_2CuLi$; 2) H_2O→ (t)

3.2　Synthesize the following compounds from the specified starting materials. Inorganic reagents, catalysts, and organic reagents within three carbons are optional.

(a) 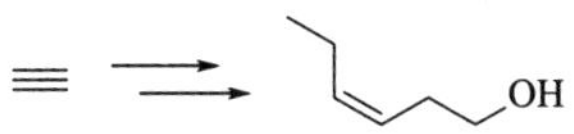 ≡ ⟶ OH

(b)  =O ⟶ CH_3 OH

(c) 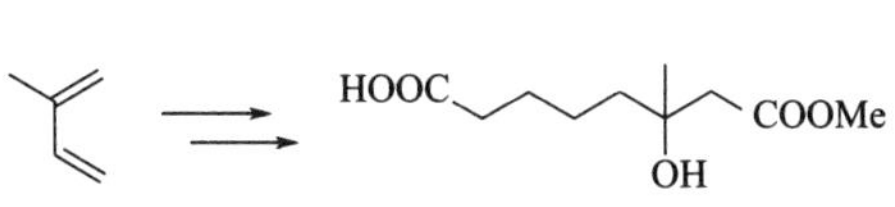 ⟶ HOOC COOMe OH

(d) 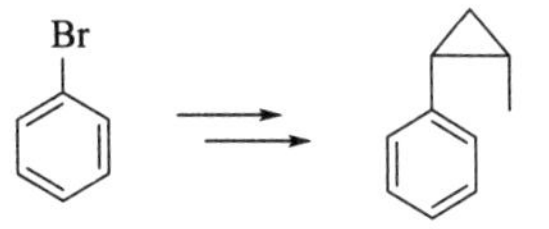 Br ⟶

(e) 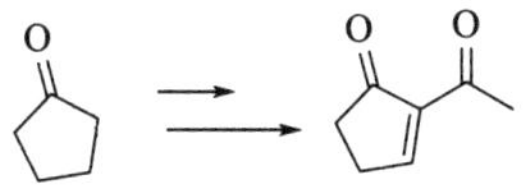 O ⟶ O O

(f) 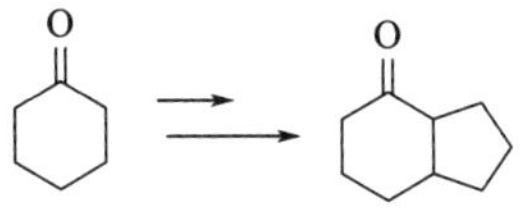 O ⟶ O

(g) 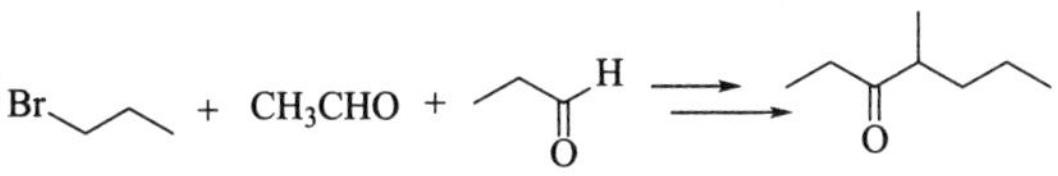 Br + CH_3CHO + H O ⟶ O

(h) PhBr + PhCOOH ⟶ O Ph Ph Ph

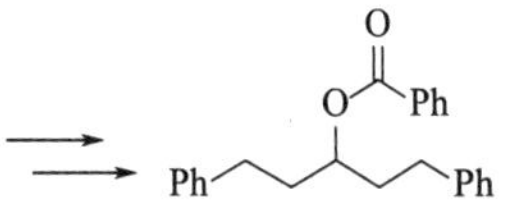

3.3　(a) 4- 甲基 -3- 庚酮是多种蚁类的警告信息素。试为其设计一条合成路线。

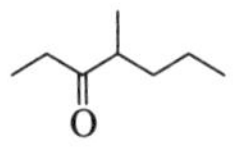

O

(b) 试为己烯雌酚二甲醚设计一条合成路线。

OMe MeO

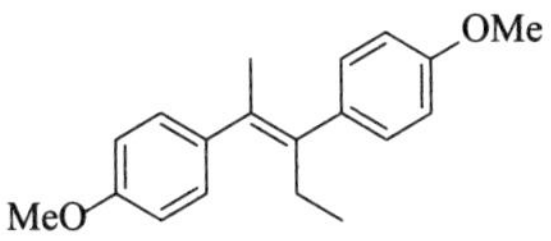

参考文献与课后阅读推荐材料 (References and recommended materials for reading after class)

1. Mackie R K, Smith D M, Aitken R A. Guidebook to Organic Synthesis. 北京：世界图书出版公司 , 2001.

2. Carruthers W. Some modern methods of organic synthesis. 3nd ed. 北京：世界图书出版公司，2004.
3. Garst J F, Soriaga M P. Grignard reagent formation. Coordination Chemistry Reviews, 2004, 248(7): 623-652.
4. Wang H N, Dai X J, Li C J. Aldehydes as alkyl carbanion equivalents for additions to carbonyl compounds. Nature Chemistry, 2016, 9(4): 374-378.
5. Shinokubo H, Oshima K. Transition metal-catalyzed carbon-carbon bond formation with Grignard reagents-novel reactions with a classic reagent. European Journal of Organic Chemistry, 2004 (10): 2081-2091.
6. Buchspies J, Szostak M. Recent advances in acyl Suzuki cross-coupling. Catalysts, 2019, 9(1): 53/1-53/23.
7. Jagtap S. Heck reaction-state of the art. Catalysts, 2017, 7(9): 267/1-267/53.
8. Heravi M M, Hashemi E, Nazari, N. Negishi coupling: An easy progress for C—C bond construction in total synthesis. Molecular Diversity, 2014, 18(2): 441-472.
9. 周少林，徐利文，夏春谷，等．Suzuki 偶联反应的最新研究进展．有机化学，2004, 24(12)：1501-1512.
10. 刘鸿飞，贾志刚，季生福．负载型 Heck 反应催化剂的研究进展．催化学报，2012, 33: 757-767.
11. 王宗廷，张云山，王书超，等．Heck 反应最新研究进展．有机化学，2007, 27(2)：143-152.
12. 邵忠奇，李兴，常宏宏，等．Negishi 偶联反应的研究进展．化学通报，2013, 76(8)：704-711.

第4章 稳定的碳负离子和亲核试剂反应生成碳 - 碳键

(Formation of carbon-carbon bond by reaction of stabilized carbanion and nucleophile)

使得碳负离子（carbanion）稳定的各种因素以及不同类型稳定的碳负离子在有机合成知识体系中都非常重要。本章将详细讨论稳定的碳负离子的反应，特别是那些被吸电子共轭效应（$-C$）基团所稳定的碳负离子的反应。在高等有机化学中被羰基稳定的碳负离子也可以写成烯醇（enol）负离子，常常被看作是烯醇盐，本书将烯醇（和烯胺）的反应看成是碳负离子的反应来分析讨论。

本章将反应分成烷基化、酰基化与缩合三类反应进行详细讲解，同时每个部分又按照稳定碳负离子的基团的性质和数目分成被两个 $-C$ 基团稳定的碳负离子（即活泼亚甲基）、被一个 $-C$ 稳定的碳负离子和被邻位的磷或硫稳定的碳负离子进行讨论。

4.1 碳负离子的形成 (Formation of carbanion)

4.1.1 由活泼亚甲基形成的碳负离子 (Carbanion generated from active methylene)

与两个 $-C$ 基团，如羰基、酯基和氰基相连的亚甲基化合物称为活泼亚甲基化合物，该类化合物的亚甲基的酸性比简单酮的酸性强得多。多分子中的亚甲基—CH_2—或次甲基—CHR—被两个 $-C$ 基团从两侧连接时，非常容易与碱作用而失去质子，得到负离子，其因离域作用（delocalization）而变得相对稳定。

这类化合物通常是相对较强的酸，例如二硝基甲烷（**1**）（$pK_a \approx 4$）比醋酸酸性稍强，2, 4- 戊二酮（2, 4-pentane dione，**2**）（$pK_a \approx 9$）比苯酚酸性稍强。这类化合物在合成中最有用的是丙二酸二乙酯（diethyl malonate，**8**）和乙酰乙酸乙酯（ethyl acetoacetate，**4**），它们的 pK_a 值约为 10 ～ 13。此类化合物的结构与 pK_a 如表 4.1 所示（英文导读 4.1）。

表 4.1 常见活泼亚甲基化合物的结构与 pK_a（Structure and pK_a of active methylene compound）

化合物	pK_a	化合物	pK_a
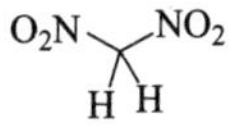 O_2N NO_2 H H **1**	3.6	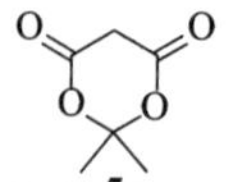 O O O O **5**	5.1
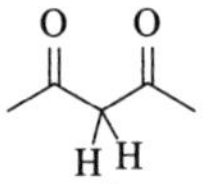 O O H H **2**	9	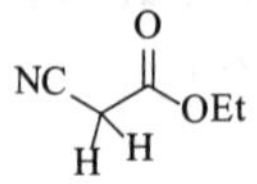 O NC OEt H H **6**	9.6
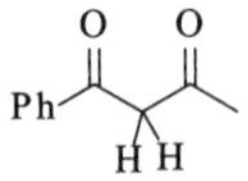 O O Ph H H **3**	9.6	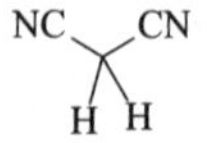 NC CN H H **7**	11.2
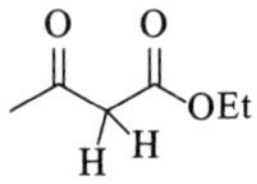 O O OEt H H **4**	10.7	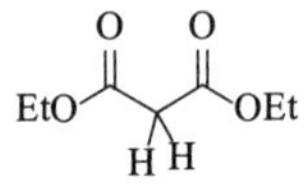 O O EtO OEt H H **8**	12.7

从有机合成的角度分析，稳定的碳负离子与碱的作用通常可有如下两种方式（英文导读 4.2）：

其一，这些化合物基本上可以完全被乙醇钠（sodium ethoxide）这样强度的碱去质子（乙醇钠的 pK_a 大约为 18），更易理解的说法就是反应式（4.1）的平衡远远位于反应的右方。

$$R^1CH_2R^2 + Na—OR \rightleftharpoons R^1—\bar{C}H—R^2Na^+ + ROH \tag{4.1}$$

R^1、R^2=COR′、COOR′、CN

其二，部分化合物可以被弱的有机碱，例如哌啶（piperidine，$pK_a \approx 11$）去质子化，这种去质子化通常进行得不完全，但其可达到一定的程度即碳负离子达到可使反应进行下去的浓度，见式（4.2）。

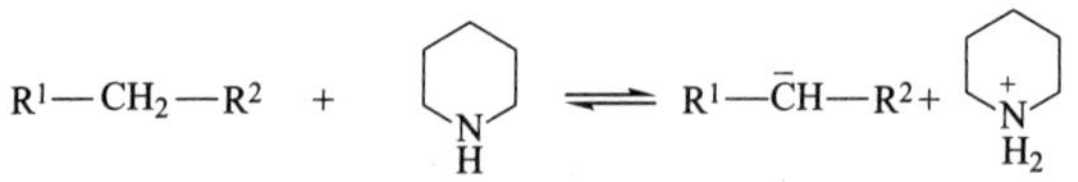

$$R^1—CH_2—R^2 + \text{(piperidine, NH)} \rightleftharpoons R^1—\bar{C}H—R^2 + \text{(piperidinium, } \overset{+}{N}H_2\text{)} \tag{4.2}$$

4.1.2 被一个 $-C$ 基团稳定的碳负离子 (Carbanions stabilized by one $-C$ group)

RCH_2X 或 R_2CHX 类型的化合物，其 X 是一个 $-C$ 基团，与 4.1.1 书所介绍的活泼亚甲基化合物相比，它们的亚甲基邻位只有一个吸电子基团，这就使得它们的酸性变弱，但一般为很弱的酸。这些化合物的 pK_a 大约为 19 ～ 27，如表 4.2 所示。

因而，像醇钠这样中等强度的碱都不能产生超过平衡浓度的碳负离子。如果需要完全转变为碳负离子，则必须使用更强的碱，例如碱金属氨基（alkaline metal amide）化合物。在这种情况下不能以醇为溶剂，因为醇是比 RCH_2X 更强的酸，将被先去质子化。

表 4.2　RCH_2X 和 R_2CHX 的结构与 pK_a 值（Structure and pK_a value of RCH_2X and R_2CHX）

化合物	pK_a	化合物	pK_a
$CH_3—NO_2$	11.2	 O	20
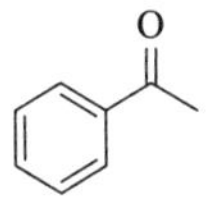 O	15.8	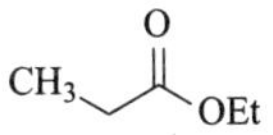 O CH_3 OEt	24.5
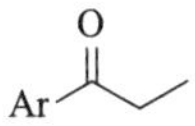 O Ar	19	CH_3CN	25

4.1.3　形成碳负离子常用的碱 (Commonly used bases for forming carbanion)

从上面的介绍中，若活泼亚甲基酸性较强，只需要相对弱的碱就可以生成碳负离子，而与一个 $-C$ 基团相连的 RCH_2X 或 R_2CHX 型化合物酸性较弱，生成碳负离子需要不同强度的碱。碱在碳负离子的形成中十分重要，一定量、一定强度的碱是形成碳负离子的关键，需要对碱的强弱进行了解。常用碱的 pK_a 如表 4.3 所示。

表 4.3　常用的碱及其 pK_a（Common bases and its pK_a）

碱	pK_a	碱	pK_a
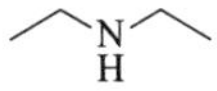 N H 二乙胺	10.73	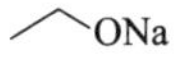 ONa 乙醇钠	18
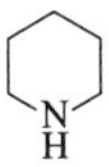 N H 哌啶	11.19	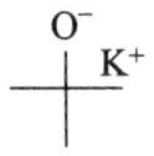 O^- K^+ 叔丁醇钾	18
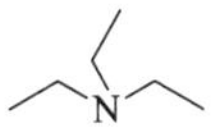 N 三乙胺	9.74	$Na^+NH_2^-$ 氨基钠	35
OH^-	≈ 15	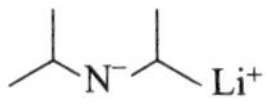 N^-　Li^+ LDA	36

4.2　碳负离子的烷基化反应 (Alkylation of carbanion)

烷基化反应通过稳定的碳负离子与烷基化试剂反应来实现，本节将就活泼亚甲基化合物的烷基化和单 $-C$ 稳定的碳负离子的烷基化两个部分分别进行讨论。

4.2.1 活泼亚甲基化合物的烷基化 (Alkylation of active methylene compound)

活泼亚甲基化合物的烷基化可以相对简单地通过稳定的碳负离子与常用的烷基化试剂反应来实现。丙二酸酯、乙酰乙酸酯、*β*- 二酮及具有活泼氢的活泼亚甲基化合物都可以通过稳定的碳负离子与卤代烃进行亲核取代反应生成新的碳 - 碳键。活性亚甲基化合物的烷基化通常使用碱如氢化钠、乙醇钠、叔丁醇钾、磷酸钾和碳酸钾来完成。在许多情况下，产率仅为中等，并且形成单烷基化产物、二烷基化产物和 *O*- 烷基化产物的混合物以及少量缩合产物，会存在分离纯化的问题（英文导读 4.3）。卤代烷是最常用的烷基化试剂，其中伯卤烷、仲卤烷、烯丙基或苄基卤代烷都能顺利地进行反应，而叔卤代烃烷基化反应产率甚低，这是由有脱去卤化氢生成烯烃的竞争反应所致的。

4.2.1.1 活泼亚甲基化合物的单烷基化 (Monoalkylation of active methylene compound)

丙二酸二乙酯的烷基化反应常用乙醇钠作为碱性试剂，在乙醇溶液中进行，例如式（4.3）。

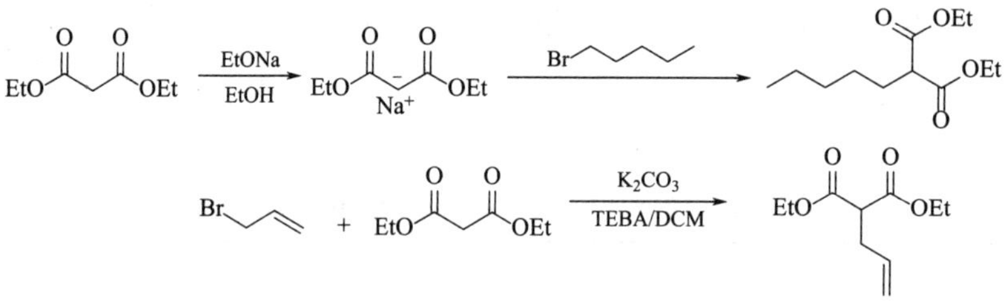

(4.3)

乙酰乙酸乙酯的烷基化与丙二酸二乙酯类似，乙酰乙酸乙酯在乙醇溶液中与乙醇钠作用生成稳定的碳负离子，烯醇盐再与卤代烃反应生成新的碳 - 碳键，得取代乙酰乙酸乙酯，如式（4.4）所示。

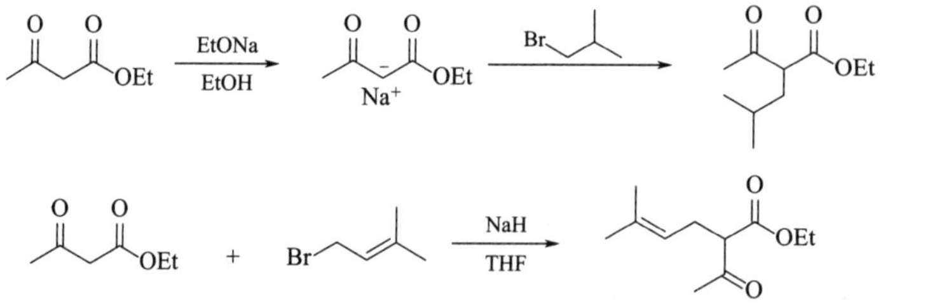

(4.4)

β- 二酮在烃化时由于其酸性比较强，例如化合物（**2**）的 pK_a 为 9，在乙醇 - 水或丙酮溶液中用碱金属的氢氧化物或碳酸盐就可以使它们生成稳定的碳负离子以进行烷基化，例如式（4.5）。

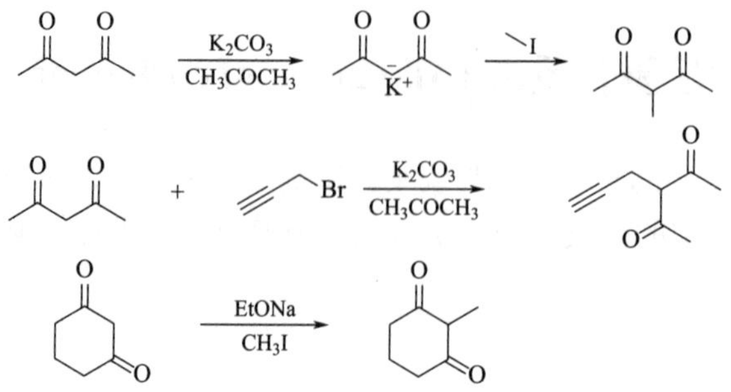

(4.5)

乙醇钠是这一类反应中最常用的碱，其碱性对于丙二酸二乙酯和乙酰乙酸乙酯来说已足够强了。而从式（4.5）可以看出，由于 β- 戊二酮（pentanedione）酸性较大，因而使用了碳酸钾这样较弱的碱。

当烷基化试剂是活性低的芳基或烯基卤化物时，活泼亚甲基化合物一般不与它发生烷基化反应，但连有多个强吸电子基的芳基卤化物则能发生反应，如式（4.6）。该反应不通过 S_N2 机理进行，而通过加成 - 消除 S_N2 Ar 机理进行，反应中间体为 σ 负离子，多个强吸电子基的存在有利于其稳定。

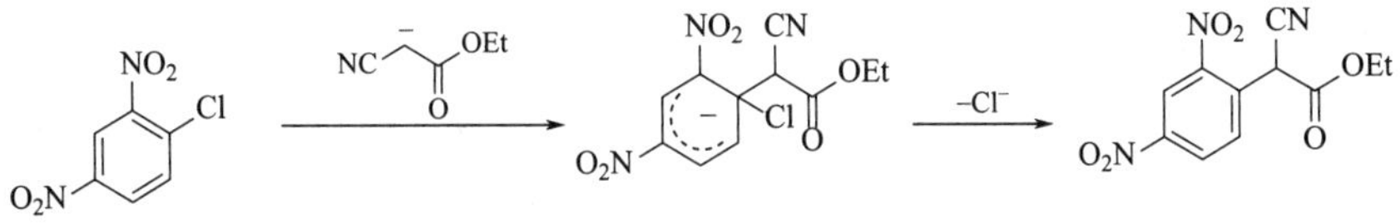

（4.6）

在过量强碱氨基钠 / 液氨条件下，没有强吸电子基取代的溴苯也可与丙二酸二乙酯发生取代反应，该反应的机理又与上述不同，是通过消除 - 加成过程进行，苯炔是该反应的中间体，如反应式（4.7）所示。

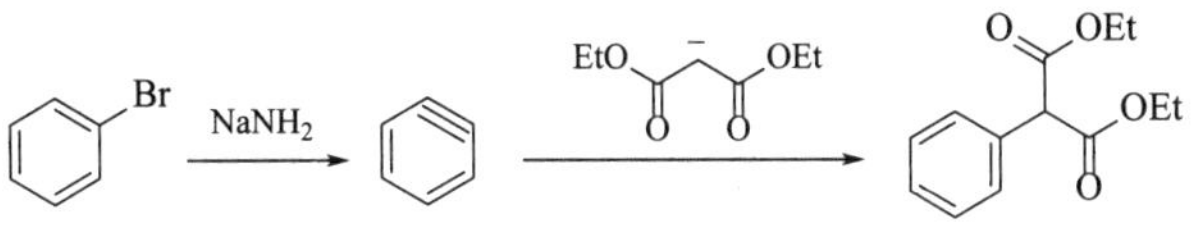

（4.7）

4.2.1.2　活泼亚甲基化合物的二烷基化 (Dialkylation of active methylene compoud)

反应式（4.3）～式（4.5）的产物还含有一个酸性氢（acidic hydrogen），因而可以继续进行烷基化从而得到二烷基目标产物。二烷基化反应通常比单烷基化更困难，因为引入的第一个烷基对电子有排斥作用，其能降低邻位氢的酸性；同时引入一个烷基后，碳负离子的空间位阻比未取代时增加很多。如果被引入的两个烷基相同，则二烷基化一般采用一锅反应（one pot reaction）来进行，例如反应式（4.8）所示（英文导读 4.4）。

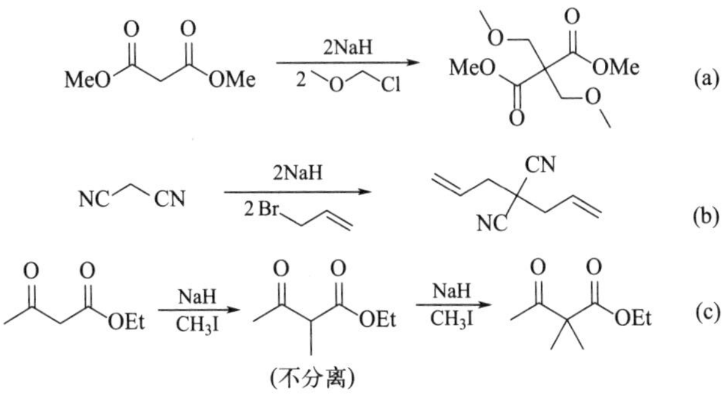

(a)

(b)

(c)

（不分离）

（4.8）

反应式（4.8）均引入相同的烷基，但当引入的两个烷基不同时，二烷基化多采用分步的方式，例如反应式（4.9）。

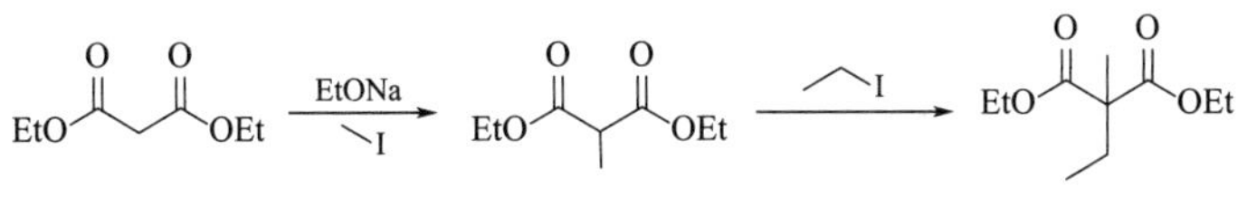

（4.9）

反应式（4.9）为在丙二酸二乙酯中引入两个不同的烷基，引入的两个烷基在电子和空间效应的差异就导致出现引入基团的次序问题。如果两个烷基在大小上相差很大，首先引入较小的烷基是有利的。如果先引入了较大的烷基，立体位阻可能会阻止第二次烷基化。如果两个烷基的给电子诱导效应（electron-donating inductive effect，+*I*）差别很大，那么先引入 +*I* 较小的烷基有利，当引入第一个烷基具有强的给电子能力时，第二次烷基化的去质子化变得更加困难（英文导读 4.5）。

4.2.1.3 双负离子的烷基化反应

上述式（4.8）中的三个二烷基化反应均引入相同基团，但反应式（4.8c）与前两个反应不同。式（4.8a）和式（4.8b）是直接使用两倍物质的量的碱，然后加入两倍物质的量的烷基化试剂；而对于反应式（4.8c），即便中间体单烷基化产物不分离出来，引入两个烷基也是分开进行的。为什么会出现这些差异？这是一个值得思考的问题。是由于采用分步方法可以得到较高产率，还是由于研究者没有尝试过其他方法？然而，重要的一点是，像 2, 4- 戊二酮类似结构的 *β*- 二酮以及像乙酰乙酸乙酯这样的 *β*- 酮酸酯（*β*-keto ester）与两倍物质的量的碱反应时，只要碱性足够强，如在氨基钠或有机锂试剂作用下，就能得到化合物（**9**）类型的双阴离子，见式（4.10）。然后在其 *γ*- 碳原子上优先进行烷基化，见反应式（4.10）（英文导读 4.6）。

$$CH_3COCH_2COOEt \xrightarrow{2NaNH_2} {}^{-}CH_2CO\overset{-}{C}HCOOEt\ (\mathbf{9}) \xrightarrow{RX} RCH_2COCH_2COOEt \qquad (4.10)$$

反应示例如式（4.11）所示。

$$CH_3COCH_2COCH_3 \xrightarrow[2)\ PhCH_2Cl]{1)\ 2NaNH_2} CH_3COCH_2COCH_2CH_2Ph$$

$$CH_3COCH_2COOEt \xrightarrow[2)\ CH_3CH_2Cl]{1)\ NaH,\ n\text{-}BuLi} CH_3CH_2CH_2COCH_2COOEt \qquad (4.11)$$

为什么会优先在 *γ*- 碳原子上进行烷基化？双负离子进行烷基化时首先选择在较强碱性的负离子位上发生反应，而不是在两个羰基活化的酸性较强的亚甲基上。这是由于末端碳负离子的亲核反应活性（或碱性）大于活泼亚甲基形成的碳负离子的活性，这种烷基化反应称为 *γ*- 烷基化反应。

不对称 1, 3- 二酮理论上能生成两种不同的双负离子，但大多数情况下都只生成一种。因此烷基化也应得到单一的产物。端基被烷基化的活性次序：$PhCH_2 > CH_3 > CH_2$。如反应式（4.12）所示。

$$CH_3COCH_2COCH_2CH_3 \xrightarrow{2NaNH_2} {}^{-}CH_2CO\overset{-}{C}HCOCH_2CH_3 \xrightarrow{RX} RCH_2COCH_2COCH_2CH_3 \qquad (4.12)$$

β- 酮酸酯在过量强碱的作用下也可生成双负离子，此双负离子与各种烷基化试剂作用，以很高的产率得到 *γ*- 烷基化产物，如反应式（4.13）所示。

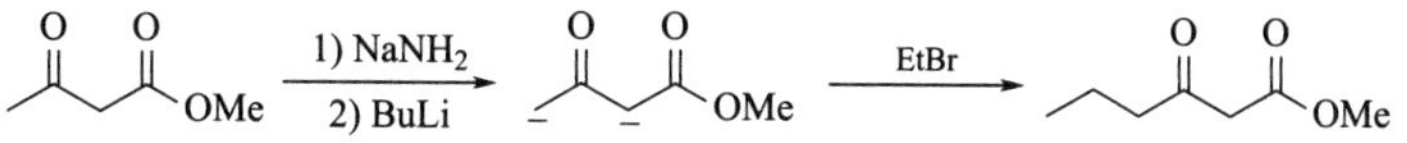

（4.13）

4.2.2 烷基化产物的水解 (Hydrolysis of the alkylated product)

丙二酸和 β- 酮酸，如乙酰乙酸可以加热后脱羧（decarboxylation），即脱去二氧化碳，生成羰基或羧基化合物，如反应式（4.14）所示。

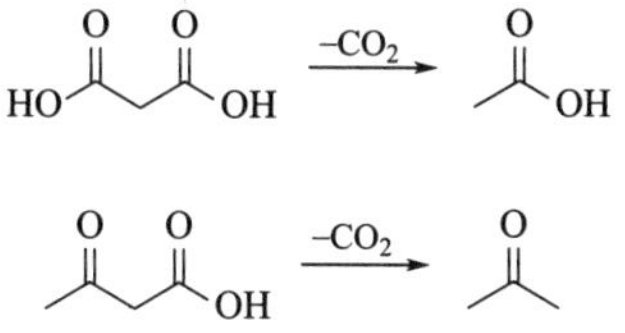

（4.14）

具有 β- 酮酸和丙二酸结构的化合物的脱羧是经过六元环过渡态进行的，β- 酮酸脱羧后首先生成的是烯醇，后者随即转化成酮，如式（4.15）所示。

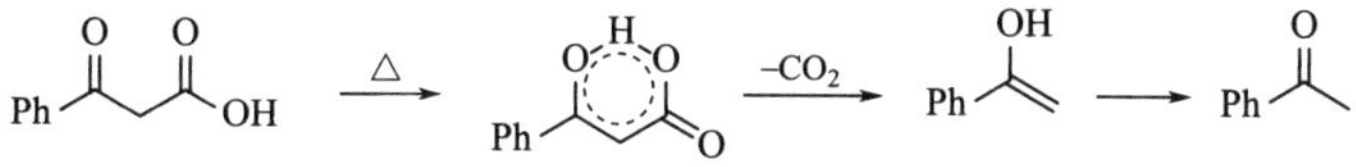

（4.15）

被两个 $-C$ 基团稳定的碳负离子发生单烷基化和双烷基化后的羧酸产物也同样可以脱羧，见式（4.16）。丙二酸和乙酰乙酸在有机合成应用非常广泛，主要得益于此加热脱羧，生成羰基或羧基化合物，这一过程使得二羰基化合物在有机合成中变得“神通广大”。

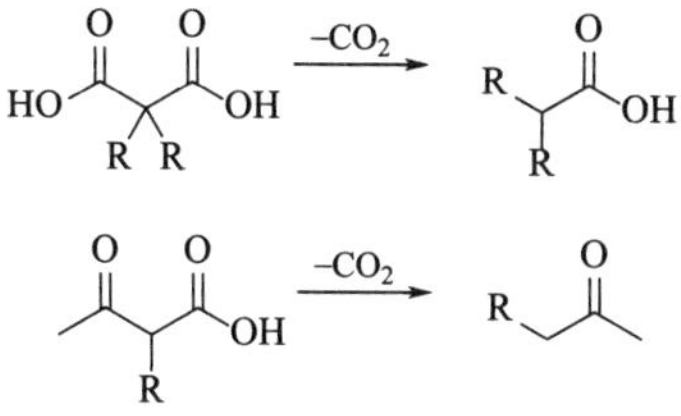

（4.16）

单烷基和双烷基取代的酯同样可以水解和脱羧，烷基是用卤代烷引入的，所以烷基化试剂与适当的碳负离子反应，继而水解和脱羧，就构成了由卤代烷转变为羧酸或酮的最为有效的方法，如式（4.17）所示。

酯可以在酸和碱两种条件下进行水解，但通常采用酸水解，因为 β- 酮酸酯的碱性水解并不仅仅水解酯成羧酸，还有一个重要的反应会发生，即 OH^- 可以像进攻酯羰基（ester carbonyl）一样同时进攻酮羰基（ketonic carbonyl），或者只进攻酮羰基而不进攻酯羰基，见式（4.18），称为碱诱导水解。

碱诱导水解多数情况下是不希望发生的副反应，有时为了实现一些特定目标物的合成，也可用这种分解方法。

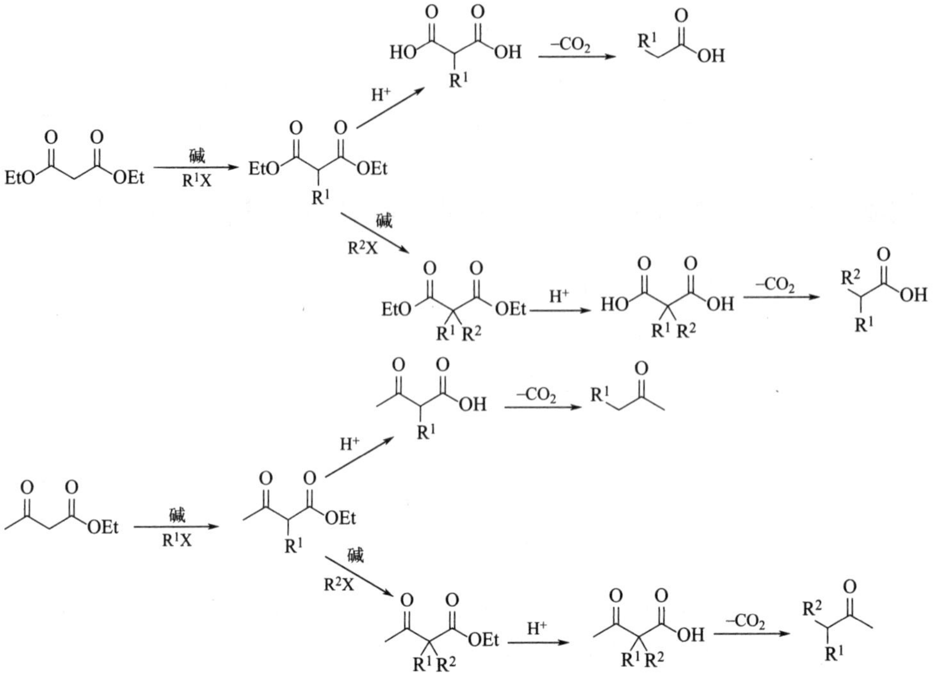

（4.17）

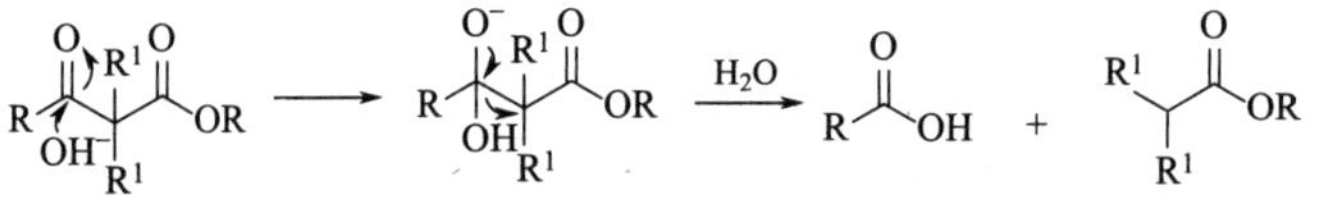

（4.18）

4.2.3 单 $-C$ 基团稳定的碳负离子的烷基化 (Alkylation of carbanion stabilized by one $-C$ group)

单 $-C$ 基团稳定碳负离子的烷基化由于其氢酸性较上节所讲的稳定碳负子弱得多，所以需要更强的碱才能去质子化，烷基化同样需要使用化学计量的碱。为使反应以适当的速率进行，碳负离子的起始浓度要高，一般需要很强的碱。当起稳定作用的 $-C$ 基团是氰基或酯基时，这类反应是简单而直接的，例如式（4.19）。

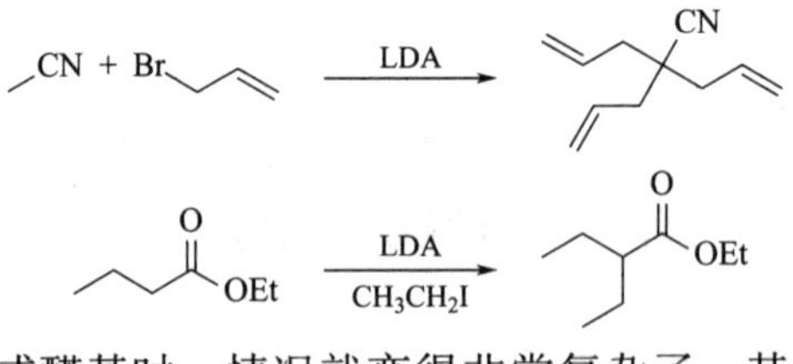

（4.19）

但当 $-C$ 基团是酮基或醛基时，情况就变得非常复杂了。其原因在于：其一，在碱性条件下，酮和醛特别容易发生羟醛缩合反应；其二，当酮有两个不同的 α- 氢时，会生成两种碳负离子，烷基化后得到混合产物。

当羰基只有一类 α- 氢时，仅能生成一种碳负离子，这类醛和酮的烷基化，仅需要考虑如何避免缩合副反应的发生。但对醛来说，碳负离子对羰基化合物的进攻特别容易发生，完全避免副反应非常困难。仅能通过选择实验条件，将反应中的自由羰基的量减到最少，同时保障碳负离子定量地生成。通常是在非质子溶剂中，把酮或醛缓慢地加到碱溶液中而定量地生成碳负离子，始终保持碱处于过量的状态，然后迅速加入大大过量的烷基化试剂，见反应式（4.20）。

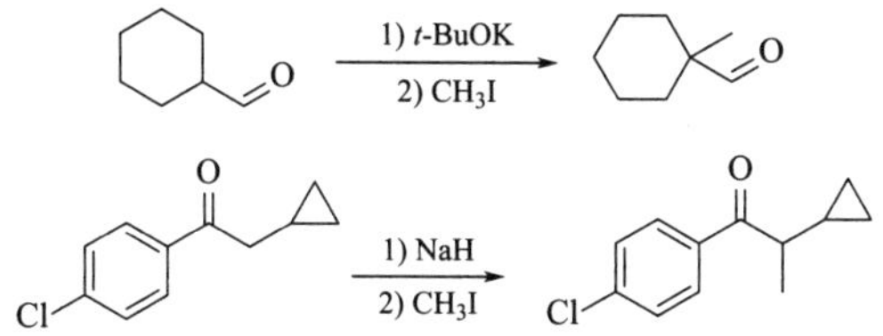

（4.20）

羰基两侧都有α-氢的酮能给出两种碳负离子，即动力学控制（kinetic control）和热力学控制（thermodynamic control）的离子，烷基化后得到混合物。这是由于在碱的作用下，具有两个不同α-氢的酮容易生成烯醇负离子混合物，见式（4.21），烯醇负离子（**10**）和（**11**）的组成取决于反应是在动力学控制还是热力学控制条件下进行的。

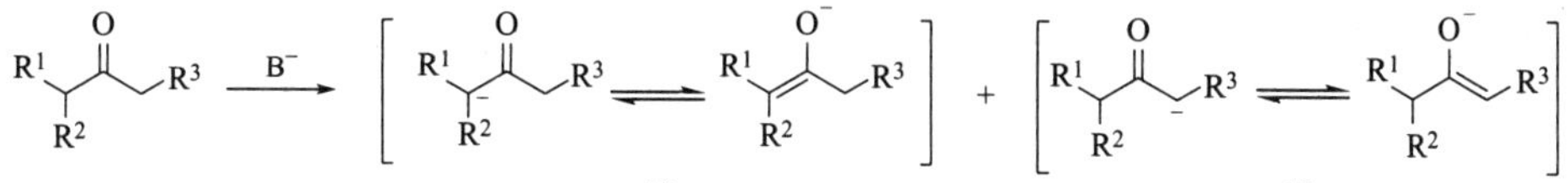

（4.21）

所谓动力学控制是指烯醇负离子（**10**）和（**11**）的组成是由碱夺取氢质子的相对速率所决定的，见式（4.22）。当反应在非质子性溶剂、极强的碱和无过量的酮的条件下进行时，反应属于动力学控制，此时，脱质子生成烯醇负离子的反应不可逆，且定量、快速进行。在此条件下，碱一般优先进攻位阻较小的α-H而生成烯醇负离子（**11**），这是由于空间位阻较小时有利于强碱进攻，脱质子速率快。

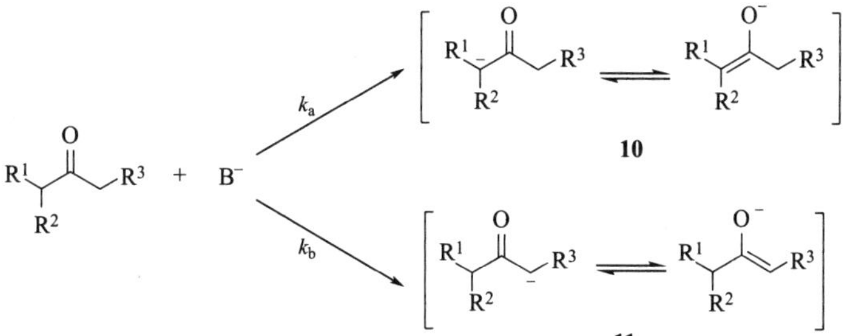

动力学控制

（4.22）

热力学控制则是指烯醇负离子（**10**）和（**11**）通过平衡反应快速转化。其组成是由（**10**）和（**11**）的相对热力学稳定性决定的，见式（4.23）。当反应在质子性溶剂和过量酮的条件下进行时，反应属于热力学控制，此时，脱质子生成烯醇负离子（**10**）和（**11**）的反应均为可逆，且可通过平衡反应互相转化。质子性溶剂的作用在于通过提供质子来促进质子化和脱质子的平衡反应，过量的酮也起着提供质子来促进平衡反应的作用。在此条件下，一般优先生成取代基多的烯醇负离子（**10**），这是由于取代基多的烯醇负离子更加稳定。

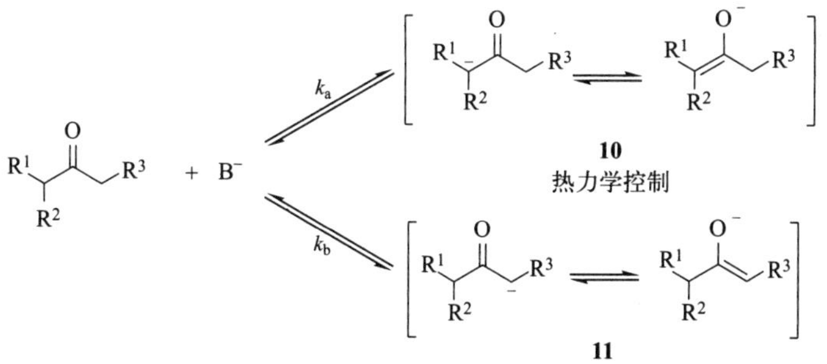

热力学控制

（4.23）

如果在非质子性溶剂中，把酮慢慢加到等物质的量的碱里进行去质子化，则去质子化基本上是不可逆的，两种碳负离子的比例由两种 α- 质子生成的相对速率决定，由动力学控制的、位阻较小的 α- 质子通常除去较快，如式（4.24）所示。

LDA, $PhCH_2Br$ Ph 53% + Ph 8% （4.24）

但从上面可以看出，被一个酮羰基或醛羰基稳定的碳负离子的烷基化由于副反应多、操作困难等缺点，不是一个可行的有机合成手段。

4.2.4 间接法合成 α- 烷基醛和酮 (Indirect synthesis of α-alkylated aldehyde and ketone)

具有被一个 –*C* 基团稳定的碳负离子的醛、酮烷基化时，在强碱存在下易于发生自身的缩合。能够形成两种碳负离子的酮一般会生成混合的烷基化产物，所以对其直接烷基化非常困难，为此一些间接烷基化的方法出现了，对其进行如下讨论。

为了避免醛烷基化时反应物或产物与强碱相互作用，可以先将醛转变成不易发生自身缩合反应的衍生物，最为常见的就是亚胺（imines）。亚胺可方便地由醛酮与胺在脱水剂存在下制备，多采用苯类溶剂，以对甲苯磺酸为催化剂，通过分水器共沸除水来得到。最常用的仲胺是四氢吡咯，其次是吗啉和六氢吡啶和环己胺。烷基化反应如式（4.25）所示。羰基化合物先与胺发生缩合，与一级胺生成亚胺，与仲叔胺生成烯胺。亚胺或烯胺然后与有机锂试剂等反应成相应的盐，该盐与卤代烷发生亲核取代反应，生成烷基化的亚胺或烯胺，它们会再次水解产生烷基化醛酮，此反应称为斯托克（Stork）反应。

R^1NH_2, H^+; LDA; R^2X; H^+ （4.25）

R′=*t*-Bu, *i*-Pr, 环己基

亚胺之所以能与烷基化试剂发生反应是由于其分子中烷氨基有强烈的给电子效应，使 *β*- 碳原子带有若干负电荷，能作为亲核试剂进行各种反应，如应用亚胺与活泼烷基化试剂反应，可以较高的产率得到烷基化产物，如式（4.26）。故将其当作醛酮直接烷基化的替代方法。

H_3O^+ （4.26）

醛间接烷基化的反应如式（4.27）所示。

另外，间接生成 α- 烷基醛的方法还有很多，如先生成杂环化合物，再发生烷基化反应等。虽然酮羰基在烷基化时自身缩合问题不及醛严重，但通常情况下仍是不可避免的。对于对称酮同样可以用保护羰基的方法进行间接烷基化，如用亚胺或者采用烯胺的方式，反应见式（4.28）。

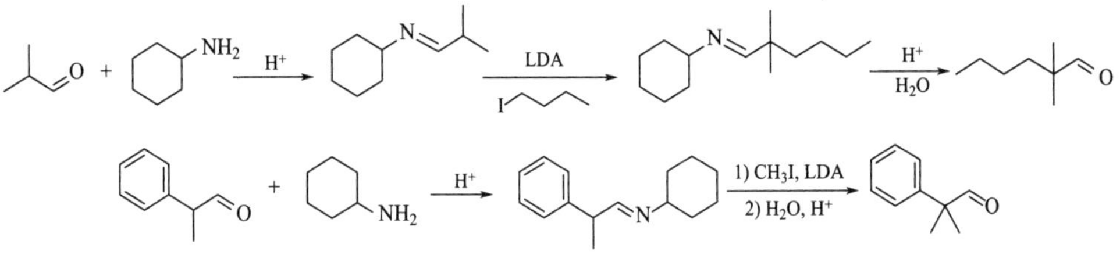

（4.27）

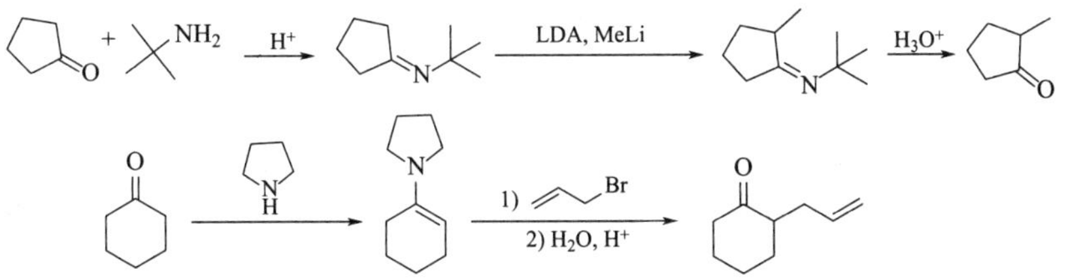

（4.28）

与醛酮的直接烷基化反应相比，烯胺的烷基化反应有下列优点：其一，烯胺的烷基化不需要使用强碱，反应条件温和，可以避免醛酮的自缩合反应；其二，烯胺的烷基化一般为单烷基化反应，不易产生多烷基化产物；其三，烯胺的烷基化具有较好的区域选择性，总发生在取代基少的一边，而醛酮的直接烷基化反应容易得到混合物。

不对称酮的烷基化的主要问题是区域选择性。不对称酮能在任何一个 α- 碳上去质子化，常常得到烷基化衍生物的混合物，不是有价值的合成方法。上述的烯胺烷基化能够获得良好的区域选择性。对于不对称的酮，烯胺烷基化之所以具有较好的区域选择性，是由于在不对称酮制备烯胺时，主要生成取代基较少的烯胺。双键上取代较多的烯胺由于存在着取代基与胺亚甲基之间的空间位阻，妨碍了氮上孤对电子与双键 π 体系的共轭，从而使其变得不稳定，如式（4.29）所示。

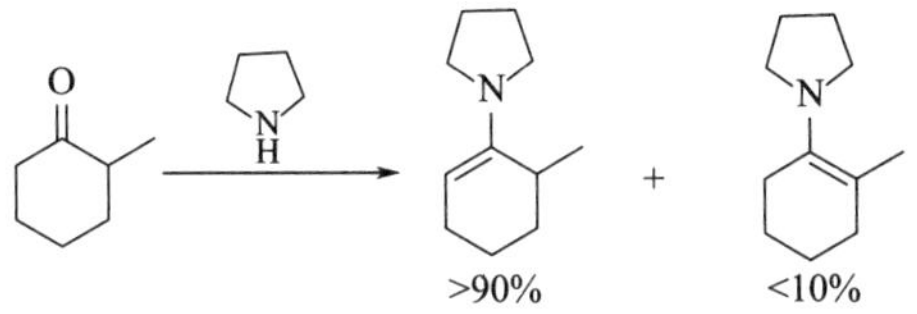

（4.29）

利用烯胺烷基化的区域选择性来进行合成的例子，如式（4.30）所示。

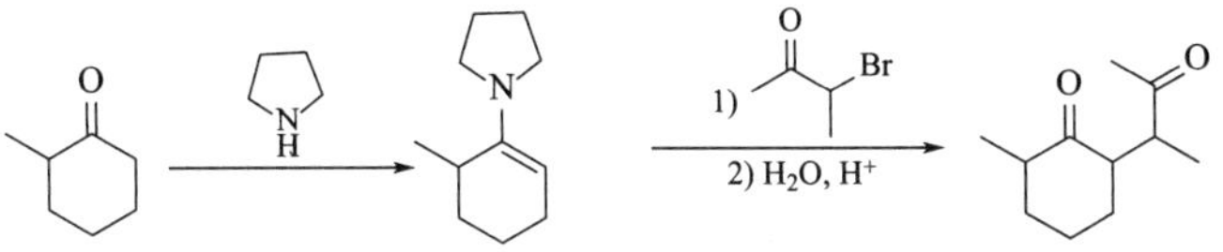

（4.30）

另一种获得良好区域选择性的方法也是一种间接方法，即我们学习过的当羰基两侧都有 α- 氢的不对称酮在酰基化时，高选择地在取代较少的碳原子上发生反应，而酰化后的产物是一个被两个 $-C$ 基团稳定的碳负离子，其可以方便地在想要的位置烷基化。如酮可以转变成 β- 酮醛，然后，β- 酮醛与两倍物质的量的强碱和一倍量的烷基化试剂作用，在 γ- 位上进行烷基化反应，或与一倍物质的量的碱和一倍量的烷基化试剂作用，在相反位置烷基化，如式（4.31）所示。

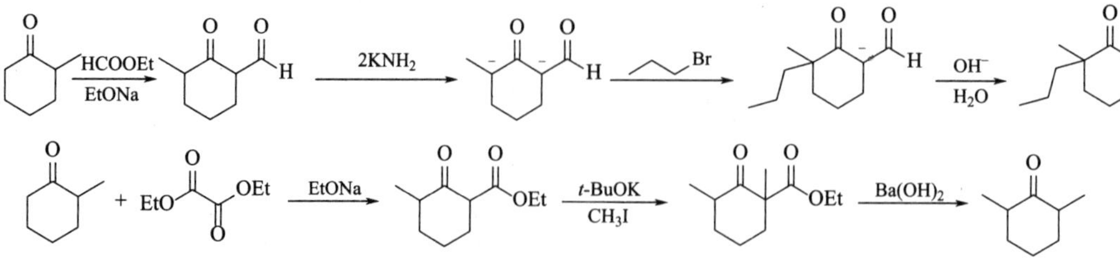

（4.31）

4.3 碳负离子的酰基化反应 (Acylation of carbanion)

烷基化和酰基化之间有很多共同点，但也存在几点重要的区别，本小节将对酰基化反应与烷基化进行对比。同时活泼亚甲基化合物的酰基化和单 $-C$ 稳定碳负离子的酰基化反应存在很大的差异，也将分别进行讲解。

4.3.1 活泼亚甲基化合物的酰基化 (Acylation of active methylene compound)

烷基化和酰基化虽有共同点，但也存在较大差别，比如烷基化中最为常见的乙醇钠/乙醇体系就不能用于酰基化，因为醇本身容易被酰基化。又如，酰基化产物（**13**）是强酸，其负离子被三个 $-C$ 基团所稳定，其也可以被碳负离子（**12**）去质子化，见式（4.32b），因此在对这些碳负离子酰基化时，随后进行的反应可能处于竞争之中。

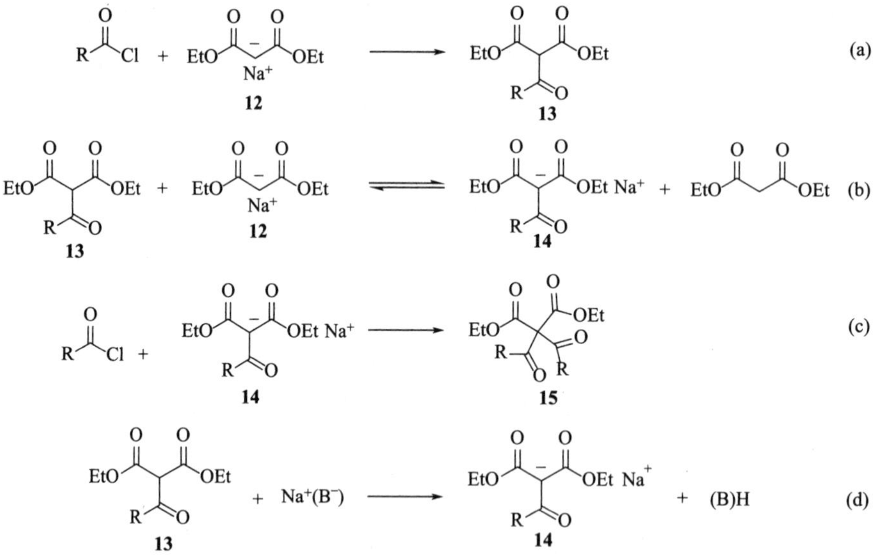

（4.32）

主反应（main reaction），即式（4.32a），和第一个副反应（side reaction），即式（4.32b），都消耗碳负离子（**12**），为了获得高产率的单酰基化产物（**13**），就必须使反应式（4.32a）比副反应快得多，或者要采用一些方法来阻止副反应。幸运的是，阻止副反应很简单，可以直接通过加入一倍物质的量的强碱 $Na^{+}B^{-}$ 使反应式（4.32d）替代反应式（4.32b）。

虽然仍有一个可能的副反应，即反应式（4.32c），但（**14**）的亲核性比（**12**）低得多，导致双酰基化的副产物（**15**）相对较少。

一些新研究的方法既能解决溶剂的问题，又能提供额外加的一倍物质的量的碱。例如使用乙醇镁形成最初的碳负离子化合物（**16**），它与钠盐不同，是可溶于醚的，还能在下一步反应中释放出 1mol 的乙氧基盐，见式（4.33）。

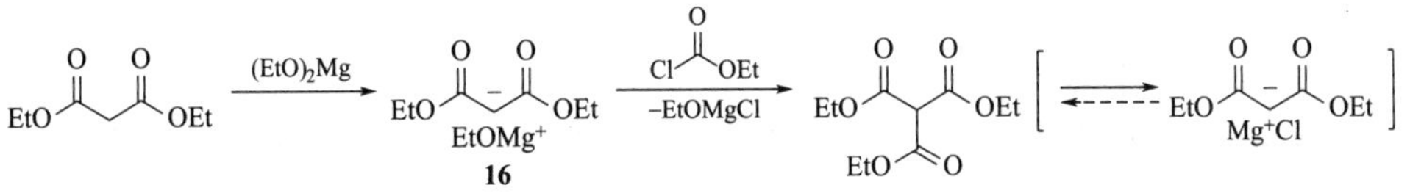

（4.33）

酰基丙二酸二乙酯的碱性水解因其产物就是酰化试剂水解产物酸和丙二酸，因此没有任何合成应用价值。在酸性水溶液中水解可先得到酰基丙二酸，再脱羧生成甲基酮，见式（4.34）。

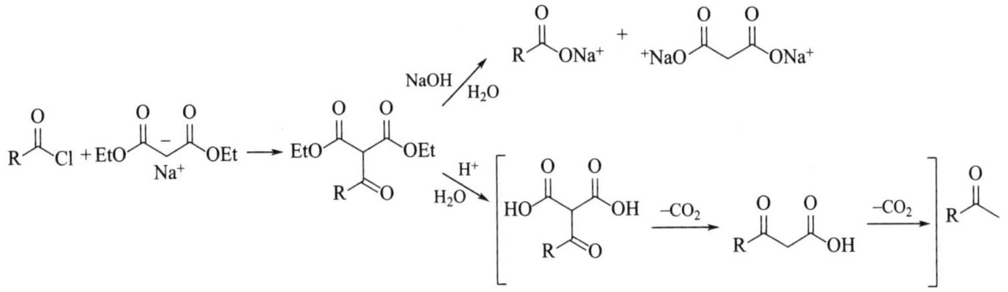

（4.34）

酰化再酸水解提供了另一种把酰氯（acyl chloride）转变成甲基酮（methyl ketone）的有效方法。与第 3 章所学的酰氯与二烷基镉或二甲基铜锂反应生成甲基酮相比，表面看似更为复杂，但实际上此方法产率更高一些，见式（4.35）。

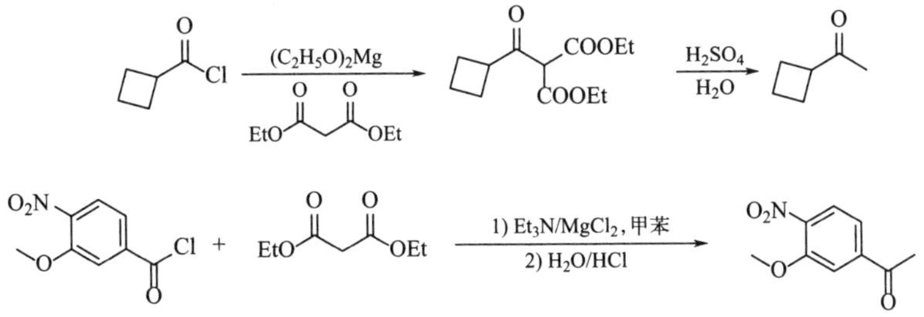

（4.35）

β- 酮酸酯发生酰基化后进行碱催化的裂解是一种非常有用的合成方法。例如乙酰乙酸乙酯与酰氯在醚类溶剂中发生酰基化反应得到 β,β- 二酮酸酯，后者在碱性条件下选择性地分解，得到另一个新的 β- 酮酸酯。酰化产物 β,β- 二酮酯的碱诱导水解发生在亲电性最强的羰基碳上，产物也是 β- 酮酸酯。这是一个非常有效的合成不同取代 β- 酮酸酯的手段，见式（4.36）。

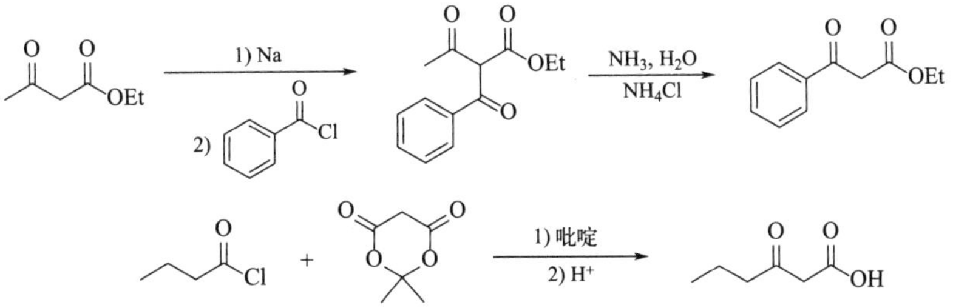

（4.36）

式（4.36）中的 β- 酮酸的酰化产物是 α- 碳上连有两个酰基的化合物。这种化合物在碱性条件下容易裂解失去一个酰基。通常，失去的是能形成碱性较小的羧酸负离子的那个酰基。因此，乙酰乙酸乙酯酰化后用 NH_4Cl 和 $NH_3 \cdot H_2O$ 处理一般总是失去乙酰基，生成 CH_3COO^- 离去，最终得到另一种 β- 酮酸酯。

4.3.2 单 −*C* 基团稳定的碳负离子的酰基化 (Acylation of carbanion stabilized by one −*C* group)

对于简单的酮和酯来说，最常见的酰基化反应就是克莱森酯缩合（Claisen ester condensation），即在乙醇钠作用下由两分子的乙酸乙酯生成乙酰乙酸乙酯，见式（4.37）。

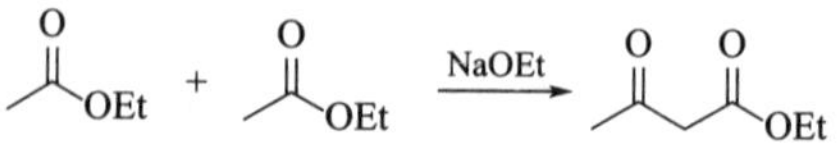

NaOEt （4.37）

反应也能够应用于酮类和氰基类化合物，例如反应式（4.38）。

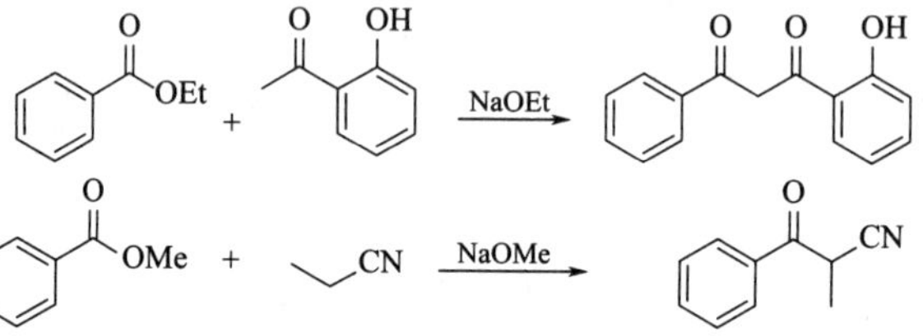

NaOEt　NaOMe （4.38）

从式（4.39）来看，乙醇钠的碱性不足与反应物（**17**）反应产生足够浓度的碳负离子（**18**），但醇钠的碱性足以脱去产物（**19**）的质子，定量地将产物转变为它们的负离子（**20**），为反应提供了动力，如式（4.39）所示（英文导读 4.7）。

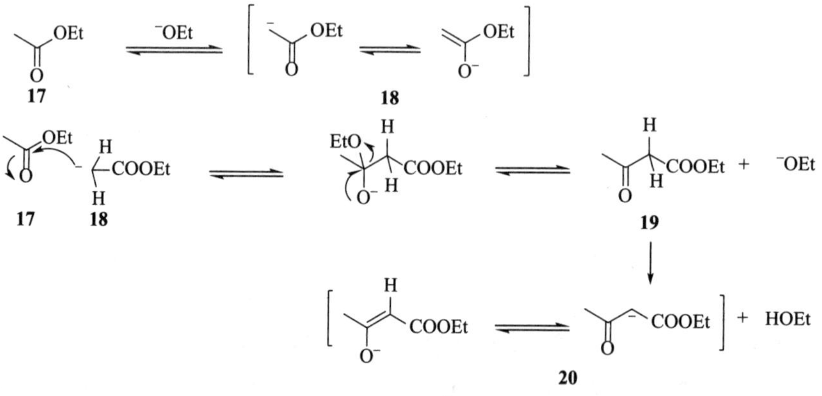

（4.39）

乙酸乙酯的酸性强度与乙醇接近，因此，用乙醇钠作碱性试剂时，只有很小一部分乙酸乙酯变成烯醇盐（**18**），即在第一步反应中，平衡偏向左边。由烯醇盐（**18**）的缩合反应生成的乙酰乙酸乙酯（**19**）的量也很少。乙酰乙酸乙酯（**19**）分子中，活性亚甲基上的氢具有较强的酸性（pK_a=11），乙醇钠发生质子转移，不可逆地变成烯醇盐（**20**）。因此，虽然在上面的平衡反应中只生成少量的乙酰乙酸乙酯（**19**），但生成后差不多完全变成烯醇盐（**20**），使平衡向右移动，缩合反应能够继续进行，直到乙酸乙酯差不多全部缩合为止。也就是说乙酰乙酸乙酯较强的酸性推动了缩合反应的进行。生成的乙酰乙酸乙酯烯醇盐（**20**）用酸酸化，即释出目标物乙酰乙酸乙酯（**19**）。从式（4.39）可以看出克莱森酯缩合在合成中应用有如下三点注意事项。

① 当羰基 α- 碳上有两个取代基的酯（如 **21**）反应时，以醇钠为碱进行克莱森酯缩合

反应不可行，因为其酰基化产物（**22**）的两个羰基之间没有酸性氢，最后一步去质子化无法实现。即当只有一个 α- 氢的酯（如 **21**）缩合时，在乙醇钠存在下，虽然也可以生成烯醇盐，烯醇盐也能与另一分子酯缩合，但得到的 β- 酮酸酯（**22**）没有 α- 氢，不能变成盐，缺乏使平衡向右移动的动力，缩合也不能继续进行，见式（4.40）（英文导读 4.8）。

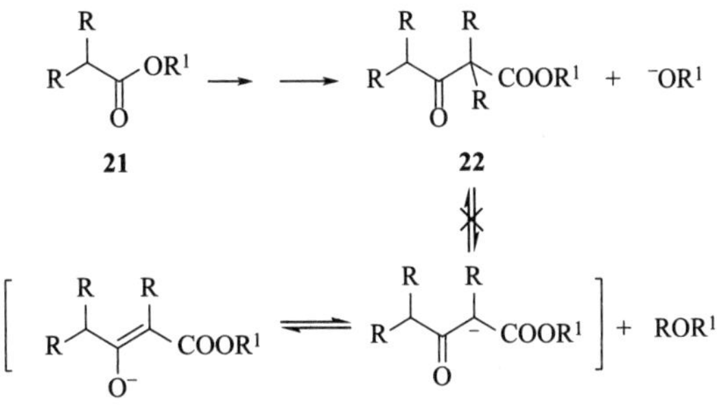

（4.40）

对于 α- 双取代酯反应，最后一步无法发生质子转移，要对这种酯进行酰基化，需要使用如三苯甲基钠或氢化钠这样更强的碱，强碱能使这种类型的酯定量地转变成碳负离子，如式（4.41）所示。

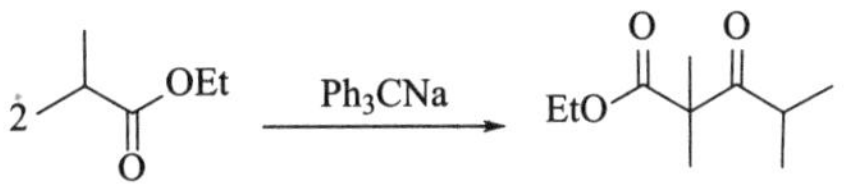

（4.41）

② 羰基两侧都有 α- 氢的不对称酮，其酰基化几乎专一地在取代较少的碳原子上发生，这个区域选择性非常优良，也大大加大了这类反应的应用范围，见反应式（4.42）。

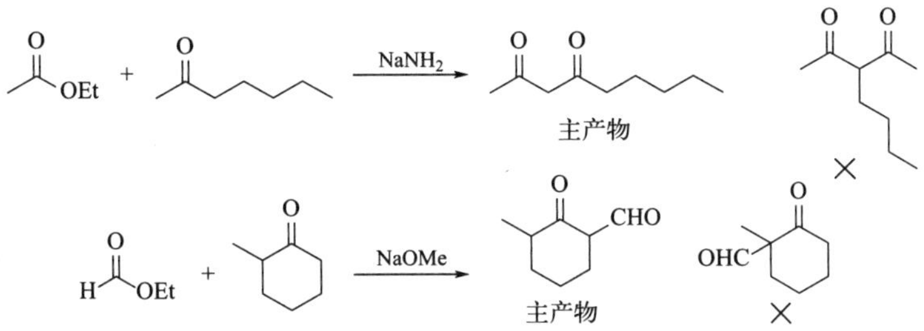

（4.42）

从式（4.39）可以看出所有步骤都是可逆的，可推断反应是受热力学控制，以生成最稳定的产物最有利，因此主产物是一种更强的酸，其碳负离子被两个羰基所稳定，是热力学优势产物。

③ 两种不同的酯在碱的作用下也可发生 Claisen 缩合反应，但容易生成自身缩合和交叉缩合的混合物，如式（4.43）所示，至少生成四种混合物，在合成中没有意义。

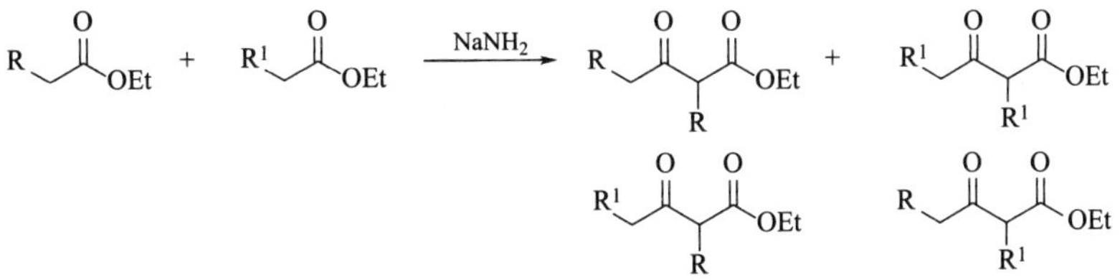

（4.43）

如果采用没有 α-H 的酯作为亲电试剂，与另一种含 α-H 的酯发生缩合反应，则可制备交叉缩合产物，当然必须使用酯基亲电活性高的并且没有 α-H 的酯才能得到好的实验结果，通常采用芳酸酯、甲酸酯和草酸酯，这些酯的亲电活性都比脂肪酸酯的高，因而可有效避免脂肪酸酯的自身缩合副反应，如式（4.44）所示（英文导读 4.9）。

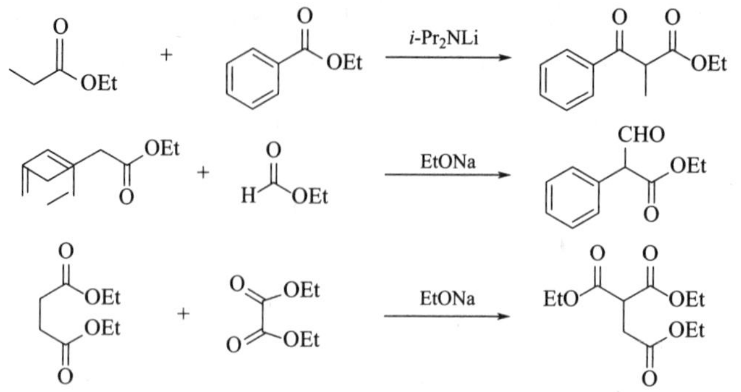

(4.44)

Claisen 缩合反应也可在酮与酯之间进行，其中以甲基酮最容易反应，酯以亲电活性高的芳酸酯、甲酸酯和草酸酯最好。为了减少酮或酯的自身缩合副反应，常将酮和酯先混合，再滴加到含碱的溶液中。如苯甲酸乙酯与苯乙酮之间的缩合反应，如式（4.45）所示。

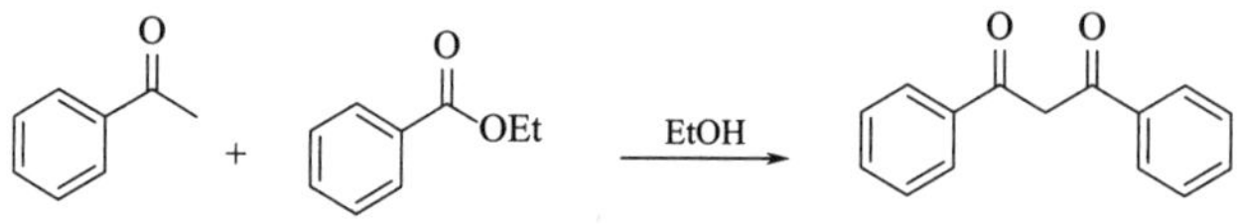

(4.45)

4.4 碳负离子的缩合反应 (Condensation reaction of carbanion)

缩合反应是碳 - 碳键形成中最为重要的一类反应类型，反应非常丰富，近年来的研究成果也较多，同时活泼亚甲基化合物和被一个 $-C$ 基团稳定的碳负离子各自的缩合反应特点也不同，本节将分别进行讲解。

4.4.1 活泼亚甲基化合物的缩合反应 (Condensation reaction of active methylene compound)

缩合反应如反应式（4.46）所示，其中 R^1 和 R^2 为 $-C$ 基团。

(4.46)

从其机理看出其碳负离子将会按照式（4.47）进行，并且反应一般具有如下几个要点：

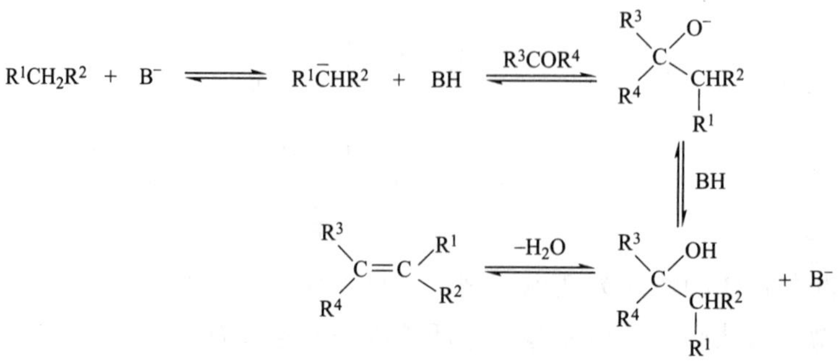

$$R^1CH_2R^2 + B^- \rightleftharpoons R^1\bar{C}HR^2 + BH \xrightleftharpoons{R^3COR^4} R^3R^4C(O^-)CHR^2R^1$$

$$R^3R^4C(O^-)CHR^2R^1 \xrightleftharpoons{BH} R^3R^4C(OH)CHR^2R^1 + B^-$$

$$R^3R^4C(OH)CHR^2R^1 \xrightleftharpoons{-H_2O} R^3R^4C{=}CR^1R^2 \quad (4.47)$$

① 从反应总的方程来看，缩合反应的总化学计量（stoichiometry）是非常简单的。反应中使用的碱虽然参与了决速步骤（rate-determining step），也就是说碱的浓度可以决定反应速率（reaction rate），但碱在反应中并未消耗，而是在下一步重新产生，因此不必使用化学计量的碱，催化量（catalytic amount）的碱就已足够推动反应进行。

② 从机理看，所有步骤在理论上都是可逆的（reversible），所以要使反应完成，必须通过除去在最后一步中生成的水来实现，除去生成的水有利于促使反应向生成产物的方向进行，最终使反应完成。

③ 从机理看，在羰基化合物引入之前，并不需要把化合物 $R^1CH_2R^2$ 完全转变成碳负离子，只要有一定量的负离子生成即可。因此，对于缩合反应来说可以使用比烷基化和酰基化更弱的碱（英文导读 4.10）。

在缩合反应体系中通常有一种以上的碳负离子，以及多种不同类型的羰基，反应存在一定的复杂性，因而反应总的原则是最稳定碳负离子与最亲电的羰基缩合。如果在反应式（4.47）中，R^1 和 R^2 都是 $-C$ 基团，则与醛和酮在弱碱存在下发生缩合反应，最为常见的反应是用哌啶使丙二酸二乙酯、乙酰乙酸乙酯等去质子化，再与醛或酮发生缩合反应，称为脑文格反应（Knoevenagel reaction），机理如式（4.48）所示（英文导读 4.11）。

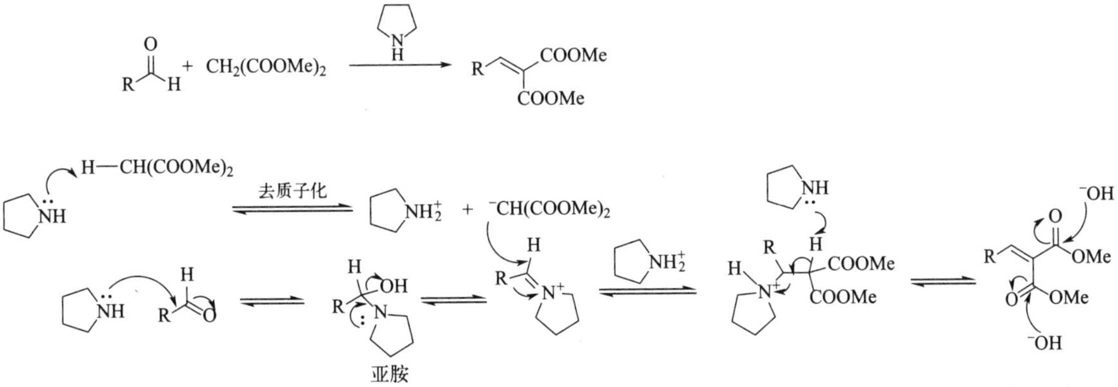

$$RCHO + CH_2(COOMe)_2 \xrightarrow{\text{吡咯烷}} RCH{=}C(COOMe)_2$$

H—CH(COOMe)₂ 去质子化 亚胺

(4.48)

反应示例如式（4.49）所示。

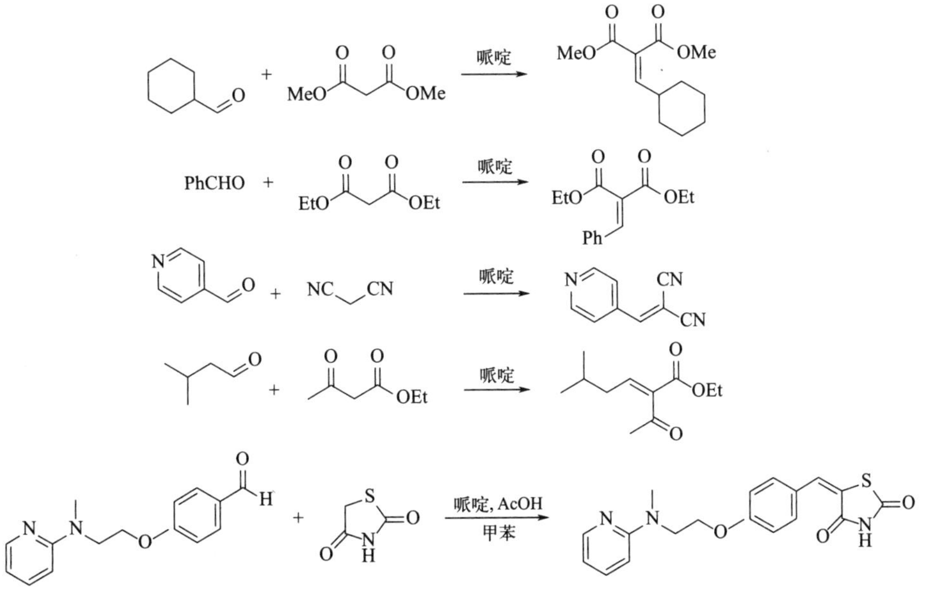

PhCHO + 哌啶 哌啶, AcOH 甲苯

(4.49)

式（4.49）所示均是酸性最强的氢与最亲电的羰基碳原子的反应，即被两个 $-C$ 基团稳定的碳上的氢去质子后与最亲电的醛羰基碳反应，因而产率很高。应注意在反应式（4.49）中的部分醛有 α- 氢，理论上是可以发生自身缩合反应的，但反应以胺为碱，碱性不足以产生能发生自身缩合反应的碳负离子，因而自缩合反应很少发生。

醛可与各类稳定的碳负离子发生脑文格（Knoevenagel）缩合反应。简单酮与丙二腈（malononitrile）或氰基乙酸乙酯（ethyl cyanoacetate）能发生 Knoevenagel 反应，见式（4.50），但很难与丙二酸二乙酯或乙酰乙酸乙酯发生反应。出现这种反应性差异的原因可能是酮在亲电性降低的同时空间位阻又增大了，也可能是氰基稳定的亲核试剂的亲核性增加或空间位阻减小，或者两种原因均有，目前还不是很清楚。

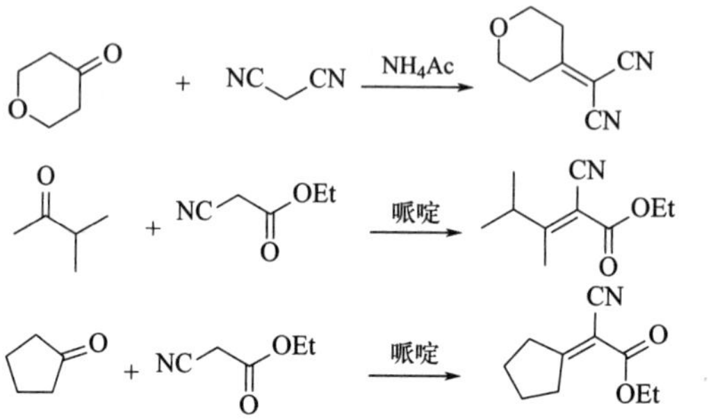

NH_4Ac

哌啶

哌啶

（4.50）

脑文格缩合的一种最重要的变形反应称为德布纳缩合（Doebner condensation），在反应物中用来稳定碳负离子的 $-C$ 基团是羧基（carboxyl）。丙二酸一般用来提供碳负离子，而吡啶或喹啉用作溶剂，可以加入少量如哌啶作碱，同时在反应式（4.51）中，缩合又同时伴随着脱羧。

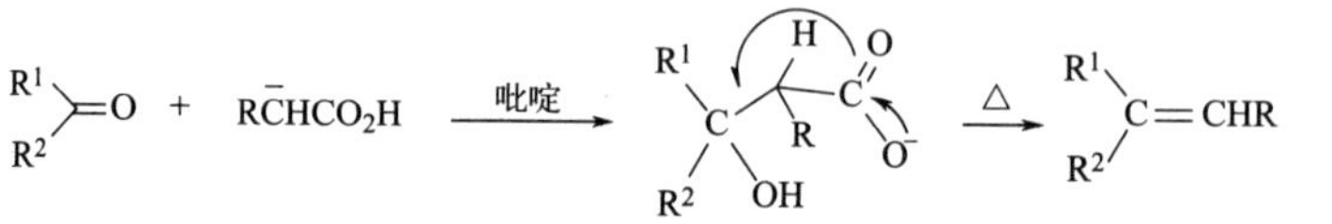

$$R^1R^2C{=}O + R\bar{C}HCO_2H \xrightarrow{\text{吡啶}} R^1R^2C(OH)-CH(R)-CO_2^- \xrightarrow{\triangle} R^1R^2C{=}CHR \quad (4.51)$$

具体的反应如式（4.52）所示。

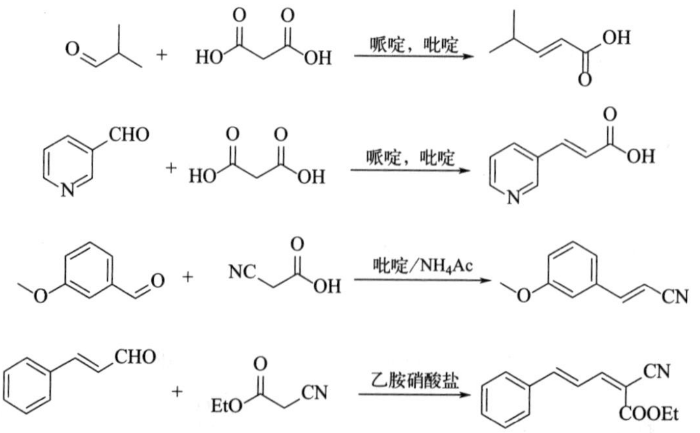

哌啶，吡啶

哌啶，吡啶

吡啶/NH_4Ac

乙胺硝酸盐

（4.52）

Doebner 缩合主要在所使用的催化剂方面作了改进，他应用吡啶 - 哌啶混合物代替 Knoevenagel 原来采用的氨、伯胺、仲胺，从而减少了脂肪醛在进行该缩合反应时生成的副产物β,γ-不饱和酸，提高了α,β-不饱和酸的产率。Doebner 改进法不仅使反应条件温和、反应速度快、产品纯度和产率高，而且芳醛和脂肪醛均可获得较为满意的结果。

4.4.2 与 α,β- 不饱和体系发生迈克尔反应 (Micheal reaction with α,β-unsaturated system)

采用乙醛和丙二酸二乙酯之间进行脑文格缩合时，并没有生成预期的缩合产物，而得到了一分子的醛和两分子的丙二酸酯发生反应的产物，如反应式（4.53）所示。

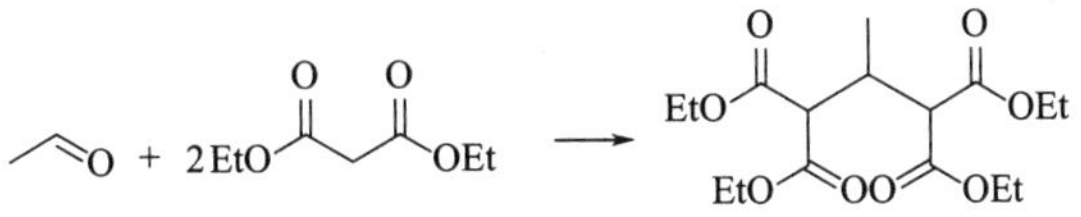

O + 2EtO(O)(O)OEt → EtO(O), OEt(O), EtO, OO, OEt　（4.53）

从机理看，首先发生脑文格缩合，其缩合产物是一个α,β-不饱和酯，它是一个良好的亲电体，其再与 1mol 丙二酸酯碳负离子发生共轭加成（conjugate addition）生成最终产物，见反应式（4.54）。

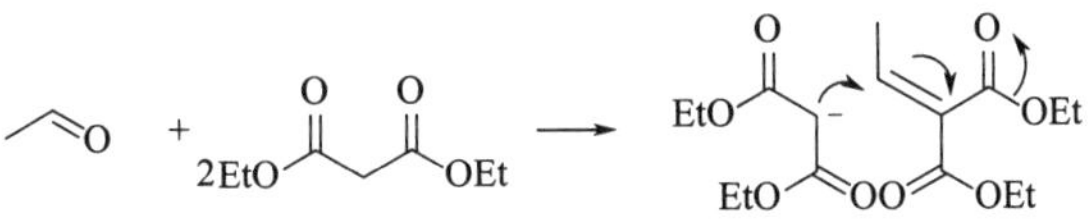

O + 2EtO(O)(O)OEt → EtO(O), OEt(O), EtO, OO, OEt　（4.54）

稳定的碳负离子对α,β-不饱和羰基化合物的共轭加成，有着广泛的应用，该反应中可以生成碳负离子的底物被称为 Michael 给体，带有与吸电子基团共轭的烯烃或炔烃底物被称为 Michael 受体，反应产物也被称为 Michael 加成产物。现在人们把任何带有活泼氢的亲核试剂与活性 π- 体系发生共轭加成的过程统称为迈克尔反应（Michael reaction），通式如式（4.55）所示。

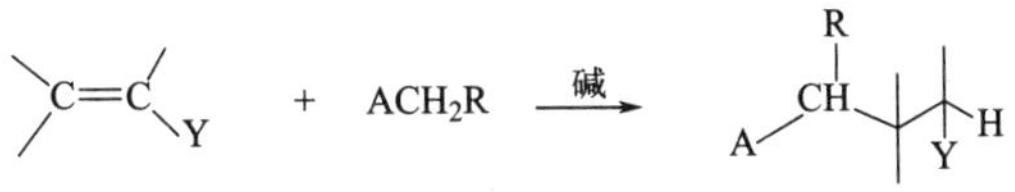

$$C=C-Y + ACH_2R \xrightarrow{碱} A-CH(R)-C-C(H)(Y) \quad (4.55)$$

A, Y=CHO; C=O, COOR, NO_2, CN;

碱=NaOH, KOH, EtONa, *t*-BuOK, $NaNH_2$, 哌啶

以活化基团 Y 为醛基作 Michael 受体和二酮作 Michael 给体的反应来说明 Michael 反应的机理，如式（4.56）所示：

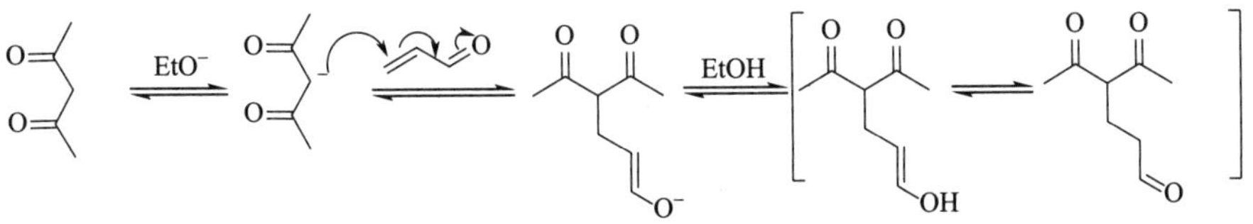

$$\xrightarrow{EtO^-} \rightleftharpoons \xrightarrow{EtOH} [\ldots O^- \ldots OH \rightleftharpoons \ldots O] \quad (4.56)$$

Michael 反应是可逆的，不需要化学计量的碱，只需要加入催化用量的碱。活化基团 Y 除了使碳 - 碳双键上的电子密度减小，容易接受亲核进攻外，还能使负离子带来的电荷更加分散，使反应能以合理的速率进行。活化基团 Y 对双键的活化能力的大小次序如式（4.57）所示。

$$-\overset{\displaystyle O}{\overset{\|}{C}}H \;>\; -\overset{\displaystyle O}{\overset{\|}{C}}R \;>\; -\overset{\displaystyle O}{\overset{\|}{C}}OR \;>\; -C{\equiv}N \;>\; -NO_2 \qquad (4.57)$$

下列实例［式（4.58）］说明了这种方法的普遍性。

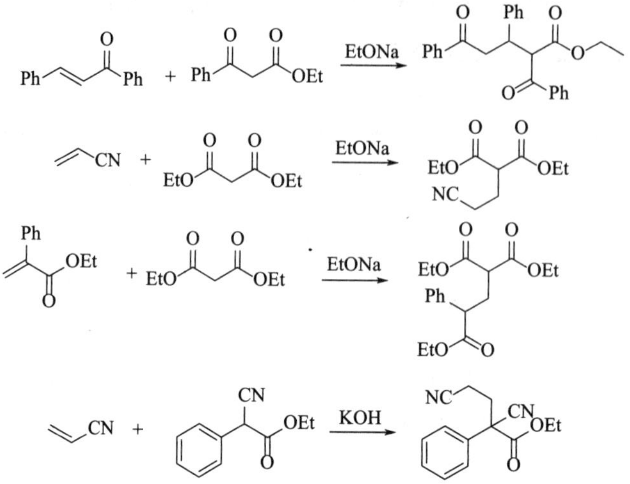

EtONa　EtONa　EtONa　KOH

（4.58）

可以看出，Michael 反应可以应用于制备 1, 5- 二羰基化合物。Michael 反应的产物为多官能团化合物，这些化合物可以进一步反应合成环状化合物，例如在第 7 章讲解的 Robinson 环化反应。

在通常情况下，α, β- 不饱和醛可以发生脑文格缩合或迈克尔加成，或两种都发生，如反应式（4.59），因此不具备有机合成应用价值。

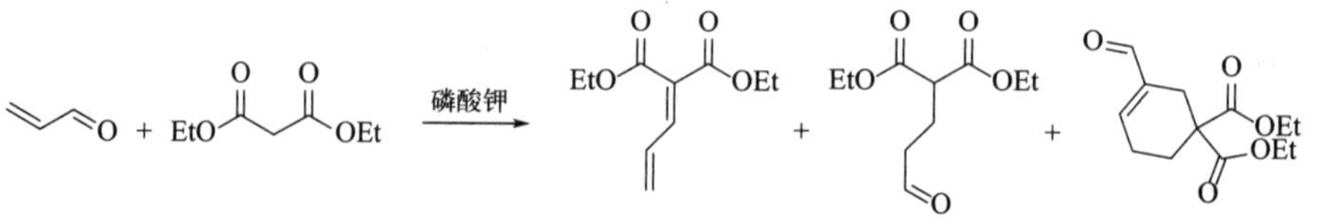

磷酸钾

（4.59）

4.4.3 单 $-C$ 基团稳定的碳负离子的缩合反应 (Condensation reaction of carbanion stabilized by one $-C$ group)

缩合反应的基本特点是不必使用化学计量的碱，也可以用相对弱的碱，但总要得到平衡浓度的碳负离子。同时应该特别注意的是，在含有多个碳负离子源和多个羰基的体系中，反应发生在最稳定的碳负离子和最亲电的羰基之间。

4.4.3.1 醛和酮的自缩合反应 (Self-condensation of aldehyde and ketone)

羟醛缩合（aldol condensation）反应，即两分子的醛或酮，在碱存在下起反应，生成 α, β- 不饱和醛或酮，见反应式（4.60）（英文导读 4.12）。

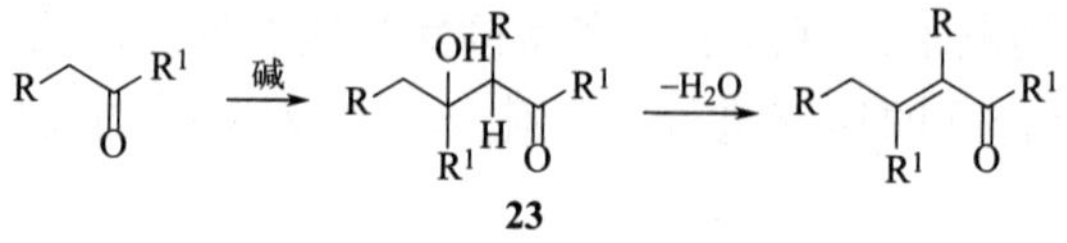

碱　$-H_2O$

23

（4.60）

在式（4.60）中，有时能够分离出中间体加成产物（**23**），它既是醛又有羟基，这就是“羟醛缩合”这一术语的由来。可是，在通常的定义中，醇醛的生成应该描述为加成，而缩合指的就是加成进而脱水。羟醛缩合反应可以在酸催化下完成，酸催化的羟醛反应以及酸作用的脱水反应机理如式（4.61）所示。

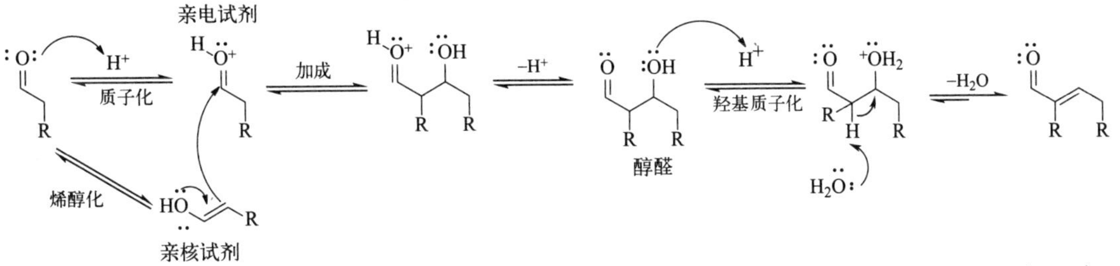

亲电试剂 加成 $-H^+$ H^+ 质子化 羟基质子化 $-H_2O$ 醇醛 烯醇化 亲核试剂 H_2O

（4.61）

但多数情况下羟醛缩合反应是在碱催化下完成的，碱催化的羟醛反应以及以 ^-OMe 为示例的碱作用下的脱水反应机理如式（4.62）所示。

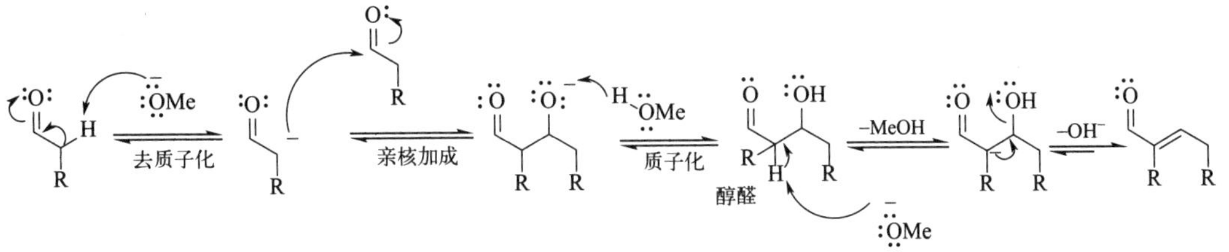

^-OMe 去质子化 亲核加成 质子化 醇醛 $-MeOH$ $-OH^-$

（4.62）

羟醛缩合反应的实例非常多，一些自身缩合的反应见式（4.63）。

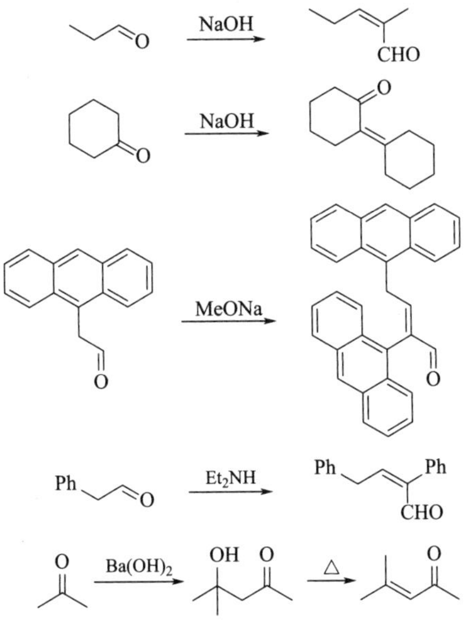

NaOH CHO NaOH MeONa Ph Et_2NH Ph Ph CHO OH O $Ba(OH)_2$ △

（4.63）

羟醛缩合反应一般产率很好，但产物也有亲电的羰基，其也很容易与碳负离子进一步反应，或者产物本身去质子化而生成另外的碳负离子，这种碳负离子可能再发生进一步的反应。所以，复杂情况下这些过程导致产物是复杂的混合物，因而在实验室合成中的价值不大。

4.4.3.2 混合缩合反应 (Mixed condensation reaction)

当两种不同的醛或酮缩合时，结果可能生成更复杂的混合产物。如果两个化合物都能提供碳负离子，同时都含有活性相差不多的羰基，则生成四种缩合产物，其中，两种产物来源于自身缩合（如 **24** 和 **25**），另外两种产物则来自混合缩合（如 **26** 和 **27**），如式（4.64）所示。其实除了反应物之外，产物也能提供碳负离子，也含有活性羰基，还能缩合，所以产物非常复杂，没有任何合成意义。

R, O + R1, O —碱→ 24 (CHO, R) 25 (CHO, R1) 26 (CHO, R1) 27 (CHO, R)　　(4.64)

只有当生成单一的产物，或至少生成一种占优势的产物时，混合缩合才有合成价值。当反应物之一含有酸性最强的氢，而另一个反应物含有最亲电的羰基时，获一种占优势的产物就更容易实现。羰基的亲电性的顺序为：醛大于酮大于酯，烷基酮大于芳香酮。而 *α*-氢的酸性则由醛到酮再到酯逐渐降低（英文导读 4.13）。

当然，如果反应物之一不含有酸性氢，则混合缩合的问题也就变得相对简单一些。芳香或杂芳香醛没有 *α*- 氢，但又是最亲电的羰基，此类反应的碳负离子源一般不是醛。这类芳香族醛与脂肪族或脂肪芳香族的酮和酯类等在氢氧化钠水溶液或醇钠的催化作用下发生缩合，形成 *α*, *β*- 不饱和酮或酯，称为克莱森 - 施密特反应（Claisen-Schmidt reaction），见反应式（4.65）。

CHO + O —KOH→ O
N, CHO + O —NaOH→ O, N　　(4.65)
CHO + O, OEt —NaH→ O, OEt

对于苯基取代的酮，其 *α*- 亚甲基由于受到羰基与苯基的双重活化作用变得特别活泼，优先参与反应。例如反应式（4.66）。

CHO + O —哌啶→ O　　(4.66)

反应式（4.65）和式（4.66）的碳负离子来自酮、酯和酸酐，醛产生的碳负离子可与未解离的醛发生自缩合反应，也可与产物的醛羰基缩合生成各种副产物，因此醛产生的碳负离子可采用间接的方法，如变为亚胺再缩合最后水解得到目标产物，见反应式（4.67）。

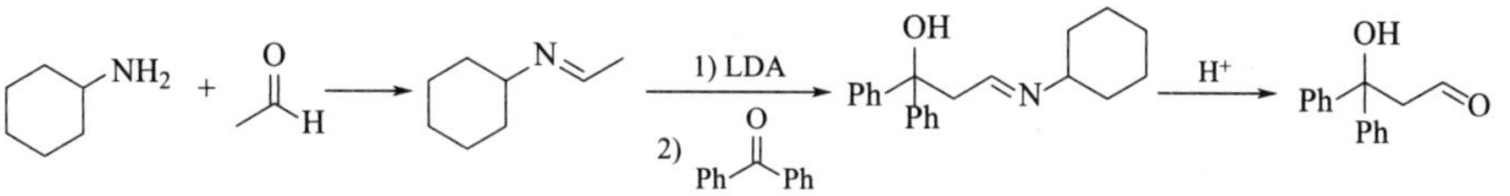

（4.67）

这种替代方法的优点在于，亚胺在强碱条件下由于 C═N 双键的亲电性比 C═O 双键的弱，使其不容易发生自身缩合反应，同时亚胺碳负离子的亲核反应活性比碳负离子高，能与另一分子的醛更容易发生络合反应。

4.4.3.3　蒲尔金反应和斯托伯反应 (Perkin reaction and Stobber reaction)

芳醛类不单能和醛、酮或酯类缩合，也能和（$RCH_2CO)_2O$ 型酸酐（α- 碳上有两个活泼氢原子）在此酸酐的钠盐（或叔胺）存在下发生缩合反应生成 α, β- 不饱和酸类，称为蒲尔金反应（Perkin reaction），见式（4.68）（英文导读 4.14）。

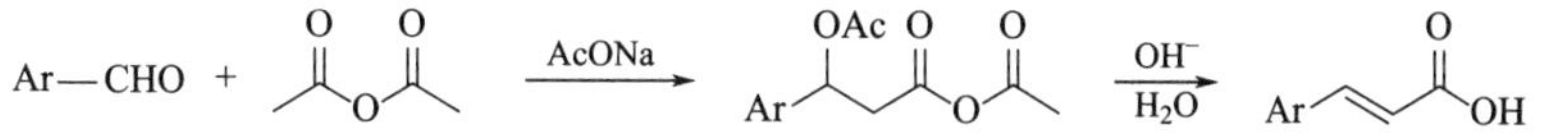

（4.68）

与 Knoevenagel-Doebner 反应相比，Perkin 反应原料易得；但对于有给电子基的 β- 芳烯酸而言，产率要明显低于 Doebner 反应 。现在通常认为碱性催化剂（CH_3COO—或叔胺）夺取酸酐的氢，生成一个酸酐负离子，后者和醛发生亲核加成，生成中间体 β- 羟基酸酐，然后经脱水和水解成 α, β- 不饱和酸，见式（4.69）。

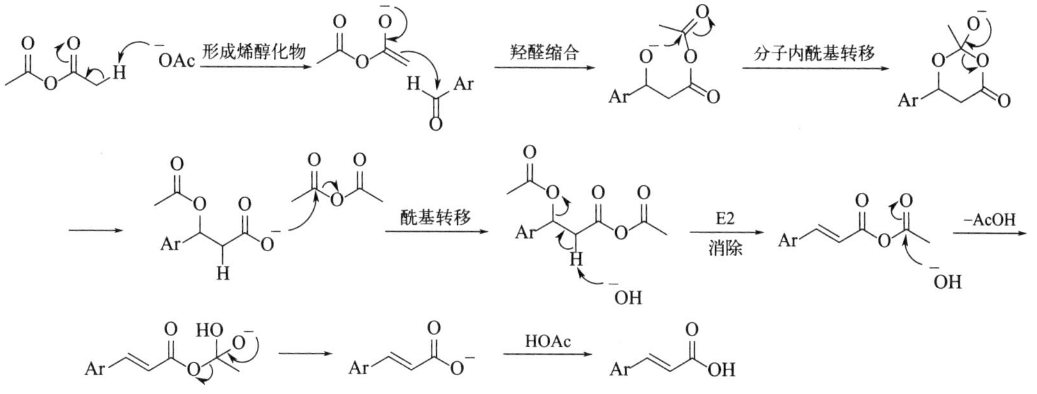

（4.69）

反应示例见式（4.70）。

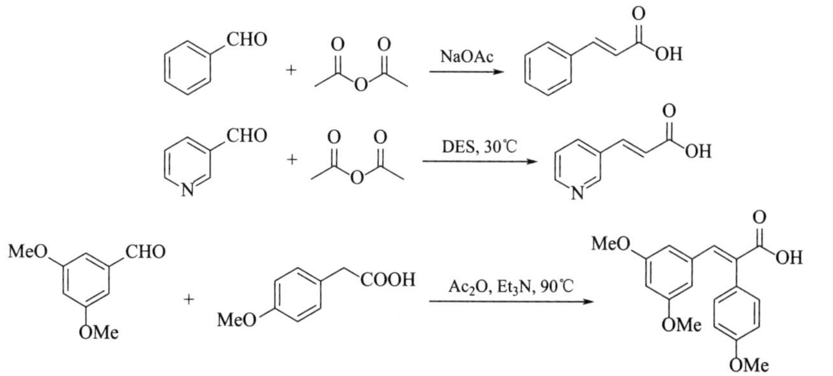

（4.70）

Perkin 反应可用于合成香豆素，反应如式（4.71）所示。

CHO OH + O O AcOK → O O OH → O OH OH → O O （4.71）

丁二酸酯与无 α-H 的酯或芳香醛酮的缩合反应称为斯托伯反应（Stobber reaction），见式（4.72）。

O R R1 + O OEt OEt O —*t*-BuOK / *t*-BuOH→ R1 O R OEt OH O （4.72）

反应机理如式（4.73）所示。

t-BuO⁻ H O OEt COOEt ⇌(形成烯醇化物) R1 O R O⁻ OEt COOEt ⇌(羟醛缩合) R1 R COOEt O⁻ EtO O ⇌(内酯化)

R1 R COOEt O EtO O⁻ ⇌ R1 R COOEt H O O ⁻*t*-BuO ⇌(开环) COOEt R COO⁻ R1 —H+→ COOEt R COOH R1 （4.73）

反应示例如式（4.74）所示。

MeO MeO CHO + O OEt O —NaOH, EtOH / −10℃→ MeO MeO O OH O

F CHO + O OEt OEt O —1) MeONa, MeOH / 2) MeOH, H_2SO_4→ F O OEt OEt O （4.74）

Stobber 反应可用于合成 γ- 丁内酯，如式（4.78）所示。

O Ph Ph + O OEt OEt O —*t*-BuOK→ Ph Ph O OEt OH O —H+/△→ Ph Ph HO O —H_2, Pd/C→ [Ph Ph ⁻O O] —H+→ [Ph Ph ⁺HO O] —−H+→ Ph Ph O O （4.75）

4.4.3.4 胺甲基化反应 (Amino methylation reaction)

用含有活泼 α- 氢的醛酮和甲醛及一个胺同时反应，α- 氢被一个胺甲基取代，这样反应称为胺甲基化反应或称曼尼希反应（Mannich reaction），其一般式见式（4.76）（英文导读 4.15）。

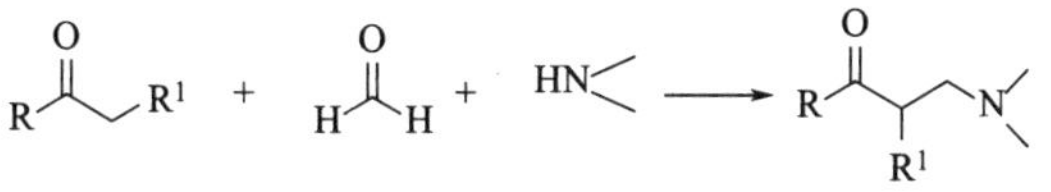

（4.76）

反应产物称曼氏碱。其反应机制如式（4.77）所示。

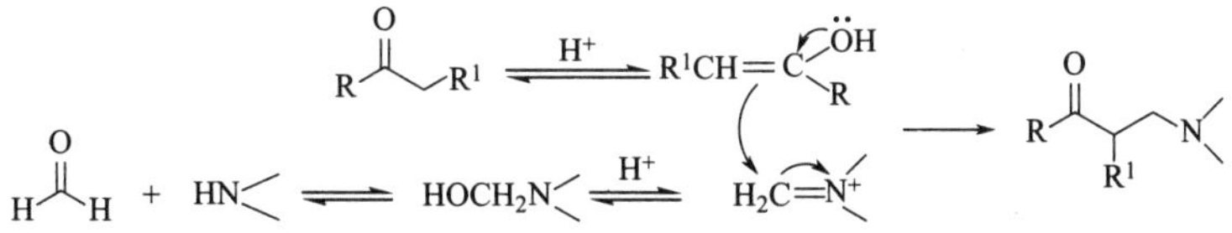

（4.77）

含有两种 α-H 的不对称酮的曼尼希反应一般主要发生在取代基较多的 α- 碳上；α, β-不饱和酮的曼尼希反应则发生在饱和的 α- 碳上，例如式（4.78）。

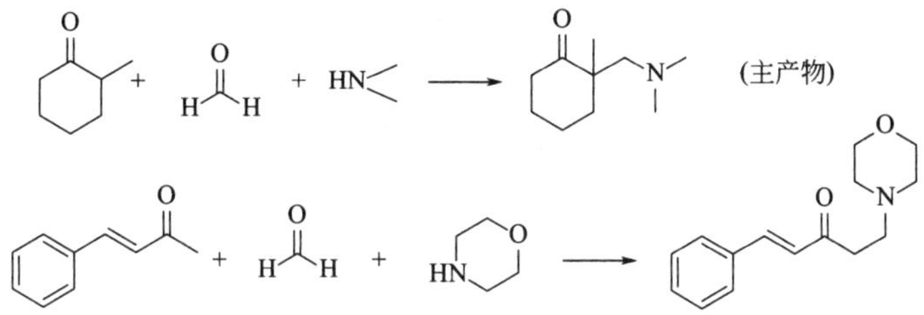

（主产物）

（4.78）

曼氏碱或其盐（如盐酸盐）通常比较稳定，容易保存。这些曼氏碱或在蒸馏时发生分解，或在碱作用下分解及霍夫曼消除，提供 α, β- 不饱和酮，见式（4.79），当 R 是甲基时，产物为甲基乙烯基酮，其可作为迈克尔加成（Michael reaction）和罗宾逊环化反应（Robinson annulation）的重要中间体。

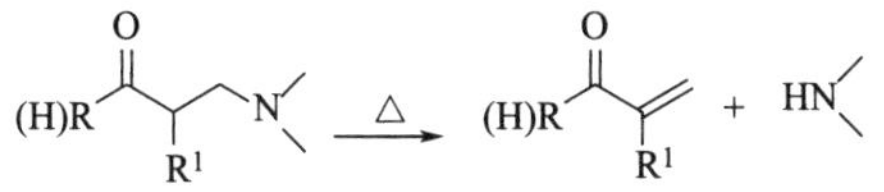

（4.79）

反应示例如式（4.80）所示，产物即为重要的合成中间体。

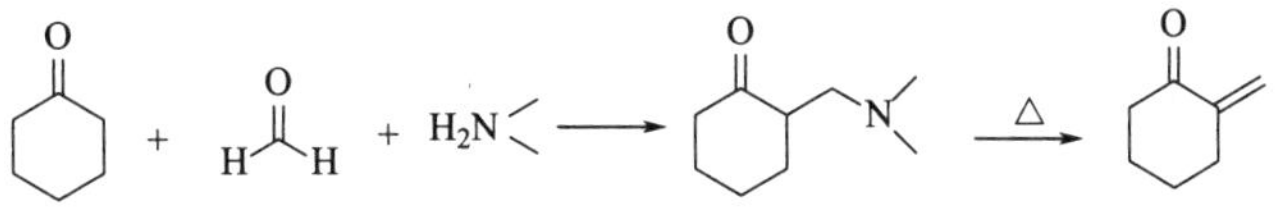

（4.80）

4.5 被磷或硫稳定的碳负离子 (Carbanion stabilized by phosphorus or sulfur)

4.5.1 磷叶立德与维蒂希反应 (Phosphorus ylide and Wittig reaction)

有机磷（organic phosphorus）化合物中非常重要的一类就是烷基被三苯基膦去质子化而形成碳负离子的反应，见式（4.81）。碳上的负电荷被邻位磷上的正电荷的平衡所抵消，这种两性离子称作叶立德（ylides）。叶立德是强的亲核试剂，可以与各种试剂发生 C- 烷基化和 C- 酰基化（英文导读 4.16）。

$$R(R^1)CHBr + PPh_3 \longrightarrow R(R^1)CH-\overset{+}{P}Ph_3Br^- \xrightarrow{碱} [R(R^1)\overset{-}{C}-\overset{+}{P}Ph_3 \longleftrightarrow R(R_1)C=PPh_3] \quad (4.81)$$

叶立德最为重要的反应是其与醛和酮的反应，即维蒂希反应（Wittig reaction），得到烯烃和氧化三苯基膦，其已经成为一种极有价值的合成烯烃的重要方法，如反应式(4.82)。维蒂希反应是一种有效构建碳 - 碳双键的方法，和消除反应相比，它具有下述优点，其一，区域选择性高，体现在反应总是在碳基化合物碳氧双键的位置形成碳 - 碳双链，不会发生双链的异构化；其二，原料醛酮和鏻盐容易得到，反应条件温和，选择反应条件可控制产物的立体化学。该反应的缺陷是生成了等物质的量的副产物三苯基氧化膦，原子经济性较低。维蒂希反应在机合成中应用广泛，但其机理尚存在不同意见。

(4.82)

制备叶立德时，如原来的卤代烃中 R 和 R^1 是氢或简单的烷基，那么鏻盐的 α- 氢的酸性很弱，需要像丁基锂或苯基锂这样很强的碱才能生成叶立德，称为不稳定的叶立德(non-stabilized ylide)。刚生成的叶立德活性很高，一般不用分离，直接在温和条件下迅速加成得到烯烃，见式（4.83）。活泼型不稳定的叶立德由于活性高，能与氧气或水反应，因此必须在无水和惰性气体保护下进行。通常是将强碱加入季鏻盐的溶液中，生成的红色的磷叶立德不经分离，直接再加入羰基化合物，红色消去即表示反应结束。常用的强碱包括叔丁醇钾、醇钠、NaH、氨基钠、正丁基锂等，产物一般得到 E 和 Z 型异构体的混合物。

$$CH_3Br \xrightarrow{PPh_3} CH_3P^+Ph_3Br^- \xrightarrow{NaH} [\overset{-}{C}H_2-Ph_3\overset{+}{P}] \quad (4.83)$$

近年来，Wittig 反应的应用范围日益扩大，在脂环烃、芳烃、杂环化合物、萜类和甾类化合物等诸多领域均不乏具体应用的实例，例如式（4.84）所示。

Cl + Ph_3P $\xrightarrow{二甲苯}$ $P^+Ph_3Cl^-$ $\xrightarrow{EtOLi}$ P^+Ph_3 $\xrightarrow{PhCHO}$ Ph (4.84)

PPh3 + → 维生素A

从上述式（4.84）的反应可以看出维蒂希反应的特点，即磷叶立德与 α,β- 不饱和羰基化合物作用时，不发生 1, 4- 加成，因此双键位置比较固定，这就十分适合于多烯类化合物和萜类化合物的合成，如上述维生素 A 的合成。

由于该反应条件温和，产率高，所以被广泛用于烯烃的合成。维蒂希反应的特点是高度的位置专一性，产物中所生成的双键位于原来羰基的位置，可以制得环外双键化合物，如式（4.85）所示的维生素 D_2 的合成。

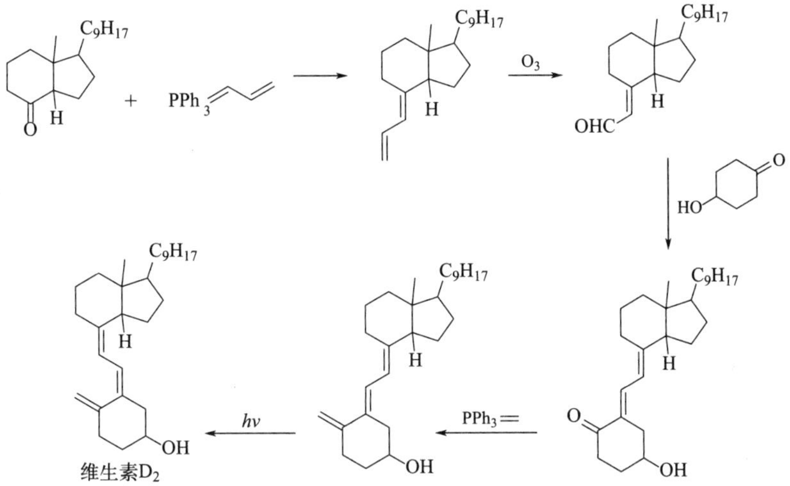

（4.85）

制备叶立德时，如反应式（4.82）中的 R 或 R^1 是一个 $-C$ 基团，多数情况是酯基或羰基，则鳞盐的去质子化可以在弱得多的碱性条件（如醇钠等）下实现，所产生的叶立德稳定性很好，可以进行分离，称为稳定的叶立德（stabilized ylide）。该类磷叶立德对氧气或水稳定，无须无水或惰性气体保护，稳定磷叶立德用 NaOH 或 K_2CO_3 等较弱的碱就可由相应的季膦盐制得，有些已成为商品化的试剂。

稳定的叶立德与羰基化合物的反应是可逆性反应，但和较弱的亲电性羰基化合物通常不发生反应。当最终产物能以 E 和 Z 异构体存在时，热力学稳定的 E 异构体通常占优势，例如式（4.86）所示。

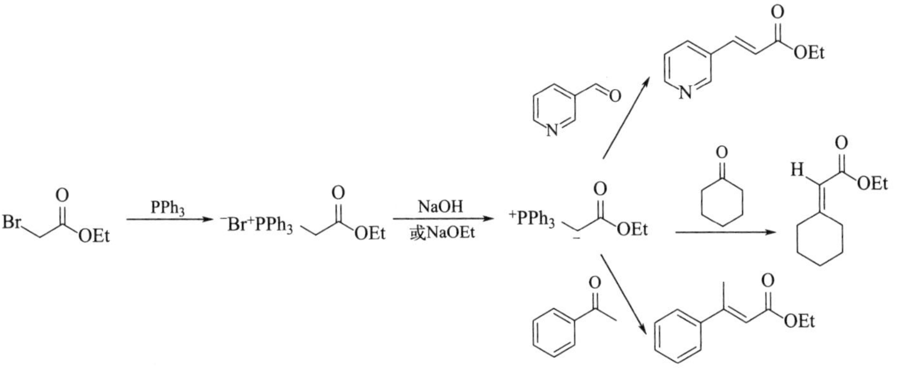

（4.86）

霍纳 - 沃兹沃斯 - 埃蒙斯反应（Horner–Wadsworth–Emmons reaction），简称为 HWE 反应，也常称为 Wittig-Horner 反应（维蒂希 - 霍纳反应）、Horner-Wittig 反应，这是一个用氧化膦稳定的碳负离子与醛加成，生成 β- 羟基氧化膦，而后与碱作用，消除生成烯烃的反应，是 Wittig 反应的改进。膦酸酯与适当的碱反应，生成相应的碳负离子，由于该负离子的负电荷离域在相邻的带正电荷的磷原子的 d 轨道中，负电荷不再减少，所以亲核性比原来的 Wittig 试剂强。反应用稳定的膦酸酯碳负离子，代替磷叶立德，与醛和酮反应生成烯烃，主要产生 *E*- 烯烃，见式（4.87）。

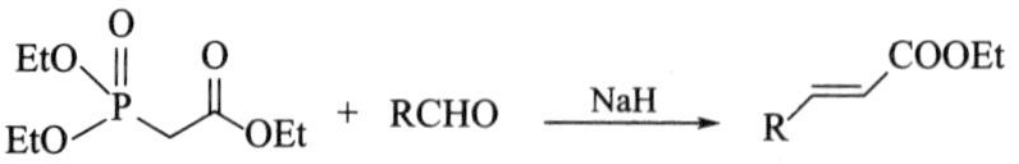

（4.87）

反应示例如式（4.88）所示。

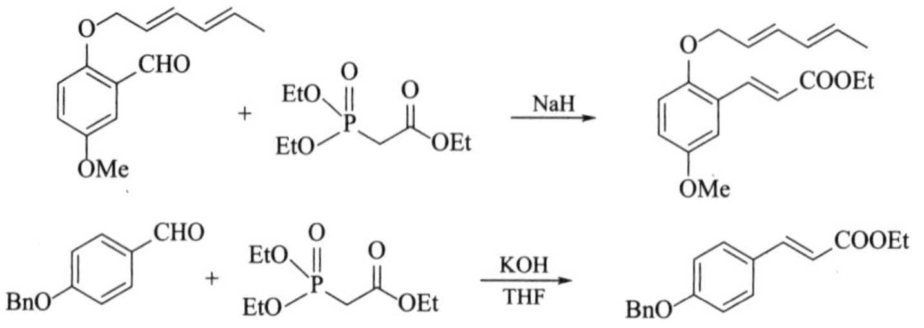

（4.88）

4.5.2 硫叶立德 (Sulfur ylide)

四价硫叶立德又称为硫醚型叶立德，最简单的硫叶立德是由硫盐经碱脱质子化而得到的，常用制备方法是采用硫盐与适当的碱反应，例如反应式（4.89）所示。

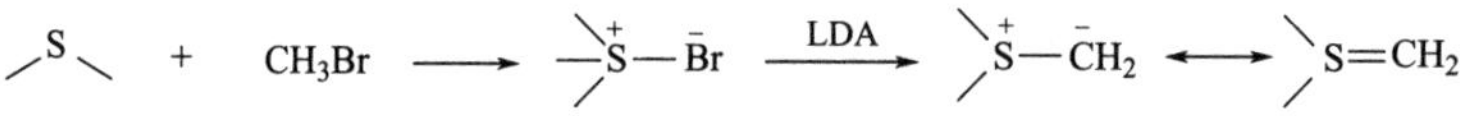

（4.89）

六价硫叶立德又称为亚砜型叶立德，其制备方法与四价硫叶立德相似，但是一般不用特殊的强碱，而用 NaH 夺取质子，例如反应式（4.90）。

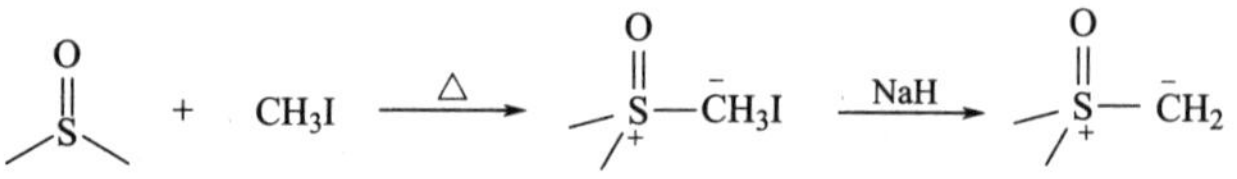

（4.90）

硫醚型叶立德与羰基化合物反应生成环氧化合物。去质子的硫叶立德亲核进攻羰基再消去二甲硫醚，最终生成环氧化合物，见反应式（4.91）。在 Wittig 反应中磷叶立德反应后形成 P—O 键和烯烃。而硫叶立德形成 C—O 键，这是因为 S—O 键比 P—O 键弱得多。

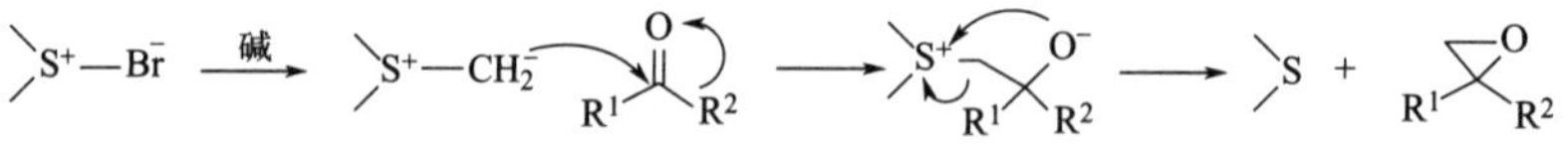

（4.91）

当硫叶立德与烯酮反应时，硫醚型叶立德多生成环氧化合物，而亚砜型叶立德生成环丙烷化合物，如反应式（4.92）所示。

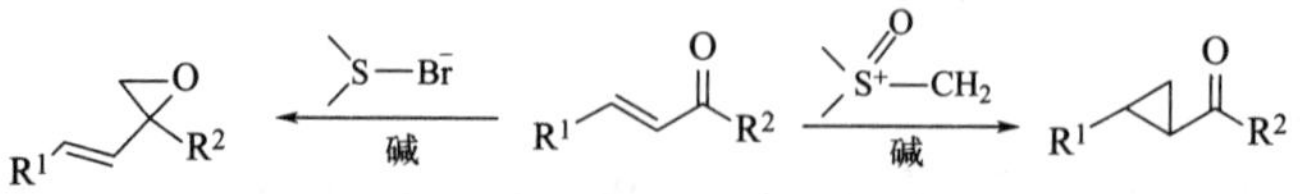

（4.92）

亚砜型叶立德更稳定，因此更倾向于共轭加成而不是直接加成。加成产生的中间体消去二甲亚砜生成环丙烷。亚砜型叶立德更稳定，因此更倾向于共轭加成而不是直接加成。加成产生的中间体消去二甲亚砜生成环丙烷。二甲基亚砜亚甲基叶立德和 α,β- 不饱和羰基化合物进行共轭加成制备环丙烷类化合物的反应被称为 Corey-Chaykovsky 环丙烷化反应，见式（4.93）。

（4.93）

一个很好的例子就是 Corey 对天然产物优葛缕酮的合成。用简单的二甲硫醚型叶立德，以 93% 的产率得到 1, 2- 加成环氧产物；而用亚砜叶立德，则共轭加成到最近的烯烃上，以 88% 的产率得到环丙烷产物，见式（4.94）。在一个连续的共轭体系中，离羰基最近的烯烃通常是最亲电的。

（4.94）

本章小结 (Summary)

1. 使用乙醇钠、甲醇钠等碱可使 1, 3- 二羰基化合物在 C2 位发生完全单一质子化。所生成的碳负离子被两个（$-C$）基团所稳定，很容易发生烷基化和酰基化反应。丙二酸二乙酯和乙酰乙酸乙酯烷化生成的 β- 酮酸酯和丙二酸酯水解后可能会接着发生脱羧，因此它们成为重要的合成等价体。
2. 碳负离子的烷基化和酰基化反应需化学计量的碱，缩合反应仅需催化量的碱。弱碱可用于缩合或迈克尔共轭加成，而烷基化和酰基化需要用强碱。
3. 一个 $-C$ 基团所稳定的碳负离子的形成需要更强的碱。不对称酮的去质子化可以生成两个碳负离子，这些碳负离子的烷基化不是有价值的合成反应。酰化通常可使用醇钠这样较弱的碱。α- 烷基化醛最好是采用间接的方法制备，因为在碱性介质中醛的自身缩合极易发生。只有当一个反应物中含有最亲电羰基而另一个含有酸性最强的氢时，混合缩合在合成上才有价值。
4. 维蒂希反应，即醛酮和磷叶立德反应合成烯烃。而硫叶立德与醛和酮可以不同的方式进行反应，产物是环氧乙烷衍生物或环丙烷化合物。

1. 1,3-Dicarbonyl compounds undergo essentially complete mono-deprotonation at C2 using bases such as sodium alkoxide. The resulting carbanions, stabilized by both $-C$ groups, readily undergo alkylation and acylation. Hydrolysis of β-ketoester and malonate ester may be followed by decarboxylation, so that, for example, diethyl malonate and ethyl acetoacetate are synthetic equivalents.
2. Alkylation and acylation of carbanions require stoichiometric quantities of the base, whereas condensation reactions require the base only as a catalyst. A weaker base may be used for condensation and for conjugate addition (Michael addition) than for alkylation or acylation.
3. The formation of carbanions stabilized by only one$-C$ group requires the use of much stronger bases. Deprotonation of unsymmetrical ketone may give a mixture of two carbanions, alkylation these carbanions is s not a valuable synthetic reaction. The acylation process permits the use of a weaker base, such as sodium alkoxide. α-Alkylated aldehydes

are best prepared by indirect methods, since self-condensation of aldehydes occurs readily in basic media. Mixed condensation is synthetically useful only where one reactant contain the most reactive electrophile in the system and the other contain the most acidic hydrogen.

4. The Wittig reaction, involving the reaction of an aldehyde and ketone with a phosphorus ylide, gives an alkene. Sulf ylides react in a different way with aldehydes and ketones, the product is ethylene oxide derivatives or cyclopropane compounds.

重要专业词汇对照表 (List of important professional vocabulary)

English	中文	English	中文
acyl chloride	酰氯	Knoevenagel condensation	脑文格缩合
acylation	酰基化	main reaction	主反应
alkylation	烷基化	malononitrile	丙二腈
carbanion	碳负离子	methyl ketone	甲基酮
carboxyl	羧基	Michael reaction	迈克尔反应
catalytic amount	催化剂量	one pot reaction	一锅反应
Claisen condensation	克莱森缩合	organic phosphorus	有机磷
conjugate addition	共轭加成	pentanedione	戊二酮
decarboxylation	脱羧	piperidine	哌啶
diethyl malonate	丙二酸二乙酯	reaction rate	反应速率
Doebner condensation	德布纳缩合	rate-determining step	速率决定步骤
electron-donating inductive effect	给电子诱导效应	reversible	可逆的
enol	烯醇	side reaction	副反应
ester carbonyl	酯羰基	sodium ethoxide	乙醇钠
ethyl acetoacetate	乙酰乙酸乙酯	stoichiometry	化学计量
ethyl cyanoacetate	氰基乙酸乙酯	thermodynamic control	热力学控制
hydrolysis	水解	Wittig reaction	维蒂希反应
imine	亚胺	ylides	叶立德
kinetic controlled	动力学控制	β-keto ester	β- 酮酸酯

重要概念英文导读 (English reading of important concepts)

4.1 When a—CH_2—or—CHR—group in a molecule is flanked by two $-C$ groups, such a molecule is readily deprotonated by the action of a base and the resulting anion is stabilized by delocalization. There compounds are relatively strong acids, for example, dinitromethane (**1**, p$K_a \approx 4$) is slightly more acidic than acetic acid and pentane-2, 4-dione (**2**, p$K_a \approx 9$) is a slightly stronger acid than phenol. The members of this class of compounds which are most useful in synthesis, such as diethyl malonate (**7**) and ethyl acetoacetate (**4**), have pK_a values of 13 or less.

4.2 (1) These compounds are deprotonated, essentially completely, by bases such as sodium ethoxide (the pK_a of ethanol is 18), or to express this in another way, the equilibrium (4.1) lies far over to the right.

(2) These compounds are also deprotonated, if not completely, but at least to a significant extent, by organic bases such as piperidine (p$K_a \approx 11$).

4.3 Alkylation of active methylene compounds are generally accomplished using bases like sodium hydride, sodium ethoxide, potassium tert-butoxide, potassium phosphate and potassium carbonate. In many of the cases, the yields are only moderate and mixtures of mono-, di- and *O*-alkylated product as well as a small amount of condensation product are formed. Sometimes, separation and isolation of the pure product from this mixture poses problems.

4.4 The products of these reactions (4.3) ～ (4.5), still contain an acidic hydrogen and the alkylation process may thus be repeated, giving a dialkyl derivative. The second alkylation may be more difficult than the first because the first alkyl substituent introduced, being electron repelling, will diminish the acidity of the adjacent hydrogen, and the monoalkylated carbanion is in any case more sterically hindered than its non-alkylated analogue.

4.5 However, if the two alkyl groups are very different in bulk, it is advisable to introduce the smaller group first; if the bulky group is put in first, steric hindrance may then inhibit the second alkylation. Also, if the two alkyl groups are very different in their electron-donating inductive effect (+*I*), it is advisable to introduce first the group which has the lesser −*I* since if the introduced alkyl group has the strong –*I*, deprotonation of the alkylmalonic ester for the second alkylation is made more difficult.

4.6 However, it may also be that β-diketones like 2,4- pentane dione, and β-keto-esters like ethyl acetoacetate, react with twice as much base, provided that the base is sufficiently strong, to give the type of dianions shown by the compound **9**. These are then alkylated preferentially at the γ-carbon.

4.7 The base mediated condensation of an ester containing an α-hydrogen atom with a molecule of the same ester to give a β-keto ester is known as the Claisen condensation. If the two reacting ester functional groups are tethered, then a Dieckmann condensation takes place. The sodium alkoxides are not sufficiently basic to produce more than a small equilibrium concentration of carbanion from any of these very weak acids. However, alkoxides are certainly basic enough to deprotonate the products and since all the steps in this type of acylation are reversible, the quantitative conversion of the products into their anions provides the driving force for the reactions. A full equivalent of the base (usually an alkoxide, LDA or NaH) is needed and when an alkoxide is used as the base, it must be the same as the alcohol portion of the ester to prevent mixtures resulting from ester interchange.

4.8 The reaction is failed with esters of the type **18**, because the product of such an acylation (**19**) lacks the acidic hydrogen between the two carbonyl groups and so the final deprotonation step is impossible.

4.9 The reaction between two different esters under the same conditions is called crossed (mixed) Claisen condensation. Since the crossed Claisen condensation can potentially give rise to at least four different condensation products, it is a general practice to choose one ester with no α-proton (e.g., esters of aromatic acids, formic acid and oxalic acid). The ester with no α-proton reacts exclusively as the acceptor and in this way only a single product is formed. Unsymmetrical ketones with α-hydrogen on both sides of the carbonyl group are acylated, almost exclusively, at the less-substituted carbon.

4.10 (1) The overall stoichiometry of the reaction is simple. Thus, even though the base may be concerned in the rate-determining step (i.e., although its concentration may determine the rate of reaction), it is not consumed in the reaction, but is regenerated in a subsequent step. Therefore it is unnecessary to use a stoichiometric quantity of the base and a catalytic amount may be sufficient.

(2) Theoretically, since all the steps are reversible, it may be advantageous to force the reaction to completion by removing the water formed in the last step.

(3) Since the compound $R^1CH_2R^2$ does not require to be converted completely into the carbanion prior to the introduction of the carbonyl compound, it is possible to use a weaker base for a condensation than that required for alkylation or acylation.

4.11 As a matter of fact, Knoevenagel reaction is an organic transformation that is the reaction between an aldehyde or ketone with an activated methylene in the presence of a basic catalyst such as primary and secondary amines (but not tertiary amines), their respective salts. Notably, when amine is used as a catalyst, it can react with the aldehyde or ketone to generate an iminium ion as an intermediate, which is concurrently attacked by the enolate. In other word, Knoevenagel condensation is indeed a nucleophilic addition of an active methylene compound to a carbonyl group of either aldehydes or ketones, followed by a dehydration reaction in which during the reaction a molecule of water is lost. The product frequently is an α, β-unsaturated ketone. Whereas aldehydes under Knoevenagel condensations with a wide variety of carbanion sources (or active methylene compounds, as they are often called), the same is not true of ketones. Simple ketone undergo Knoevenagel reaction with malononitrile [$CH_2(CN)_2$] and ethyl cyanoacetate, but rarely with diethy malonate or ethyl acetoacetate. Whether this selectivity is due to decreased electrophilicity or increased steric hindrance in the ketone, or to increased nucleophilicity or smaller stertic demand in the cyanostabilized nucleophile (or any combination of these), is not clear.

4.12 The aldol condensation reaction involves the addition of the enol/enolate of a carbonyl compound (nucleophile) to an aldehyde or ketone (electrophile). The initial product of the reaction is a β-hydroxycarbonyl compound that under certain conditions undergoes dehydration to generate the corresponding α, β-unsaturated carbonyl compound.

The transformation takes its name from β-hydroxycarbonyl, the acid-catalyzed self-condensation product of aldehyde or ketone, which is commonly called aldol.

4.13 Mixed condensations are of synthetic value only if they lead to a single product (or, at least, to a mixture containing a preponderance of one product). This is most simply achieved when one of the reactants contains the most acidic hydrogen and the other contains the most electrophilic carbonyl group. It should be borne in mind that the order of electrophilicity is aldehyde>ketone>ester, and alkyl ketone>aromatic ketone; also that the acidity of α-hydrogens decreases from aldehyde to ketone to ester. The cross aldol condensation, also known as Claisen Schmidt reaction, is another important class of organic reactions for the synthesis of α, β-unsaturated carbonyls (cross aldol products).

4.14 In 1868, W.H. Perkin described the one-pot synthesis of coumarin by heating the sodium salt of salicylaldehyde in acetic anhydride. After this initial report, Perkin investigated the scope and limitations of the process and found that it was well-suited for the efficient synthesis of cinnamic acids. The condensation of aromatic aldehydes with the anhydrides of aliphatic carboxylic acids in the presence of a weak base to afford α, β-unsaturated carboxylic acids is known as the Perkin reaction (or Perkin condensation).

4.15 The condensation of a CH-activated compound (usually an aldehyde or ketone) with a primary or secondary amine (or ammonia) and a nonenolizable aldehyde (or ketone) to afford aminoalkylated derivatives is known as the Mannich reaction. More generally, it is the addition of resonance-stabilized carbon nucleophiles to iminium salts and imines. The product of the reaction is a substituted β-amino carbonyl compound, which is often referred to as the Mannich base. The general features of the reaction are that the CH-activated component (activated at their α-position) is usually an aliphatic or aromatic aldehyde or ketone, carboxylic acid derivatives, β-dicarbonyl compounds, nitroalkanes, electron-rich aromatic compounds such as phenols (activated at their ortho position) and terminal alkynes and that only primary and secondary aliphatic amines or their hydrochloride salts can be used since aromatic amines tend not to react.

4.16 The Wittig reaction is perhaps the most commonly used method for the synthesis of alkenes. The reaction occurs between a carbonyl compound (aldehyde or ketone) and a phosphonium ylide to give alkene with phosphine oxide as the by-product. Since its discovery, the Wittig reaction has become one the most important and most effective method for the synthesis of alkenes. The active reagent in this transformation is the phosphorous ylide, which is usually prepared from a triaryl- or trialkylphosphine and an alkyl halide followed by deprotonation with a suitable base (e.g., RLi, NaH, NaOR, etc.). There are three different types of ylides, such as "stabilized" ylides "semi-stabilized" ylides and "nonstabilized" ylides. The general features of the Wittig reaction are: 1) the phosphonium salts are usually prepared using triphenylphosphine, and the phosphorous ylides are generated before the reaction or in situ; 2) the ylides are water as well as oxygen-sensitive; 3) the phosphorous ylides chemoselectively react with aldehydes (fast) and ketones (slow), other carbonyl groups (e.g., esters, amides) remain intact during the reaction.

习题 (Exercises)

4.1 完成如下反应，写出产物或反应条件。

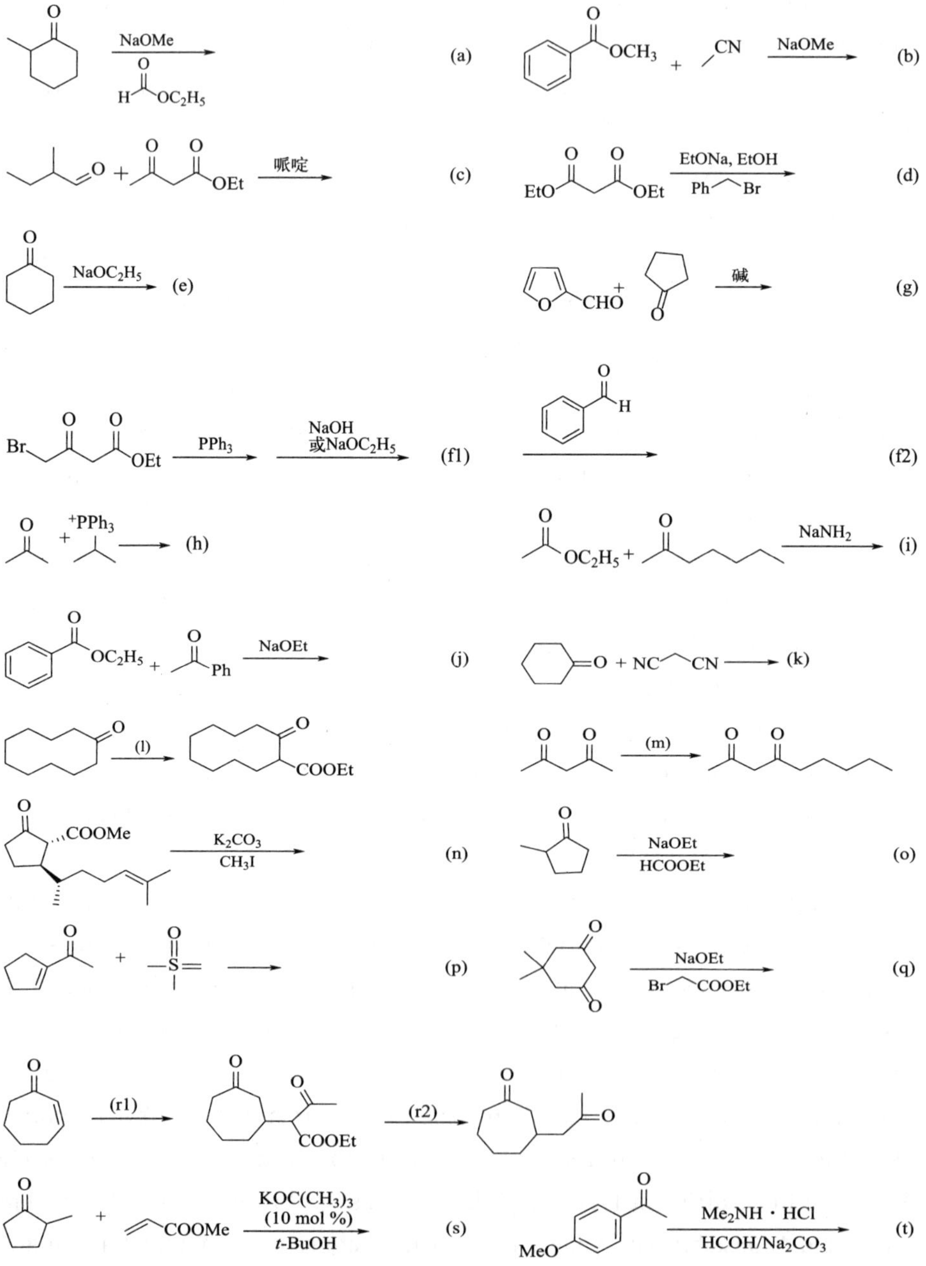

O; NaOMe; O, H, OC_2H_5 (a)

O, OCH_3 + CN; NaOMe (b)

O + O O, OEt; 哌啶 (c)

O O, EtO, OEt; EtONa, EtOH; Ph⌒Br (d)

O; $NaOC_2H_5$ (e)

O, CHO + O; 碱 (g)

Br, O O, OEt; PPh_3; NaOH 或$NaOC_2H_5$ (f1); O, H (f2)

O + $^{+}PPh_3$ → (h)

O, OC_2H_5 + O; $NaNH_2$ (i)

O, OC_2H_5 + O, Ph; NaOEt (j)

=O + NC⌒CN → (k)

O; (l); O, COOEt

O O; (m); O O

O, COOMe; K_2CO_3; CH_3I (n)

O; NaOEt; HCOOEt (o)

O + O, S= → (p)

O, O; NaOEt; Br⌒COOEt (q)

O; (r1); O, O, COOEt; (r2); O, =O

O + COOMe; $KOC(CH_3)_3$ (10 mol %); *t*-BuOH (s)

O, MeO; $Me_2NH \cdot HCl$; $HCOH/Na_2CO_3$ (t)

4.2 Synthesize the following compounds using organic compounds with less than 3 carbons (benzene, toluene and necessary inorganics).

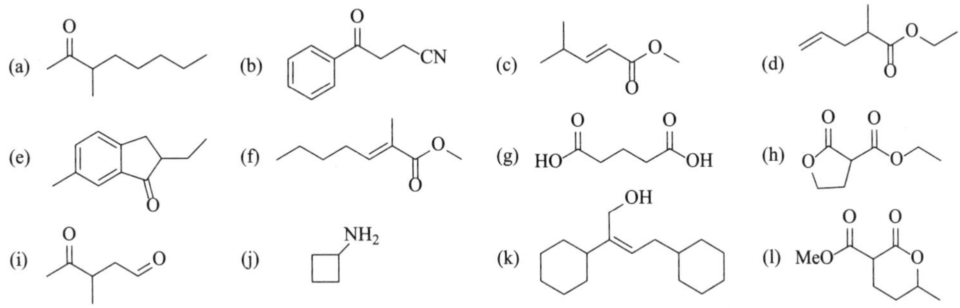

4.3 (a) 试对催睡药异戊巴比妥作切断分析。

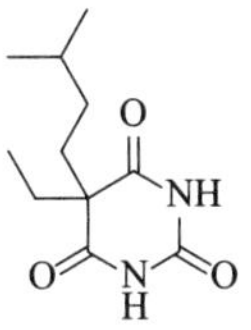

(b) 试对下列结构进行切断分析。

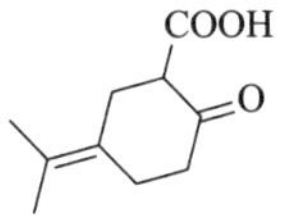

参考文献与课后阅读推荐材料 (References and recommended materials for reading after class)

1. Mackie R K, Smith D M, Aitken R A. Guidebook to Organic Synthesis. 北京：世界图书出版公司，2001.
2. Sankar U, Raju C, Uma R. Cesium carbonate mediated exclusive dialkylation of active methylene compounds. Current Chemistry Letters, 2012, 1(3): 123-132.
3. Khademi Z, Heravi M M. Applications of Claisen condensations in total synthesis of natural products. An old reaction, a new perspective. Tetrahedron, 2022, 103: 132573.
4. Heravi M M, Janati F, Zadsirjan V. Applications of Knoevenagel condensation reaction in the total synthesis of natural products. Monatshefte Fur Chemie, 2020, 151(4): 439-482.
5. Mandal S, Mandal S, Ghosh S K, et al. Review of the aldol reaction. Synthetic Communications, 2016, 46(16): 1327-1342.
6. Yadav G D, Wagh D P. Claisen-Schmidt Condensation using Green Catalytic Processes: a Critical Review. ChemistrySelect, 2020, 5(29): 9059-9085.
7. Bernhard B, Khursheed A, Subhash P, et al. Recent developments concerning the application of the Mannich reaction for drug design. Expert Opinion on Drug Discovery, 2018, 13(1): 39-49.

8. Byrne P A, Gilheany D G. The modern interpretation of the Wittig reaction mechanism. Chemical Society Reviews, 2013, 42(16): 6670-6696.
9. 刘玉婷，吴倩倩，尹大伟，等. Mannich 反应的最新研究进展及其应用. 有机化学，2016, 36 (5)：927-938.
10. 荣红英，黄文华. 非经典 Wittig 反应的最新进展. 化学与生物工程，2015, 32(10)：1-7.

第5章
有机合成中的氧化反应
(Oxidation reactions in organic synthesis)

氧化反应是有机合成的一类常用的重要反应。按照严格的定义，氧化反应是指化合物或基团的电子全部或部分失去的反应，如醇转化为羧酸。有机化合物可以用多种氧化剂氧化实现官能团转变（英文导读 5.1）。

5.1 有机氧化基础知识 (Basic knowledge of organic oxidation reaction)

① 通过取代 - 消除和加成 - 消除过程脱氢。这些反应可用反应式（5.1）来表示，是最为常见的脱氢方法。例如，绝大多数形成羰基的氧化反应可用反应式（5.1a）来表示（X═O）。

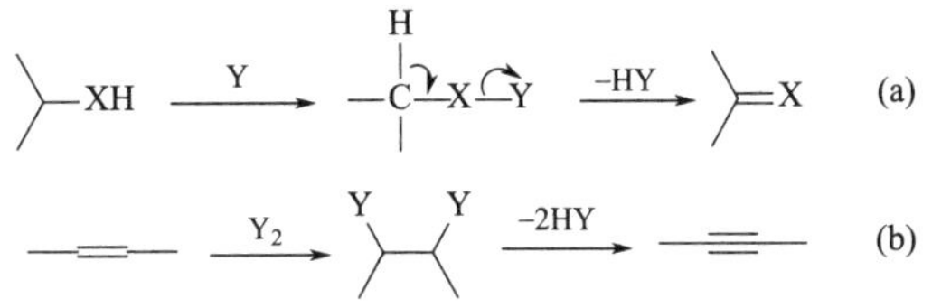

（5.1）

② 含氧试剂对重键和杂原子的加成反应。本部分包括了两种类型的反应：多重键的羟基化反应［式（5.2a）］和氧原子（通常是来自过氧酸）与含有孤对电子的杂原子之间的加成反应［式（5.2b）］。

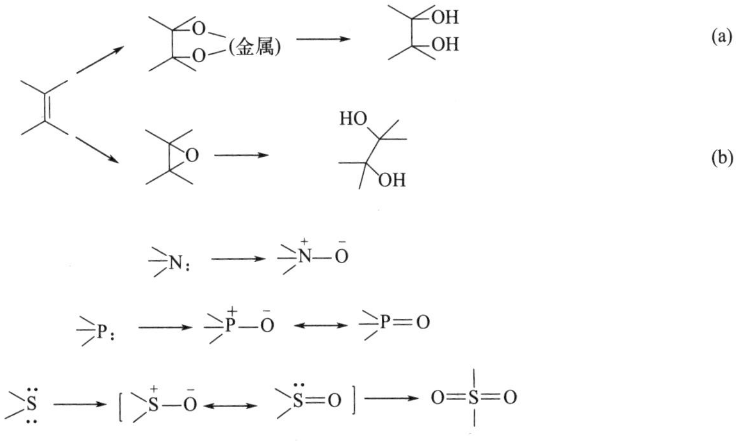

（5.2）

本节以有机和无机两大类氧化剂体系分类，以不同的氧化剂为主线对有机合成中的氧化进行讲解。

5.2 无机氧化剂 (Inorganic oxidant)

5.2.1 铬氧化剂 (Chromium oxidant)

铬（Ⅵ）化物是广泛使用的氧化剂之一，常用的有重铬酸盐和三氧化铬，铬由六价被还原成四价。常用的铬氧化剂如结构式（5.3）所示。

$$[C_5H_5N]_2 \cdot CrO_3 \quad CrO_3/H_2SO_4 \quad C_5H_5\overset{+}{N}H \; CrO_3Cl^- \quad [C_5H_5\overset{+}{N}H]_2 \; Cr_2O_7^{2-} \tag{5.3}$$

Collins/Sarett试剂　　Jones试剂　　PCC　　PDC

5.2.1.1 铬用于氧化醇 (Oxidation of acohol by chromium)

铬酸类氧化剂能够将伯醇氧化为羧酸，将仲醇氧化为酮，见式（5.4）（英文导读 5.2）。

$$\begin{gathered} R\text{—}CH_2OH \xrightarrow[H_2O,\ H_2SO_4]{Na_2Cr_2O_7} RCOOH \\ R^1CH(OH)R^2 \xrightarrow[H_2O,\ H_2SO_4]{Na_2Cr_2O_7} R^1COR^2 \end{gathered} \tag{5.4}$$

通常在稀硫酸中用重铬酸钠（$Na_2Cr_2O_7$）或重铬酸钾（$K_2Cr_2O_7$）来进行氧化，反应经由铬酸酯进行［式（5.5）］。

$$\begin{gathered} R_2CH\text{—}OH + {}^-O\text{—}CrO_2\text{—}OH + H^+ \rightleftharpoons \underset{\text{铬酸酯}}{R_2CH\text{—}O\text{—}CrO_2\text{—}OH} + H_2O \\ R_2C(H)\text{—}O\text{—}CrO_2\text{—}OH \; (H_2O) \longrightarrow R_2C{=}O + HCrO_3^- + H_3O^+ \end{gathered} \tag{5.5}$$

上述的水作为碱。也可以不用外来的碱，而是通过环状机制（circular mechanism），把一个氢质子传给氧，见式（5.6）。

$$R_2C(H)\text{—}O\text{—}CrO_2\text{—}OH \longrightarrow [\text{环状过渡态}] \longrightarrow R_2C{=}O + H_2CrO_3 \tag{5.6}$$

经由第一步所产生的 Cr（Ⅳ）的衍生物不是最终的产物。一个更为复杂的氧化还原步骤（这里不必关心其细节）将最后导致生成三价铬（Ⅲ）盐，而该反应总的化学计量式

(stoichiometric equation) 如式（5.7）所示。

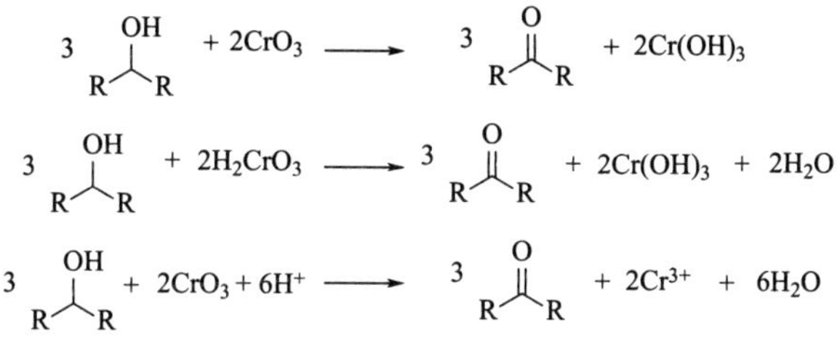

（5.7）

如果醇分子中不含有其他可以被氧化的官能团，并且对酸不敏感，则采用溶于硫酸水溶液或乙酸水溶液的铬酸进行氧化最方便，例如式（5.8）。

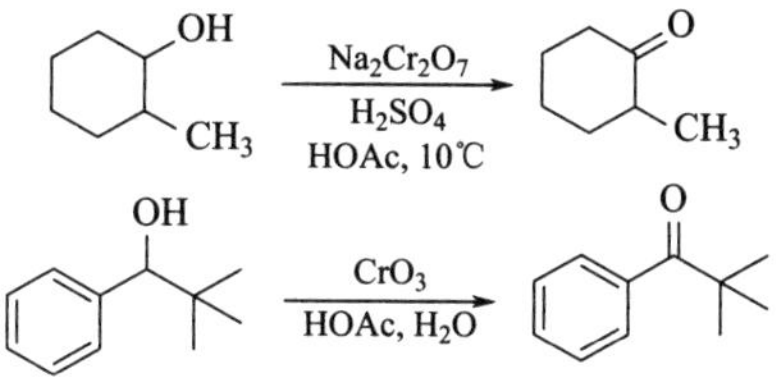

（5.8）

琼斯试剂（Jones reagent）是由氧化铬（Ⅵ）和硫酸以适当的化学计量比组成的水溶液。琼斯试剂是一种温和氧化剂，含有碳 - 碳双键或碳 - 碳三键的醇被琼斯试剂氧化时，羟基则被选择性地氧化，而碳 - 碳双键或碳 - 碳三键不被氧化。其机理如式（5.9）（英文导读 5.3）。

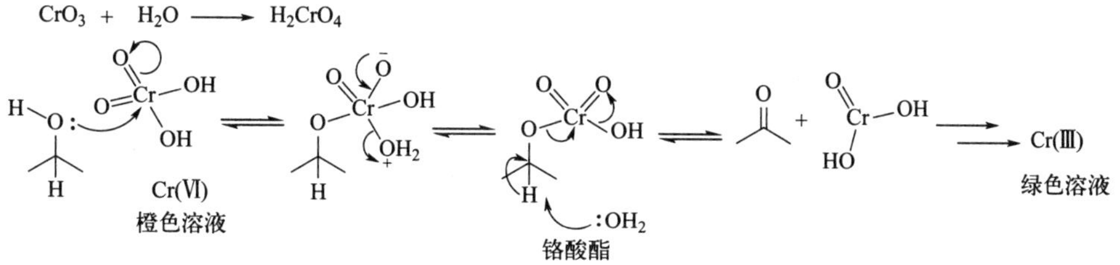
Cr(Ⅵ)
橙色溶液
铬酸酯
Cr(Ⅲ)
绿色溶液

（5.9）

反应示例见式（5.10）。

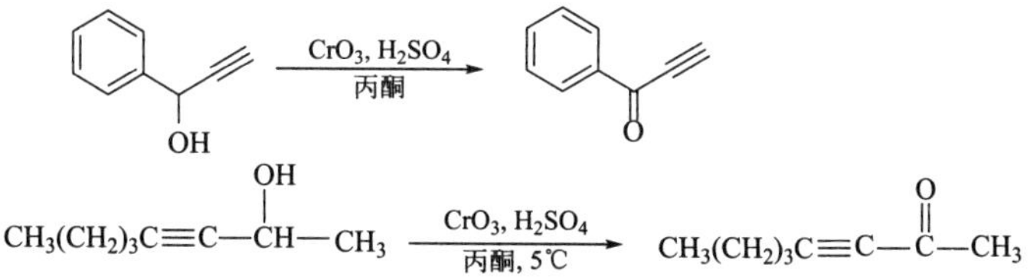

（5.10）

在对酸不稳定的醇进行氧化时，则可以选择沙瑞特试剂（Sarrett reagent）作为氧化剂。Sarrett 试剂是用铬酐（CrO_3）与吡啶形成的铬酐 - 双吡啶配合物，可使一级醇氧化为醛、二级醇氧化为酮，产率很高。机理如式（5.11）所示。

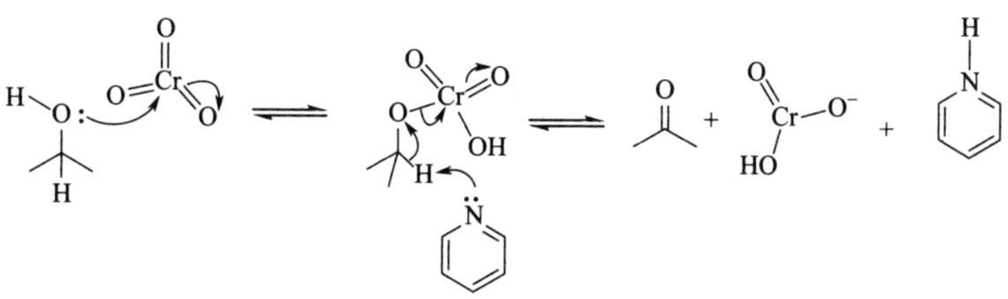

（5.11）

Sarrett 试剂氧化后产物分离困难，Collins 改进为结晶出的 CrO_3 · 2Py 红色晶体，其是一种吸潮性红色晶体，可在二氯甲烷中进行同样的氧化反应。换句话说，可以将氧化铬 - 吡啶配合物分离出来，并在另一种有机溶剂中使用，比如二氯甲烷。因为吡啶是碱性的，在对酸中不稳定的醇是一种很好的氧化剂。而且对分子中存在的碳 - 碳双键、碳 - 氧双键、碳 - 氮双键等一系列不饱和键不发生反应，反应如式（5.12）所示。

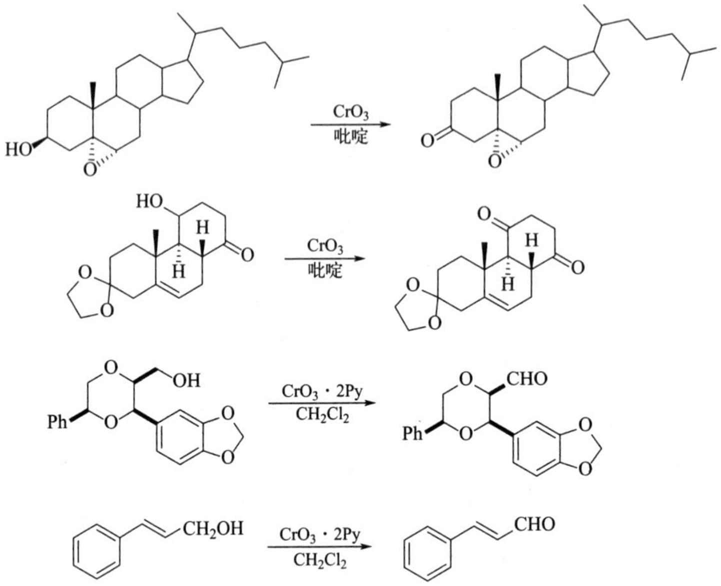

CrO₃ 吡啶 / CrO₃·2Py CH₂Cl₂ （5.12）

Corey 对其进行改进的更为优秀的用于在有机溶剂中氧化的铬（Ⅵ）试剂为吡啶氯化铬酸盐（$C_5H_5N^+HCrO_3Cl^-$，PCC）和重铬酸吡啶盐［（$C_5H_5N^+H$）$_2Cr_2O_7^{2-}$，PDC］。PCC 由氧化铬（Ⅵ）、盐酸和吡啶反应而制得，PDC 由氧化铬、吡啶和水反应而制得，结构见式（5.13）。

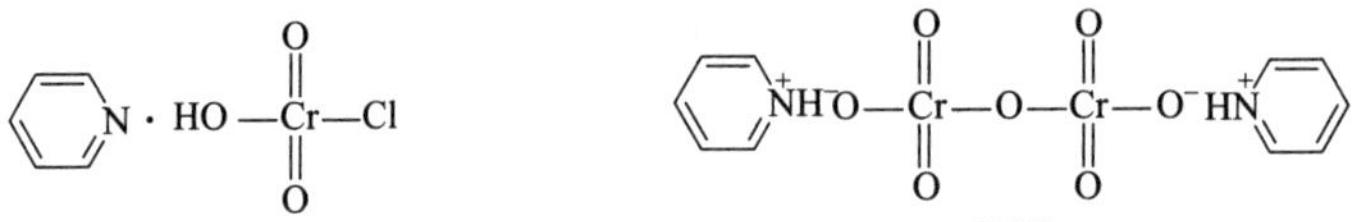

PCC　PDC （5.13）

重铬酸吡啶盐（PDC）是一种广泛应用的温和型中性氧化剂。与 PCC 比较，氧化能力较弱但没有酸性。应用实例见式（5.14）。

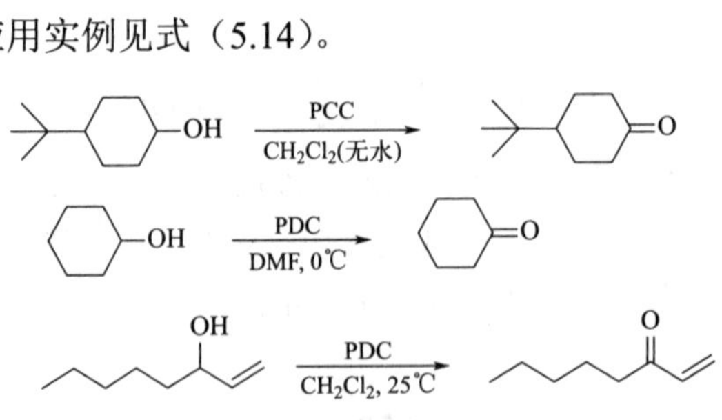

PCC CH₂Cl₂(无水) / PDC DMF, 0℃ / PDC CH₂Cl₂, 25℃ （5.14）

对于含有在酸性条件下敏感的官能团的醇，PDC 是优先选择的试剂。由于将伯醇氧化成醛时，必须小心地控制反应条件以防止氧化过度而产生羧酸，因此对于这种类型的氧化反应，PCC 和 PDC 试剂是一种普遍适用的氧化剂，例如式（5.15）所示。

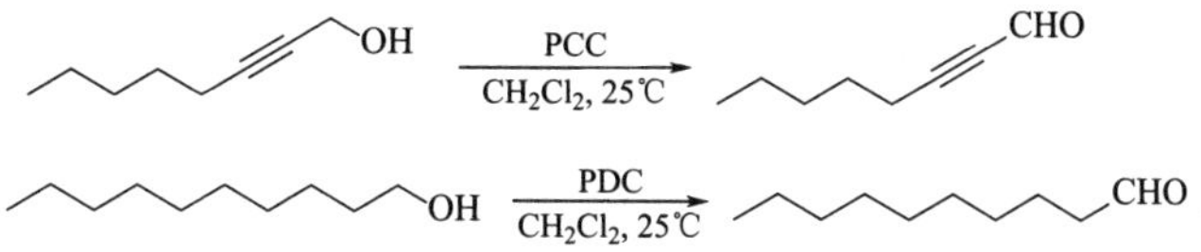

(5.15)

5.2.1.2 铬氧化 C—H 键 (Oxidation of C—H bond by chromium)

强氧化剂可使苄基碳原子氧化到最高价位，这些氧化剂包括铬酸或高锰酸钾，例如式（5.16）所示。

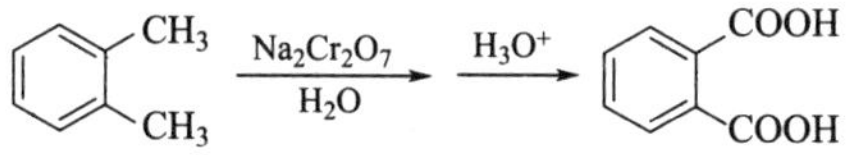

$$\xrightarrow[H_2O]{Na_2Cr_2O_7} \xrightarrow{H_3O^+} \quad (5.16)$$

在这些条件下，取代烷基中含有两个或两个以上碳原子的其他烷基苯化合物也可以被氧化成苯甲酸类衍生物［式（5.17)］。人们认为最初的氧化反应是发生在苄基位上，苯环侧链是叔丁基耐氧化（它没有苄基氢原子），则保持不变。

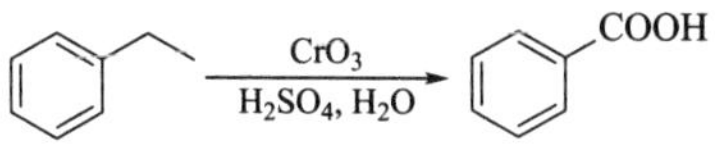

$$\xrightarrow[H_2SO_4,\ H_2O]{CrO_3} \quad (5.17)$$

在没有外加酸的存在下，使用含水的重铬酸钠作氧化剂则提供了稍为温和的条件，例如式（5.18）所示。

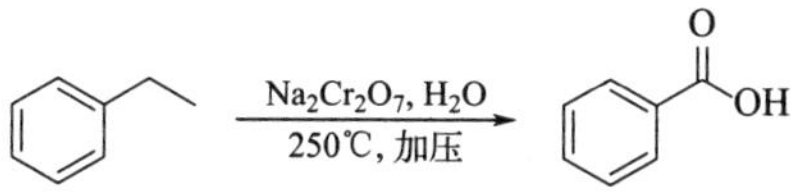

$$\xrightarrow[250℃,\ 加压]{Na_2Cr_2O_7,\ H_2O} \quad (5.18)$$

根据所使用的试剂的不同，稠环芳香化合物可生成不同的氧化产物。例如，在酸性介质中，使用铬（Ⅵ）试剂可以把萘氧化成萘醌；而没有酸时，重铬酸钠仅仅能够氧化取代基［式（5.19)］。

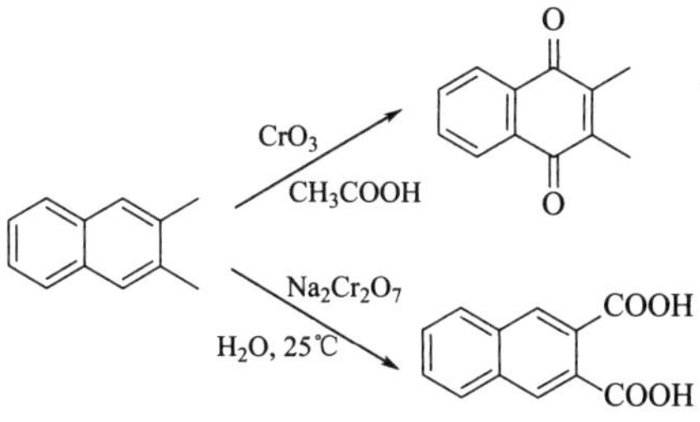

(5.19)

5.2.1.3 埃塔尔反应 (Etard reaction)

用铬（Ⅵ）试剂在某种条件下使芳环上的甲基仅仅氧化成醛基，在这些氧化反应中最为人们所熟知的是埃塔尔反应。此反应在惰性溶剂（CCl_4 或 CS_2）中进行，氧化剂是铬酰氯 CrO_2Cl_2，其制备见式（5.20）。同样地，试剂二乙酸二氧化铬 $CrO_2(OCOCH_3)_2$ 由氧化铬（Ⅵ）、乙酸酐和硫酸就地反应制备，也起同样的氧化作用（英文导读 5.4）。

$$CrO_3 + HCl \xrightarrow[<10℃]{H_2SO_4} \mathrm{O{=}Cr(=O)Cl_2} \quad 沸点117℃ \tag{5.20}$$

在埃塔尔反应中，中间体是铬酰氯和甲苯衍生物 2 ∶ 1 的加成物，结构可能为（**1**），而在二乙酸二氧化铬氧化中，最初的主要产物是二乙酸酯（**2**），结构如式（5.21）所示。

$$C_6H_5CH_3 \xrightarrow{2CrO_2Cl_2} [C_6H_5CH(O{-}Cr(OH)Cl_2)_2]\ (\mathbf{1}) \xrightarrow[2)\ H^+,\ H_2O]{1)\ Na_2SO_3} C_6H_5CHO$$

$$C_6H_5CH_3 \xrightarrow[(CH_3CO)_2O]{CrO_3} [C_6H_5CH(OCOCH_3)_2]\ (\mathbf{2}) \xrightarrow{H^+,\ H_2O} C_6H_5CHO \tag{5.21}$$

应用反应见式（5.22）。

$$p\text{-}I\text{-}C_6H_4CH_3 \xrightarrow[CCl_4]{CrO_2Cl_2} p\text{-}I\text{-}C_6H_4CHO$$

$$p\text{-}CH_3C_6H_4CH_3 \xrightarrow[(CH_3CO)_2O]{CrO_3} p\text{-}C_6H_4[CH(OCOCH_3)_2]_2 \xrightarrow{H^+} OHC\text{-}C_6H_4\text{-}CHO \tag{5.22}$$

5.2.2 锰氧化剂 (Manganese oxidant)

5.2.2.1 高锰酸钾氧化烯烃、炔烃和稠杂环芳烃 (Oxidation of alkene，alkyne and heterocyclic aromatic by potassium permanganate)

用冷的、碱性高锰酸钾溶液处理烯烃生成顺式邻二醇，它在合成上不是很有用，因为产率通常较低，且二醇产物可以被 $KMnO_4$ 进一步氧化断键（英文导读 5.5）。例如式（5.23）。

$$\text{降冰片烯} \xrightarrow[NaOH,\ H_2O]{稀KMnO_4} \text{顺式二醇 (OH, OH; H, H)} \tag{5.23}$$

反应机理是通过烯烃和高锰酸钾生成五元环状的锰酸酯，其接着发生水解产生顺式构型的加成物，见式（5.24）。

$$R^1R^2C{=}CR^3R^4 \xrightarrow[OH^-]{KMnO_4} [\text{环状锰酸酯: } R^1R^2C(O)\text{-}C(O)R^3R^4,\ Mn(=O)O^-K^+] \xrightarrow{OH^-,\ H_2O} R^1R^2C(OH)\text{-}C(OH)R^3R^4 \tag{5.24}$$

然而，酸性或中性的高锰酸钾水溶液可将烯烃氧化断裂，生成两分子羧酸，末端烯烃则得到羧酸和 CO_2，例如式（5.25）。

$$R^1CH{=}CHR^2 \xrightarrow[H_3O^+]{KMnO_4} R^1COOH + HOOCR^2$$
$$RCH{=}CH_2 \xrightarrow[H_3O^+]{KMnO_4} RCOOH + CO_2 \qquad (5.25)$$

与烯烃相似，炔烃被高锰酸钾氧化为两分子羧酸，末端炔烃则得到羧酸和 CO_2，例如式（5.26）。

$$R^1-C{\equiv}C-R^2 \xrightarrow[H_3O^+]{KMnO_4} R^1COOH + HOOCR^2$$
$$R-C{\equiv}C-H \xrightarrow[H_3O^+]{KMnO_4} RCOOH + CO_2 \qquad (5.26)$$

苯环中 C═C 键一般不被氧化，但稠杂环芳烃中的苯环容易被高锰酸钾氧化断裂。例如，喹啉和异喹啉能被高锰酸钾氧化，苯环部分断裂，生成相应的二酸，如式（5.27）所示。

(5.27) 喹啉 $\xrightarrow{KMnO_4}$ 吡啶-2,3-二甲酸（COOH, COOH）；异喹啉 $\xrightarrow{KMnO_4}$ 吡啶-3,4-二甲酸（COOH, COOH）

5.2.2.2 二氧化锰氧化醇 (Oxidation of acohol by manganese dioxide)

使用氧化锰（Ⅳ）氧化烯丙醇和苯甲醇是一个非均相反应，详细机理未知。它的成功还取决于所用氧化物的新鲜度，对于新制备的氧化物，产率可能很高，并且氧化是选择性的（英文导读 5.6）。例如式（5.28）。

(5.28) 2-吡啶甲醇（OH） $\xrightarrow[CHCl_3,\ 25℃]{MnO_2}$ 2-吡啶甲醛（CHO）；甾体 3-醇（HO；OH，OH） $\xrightarrow[THF,\ 25℃]{MnO_2}$ 甾体 3-酮（O；OH，OH）

5.2.3 四氧化锇 (OsO_4)

OsO_4 反应性与 $KMnO_4$ 一致，其关键步骤是环酯（cyclic ester）的形成。OsO_4 有毒，当用作二羟基化反应中的非均相催化剂（heterogeneous catalyst）时，会污染产物。克服这一缺点的办法是使用催化量四氧化锇，并加入氧化剂令其再生（regeneration），氧化剂可用高氯酸盐或氮氧化物等。OsO_4 的应用示例见式（5.29）（英文导读 5.7）。

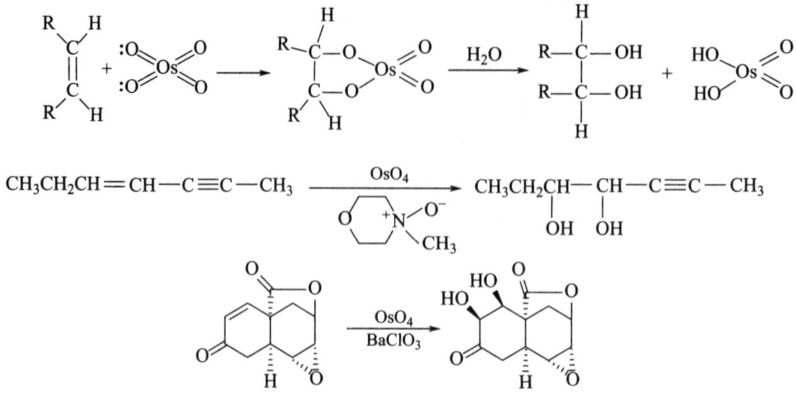

（5.29）

5.2.4 高碘酸 (Periodic acid)

高碘酸（H_5IO_6）是一种选择性（selectivity）氧化剂，它能使邻二醇类化合物氧化断链形成两个羰基化合物，见式（5.30）（英文导读 5.8）。

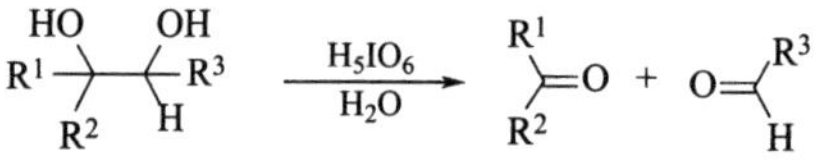

（5.30）

一般认为，这个反应经历了一个五元环高碘酸酯中间体（intermediate），如式（5.31）所示。

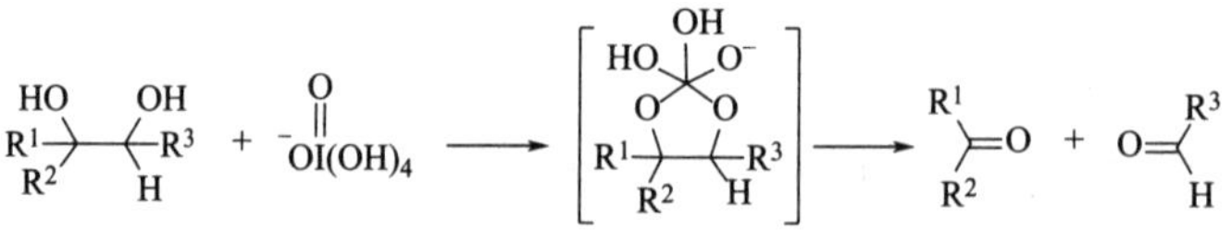

（5.31）

不仅邻二醇类化合物可以发生上述反应，而且 α- 羟基醛或 α- 羟基酮等也都可以被高碘酸氧化，反应物分子中的羰基被氧化为羧基（—COOH）或 CO_2。可被高碘酸氧化的有机物如式（5.32）所示。

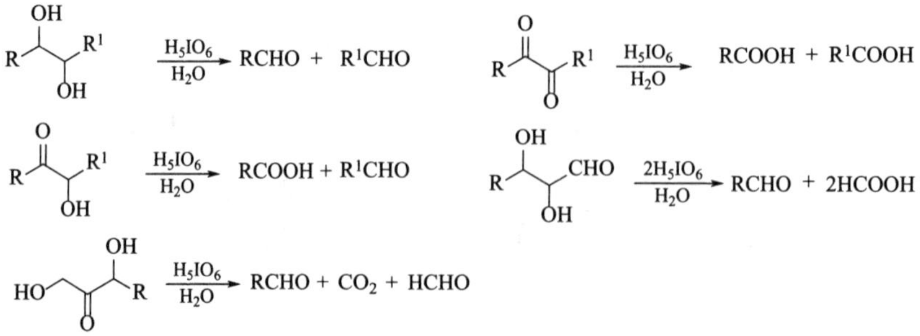

（5.32）

5.2.5 四乙酸铅 [Pb(OAc)$_4$]

四乙酸铅［Pb(OAc)$_4$］类似于高碘酸，也是一种选择性较强的氧化剂，主要用于邻二醇氧化断裂，生成两个羰基化合物，见式（5.33）（英文导读 5.9）。

HO OH; R^1, R^2, R^3, H —$Pb(OAc)_4$→ $R^1R^2C{=}O$ + $O{=}C(R^3)H$ （5.33）

这个过程与高碘酸氧化类似，经历了一个五元环中间体，见式（5.34）。

OH OH + $Pb(OAc)_4$ → [O O Pb OAc OAc] → 2 >=O + $Pb(OAc)_2$ （5.34）

由于要经历五元环中间体，故顺式邻二醇要比反式邻二醇的反应快得多。例如，化合物（**3**）发生断裂成1, 6-环癸二酮要比化合物（**4**）的断裂快300倍［式（5.35）］。

OH OH **3** —$Pb(OAc)_4$→ O O ←$Pb(OAc)_4$— OH OH **4** （5.35）

5.2.6 臭氧 (Ozone)

烯烃的臭氧化反应涉及1, 3-偶极（dipole）环加成、周环开环（逆环加成）以及再一次1, 3-偶极环加成一系列反应［式（5.36）］（英文导读5.10）。

R^1 R^3 R^2 R^4 + $O{=}O^+{-}O^-$ → R^1 R^3 R^2 R^4 O O O → $R^1R^2C{=}O$ + $^-O{-}O^+{=}CR^3R^4$ → R^1 R^2 O—O R^3 R^4 O （5.36）

反应的主要产物臭氧化物没有被分离出来，使用锌和乙酸（Zn/HOAc）、络合的金属氢化物、三价的磷试剂（Ph_3P）、二甲硫醚或Pd/C等催化氢化还原，处理后产生醛或酮，见式（5.37）。

R^1 R^2 O—O R^3 R^4 O —H_2O→ R^1 R^2 OH O—O R^3 R^4 O—H → $R^3R^4C{=}O$ + R^1 R^2 C(O—OH)(OH) → $R^1R^2C{=}O$ + H_2O_2 —Zn, HOAc→ H_2O + Zn^{2+} （5.37）

从上式反应可看出，在水解过程中，生成的过氧化氢极易将醛氧化为酸。如欲使反应停留在醛阶段，水解时可加入还原剂。常用还原剂有锌粉、三价磷化合物、亚硫酸钠等。分子中带有其他易被还原基团时，使用二甲硫醚还原不受影响。链烯烃用臭氧氧化生成碳原子减少的醛、酮，环状烯烃经臭氧氧化生成二醛，如式（5.38）所示。

1) O_3 2) Zn → CHO + HCHO

1) O_3 2) Zn → O + HCHO （5.38）

1) O_3 2) Zn → CHO CHO

与烯烃相似，炔烃的臭氧氧化得到两分子羧酸，末端炔烃则得到羧酸和CO_2，反应如式（5.39）所示。

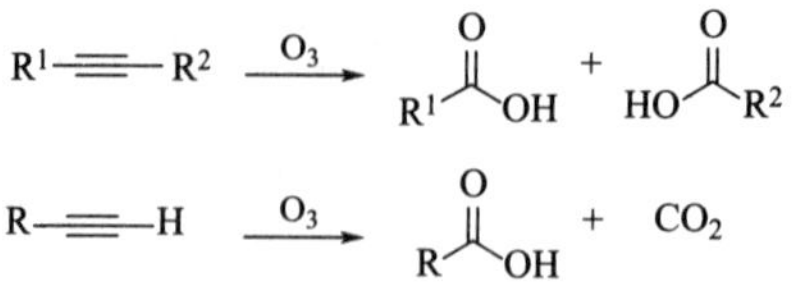

（5.39）

需要注意的是对三键的臭氧氧化反应复杂，一般不用。当然，炔烃三键也能臭氧氧化，但一般只占烯烃双键的千分之一。因此双键和三键同时存在时，可选择性地氧化双键，而保留三键。

5.2.7 二氧化硒 (SeO_2)

二氧化硒是氧化碳 - 氢键最常用的氧化剂。烯丙基或苄基的碳 - 氢键经二氧化硒氧化可得到烯丙基醇或羰基化合物。含氮芳环的苄甲基经二氧化硒氧化得到醛或羧酸，芳环的氮原子并不受影响。反应过程从表面来看是C—H键转化成C—OH键，仅仅是在C—H键之间插入一个氧原子，但反应实际经过两次双键迁移过程[式(5.40)](英文导读5.11)。

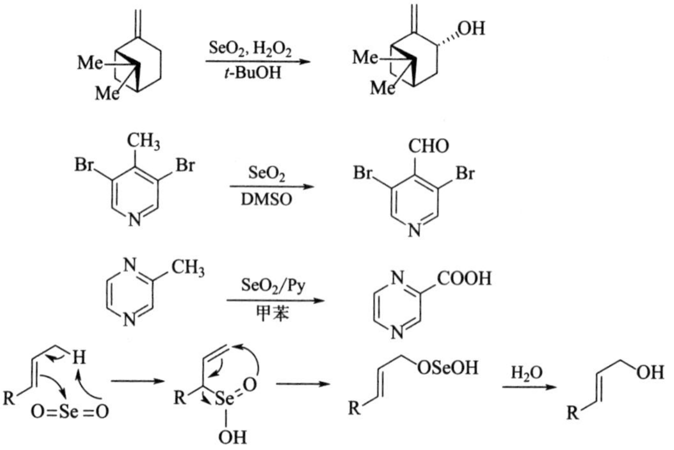

（5.40）

醛或酮的羰基化合物经二氧化硒氧化得到邻二羰基化合物。环己酮氧化得到60%产率的环己二酮；含甲基的酮氧化得到α-羰基醛，如苯乙酮氧化得到α-氧代苯乙醛。羰基化合物首先在酸催化下变成烯醇，然后与二氧化硒作用生成硒酸酯，再经过迁移、消除得到邻二羰基化合物[式(5.41)]。

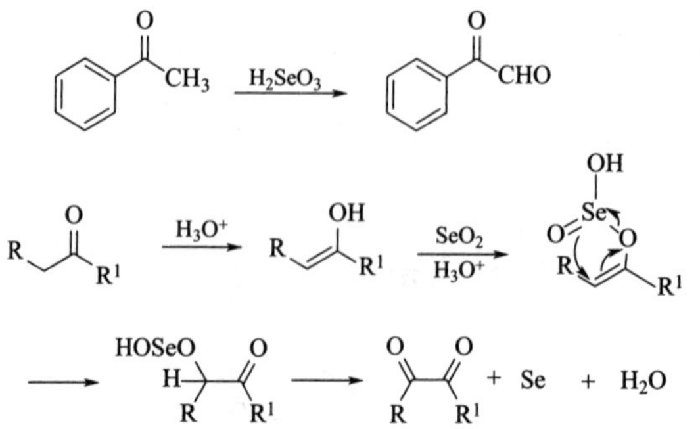

（5.41）

5.2.8 卤素 (Halogen)

5.2.8.1 用溴氧化 (Bromine oxidant)

溴可将伯醇氧化为醛或酯，将仲醇氧化为酮，溴的代用品 NBS 也有此作用，见反应式（5.42）（英文导读 5.12）。

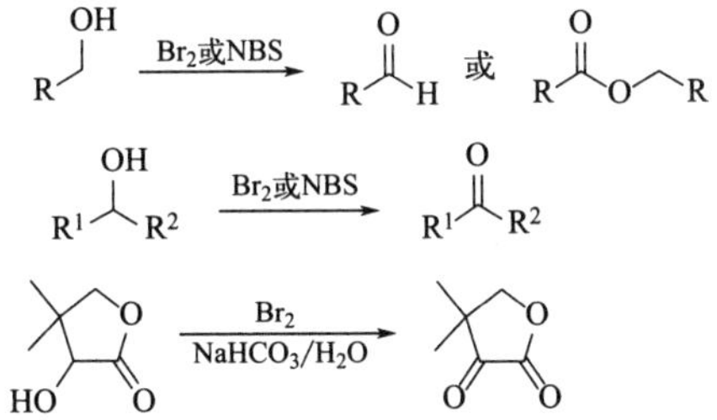

（5.42）

溴氧化反应可能经历了离子（ion）过程，而非自由基（free radical）过程。首先，与醇羟基相连的碳原子上的氢原子被溴取代，然后脱去一分子 HBr，生成醛或酮。不过，这个机理的细节目前尚不清楚。

5.2.8.2 用碘氧化 (Iodine oxidant)

在无水条件下，I_2 的四氯化碳溶液与等物质的量的 AgOAc 能够将烯烃氧化为邻二醇的二醋酸酯，酯水解后生成邻二醇。此反应具有立体专一性（stereospecificity），生成反式邻二醇。这个反应称为 Prevost 反应。 如果这个反应在有水介质中进行，则得到顺式邻二醇的单醋酸酯，水解后得到顺式邻二醇（英文导读 5.13）。这是 Woodward 改进的反应，称为 Woodward-Prevost 反应，如式（5.43）。

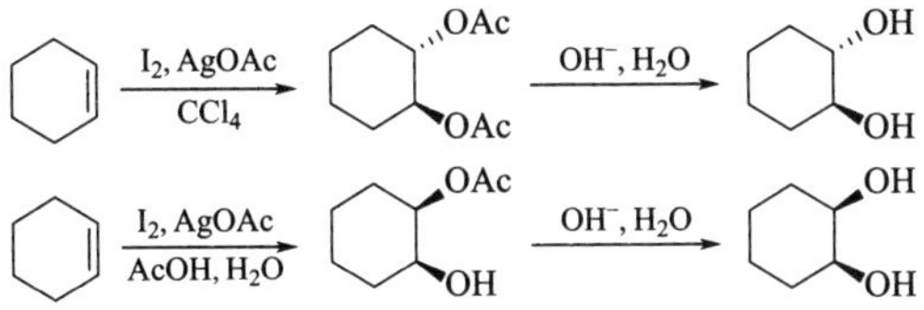

（5.43）

这个反应首先形成碘鎓离子中间体（**5**）；然后，醋酸根阴离子亲核进攻与碘相连的一个碳原子，开环形成醋酸酯中间体（**6**）；接着，中间体（**6**）经历邻基参与（neighboring group participation）的亲核取代（nucleophilic substitution）反应，生成构型保持的反式邻二醇的二醋酸酯（**8**）；最后酯（**8**）水解得到反式邻二醇［式（5.44）］。

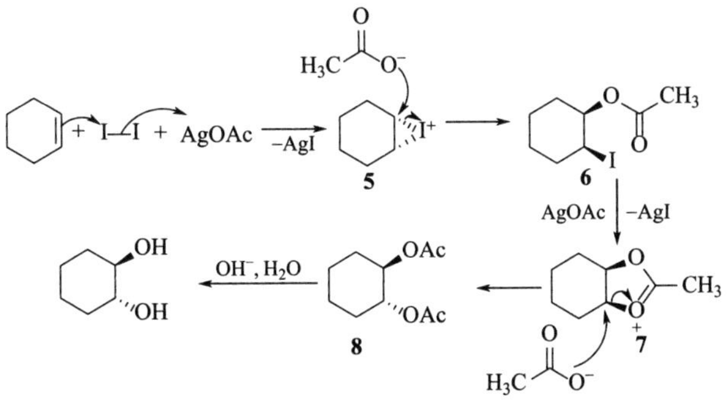

（5.44）

如果反应是在有水介质中进行的，则中间体（**7**）先与水反应形成中间体（**9**），后者开环得到顺式二醇的单酯（**10**），水解（hydrolysis）后生成顺式邻二醇，如反应式（5.45）所示。

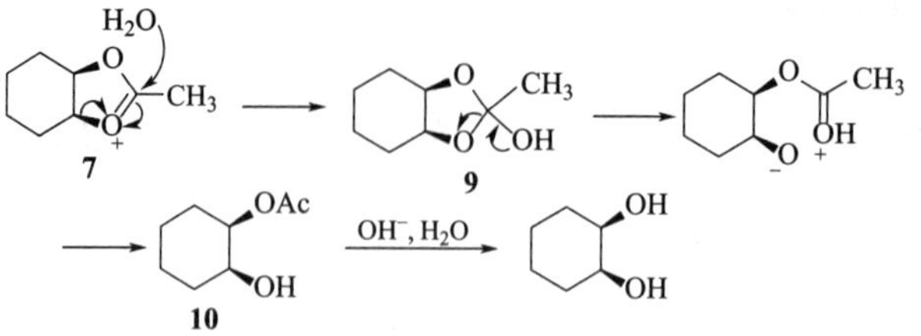

（5.45）

5.2.8.3 用氯氧化 (Chlorine oxidant)

醇用 *N*- 氯化丁二酰亚胺（NCS）和二甲硫醚（DMS）氧化后再经碱处理为相应的醛酮的反应称为科里 - 金氧化反应（Corey-Kim oxidation），反应如式（5.46）所示。

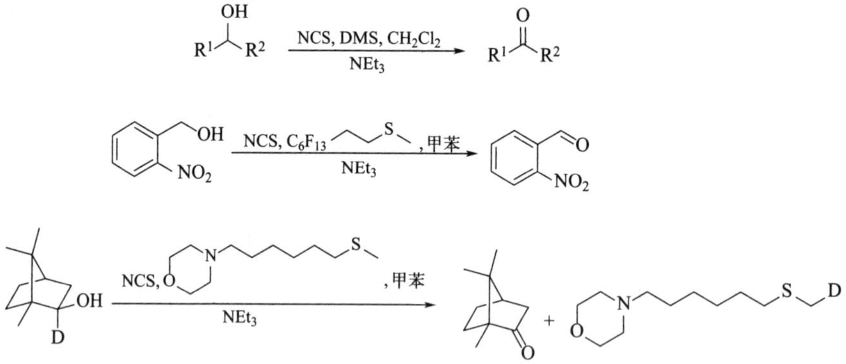

（5.46）

5.3 有机氧化剂 (Organic oxidant)

5.3.1 过氧酸 (Peroxy acid)

过氧酸常常能够原位由过氧化氢和羧酸衍生物（derivative）作用而产生。例如，过氧苯甲酸就是以苯甲酸为原料，在甲基磺酸中经过氧化而制成的，见式（5.47），这一方法可以推广到许多其他过氧酸的制备中。

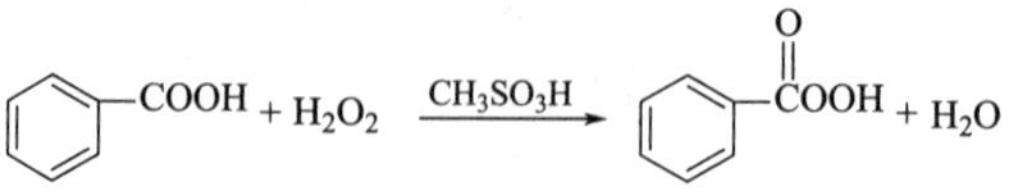

$$PhCOOH + H_2O_2 \xrightarrow{CH_3SO_3H} PhC(O)OOH + H_2O \qquad (5.47)$$

从酸性、氢键和热稳定性三个方面来看一下有机过氧酸的性质。其一，与相应的酸相比，有机过氧酸的酸性较弱，如表 5.1 所示。

表 5.1　酸与过氧酸的酸性对比（Acidity comparison between acid and peracid）

酸	pK_a	过氧酸	pK_a
HCOOH	3.7	HCO_3H	4.8
CH_3COOH	4.8	CH_3CO_3H	8.2

其二，过氧酸随溶液的性质不同而以不同的形式存在于溶液中。如果与溶液不形成氢键，则过氧酸自身形成氢键，由分子内羟基的氢与羰基碳上的氧缩合，形成一个五元环，如式（5.48）所示。

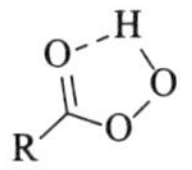

H O O O R　（5.48）

在形成氢键的溶剂（如丙酮）中，过氧酸与溶剂形成氢键，这使在不同的溶剂中过氧酸的氧化能力可能不同，如苯甲酸氧化生成的过氧苯甲酸，只能在丙酮中析出。

其三，过氧酸受热易分解。和其他过氧化物一样，过氧酸在高浓度时，遇热容易分解而发生爆炸。这给制取高浓度过氧酸带来困难，也是使用时必须注意的。有些过氧酸必须现制现用，如过氧苯甲酸。

5.3.1.1　烯烃环氧化反应 (Alkene epoxidation reaction)

烯烃与过氧化物反应生成环氧化合物（epoxy compound）。常用的过氧化物包括过氧羧酸、过氧化氢和烷基过氧化氢等，在产物中仍然保持着烯烃的立体化学（stereo chemistry），如反应式（5.49）所示（英文导读 5.14）。

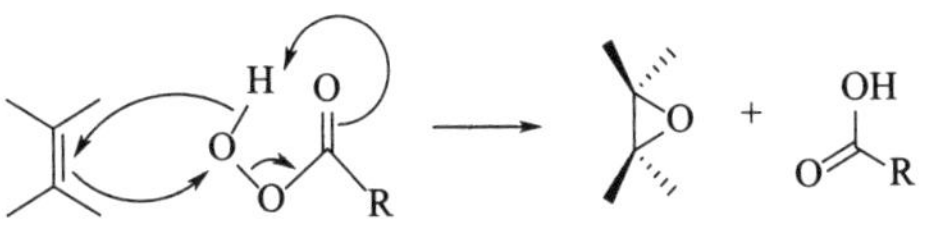

H O O O R ⟶ O ＋ OH O R　（5.49）

由于过氧酸与烯烃的环氧化反应是典型的亲电加成（electrophilic addition）过程，所以反应物分子双键上连有供电子基的反应速率大于连有吸电子基的速率。过氧酸结构对反应速率也有一定影响，过氧酸中有吸电子基的，反应速率大，例如，CF_3COOOH 比 CH_3COOOH 的氧化效率高。常用的过氧羧酸为间氯过氧苯甲酸，其参与反应如式（5.50）所示。

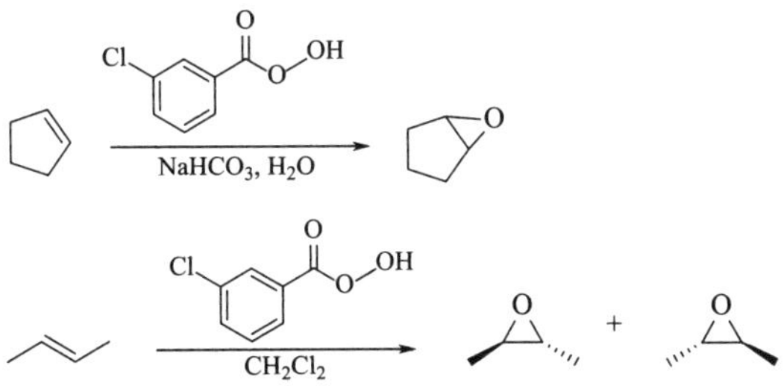

Cl O O OH

$NaHCO_3, H_2O$　O

Cl O O OH

CH_2Cl_2　O ＋ O

（5.50）

5.3.1.2　拜耳－维利格反应 (Baeyer−Villager reaction)

酮被过氧羧酸或过氧化氢氧化，在羰基碳原子和 α- 碳原子之间插入一个氧原子，生成酯，这个反应称为 Baeyer-Villiger 氧化［式（5.51）］（英文导读 5.15）。

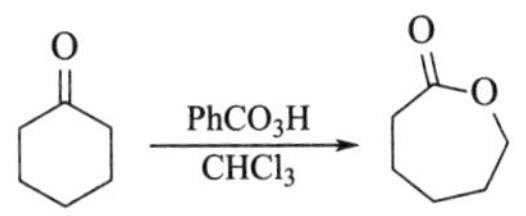

O　$PhCO_3H$ / $CHCl_3$　O O　（5.51）

拜耳 - 维利格反应的机理（mechanism）如式（5.52）所示。

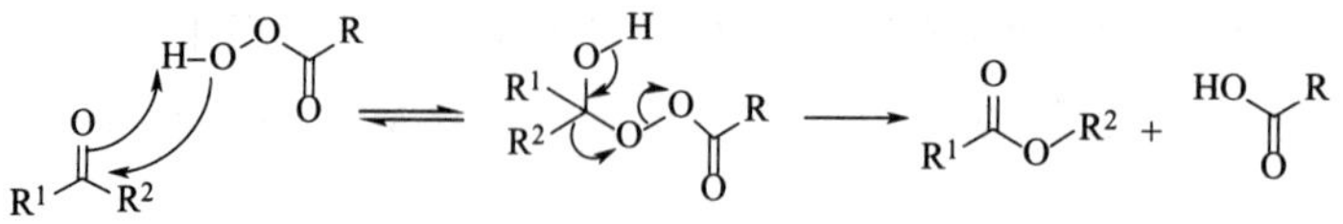

(5.52)

应当注意，在拜耳-维利格反应中，发生分子重排（molecular rearrangement），迁移（migration）的基团（方程式中的 R^2）是两种基团中更为亲核的一种基团。一般情况下，烃基的迁移能力顺序见式（5.53）。

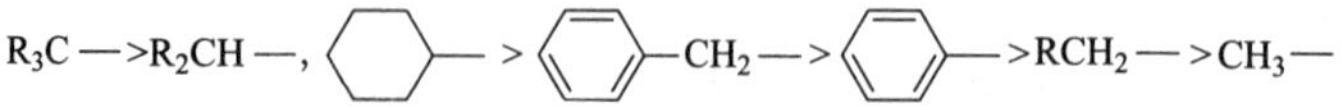

R_3C— > R_2CH—，环己基— > 苯基—CH_2— > 苯基— > RCH_2— > CH_3— (5.53)

反应实例如式（5.54）所示。

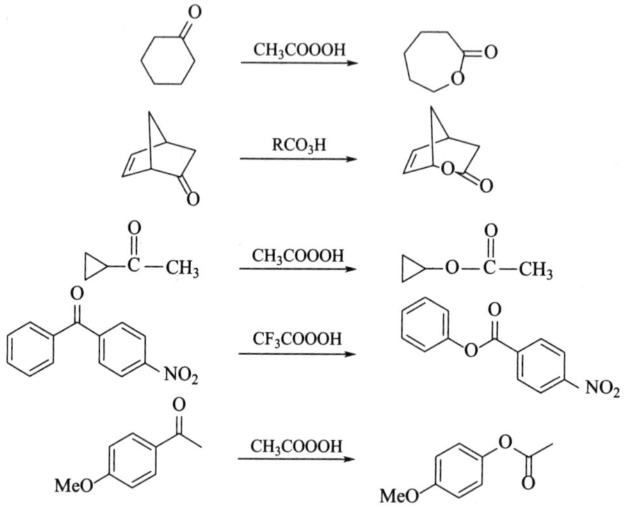

CH_3COOOH; RCO_3H; CH_3COOOH; CF_3COOOH; CH_3COOOH (5.54)

当迁移基团是手性碳时，手性构型保持不变。如手性 2, 3- 二甲基环己酮经间氯过氧苯甲酸氧化，得到相应的内酯，迁移基团的构型不变，见式（5.55）。

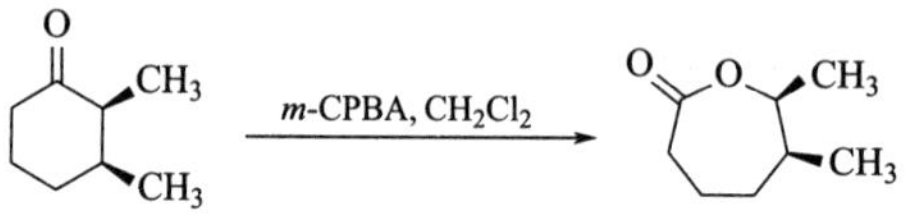

m-CPBA, CH_2Cl_2 (5.55)

5.3.1.3 *N*- 氧化物的形成 (Formation of *N*−oxides)

胺具有亲核性（nucleophilicity），它与能提供亲电性（electrophilicity）的氧源试剂发生反应，比如说可与过氧酸产生 *N*- 氧化。这种反应中最常见的例子是由杂芳香的叔胺，如吡啶，形成 *N*- 氧化物（英文导读 5.16）。

然而，一般说来，形成 *N*- 氧化物是叔胺的一个特征性反应，例如式（5.56）。

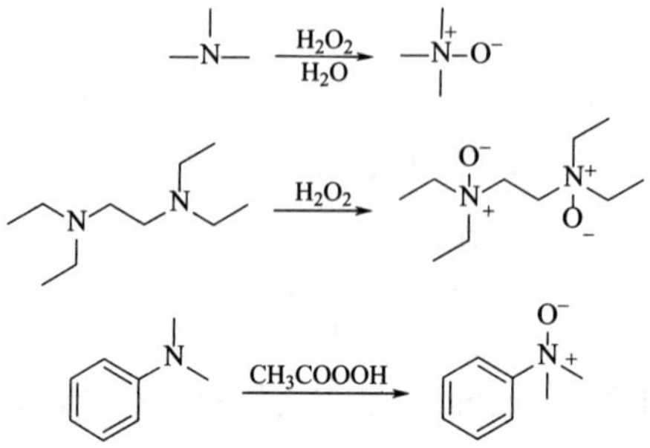

$$-N< \xrightarrow[H_2O]{H_2O_2} -N^+-O^-$$

H_2O_2; CH_3COOOH (5.56)

在仲胺反应的例子中，*N*- 氧化之后接着发生质子的转移，生成的产物是羟基胺，例如式（5.57）。产率并不一律总是很高，但在某些情况下，反应产率在合成上还是可以接受的。

$$\text{哌啶(NH)} \xrightarrow[\text{HCOOCH}_3]{\text{H}_2\text{O}_2} \text{N-羟基哌啶(N-OH)} \quad (5.57)$$

在伯胺的例子中，反应情况多少有些复杂，因为羟基胺本身就可以发生 *N*- 氧化作用，例如式（5.58）。

$$\text{RNH}_2 \longrightarrow \text{RNHOH} \longrightarrow \text{RN(OH)}_2 \xrightarrow{-\text{H}_2\text{O}} \text{RNO}$$
$$p\text{-CH}_3\text{C}_6\text{H}_4\text{NH}_2 \xrightarrow[\text{H}_2\text{O}]{\text{CH}_3\text{COOOH}} p\text{-CH}_3\text{C}_6\text{H}_4\text{NO} \quad (5.58)$$

使用过氧化三氟乙酸或无水过氧乙酸甚至可以导致亚硝基化合物的氮进一步氧化，从而生成硝基化合物。这个反应可用来制备不寻常取代的硝基芳烃类化合物，例如式（5.59）。

$$\text{2,4-(O}_2\text{N)}_2\text{C}_6\text{H}_3\text{NH}_2 \xrightarrow[\text{CH}_2\text{Cl}_2]{\text{CF}_3\text{COOOH}} \text{1,2,4-(O}_2\text{N)}_3\text{C}_6\text{H}_3$$
$$\text{CH}_3\text{CH}_2\text{CH(CH}_3\text{)NH}_2 \xrightarrow[\text{ClCH}_2\text{CH}_2\text{Cl}]{\text{CH}_3\text{COOOH, 干燥}} \text{CH}_3\text{CH}_2\text{CH(CH}_3\text{)NO}_2 \quad (5.59)$$

5.3.1.4　硫化物的氧化 (Oxidation of sulfide)

硫化物与能提供亲电性氧源的试剂（如过氧酸）反应，其反应方式与胺类化合物的反应方式相似，见式（5.60）。

$$\text{R}_2\text{S} \xrightarrow{\text{过氧酸}} \text{R}_2\text{S}^+\text{—O}^- \left(\longleftrightarrow \text{R}_2\text{S=O}\right) \xrightarrow{\text{过氧酸}} \text{R}_2\text{S}^+(\text{=O})\text{O}^- \left(\longleftrightarrow \text{R}_2\text{S(=O)}_2\right) \quad (5.60)$$

氧化反应的第一步产生亚砜，该步反应常常比第二步反应要快得多，第二步则能生成砜，因此，许多亚砜类化合物可通过这个途径来制备，例如式（5.61）。

$$\text{PhSPh} \xrightarrow[\text{4d, 25℃}]{\text{H}_2\text{O}_2\text{, CH}_3\text{COOH}} \text{PhS(O)Ph}\ (\text{定量})$$
$$\text{PhCH}_2\text{SPh} \xrightarrow[\text{1d, 25℃}]{\text{H}_2\text{O}_2\text{, 丙酮}} \text{PhCH}_2\text{S(O)Ph} \quad (5.61)$$

只要小心地控制反应条件就能防止过度氧化的发生。还可以使用其他类型的氧化剂，例如式（5.62）。

更加剧烈的反应条件会直接导致生成砜，例如式（5.63）。

$$PhCH_2{-}S{-}Ph \xrightarrow[\text{CH}_3\text{COOH, 25℃, 15min}]{\text{CrO}_3\text{(10\%过量), 水}} PhCH_2{-}S({=}O){-}Ph \quad (5.62)$$

$$(2\text{-}MeOC_6H_4)_2S \xrightarrow[\text{加热}]{\text{KMnO}_4\text{, CH}_3\text{COOH}} (2\text{-}MeOC_6H_4)_2SO_2 \quad (5.63)$$

5.3.2 二甲基亚砜 (Dimethyl sulfoxide)

二甲基亚砜（DMSO）或者叔胺氧化物作为氧化剂可以将醇选择性地氧化生成醛和酮。该反应从原理上可表示如下，见式（5.64）（英文导读 5.17）。

$$R^1R^2CH{-}OH \longrightarrow R^1R^2CH{-}X \xrightarrow{^-O{-}\overset{+}{S}(CH_3)_2} R^1R^2CH{-}O{-}\overset{+}{S}(CH_3)_2\,X^- \longrightarrow R^1R^2C{=}O + S(CH_3)_2 + HX \quad (5.64)$$

$$R^1R^2CH{-}X \xrightarrow{^-O{-}\overset{+}{N}R_3} R^1R^2CH{-}O{-}\overset{+}{N}R_3\;X^- \longrightarrow R^1R^2C{=}O$$

二甲基亚砜的活化通常采用草酰氯。草酰氯的优点是其生成的副产物（byproduct）CO 和 CO_2 都是气体，其中间体（**11**）分解得目标酮产物，这个反应称为斯文氧化反应（Swern oxidation），见式（5.65）。

$$(H_3C)_2\overset{+}{S}{-}O^- + ClCOCOCl \longrightarrow (H_3C)_2\overset{+}{S}{-}O{-}COCOCl\;Cl^- \xrightarrow[-CO_2]{-CO} (H_3C)_2\overset{+}{S}{-}Cl \xrightarrow{R^1R^2CH{-}\ddot{O}{-}H} R^1R^2CH{-}O{-}\overset{+}{S}(CH_3)_2\;(\mathbf{11}) \xrightarrow{:N(C_2H_5)_3} R^1R^2C{=}O \quad (5.65)$$

$$\text{(OMe, OMe, OMe, H, OH, OH, OH)} \xrightarrow[\text{2) Et}_3\text{N}]{\text{1) (COCl)}_2\text{, DMSO}} \text{(OMe, OMe, OMe, H, O, O, OH)}$$

N, N- 二环己基碳二亚胺（DCC）与 DMSO 结合氧化醇生成酮的反应称为普菲茨纳 - 莫法特氧化（Pfitzner-Moffatt oxidation）反应，在所有的例子中，形成的中间体都是（**12**），见式（5.66）。

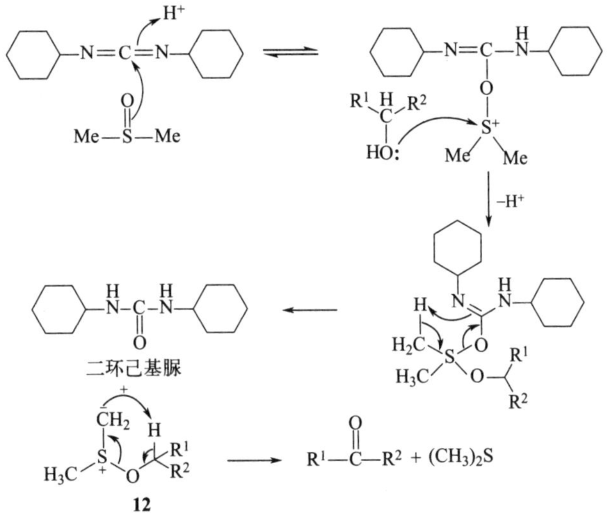

H^+

N=C=N

O

Me—S—Me

N=C—N(H)

O

R^1 H R^2

C

HO:

S^+

Me Me

$-H^+$

(5.66)

H H

N—C—N

O

二环己基脲

H N H N

H_2C S O

H_3C O R^1

R^2

CH_2 H

S O R^1

H_3C R^2

12

$R^1—\overset{O}{\overset{\|}{C}}—R^2 + (CH_3)_2S$

该类试剂的一个重要特点是选择合适的活化剂（activator）可以进行选择性氧化。如二甲亚砜 - 三氟乙酐特别适合位阻（steric hindrance）大的醇的氧化，并且可使多元醇选择性氧化，如反应式（5.67）所示。

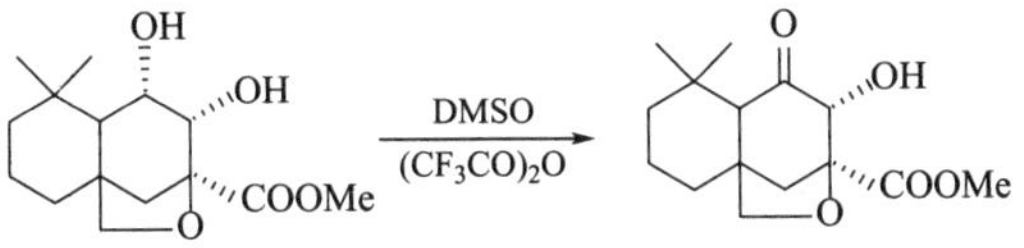

OH OH COOMe O

DMSO

$(CF_3CO)_2O$

O OH COOMe O

(5.67)

下述甾醇 α - 异构体能被 DMSO-SO_3 氧化成相应的酮，产率为 70%；而 β- 异构体同样条件下不反应，见式（5.68）。

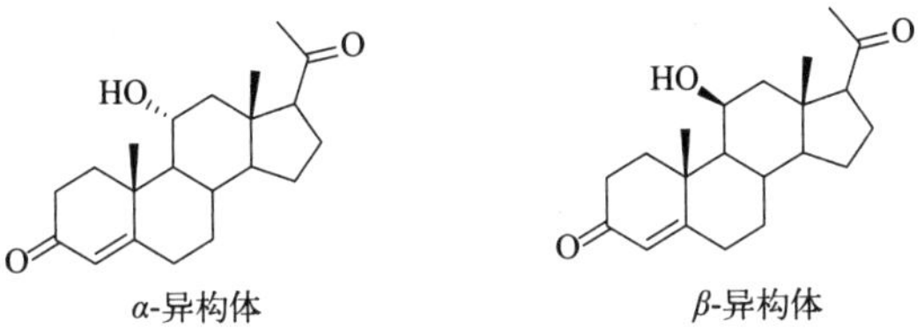

HO O O

α-异构体

HO O O

β-异构体

(5.68)

5.3.3 奥彭瑙尔反应 (Oppenauer reaction)

奥彭瑙尔反应（Oppenauer reaction）是指反应中仲醇在金属醇盐（通常是异丙醇盐或叔丁醇盐）的存在下被另外一个酮（通常是丙酮或环己酮）氧化生成酮，反应见式（5.69）（英文导读 5.18）。

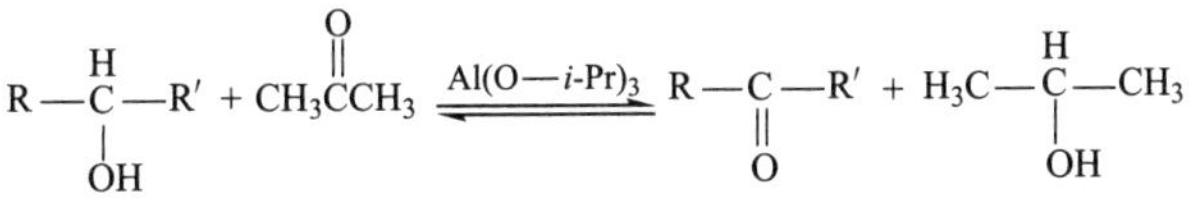

$$R-\underset{OH}{\overset{H}{C}}-R' + CH_3\overset{O}{\overset{\|}{C}}CH_3 \xrightleftharpoons{Al(O-i\text{-}Pr)_3} R-\underset{O}{\underset{\|}{C}}-R' + H_3C-\underset{OH}{\overset{H}{C}}-CH_3 \quad (5.69)$$

该反应与麦尔外因 - 庞多夫 - 维利（MPV）还原反应正好相反。奥彭瑙尔反应涉及醇与醇盐的平衡的去质子化（Deprotonation）过程，然后发生氢负离子转移到酮的反应（5.70）。

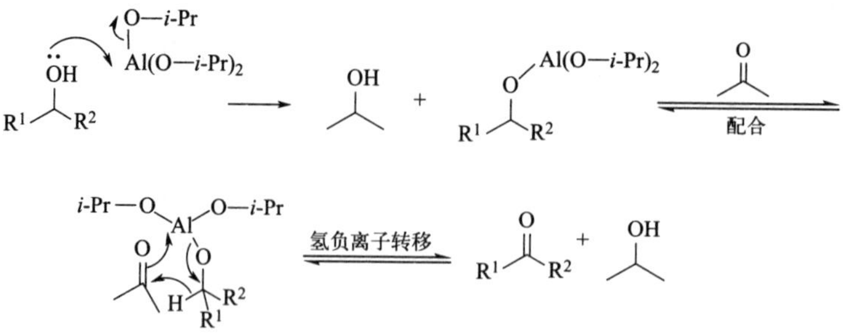

（5.70）

上述反应中丙酮起着接受氢负离子的作用。丙酮可用醌、芴酮及其他易接受氢负离子的化合物代替。这个反应只氧化仲醇，不能氧化伯醇。其他易被氧化的基团也极少受干扰。反应示例如式（5.71）所示。

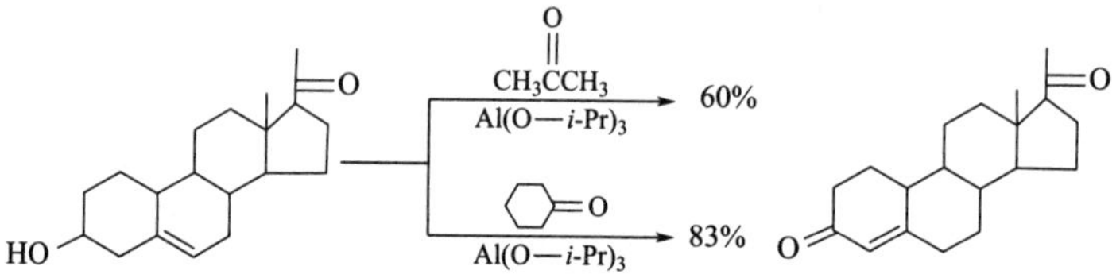

（5.71）

5.3.4 坎尼扎罗反应 (Cannizzaro reaction)

在强碱性条件下，无 α-H 的醛（如芳香醛和甲醛等）可发生歧化反应（disproportionation reaction），生成等物质的量的醇和羧酸，该反应被称为 Cannizzaro 反应。常用的碱是 NaOH 和 KOH，反应可在分子间和分子内发生，见式（5.72）（英文导读 5.19）。

$$2R—CHO \xrightarrow[2)\ H_3O^+]{1)\ OH^-} R—COOH + R—CH_2OH \quad (5.72)$$

一般认为，Cannizzaro 反应的过程涉及负氢转移，见式（5.73）。

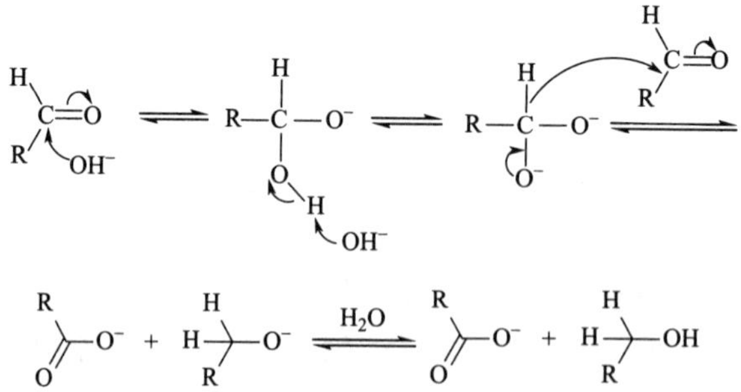

（5.73）

使用两种不同的无 α-H 的醛，可进行交叉的歧化反应。例如，苯甲醛与甲醛的反应生成苯甲醇。在这个反应中，甲醛的羰基比苯甲醛的活泼，因此首先被 OH^- 进攻，从而成为氢供体（donor），被氧化成甲酸。相反，苯甲醛成为氢受体（acceptor），被还原为苯甲醇［式（5.74）］。

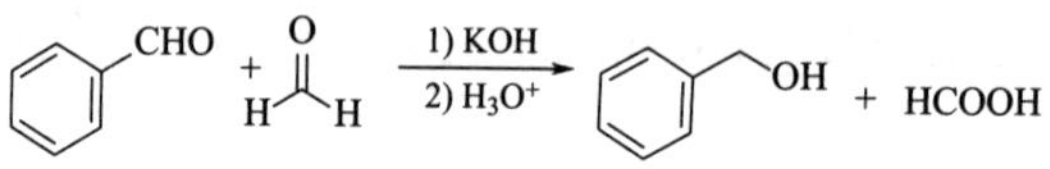

$$PhCHO + HCHO \xrightarrow[2)\ H_3O^+]{1)\ KOH} PhCH_2OH + HCOOH \quad (5.74)$$

本章小结 (Summary)

1. 本章中认识了两种一般类型的氧化反应：通过取代 - 消除或加成 - 消除的脱氢反应；含氧试剂和多重键与杂原子的加成。
2. 本章将按照不同类型的氧化剂，分别讨论一些常见有机氧化反应的机理，并在合适的地方讨论了区域选择性和立体选择性。

1. Two general types of oxidation are recognized: dehydroge nation reactions through substitution-elimination or addition-elimination reactions and addition of oxygen-containing reagents to multiple bonds and heteroatoms.
2. According to different types of oxidants, the mechanisms of organic oxidation reactions are described separately, the regio- and stereoselectivity being discussed where appropriate.

重要专业词汇对照表 (List of important professional vocabulary)

English	中文	English	中文
circular mechanism	环状机制	stoichiometric equation	化学计量式
cyclic ester	环酯	heterogeneous catalyst	非均相催化剂
regeneration	再生	selectivity	选择性
intermediate	中间体	dipole	偶极
ion	离子	free radical	自由基
stereospecificity	立体专一性	neighboring group participation	邻基参与
nucleophilic substitution	亲核取代	derivative	衍生物
hydrogen bond	氢键	epoxy compound	环氧化合物
stereo chemistry	立体化学	electrophilic addition	亲电加成
mechanism	机理	molecular rearrangement	分子重排
migration	迁移	nucleophilicity	亲核性
electrophilicity	亲电性	byproduct	副产物
activator	活化剂	steric hindrance	位阻
deprotonation	去质子化	disproportionation reaction	歧化反应
donor	供体	acceptor	受体

重要概念英文导读 (English reading of important concepts)

5.1 Oxidation reactions are important reactions in organic synthesis commonly. As strictly defined, a compound or group is described as undergoing oxidation when electrons are wholly or partly removed from it, for example, the conversion of an alcohol to a carboxylic acid. Organic compounds can be oxidized with a variety of oxidants to achieve functional group transitions.

5.2 Chromium(Ⅵ) compound is one of the widely used oxidants. The specific reagents are generally prepared from chromic trioxide (CrO_3) or a dichromate ($[Cr_2O_7]^{2-}$). The valence of chromium is reduced from hexavalent to tetravalent. Chromic acid oxidants are reagents for oxidizing primary alcohols to carboxylic acids, secondary alcohols to ketones.

5.3 Alcohols containing double or triple bonds may be selectively oxidized using Jones reagent that is an aqueous solution of chromium(Ⅵ) oxide and sulfuric acid, in the correct stoichiometric ratio. This reaction is carried out in acetone by slowly adding the chromic acid to the substrate at ambient temperature, and the product was isolated in high yield. The oxidation of primary and secondary alcohols with chromic acid is referred to as the Jones oxidation. The general features of the reaction are that the chromic acid (H_2CrO_4) can be prepared by dissolving chromic trioxide (CrO_3) or a dichromate salt ($Cr_2O_7^{2-}$) in acetic acid or dilute sulfuric acid and that the oxidation is usually carried out in acetone, which serves a dual purpose: it dissolves most organic substrates, and it reacts with any excess oxidant, so it protects the product from overoxidation.

5.4 Chromium (Ⅵ) reagents only produce aldehyde groups under certain conditions. In the best-known of these oxidations, the Etard reaction, the oxidant is chromyl chloride, CrO_2Cl_2, in an inert solvent (CCl_4 or CS_2). Chromic acetate, $CrO_2(OCOCH_3)_2$ (prepared in situ from chromium(Ⅵ) oxide, acetic anhydride and sulfuric acid) may also has the same oxidation effect.

5.5 An older method of producing cis vicinal diols involves treating an alkene with a cold, alkaline solution of potassium permanganate ($KMnO_4$). It is not very synthetically useful, because the yields are typically low and the diol product can be further oxidized by $KMnO_4$.

5.6 The oxidation of allylic and benzylic alcohols using manganese(Ⅳ) oxide is a heterogeneous reaction and the detailed mechanism is unknown. Its success also depends on the freshness of the oxide used, with freshly prepared oxide the yields may be high and the oxidations are selective.

5.7 The reaction mechanism of OsO_4 is similar to $KMnO_4$, the key step is making a cyclic ester. OsO_4 is toxic and can contaminate the products when used as a heterogeneous catalyst for dihydroxylation reactions.

5.8 Periodic acid (H_5IO_6) is a selective oxidant, two carbonyl compounds are produced by oxidative cleavage of vicinal diols.

5.9 Lead tetraacetate [$Pb(OAc)_4$] is similar to periodic acid and is also a highly selective oxidant, mainly used for oxidative cleavage of vicinal diols to produce two carbonyl compounds.

5.10 The ozonization of the alkene consists of a sequence of reactions of 1,3-dipolar cycloaddition, pericyclic ring opening (retro-cycloaddition) and second 1,3-dipolar cycloaddition.

5.11 Selenium dioxide is the most used oxidant for oxidizing carbon hydrogen bonds. Allyl alcohol or carbonyl compound can be obtained by oxidation of carbon hydrogen bond of allylic or benzylic group.

5.12 Bromine oxidizes primary alcohols to aldehydes or esters and secondary alcohols to ketones, as does the effect which NBS substitute bromine.

5.13 Under anhydrous conditions, a carbon tetrachloride solution of I_2 with equal amounts of AgOAc is able to oxidize alkene to diacetates of vicinal diols, and the esters are hydrolyzed to produce vicinal diols.

5.14 Alkenes react with peroxides to produce epoxy compounds. Commonly used peroxides include peroxycarboxylic acid, hydrogen peroxide and alkyl hydrogen peroxide, etc. The stereochemistry of the alkene is still maintained in the product.

5.15 The oxidation of a ketone by a peroxy carboxylic acid or hydrogen peroxide results in the insertion of an oxygen atom between the carbonyl carbon atom and the α-carbon atom to produce an ester. This reaction is called Baeyer-Villiger oxidation. The oxidation of ketones using this method has the following features:

1) it tolerates the presence of many functional groups in the molecule, for example, even with α, β-unsaturated ketones, the oxidation with peroxy acids generally occurs at the carbonyl group and not at the C=C double bond.

2) regioselectivity depends on the migratory aptitude of different alkyl groups. For unsymmetrical ketones the approximate order of migration is tertiary alkyl > secondary alkyl > aryl > primary alkyl > methyl, and there are cases (e.g., bicyclic systems) in which stereoelectronic effect can influence which group migrates.

5.16 Amines, being nucleophilic, react with sources of electrophilic oxygen such as peroxy acids to produce *N*-oxyides. The most familiar example of such reactions involves the formation of *N*-oxides from heteroaromatic tertiary amines such as pyridine.

5.17 Dimethyl sulfoxide or ternary amine oxides can be used as oxidants to selectively oxidize alcohols to aldehydes and ketones.

5.18 The oxidation of secondary alcohols with ketones in the presence of metal alkoxides (e.g., aluminum isopropoxide) to the corresponding ketones is known as the Oppenauer oxidation. The reduction of aldehydes and ketones to alcohols, is referred to as the Meerwein-Ponndorf-Verley reduction.

5.19 Under strong alkaline conditions, aldehydes without α-H (such as aryl aldehydes and formaldehyde, etc) can be disproportionated to produce equal amounts of alcohols and carboxylic acids, and the reaction is known as the Cannizzaro reaction.

习题 (Exercises)

5.1 写出下列反应的主要产物。

$\xrightarrow{MnO_2}$ (a)

$\xrightarrow{K_2Cr_2O_7/H_2SO_4}$ (b)

$CH_3(CH_2)_7CH=CH(CH_2)_7CO_2H$ $\xrightarrow[0\sim10℃]{KMnO_4/NaOH/H_2O}$ (c)

$\xrightarrow[H^+]{DCC,\ DMSO}$ (d)

$\xrightarrow[2)\ Me_2S]{1)\ O_3}$ (e)

$\xrightarrow[2)\ H_3O^+]{1)\ CrO_3/Ac_2O}$ (f)

$\xrightarrow[MeOH/H_2O]{NaIO_4}$ (g)

$\xrightarrow{t\text{-BuOOH, NaOH}}$ (h)

$\xrightarrow{H_2O_2/OsO_4}$ (i)

$\xrightarrow{m\text{-CPBA}}$ (j)

5.2 Synthesize the following compound from the specified starting material. Inorganic reagents, catalysts, and organic reagents within three carbons are optinal.

(a) cyclopentyl–CHO ⟶ (b) ⟶

5.3 (A)An unknown alcohol was treated with chromic acid to give a product with the following IR spectrum. Which of the following statements must be true?

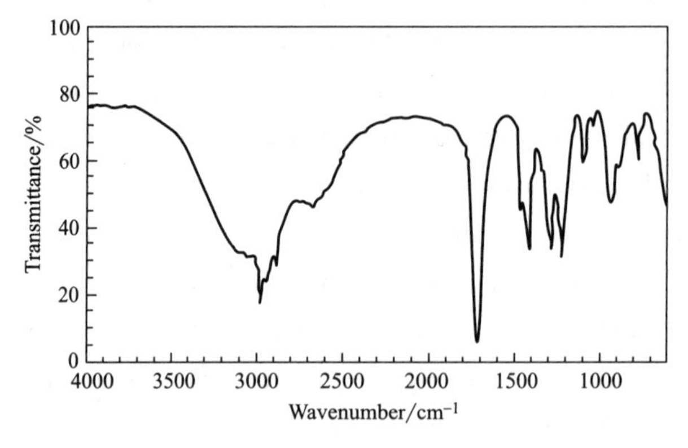

(a) The unknown compound must be a primary alcohol.

(b) The unknown compound must be a secondary alcohol.

(c) The unknown compound must be a tertiary alcohol.

(d) The unknown compound must be acyclic compound.

(B)What are the best reagents to perform this transformation?

$\xrightarrow{?}$

(a) $Na_2Cr_2O_7$, H_2SO_4, H_2O (b) CrO_3, H_3O^+, 丙酮
(c) PCC, CH_2Cl_2 (d) $KMnO_4$, NaOH（冷）

参考文献与课后阅读推荐材料 (References and recommended materials for reading after class)

1. Colquhoun H M, Holton J, Thompson D J, et al. New Pathways for Organic Synthesis. New York: Plenum Press, 1984.
2. Mackie R K, Smith D M, Aitken R A. Guidebook to Organic Synthesis. 北京 : 世界图书出版公司 , 2001.
3. Carruthers W. Some modern methods of organic synthesis. 3nd ed. 北京 : 世界图书出版公司 , 2004.
4. Fisher T J, Dussault P H. Alkene ozonolysis. Tetrahedron, 2017, 73(30): 4233-4258.
5. Renz M, Meunier B. 100 years of Baeyer-Villiger oxidations. European Journal of Organic Chemistry, 1999 (4): 737-750.
6. Graauw C F, Peters J A, van Bekkum H, et al. Meerwein-Ponndorf-Verley reductions and Oppenauer oxidations: An integrated approach. Synthesis, 1994 (10): 1007-1017.
7. Swain C G, Powell A L, Sheppard W A, et al. Mechanism of the Cannizzaro reaction. Journal of the American Chemical Society, 1979, 101(13): 3576-3583.
8. 冯小明 , 彭云贵 , 蒋耀忠. Baeyer-Villiger 反应中的氧化剂. 合成化学 , 1999, 7(4) : 374-381.
9. 欧阳小月 , 江焕峰. 以双氧水为氧源的烯烃环氧化反应. 有机化学 , 2007, 27(3) : 358-367.

第6章 有机合成中的还原反应

(Reduction reactions in organic synthesis)

本章包括重键官能团的还原反应和一些碳 - 杂原子单键还原断裂。对于特定官能团的还原，通常有三种方法：（a）催化氢化还原；（b）金属氢化物还原；（c）电子转移反应。将重点分析讨论的就是这三种方法（英文导读 6.1）。

在无机化学中，失去电子就是氧化，得到电子就是还原；在有机化学中，碳原子的氧化状态等于其 C—O、C—N 和 C—X 键的总数（图 6.1）。

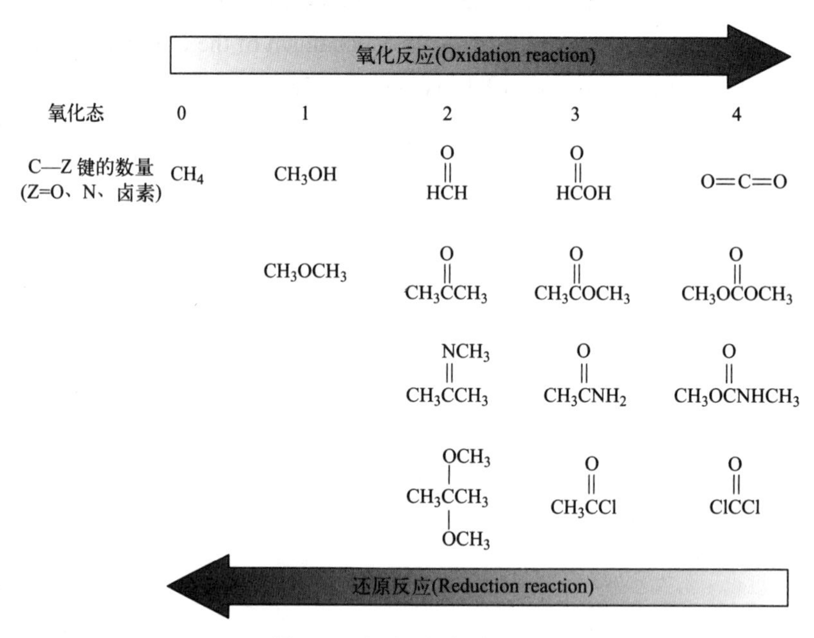

图 6.1　碳原子的氧化状态

6.1　有机还原反应的类型 (Types of organic reduction reactions)

有机还原反应有以下几种主要机理：其一，氢负离子转移，常见的反应如 Meerwein-Ponndorf-Verley 还原反应和氢化铝锂参与的还原反应；其二，加氢还原，也就是常说的催化氢化，例如威尔金森催化氢化、Rosenmund 还原等反应；其三，歧化反应，如 Cannizzaro 反应。此外，还有不符合以上机理的还原反应，如 Wolff-Kishner 反应。下文将按还原反应的类型进行分类讨论。

6.1.1　催化氢化 (Catalytic hydrogenation)

催化氢化还原所用的催化剂有两类。一类是在反应体系中自成一相，多以固相形式存在，而与底物被相界分开的非均相催化剂或多相催化剂；另一类是在反应体系中溶于介质而与底物同处一相的均相催化剂。

6.1.1.1　多相催化 (Heterogeneous catalysis)

此法最常用，反应在氢气氛下发生，通过搅拌或振荡含有悬浮催化剂的化合物溶液进行。通常将其分为低压氢化和高压氢化两大类，前者使用的氢气压力通常为 1 ～ 4 atm（1 atm=101.325 kPa），温度为 0 ～ 100℃；而后者为 100 ～ 300 atm，温度要达到 300℃。一般来说，低压氢化常用于双键、三键的加氢和硝基、羰基的还原及苄基的氢解和脱硫等反应；高压氢化常用于苯环、杂环的加氢和羧酸衍生物的还原。

低压氢化常用的催化剂有钯、铑、镍等金属的微粒或粉末，也可将它们载于某些载体，或制成多孔性的微粒。例如钯黑、铂黑、Pd/C、Rh/$BaSO_4$ 等。铂常以氧化物 PtO_2 的形式使用，即称为 Adams 催化剂，在反应过程中被还原为金属铂。碳、硫酸钡或碳酸钙常作为载体，可使中心金属均匀分散，有时也起降低催化剂的活性作用。溶剂也可以影响催化剂的活性，从非极性溶剂如环己烷到极性的酸性溶剂如乙酸，催化剂的活性将会依次递增。

雷尼镍（Raney 镍）和亚铬酸铜（$CuCr_2O_4$）是常用的高压氢化催化剂。Raney 镍是一种多孔的细粉状镍催化剂，是用氢氧化钠处理镍铝合金粉形成的蜂窝状骨架结构的镍金属，一般在高温和高压下使用，也有许多还原反应能在一个大气压和常温下完成。几乎所有的不饱和基团都能被 Raney 镍还原，其常用于芳环的还原和含硫化合物的还原。在新制备的 Raney 镍中，每克镍能吸附 25 ～ 100 mL 的氢，该催化剂吸附的氢愈多，其活性愈高。可通过改变制备过程来获得不同活性的 Raney 镍催化剂。Raney 镍催化剂呈碱性，只能用于碱性或中性条件下的氢化，酸性条件将导致其失活。亚铬酸铜可通过铬酸铜铵的热解制备，制备过程中加入硝酸钡即可得到一种活性较高的催化剂。作为相对不活泼的催化剂，亚铬酸铜主要用于在高温（100 ～ 200℃）和高压（20 ～ 30 MPa）下将酯还原为醇和将酰胺还原为胺，不能还原芳环（英文导读 6.2）。

从氢化的底物角度来看，不同底物的氢化难易程度不一样，表 6.1 按照氢化难易程度的粗略顺序列出了各种化合物的氢化产物，其中酰氯是最活泼的，而芳烃则最不活泼。

表 6.1　催化氢化产物（Products of catalytic hydrogenation）

化合物	氢化产物	化合物	氢化产物
RCOCl	RCHO	RHC═CHR	RCH_2CH_2R
RNO_2	RHN_2	RCOR	RCH(OH)R
RC≡CR	RHC═CHR(*Z*)	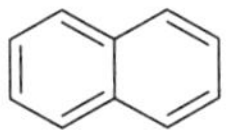	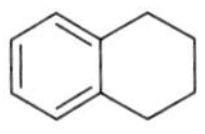

续表

化合物	氢化产物	化合物	氢化产物
RC≡N	RCH_2NH_2	RCOOR'	RCH_2OH+R^1OH
$ArCH_2X$	$ArCH_3$	RCONHR	RCH_2NHR
RCHO	RCH_2OH		

烯烃多相催化加氢的机理如式（6.1）所示，从机理分析可以看出，在多相催化氢化过程中存在异构化（isomerization）。

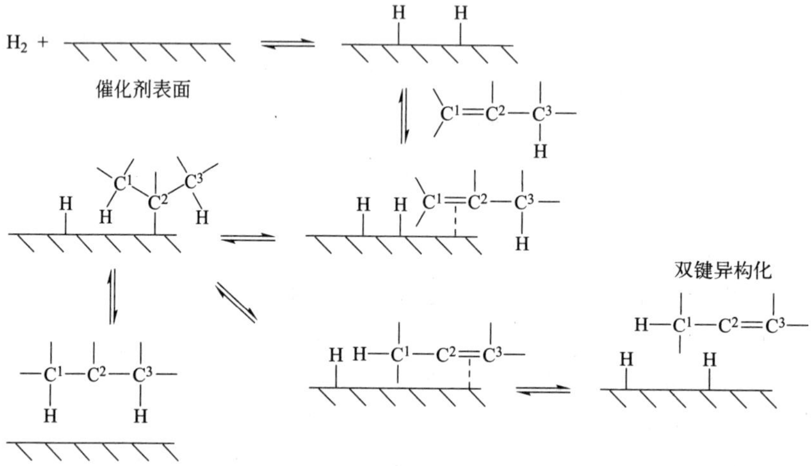

催化剂表面

双键异构化

（6.1）

非均相氢化催化剂为固体，多相催化具有催化剂与产物易于分离、热稳定性好、催化剂再生容易和操作费用低等优点。

6.1.1.2 均相催化 (Homogeneous catalysis)

多相催化虽然广泛使用，但也存在一些不足，例如催化性能难以从分子水平上给予解释和预测、催化剂不易修饰等。另一类氢化工艺为均相催化反应，参与反应的所有组分都处于同一相中，这里的同一相指液相，即所有反应物（包括催化剂）都在溶液中，其催化剂一般是一种或几种组成的结构确定的过渡金属配合物。常用的均相催化剂是钌和铑的配合物，如三(三苯基膦)氯化铑（**1**）$[(Ph_3P)_3]RhCl$ 和三(三苯基膦)氢氯化钌 $[(Ph_3P)_3]RuHCl$。非均相催化剂的氢化可能导致底物的异构化，而利用均相催化剂可以使异构化程度降低至最低，例如使用威尔金森催化剂（Wilkinson catalyst），即三(三苯基膦)氯化铑（**1**）。和在非均相反应中的对应物相比，中间体配合物（**2**）不容易发生重排（rearrangement），见式（6.2）。当使用均相催化剂时，可以使非均相催化剂易于从反应混合物中被分离出的优点随之消失，然而，使用聚合物-键合的类似物则可能兼有催化剂容易分离除去和生成的产物具有高纯度的双重特点。

$$RhCl_3H_2O + 3Ph_3P \xrightarrow[\text{回流}]{EtOH} (Ph_3P)_3RhCl \ (\mathbf{1})$$

$$(Ph_3P)_3RhCl \ (\mathbf{1}) \xrightleftharpoons{EtOH或C_6H_6} Ph_3P + (Ph_3P)_2Rh(溶剂)Cl \xrightleftharpoons{H_2} H_2Rh(PPh_3)_2(溶剂)Cl$$

Wilkinson催化剂

$$H_2Rh(PPh_3)_2(溶剂)Cl \xrightleftharpoons[\text{(取代溶剂)}]{\text{1-己烯}} H_2Rh(PPh_3)_2Cl(H_2C{=}CH\text{-}Bu\text{-}n) \ (\mathbf{2})$$

$$\mathbf{2} \longrightarrow (PPh_3)_2ClRh(H)CH_2CH_2Bu\text{-}n \xrightarrow{\text{快速反应}} (Ph_3P)_2RhCl + CH_3(CH_2)_4CH_3 \qquad (6.2)$$

D_2 用于均相催化氢化烯烃没有异构化，如式（6.3）所示。

$$n\text{-}C_8H_{17}C{=}CH_2 \xrightarrow[(Ph_3P)_3RhCl,\ C_6H_6]{D_2(1atm)} n\text{-}C_8H_{17}\text{—}CHD\text{—}CH_2D \qquad (6.3)$$

均相催化的优点在于，催化剂为组成和结构确定的配合物；活性高，选择性好；容易修饰（modification），机理明确；催化剂的性能可以在分子水平上得到解释，并予以干预。

R. Noyori（野依良治）的手性双膦配体 BINAP 与金属钌（Ru）和铑（Rh）配位形成的手性配合物［Rh(BINAP)、RuX_2(BINAP) 和 $RuCl_2$(BINAP)(diamine) 等］用于不对称氢化还原烯胺、脱氢氨基酸、不饱和羧酸、酮酸酯和简单酮等化合物，这将在不对称合成一章进行学习。

6.1.1.3　转移氢化 (Transfer hydrogenation)

转移氢化提供了一种不使用氢气还原不饱和底物的替代方法，转移氢化是在金属催化剂及氢供体的存在下，将氢加成到被还原的多重键上的一种方法。它需要通过金属从试剂（氢供体，DH_2）中提取氢，然后（或与之协同）将氢添加到底物的反应位点（氢受体，A），见式（6.4）（英文导读 6.3）。

$$H\text{—}D\text{—}H + A \xrightleftharpoons{\text{催化剂}} D + H\text{—}A\text{—}H \qquad (6.4)$$

DH_2 = 环己烯、2-丙醇（OH）、HCOOH、NH_2NH_2

氢从有机供体分子转移到底物上。供体分子必须具有足够低的氧化电位，使氢转移可以在温和的条件下发生。在这种方法中，氢来自在催化剂的作用下可能发生脱氢化作用的化合物。因此，氢原子从供体转移给催化剂，然后传递给要被还原的底物。

氢的供体可以是有机化合物，如环己烯、2- 丙醇或甲酸，见式（6.4），也可以是无机化合物，如肼或硼氢化钠，而催化剂可以是非均相，也可以是均相的。该方法不使用气态的氢气，较为安全，适合实验室使用。

6.1.2 金属氢化物还原 (Metal hydride reduction)

氢负离子转移试剂是在还原过程中能将其氢原子带着原来成键的一对电子转移给底物的试剂。某些金属氢化物是氢负离子（hydride，H^-）合成子的合成等价物，因而是优先和缺电子中心发生反应的强效还原性试剂，金属氢化物还原剂被广泛地应用于还原各种官能团（英文导读 6.4）。

需要注意的是碱性更强的氢化物（例如 NaH 和 CaH_2）不是还原剂。一方面，NaH 和 CaH_2 中的 H 更接近 H^-，Na—H 键之间以离子键为主导，共价作用弱，因此其轨道和 C═C 键等被还原基团不匹配，因此无还原性。另一方面，NaH 体积极小，可以很容易接触到庞大的有机分子中最弱的那个 X—H 键，与 X—H 的 σ 反键轨道交叠，实现强碱制弱碱，放出氢气。

常见的金属氢化物见表 6.2，相应的溶剂也同样列在表 6.2 中，大多数特别是 $LiAlH_4$ 类的金属氢化物与水发生剧烈反应、与醇作用很容易发生反应，该类反应必须在无水醚类或烃类溶剂中进行操作。只有硼氢类的氢化物还原剂可以采用醇或水作溶剂。

表 6.2 用于金属氢化物还原的溶剂（Solvents for metal hydride reduction）

编号	金属氢化物	溶剂
1	$LiAlH_4$	乙醚，四氢呋喃，二甘醇二甲醚
2	$LiAlH[OC(CH_3)_3]_3$	四氢呋喃，二甘醇二甲醚
3	Red-AL①	苯，甲苯，二甲苯
4	$NaBH_4$	水，乙醇，二甘醇二甲醚
5	$NaBH_3(CN)$	水，甲醇，二甘醇二甲醚
6	$LiBH_4$	四氢呋喃，二甘醇二甲醚
7	AlH_3	乙醚，四氢呋喃
8	DIBAL-H②	甲苯，$CH_3O(CH_2)_2OCH_3$

① Red-AL 化学式为 $NaAlH_2(OCH_2CH_2OCH_3)_2$。

② DIBAL-H 化学式为 $AlH[CH_2CH(CH_3)_2]_2$。

从底物角度来分析，不同还原剂的还原能力存在一定的差异，因此对不同底物的还原表现出不同的活性结果。表 6.3 列出了一些使用常见金属氢化物还原剂可完成的选择性还原反应。除非特别说明，否则所获得的产物即为在表中左边一列列出的那些化合物。

表 6.3 金属氢化物还原产物（Products of metal hydride reduction）

还原反应	还原剂							
	1	2	3	4	5	6	7	8
$RCHO \longrightarrow RCH_2OH$	√	√	√	√	√	√	√	√
$RC(O)R' \longrightarrow RCH(OH)R'$	√	√	√	√	√	√	√	√

续表

还原反应	还原剂							
	1	2	3	4	5	6	7	8
$RCOCl \longrightarrow RCH_2OH$	√	(a)	√	√	√	√	√	√
$RCOOR' \longrightarrow RCH_2OH + R'OH$	√	(b)	√	(c)	×	√	√	(a)
$RCOOH \longrightarrow RCH_2OH$	√	×	√	×	×	√	√	(a)
$RCONR'_2 \longrightarrow RCH_2NR'_2$	(d)	×	√	×	×	×	√	×
$RC\equiv N \longrightarrow RCH_2NH_2$	√	×	×	×	×	×	√	(a)
$R—NO_2 \longrightarrow R—NH_2$	(e)	×	×	×	×	×	×	×

注：1. 表中所示还原剂 1 ～ 8 为表 6.2 中 1 ～ 8 所对应的金属氢化物。
2.（a）还原只进行到醛的阶段；（b）苯基酯得到醛；（c）反应非常慢；（d）一些酰胺被还原成醛；（e）R 为脂肪族时，还原为相应的伯胺，如果 R 为芳香族，则形成偶氮芳烃。

从表 6.3 可以看出 $LiAlH_4$ 活性最大，常用的 $NaBH_4$ 对 C═O 键还原活性较低，只能还原醛酮羰基。$LiAlH_4$ 首先与羰基 C═O 配位，然后通过负氢离子转移实现还原，机理如式（6.5）所示。

$$R_2C{=}\ddot{O} + LiAlH_4 \longrightarrow [H_3Al{-}H \cdots Li^+{\cdots}O^+{=}CR_2] \xrightarrow{A1} \left[R_2C{=}O^-Li^+ \cdots H{-}{-}{-}AlH_3\right] \longrightarrow H_3AlLi{-}O{-}CHR_2$$

$$H_3AlLi{-}O{-}CHR_2 \xrightarrow[A2]{R_2C=O} H_2AlLi[O{-}CHR_2]_2 \xrightarrow{A3} \xrightarrow{A4} LiAl[O{-}CHR_2]_4 \xrightarrow{4H_2O} 4R{-}CH(OH){-}R + LiOH + Al(OH)_3 \tag{6.5}$$

反应速率：A1＞A2＞A3＞A4　　絮凝物(使用H^+和OH^-)

$LiAlH[OC(CH_3)_3]_3$ 和 $AlH[CH_2CH(CH_3)_2]_2$ 等烷氧基取代或烷基取代的 $LiAlH_4$ 实际可以看作 $LiAlH_4$ 还原过程的中间体，由于其反应速率 A1 > A2 > A3 > A4，可见活性也依次降低，但低的活性通常具有更好的选择性，可用于特定的场合和基团的还原。因此，为了得到预期的选择性，小心地选择试剂、溶剂等反应条件是极为重要的。

6.1.3 电子转移反应 (Electron transfer reaction)

电子转移反应最常见的形式，常常被人们称为“溶解金属还原”（dissolving metal reduction），人们以前认为该过程涉及“初生态的氢”。该反应涉及电子从金属原子上转移到反应底物上，活泼金属是有机化学中常用的还原剂。金属在还原反应中的作用是供给电子，常用的金属有锂、钠、钾、锌、镁、铝、锡、铁和钛等。所需要的氢由供质子剂供给，常用的有水、醇和酸。质子给体既可以存在于电子转移期间，也可在以后的阶段加入。有时也用金属和汞的合金即汞齐来调节还原剂的活性。汞齐可以使原来活泼性高的金属降低活性，如钠汞齐和锌汞齐；也可以使原来活泼性低的金属提高活性，如铝汞齐（英文导读 6.5）。

供质子剂的选择很重要。一般来说，金属与供质子剂反应越剧烈，还原效果越差。例如，金属钠和无机酸不能用作供质子剂，而钠和醇可以作供质子剂。甲醇、乙醇的效果往往不如丁醇好，后者与金属钠反应缓慢，同时其沸点较甲醇、乙醇高，使得反应可以在更高的温度下进行。

羰基的还原可形成三种类型的产物，这取决于所使用的反应条件，见式（6.6）。还原成醇的反应若在质子给体的存在下进行，开始形成的负离子自由基（**1**）首先被质子化，然后第二个电子转移，转化为碳负离子（**2**）。若没有质子给体，负离子自由基（**1**）则二聚为片呐醇盐双负离子（**3**）。克莱门森（Clemmensen）过程会涉及向吸附在金属表面上的质子化的酮进行连续的电子转移。此时，为减少双分子的还原反应，需要在金属表面上保持较低浓度的酮（英文导读 6.6）。

(a)

$$>C{=}O \xrightarrow{Zn/HCl} >CH_2 \quad \text{Clemmensen还原}$$

$$>C{=}O \xrightarrow{Na/EtOH} >CHOH$$

$$>C{=}O \xrightarrow{Mg/Hg} >C(OH){-}C(OH)<$$

(b)

$$>C{=}O + M \longrightarrow \cdot C{-}O^-M^+\ (\mathbf{1}) \longrightarrow >C(O^-){-}C(O^-)<\ 2M^+\ (\mathbf{3}) \xrightarrow{H^+} >C(OH){-}C(OH)<$$

$$\mathbf{1} \xrightarrow{ROH} \cdot C{-}OH \xrightarrow{M} {}^-C{-}OH\ (\mathbf{2}) \xrightarrow{H^+} >CHOH \qquad (6.6)$$

电子转移反应还可以通过电化学的方法或者使用低价态的金属化合物来实现。电子转移试剂中最容易挥发的是二碘化钐（Ⅱ）（SmI_2），它由钐和二碘甲烷或 1, 2- 二碘乙烷简单制得。尽管该化合物对潮湿环境很敏感，但也可以通过购买商品直接得到。采用这种试剂，可以完成许多含有卤素原子和氧原子的底物的官能团转化和偶合反应。

6.2 常见官能团的还原 (Reduction of common functional groups)

本节将对常见的官能团，如烯烃、炔烃、醛酮、羧酸及其衍生物、氰基和亚胺等的还原进行分类阐述和讲解。

6.2.1 烯烃的还原 (Reduction of alkene)

烯烃的催化氢化反应容易进行，只有少数位阻特别大的烯烃需要较为剧烈的反应条件。最为常用的催化剂是铂和钯，两者都非常活泼，在某些情况下也可采用 Raney 镍催化剂。

烯烃的催化氢化反应一般为一种立体专一的顺式加成，但由于催化剂表面所发生的重排过程和异构化是多相催化的本质特点，烯烃的催化氢化不一定得到顺式产物。因为这种氢化的每一步都是可逆的，烯烃在不断加氢和脱氢过程中，除了乙烯以外，其他的双键都可能移位，因此其他烯烃在非均相催化氢化时常伴有异构化。例如，1, 2- 二甲基环己烯（**4**）的催化氢化就得到顺反混合的产物，其机理在于 1, 2- 二甲基环己烯（**4**）异构化生成 2, 3- 二甲基环己烯（**5**），而使化合物（**4**）催化氢化得到的是顺式化合物（**6**）和反式化合物（**7**，二甲基环己烷）的混合物，见式（6.7）。如果实验采用催化氘化方式进行，就会发现这类异构化会导致更为复杂的产物的混合物生成（英文导读 6.7）。

H_2 催化剂 4 6 催化剂 5 H_2 催化剂 7 （6.7）

在有位阻的烯烃中，若双键两边空间环境不同，加成反应发生在位阻较小的一侧。例如，二环 [2.2.1]-2- 庚烯 -2- 羧酸（**8**）在氢化时，分子在亚甲桥基的一侧与催化剂表面吸附时，产生的空间位阻较小。因此，产物是内型的异构体（**9**）而不是外型的异构体 **10**，见式（6.8）。

H H 9 COOH H_2, PtO_2 8 COOH H COOH 10 H （6.8）

烯烃还原的难度随双键上取代基个数的增加而增加。利用这种特性可以对含多个双键分子的烯烃中低取代度的双键作选择性还原。当含其他不饱和基团时，只要小心控制反应的条件，就能将与酯基、酮基甚至是醛基相连的双键进行选择性还原；但当相连基团为三键、硝基和酰卤时，双键的优先级就低了，难以选择性还原双键。要获得更高的选择性，多数是使用均相催化剂三 (三苯基膦) 氯化铑来完成，如反应式（6.9a）和式（6.9b）。

多相催化氢化可实现 α, β- 不饱和醛酮的双键还原而羰基不受影响。式（6.9c）中均相的 Wilkinson 催化剂可选择性还原环外双键而环内双键不受影响（英文导读 6.8）。

H_2, Pt (a)

H_2, Pd/C (b)

H_2 / $(Ph_3P)_3RhCl$ (c)

（6.9）

6.2.2 炔烃的还原 (Reduction of alkyne)

炔烃的催化氢化经过一个 *Z* 型烯烃中间体，然后进一步还原得到相应的烷烃。林德拉（Lindlar）催化剂是用乙酸铅溶液处理并在物质的量为 0.05 ～ 1 的喹啉存在下使用的 Pd/$CaCO_3$ 催化剂。喹啉的一个公认作用是抑制烯烃表面的相互作用，这会导致整体选择性的增加。其对烯烃的吸附作用比对炔烃的吸附作用小，反应具有高度的立体选择性，在多数情况下大部分产物是在热力学上不稳定的 *Z* 型烯烃，通常反应可以以定量的产率获得顺式烯烃，见式（6.10）。

$$CH_3C\equiv CCH_3 + H_2 \xrightarrow{\text{Lindlar 催化剂}} \text{cis-}H_3C(H)C{=}C(H)CH_3 \tag{6.10}$$

2-丁炔　　*cis*-2-丁烯

常见的用于还原非末端炔烃为 *E* 型烯烃的方法是在液氨中使用锂或钠继而发生质子化的溶解金属过程（dissolving metal procedure），见反应式（6.11）（英文导读 6.9）。

$$CH_3C\equiv CCH_3 \xrightarrow[\text{NH}_3(液)]{\text{Na或Li}} \text{trans-}H_3C(H)C{=}C(H)CH_3 \tag{6.11}$$

2-丁炔　　*trans*-2-丁烯

6.2.3 醛和酮的还原 (Reduction of aldehyde and ketone)

6.2.3.1 还原成醇 (Reduction to alcohol)

醛、酮在过渡金属催化剂存在下加氢，分别生成伯醇和仲醇，见式（6.12）。

$$RCHO \xrightarrow[\text{Pt, 0.3 MPa}]{H_2} RCH_2OH$$

$$RCOR' \xrightarrow[\text{Pt, 0.3 MPa}]{H_2} RCH(OH)R' \tag{6.12}$$

氢化铝锂非常活泼，遇到含有活泼氢的化合物迅速分解，所以使用 $LiAlH_4$ 为还原剂时，反应是在醚溶液中进行的。由于 $LiAlH_4$ 分子中的四个氢都是负性的，所以它可还原四个醛、酮分子，反应示例如式（6.13）所示。

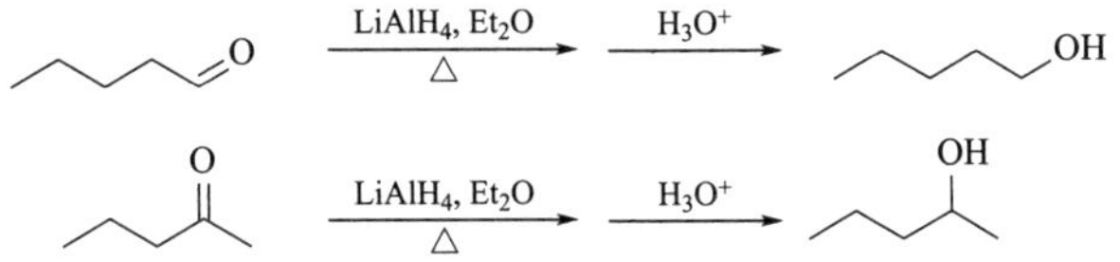

（6.13）

硼氢化钠或硼氢化钾（$NaBH_4$ 或 KBH_4）是较温和的富氢还原剂，它可以还原醛、酮，而且有较好的反应活性和较高的选择性，控制反应条件可以只还原醛、酮的羰基而不影响其他官能团。$LiAlH_4$、$NaBH_4$ 或 KBH_4 虽然都是高活性的负氢型还原剂，但对于有空间位阻的酮的还原有立体选择性，见式（6.14）。

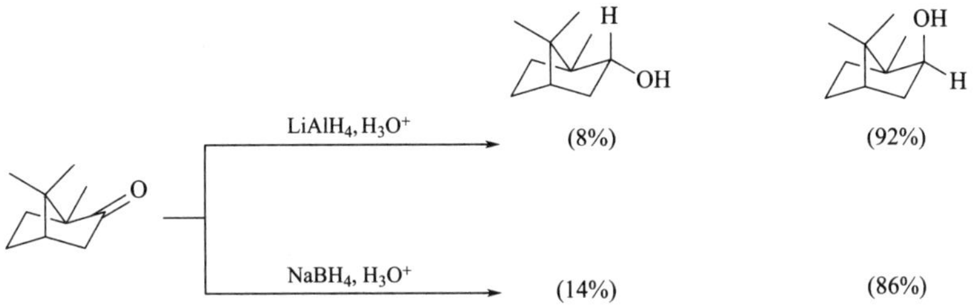

（6.14）

醛和酮的还原方法除了上面提到的催化氢化、金属氢化物等还有许多，其中麦尔外因 - 庞多夫 - 维利反应（Meerwein-Ponndorf-Verley reaction）可用于有其他易被还原基团同时存在的情况下还原羰基，见式（6.15）（英文导读 6.10）。

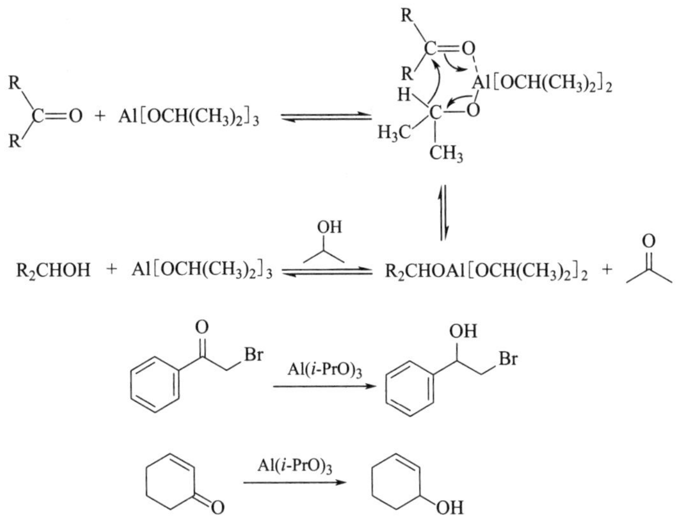

（6.15）

将醛和酮溶解在惰性溶剂中，在无水氧化铝的催化下，用异丙醇还原醛和酮，这也是一种常用的方法。这种方法具有以下优点：

① α,β- 不饱和醛被还原生成烯丙基醇；

② 醛可在一些酮的存在下被选择性地还原；

③ 在硝基、氰基和卤素等许多易被还原的官能团同时存在时，双键被选择性还原，而其他敏感基团不发生反应，见式（6.16）；

④ 异丙醇 / 氧化铝试剂可在密闭情况下被长期贮存；

⑤ 试剂本身成本低，同时产物也容易分离。

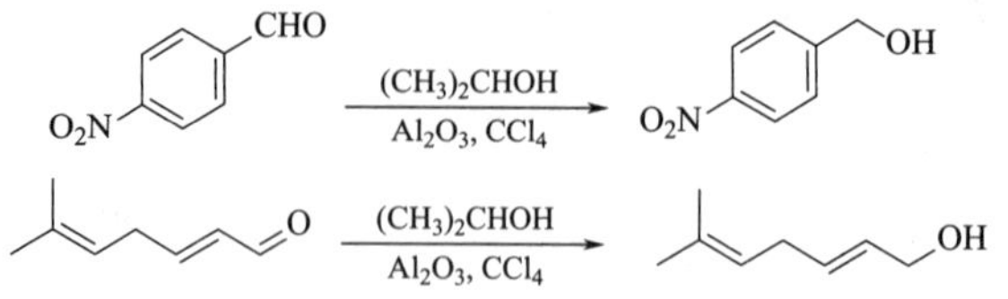

$(CH_3)_2CHOH$, Al_2O_3, CCl_4 （6.16）

6.2.3.2 双分子还原反应 (Bimolecular reduction)

在没有质子给体存在的情况下，酮与镁、锌或铝反应时，最初形成的负离子自由基发生二聚生成 1, 2- 二醇（片呐醇）的双负离子（英文导读 6.11），反应常常采用汞齐形式，见反应式（6.17）。双分子还原与其他还原是竞争反应，如克莱门森反应（Clemmensen reaction）。

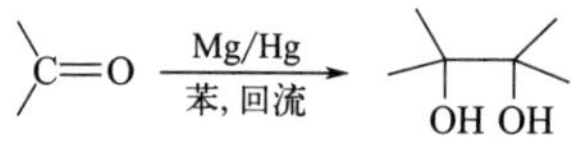

Mg/Hg，苯，回流 （6.17）

双分子还原还可以通过使用各种试剂来进行，包括“镁碳”和“低价钛”，前者可以通过碳化钾 C_8K 和氯化镁反应制备而得，后者由还原氯化钛（Ⅳ）制备而得。多数情况下，产率较高，副产物较少。碘化亚钐（Ⅱ）也可以得到双分子还原产物。碘化亚钐（Ⅱ）参与的还原立体控制是由于在中间体钐羰游基（**11**）中与 Sm（Ⅲ）的配位作用，这样的反应常常可以导致环化，见式（6.18）。

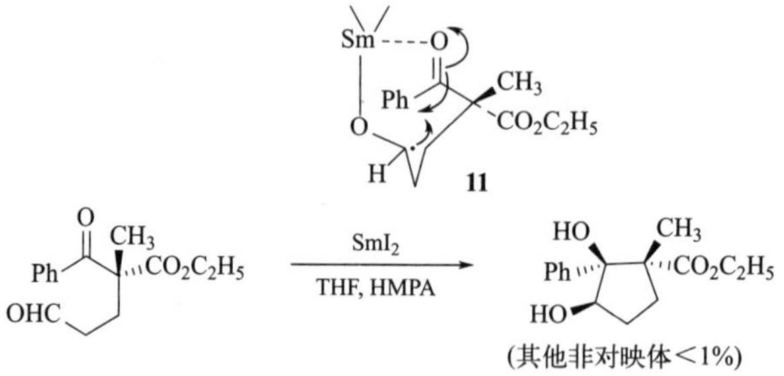

SmI_2，THF, HMPA （6.18）

(其他非对映体<1%)

6.2.3.3 酮还原成亚甲基 (Reduction of ketone to methylene)

在无机酸的存在下，酮和锌汞齐反应可以将其羰基还原成亚甲基，即克莱门森反应（Clemmensen reaction）。这个反应常常在甲苯的存在下进行，以产生一个三相体系，在该体系中，大部分的酮处于上层的有机烃层，而位于水层之中的质子化的羰基化合物才能发生反应，其在金属表面上按照反应式（6.19）所描述的机理过程被还原。

克莱门森反应在三相体系中进行的目的在于，通过在金属表面上保持低浓度的质子化羰基化合物，从而减少双分子还原可能性。由式（6.20）及其他常见的应用例证，克莱门森反应是在酸性环境下进行的，所以不能用来还原那些含对酸敏感官能团的化合物（英文导读 6.11）。

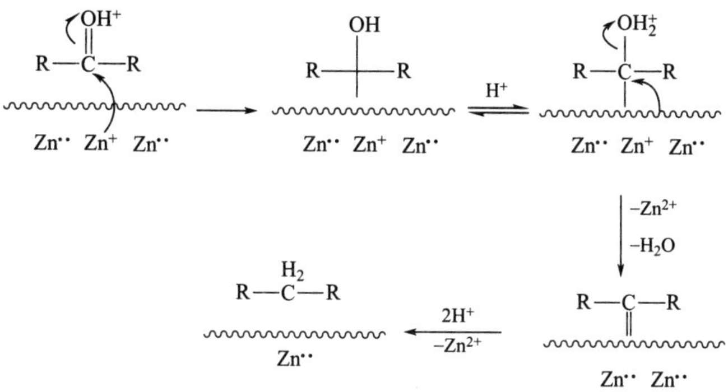

(6.19)

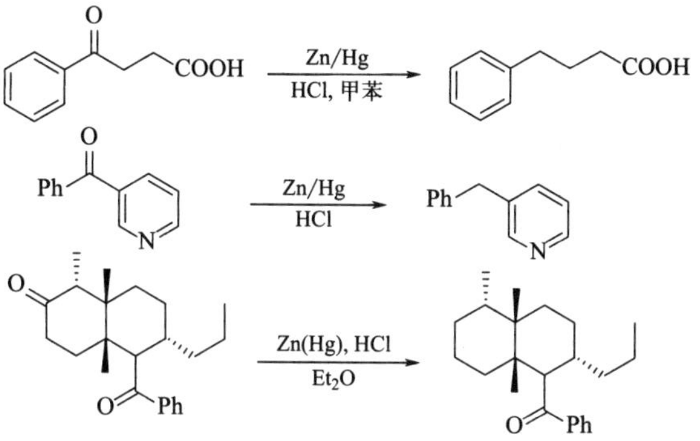

(6.20)

克莱门森还原的补充反应就是用强碱来处理酮腙化合物的沃尔夫 - 凯惜纳反应（Wolff-Kishner reaction），反应机理如式（6.21）。沃尔夫 - 凯惜纳反应有多种改良的方法，其中最为成功的例子就是黄鸣龙（Huang-Minlon）法。1946 年，黄鸣龙对 Wolff -Kishner 还原反应进行了卓有成效的改进。经他改良的方法，只需将酮类或醛类与氢氧化钾或氢氧化钠和 85%（有时可用 50%）水合肼及二甘醇（diethylene glycol）或三甘醇（triethylene glycol），同置于圆底烧瓶内，回流 1 h，移去冷凝管，继续加热，蒸去生成的水分和过量的肼，直到溶液温度上升至 190 ～ 200℃时，再插上冷凝管，保持此温度 2 ～ 3 h，然后按常规方法处理即得还原产物。若被还原的物质还原后的生成物沸点低于 190 ～ 200℃，则在蒸去水分时，物质亦随之逸去，故必须在冷凝管与烧瓶间装一个分液管，借以除去水分。黄鸣龙还原法的操作简便、试剂便宜、产率高、可放大，因此该还原法已在国际上广泛应用，并编入各国有机化学教科书中（英文导读 6.12）。

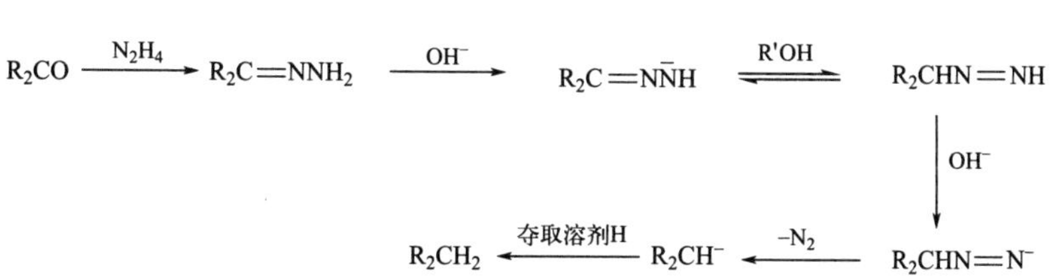

$$R_2CO \xrightarrow{N_2H_4} R_2C{=}NNH_2 \xrightarrow{OH^-} R_2C{=}N\bar{N}H \underset{}{\overset{R'OH}{\rightleftharpoons}} R_2CHN{=}NH \xrightarrow{OH^-} R_2CHN{=}N^- \xrightarrow{-N_2} R_2CH^- \xrightarrow{\text{夺取溶剂H}} R_2CH_2 \tag{6.21}$$

黄鸣龙反应的应用实例如式（6.22）所示。

二硫代缩酮的氢解反应提供了一种非常温和地把羰基转化为亚甲基的方法，见式（6.23）。然而，因为在该反应中，每克反应物需要 7 g Raney 镍，Raney 镍的使用大大过量，所以该方法的应用通常仅仅局限于小规模的制备反应。

N_2H_4; KOH, 二甘醇/三甘醇

O O; p-$CH_3C_6H_4SO_2N_2H_4$; $NaBH_3CN$; O　　（6.22）

$N_2H_4 \cdot H_2O$; KOH; O

C═O; S S; S S; H_2, Ni; CH_2　　（6.23）

6.2.3.4 α，β- 不饱和醛酮的还原 (Reduction of α，β- unsaturated aldehydes and ketones)

Pt、Pd 和 Ni 等催化剂还原。在共轭体系中，C═C 键比 C═O 键更易还原，因此控制氢的用量及反应条件，可以选择性地使 C═C 键还原，如用过量的氢及在一定条件下，C═O 键也被还原，见式（6.24）。

O; H_2, Ni; O; H_2, Ni / 加温, 加压; OH　　（6.24）

用金属氢化物还原时，氢化锂铝可还原羰基，$LiAlH_4$ 对 C═C、C≡C 键不起作用，可用于 α, β- 不饱和醛、酮的选择性还原，还原时与羰基共轭的双键不受影响，见反应式（6.25）。

O; $LiAlH_4$, Et_2O; H_3O^+; OH

O; $LiAlH_4$, Et_2O; H_3O^+; OH　　（6.25）

用硼氢化钠不仅能还原羰基，与羰基共轭的双键也部分还原，得混合物，如反应式（6.26）所示。

O; $NaBH_4$, EtOH; OH 59% + OH 41%　　（6.26）

硼氢化钠还原的机理有所不同，其还原过程中硼氢化钠提供氢负离子，C_2H_5OH 提供氢正离子。在还原为环己醇时，首先是 1, 4- 加成，然后是 1, 2- 加成，过程如式（6.27）所示。

O; $NaBH_4$; [O $^-$ ⟷ O^-]; EtOH; O; $NaBH_4$; O^-; EtOH; OH　　（6.27）

用 Li（Na，K）、NH_3（液）还原时，与 C═O 键共轭的 C═C 键可优先被还原，例

如反应式（6.28）。

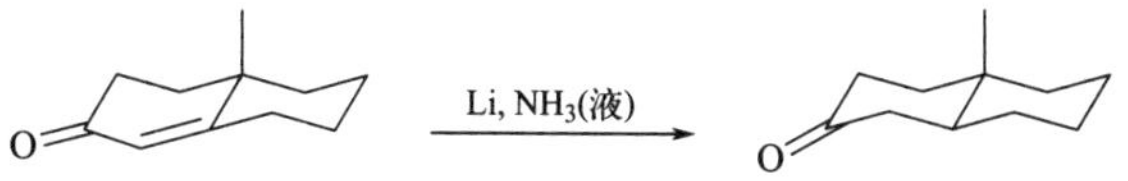

（6.28）

6.2.4 羧酸及其衍生物的还原 (Redaction of carboxylic acids and their derivatives)

羧酸、酰胺和酯对催化氢化反应来讲是惰性的，如式（6.29）所示。事实上，乙酸乙酯和乙酸通常用作低压氢化时的溶剂。

$$CH_3CH_2COOH \xrightarrow[\text{Raney Ni}]{H_2} \text{不反应}$$
羧酸

$$CH_3CH_2COOCH_3 \xrightarrow[\text{Raney Ni}]{H_2} \text{不反应} \qquad (6.29)$$
酯

$$CH_3CH_2CONHCH_3 \xrightarrow[\text{Raney Ni}]{H_2} \text{不反应}$$
酰胺

酯容易被氢化铝锂和溶解金属反应还原成醇。溶解金属还原中，金属钠 - 醇还原酯得到一级醇的反应称为鲍维特 - 布朗克还原（Bouveault-Blanc reduction），该方法双键不受影响，反应通式如式（6.30）所示。

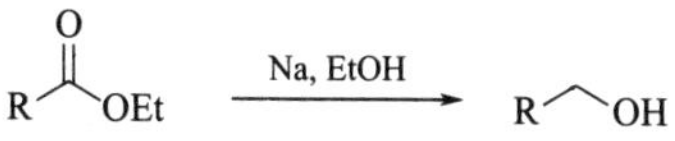

$$RCOOEt \xrightarrow{\text{Na, EtOH}} RCH_2OH \qquad (6.30)$$

具体反应如式（6.31）所示。

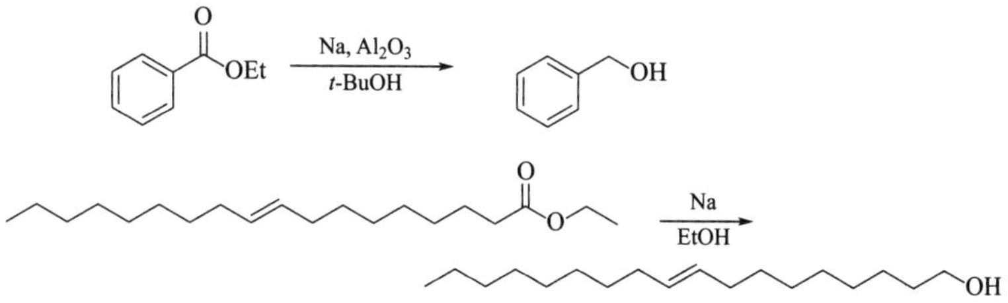

$$PhCOOEt \xrightarrow[t\text{-BuOH}]{\text{Na, }Al_2O_3} PhCH_2OH$$

（6.31）

但鲍维特 - 布朗克还原反应对于氢化铝锂还原来说优势不大，因而鲍维特 - 布朗克方法已经基本被氢化铝锂的方法所代替。羧酸也可被氢化铝锂还原生成伯醇，见式（6.32）（英文导读 6.13）。

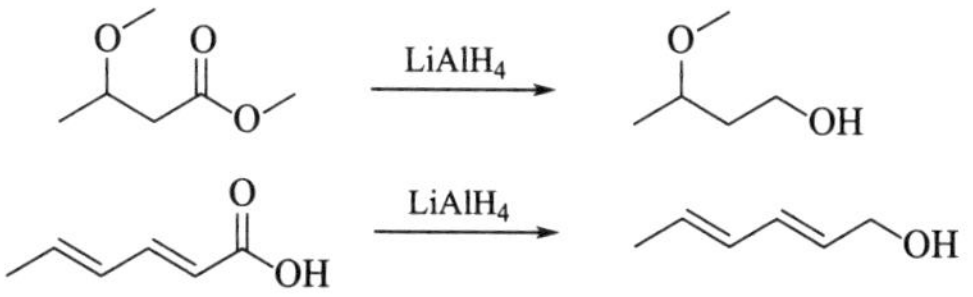

（6.32）

在活性降低了的罗森孟催化剂（Rosenmund catalyst）存在下，酰氯可以被催化氢化生成醛，见式（6.33）。这种催化剂是由硫酸钡和附着在硫酸钡上的钯组成，并向其中加入硫-喹啉，进一步减小钯的催化活性（英文导读 6.14）。该反应需要相当高的温度，最典型的反应是在煮沸的二甲苯中进行的，由于脱羧和过度还原，产率降低。通过在室温下以及叔胺存在下，采用钯进行催化，该反应的产率可以得到改进，其中所用到的叔胺，如二甲基吡啶，可以去除氯化氢副产物。在许多情况下，还可以采取另一种方法，就是在低温下使用三叔丁氧基氢化铝锂，该方法可用于有许多官能团存在时的酰氯还原，见式（6.33）。

H_2, Pd/$BaSO_4$, 喹啉-硫；LiAlH(OBu-*t*)$_3$, THF, −78℃ （6.33）

羧酸衍生物也可通过与磺酰肼反应，即麦克法迪恩-史蒂文斯反应（Mcfadyen-Stevens reaction）转化生成醛，见式（6.34），然而，产率常常不高。

$PhSO_2NHNH_2$；Na_2CO_3, 乙二醇 （6.34）

6.2.5 腈的还原 (Reduction of nitrile)

催化氢化还原和氢化铝锂还原都可以将氰基化合物转化成伯胺。其实含氮多重键官能团也容易被催化氢化，特别是腈能顺利地转变为伯胺，其速率通常比烯键或羰基的还原速率还快。可根据分子中其他官能团来选择 Raney 镍或任一种金属催化剂。通常认为亚胺（**12**）是这些反应的中间体，如果还原反应可以停留在这一步，则进一步的水解反应将会形成醛。这种反应的例子如式（6.35）所示。

$$\mathrm{RCN} \longrightarrow [\mathrm{RHC{=}NH}]\ (\mathbf{12}) \longrightarrow \mathrm{RH_2C{-}NH_2}$$

$$[\mathrm{RHC{=}NH}]\ (\mathbf{12}) \xrightarrow{\text{水解}} \mathrm{RCHO}$$

$$\mathrm{CH_3CH_2CH_2CH_2CN} \xrightarrow[\mathrm{H_2}]{\mathrm{Pd/C}} \mathrm{CH_3CH_2CH_2CH_2CH_2NH_2} \qquad (6.35)$$

DIBAL-H；H^+

6.2.6 亚胺的还原 (Reduction of imine)

将亚胺催化氢化可以生成胺。与此密切相关的反应称为还原胺化反应，是由包括氨在内的胺基化合物或硝基化合物与羰基形成亚胺，再还原烷基化的反应。其最终产物可以是伯胺、仲胺或叔胺，反应示例如式（6.36）所示。

$$\text{O} \quad + \ NH_3 \longrightarrow \left[\ \text{NH}\ \right] \xrightarrow{H_2/Ni} NH_2$$

$$PhCHO + NH_3 \xrightarrow{H_2/Ni} Ph\text{⌒}\underset{H}{N}\text{⌒}Ph$$

$$\xrightarrow[H_2/Pt]{CH_3NH_2} \qquad (6.36)$$

$$NO_2 \xrightarrow[H_2/Ni]{HCHO} \overset{H}{N}$$

6.3 碳 - 杂原子键的还原断裂 (Reductive cleavage of carbon−heteroatom bond)

通常将单键通过催化氢化的还原断裂的过程称为氢解。卤化物进行氢解是最为常见的，氢解的难易程度取决于卤化物的类型，例如烷基卤化物较烯丙基、芳基、苄基和乙烯基卤化物难以被氢解，其中苄卤、烯丙基卤和 α- 位有吸电子基的卤素和芳环上电子云密度较小位置的卤原子最易被氢解。不同的卤素种类的氢解脱卤的能力也不一样，裂解顺序为 $F \ll Cl < Br < I$。催化剂的类型对氢解也有影响，如钯催化剂比雷尼镍更有效，如果反应需要氢解，则应该选择钯催化剂作为催化剂。同时溶剂的极性也影响反应，如极性溶剂和碱的存在有利于氢解。因此，卤代苯胺和卤代吡啶在非酸性条件下很容易被氢解，反应例子如式（6.37）（英文导读 6.15）。

$$\text{COOEt, CN, N, Cl} \xrightarrow[\text{r.t., 1atm}]{H_2,\ Pd/BaCO_3} \text{COOEt, CN, N} \qquad (6.37)$$

如果反应要还原其他基团，同时不需要氢解脱卤时，则应该选择雷尼镍作为催化剂，在低极性溶剂中反应，如反应式（6.38），硝基在适当的条件下被还原为相应的胺，而未发生脱氯。

$$Cl\text{–}C_6H_4\text{–}NO_2 \xrightarrow[\text{r.t., 1atm}]{H_2,\ Ni} Cl\text{–}C_6H_4\text{–}NH_2 \qquad (6.38)$$

本章小结 (Summary)

1. 学习掌握四种一般类型的还原反应，包括催化氢化反应（采用非均相和均相催化剂）、转移氢化反应、采用金属氢化物的还原反应以及电子转移反应。
2. 讨论了特殊官能团的还原反应，包括烯烃的还原反应、炔烃的还原反应、醛和酮的还原反应、羧酸及其衍生物的还原反应、腈的还原反应、亚胺的还原反应。最后讨论了碳 - 杂原子键的还原断裂氢解反应。

1. Four general types of reduction are recognized: catalytic hydrogenation (using heterogeneous and homogeneous catalysts), transfer hydrogenation, reduction using metal hydrides, and electron transfer reaction.
2. The reduction of specific functional groups, including reduction of alkenes, reduction of alkynes, reduction of aldehydes and ketones, reduction of carboxylic acids and their derivatives, reduction of nitriles, reduction of imines, and reductive cleavage of carbon-heteroatom bonds, were discussed.

重要专业词汇对照表 (List of important professional vocabulary)

English	中文	English	中文
Bouveault-Blanc reduction	鲍维特 - 布朗克还原	isomerization	异构化
Clemmensen reaction	克莱门森反应	Mcfadyen-Stevens reaction	麦克法迪恩 - 史蒂文斯反应
dissolving metal procedure	溶解金属过程	Meerwein-Ponndorf-Verley reaction	麦尔外因 - 庞多夫 - 维利反应
dissolving metal reduction	溶解金属还原	Raney nickel	雷尼镍
Huang-Minlon reaction	黄鸣龙反应	rearrangement	重排
hydride	氢负离子	Rosenmund catalyst	罗森蒙德催化剂
imine	亚胺	Wolff-Kishner reaction	沃尔夫 - 凯惜纳反应

重要概念英文导读 (English reading of important concepts)

6.1 In addition to a number of fairly specific reactions for reduction of certain functional groups, there are three methods which may be used for the reduction of many functional groups: (a) catalytic hydrogenation, (b) metal hydride reduction and (c) electron transfer reaction.

6.2 Heterogeneous catalysts provide the earliest examples of hydrogenation systems and are still the most widely used. Usually, heterogeneous hydrogenation catalysts are based on Group Ⅷ transition metals, i.e., Ru, Co, Rh, Ir, Ni, Pd, or Pt, but with some notable exceptions such as chromium. Generally, heterogeneous catalysts do not favor highly selective hydrogenation; however, they are readily available and convenient to use. Side reactions including isomerization, hydrogenolysis, and hydrogen scrambling are often a problem, especially in palladium-catalyzed hydrogenation, but by careful choice of conditions and catalyst many of these problems can be avoided. It is convenient to discuss the catalyst and the solvent in terms of two types of reactions: low-pressure and high-pressure hydrogenation. The former involves the use of pressures of hydrogen usually in the range 1 to 4 atm at 0 to 100℃ and the latter 100 to 300 atm pressure at up to 300℃ . Low-pressure hydrogenation is carried out in the presence of a catalyst such as Raney nickel, platinum, palladium, or rhodium on a support which can be carbon, barium sulfate or calcium carbonate, in order of decreasing activity. Solvents can affect the activity of a catalyst, the activity increasing from neutral non-polar solvents such as cyclohexane to polar acidic solvents such as acetic acid. Depending on the physical properties of the compound to be reduced, high-pressure hydrogenation can be carried out with or without a solvent in the presence of a catalyst such as Raney nickel, copper chromite or palladium on carbon.

6.3 Transfer hydrogenation provides the addition of hydrogen to a multiple bond with the aid of a hydrogen donor in the presence of a metal catalyst. It entails abstraction of hydrogen from the reagent (hydrogen donor, DH_2) by means of the metal, followed by (or concerted with) hydrogen addition to the reactive site of the substrate (hydrogen acceptor, A).

Transfer hydrogenation offers an alternative method of reducing unsaturated substrates without the use of hydrogen gas. Hydrogen is transferred from an organic donor molecule to the substrate. The donor molecule must have an oxidation potential sufficiently low that hydrogen transfer can occur under mild conditions. In this method, the source of hydrogen is not the element itself, but a compound which may undergo dehydrogenation by the catalyst. Hydrogen is thus transferred from the donor to the catalyst, and thence to the substrate undergoing reduction.

6.4 Certain metal hydrides are synthetic equivalents of hydride (H^-) synthon and as such are powerful reducing agents which react preferentially at electron-deficient centers. Metal hydride reducing agents are very useful for the reduction of a variety of functional groups.

6.5 This reaction involves electron transfer to the substrate from a metal such as lithium, sodium, potassium, magnesium, calcium, zinc, tin or iron. A proton donor (e.g. water or ethanol) may either be present during electron transfer or be added at a later stage.

6.6 Reduction to the alcohol takes place in the presence of a proton donor, when the initially formed anion radical **1** is first protonated and then converted into the carbanion **2** by a second electron transfer. In the absence of a proton donor, **1** dimerizes to the pinacol dianion **3**. The Clemmensen procedure involves successive electron transfers to the protonated ketone adsorbed on the surface of the metal. In this case, a low concentration of ketone at the metal surface is desirable to minimize bimolecular reduction.

6.7 Alkene is rapidly hydrogenated in the presence of a catalyst, usually platinum, Raney nickel, or palladium or rhodium on carbon, to the corresponding alkane. Although such reactions are normally regarded as being stereospecifically *cis*-additions, rearrangements occurring on the catalyst surface make this statement over simplified.

6.8 It is possible to reduce double bonds selectively in the presence of ester and ketone, and even aldehyde group, as long as the reaction conditions are carefully controlled.

6.9 The catalytic hydrogenation of alkynes to alkanes proceeds via *Z*-alkenes. Lindlar catalyst has been used in uncounted product syntheses, still remains the most popular catalyst for this cis-selective semihydrogenation of alkynes. Lindlar catalyst is a $Pd/CaCO_3$ catalyst treated with lead acetate solution and used in the presence of 0.05-1 molar equiv of quinoline. One well-established action of the quinoline is to inhibit alkene surface interactions, which results in an overall selectivity increase. An undesired side effect is that quinoline also competes with alkynes for Pd surface interaction, which reduces the overall reaction rates. Quinoline's action as a promoter of morphological change of the Pd particle, which seems to contribute to the selectivity increase, has been recognized only recently. A more general method for reducing non-terminal alkynes to *E*-alkenes is the dissolving metal procedure using lithium or sodium in liquid ammonia followed by protonation.

6.10 In 1925, it was found independently by Verley, Meerwein and Schmidt that an aldehyde can be reduced to the corresponding carbinol with aluminum ethoxide in ethanol. In 1926, Ponndorf found that by utilizing aluminum alkoxides of more readily oxidizable secondary alcohols, such as isopropyl alcohol, ketones as well as aldehydes could be reduced satisfactorily. In 1937, Lund applied this method to a variety of aldehydes and ketones and explored the scope and applicability of the MPV reaction. Meerwein also first utilized trialkyl aluminum, such as triisobutyl aluminum (TIBA), for the reduction of aldehydes and ketones, which are readily reduced to the corresponding alcohols.

6.11 When ketones react with magnesium, zinc or aluminium (used often as amalgam) in the absence of proton donors, the initially formed anion radical dimerizes to the dianion of a 1,2-diol.

6.12 Clemmensen reported that simple ketones and aldehydes were converted to the corresponding alkanes upon refluxing for several hours with 40% hydrochloric acid aqueous solution, zinc amalgam (Zn/Hg), and a hydrophobic organic cosolvent such as toluene. This method of converting a carbonyl group to the corresponding methylene is known as the Clemmensen reduction. The reaction is often carried out in the presence of toluene to produce a three-phase system in which most of the ketone remains in the upper hydrocarbon layer, and the protonated carbonyl compound in the aqueous layer is reduced on the metal surface by the mechanism shown in reaction. The original procedure is rather harsh so not surprisingly the Clemmensen reduction of acid-sensitive substrates and polyfunctional ketones is rarely successful in yielding the expected alkanes. Clemmensen reduction has been widely used in synthesis and several modifications were developed to improve its synthetic utility by increasing the functional group tolerance.

6.13 Complementary to Clemmensen reduction is Wolff-Kishner reaction, in which the ketone hydrazone is treated with a strong base. Several modifications of the reaction have been used, one of the more successful being the Huang-Minlon reduction. In this case, the carbonyl compound, hydrazine hydrate, and potassium hydroxide are heated together in a high-boiling solvent. In the Huang-Minlon modification, water and excess hydrazine are removed by distillation (once the hydrazone is formed in situ), so the reaction temperature could rise to ～200 ℃, which dramatically shortened the reaction time (3-6h), increased the yield and also allowed the use of cheaper hydrazine hydrate along with water-soluble bases (KOH or NaOH). The general features of the reaction are that the reduction is usually carried out in a high boiling solvent (～180-200℃), so that the use of a sealed tube can be avoided and that for base-sensitive substrates, better yields are achieved when the hydrazone is preformed and the base is added to the substrates at a lower temperature (e.g., 25℃) followed by refluxing the reaction mixture.

6.14 Acids, amides and esters are resistant to catalytic hydrogenation. Reduction of esters to the corresponding alcohols using sodium in an alcoholic solvent. Bouveault-Blanc reduction, although an inexpensive and viable methodology has been largely avoided, due to the hazards associated with the use and handling of alkali metals as well as the often-violent reaction conditions that are necessary for the transformation to be successful.

6.15 Acid chlorides can be hydrogenated to aldehydes in the presence of reduced-activity Rosenmund catalyst, which consists of palladium on barium sulfate to which is added a quinoline-sulfur poison. Hydrogenation reduction of acid chloride to aldehyde using $BaSO_4$-poisoned palladium catalyst. Without this poisoning, the resulting aldehyde may be further reduced to the corresponding alcohol. The possible by-products are alcohol, ester and alkane.

6.16 Reductive cleavage of single bonds by catalytic hydrogenation is usually described as hydrogenolysis. Halides undergo hydrogenolysis with an ease dependent on the type of halide (alkyl halides less than allyl, aryl, benzyl and vinyl halides), the halogen (F ≪Cl < Br < I), the catalyst (palladium catalysts are more effective than Raney nickel, which should be the catalyst chosen if hydrogenolysis is undesirable) and solvent (the presence of polar solvents and base favour hydrogenolysis). Halogenated anilines and halogenated pyridines are thus very readily undergo hydrogenolysis in other than acidic conditions.

习题 (Exercises)

6.1 完成如下反应，写出产物或反应条件。

COOH —(a)→ C=C (H, H) COOH

=O —NH_2NH_2, NaOH / $(HOCH_2CH_2)_2O$, △→ (b)

O + H_2(1mol) —Pd/C→ (c)

CHO + $LiAlH_4$ —Et_2O / △→ —H_2O→ (d)

Cl, Cl, O —H_2, Pd/$BaSO_4$ / 硫-喹啉→ (e)

O, O_2N —Zn-Hg, HCl / △→ (f)

NH_2, O —$LiAlH_4$→ (g)

O —$NaO(CH_2)_4ONa$ / H_2NNH_2→ (h)

C≡N —1) DIBAL / 2) H_2O/H^+→ (i)

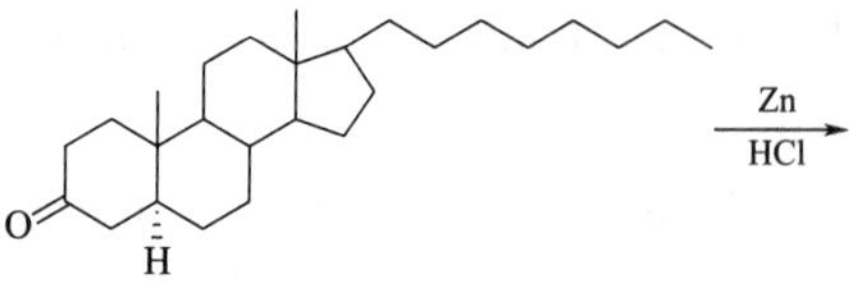

6.2 Synthesize the following compounds from the specified starting materials. Inorganic reagents, catalysts, and organic reagents within three carbons are optional.

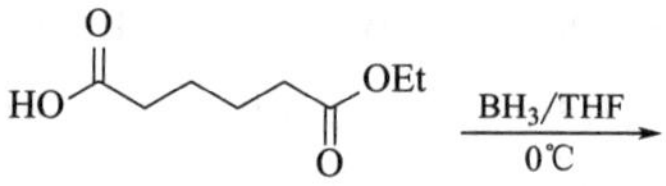

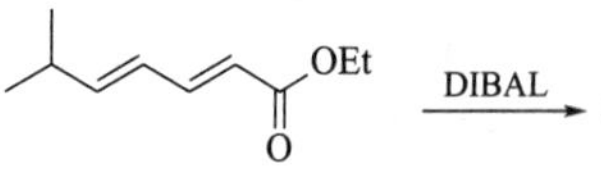

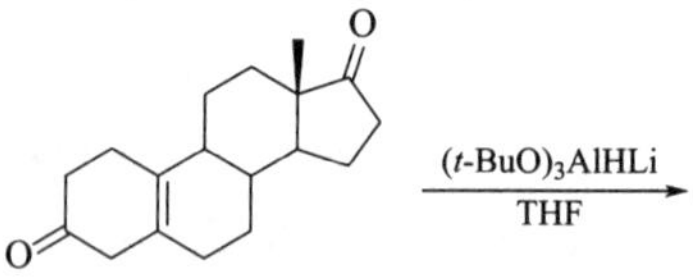

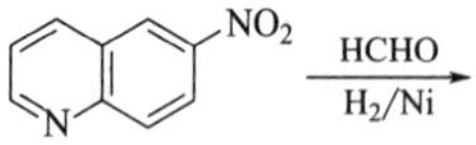

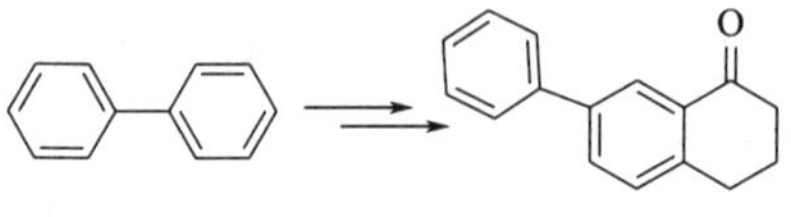

参考文献与课后阅读推荐材料 (References and recommended materials for reading after class)

1. Colquhoun H M, Holton J, Thompson D J, et al. New pathways for organic synthesis. New York: Plenum Press, 1984.
2. Mackie R K, Smith D M, Aitken R A. Guidebook to organic synthesis. 北京：世界图书出版公司, 2001.
3. Carruthers W. Some modern methods of organic synthesis. 3nd ed. 北京：世界图书出版公司, 2004.
4. Argyle M D, Bartholomew C H. Heterogeneous catalyst deactivation and regeneration: A review. Catalysts, 2015, 5(1): 145-269.
5. Mao Z J , Gu H R , Lin X F. Recent advances of Pd/C-catalyzed reactions. Catalysts, 2021, 11(9): 1078.
6. Pritchard J, Filonenko G A, van Putten R, et al. Heterogeneous and homogeneous catalysis for the hydrogenation of carboxylic acid derivatives: History, advances and future directions. Chemical Society Reviews, 2015, 44(11): 3808-3833.
7. Gladiali S, Mestroni G. Transfer hydrogenations. Transition Metals for Organic Synthesis, 1998, 2: 97-119.
8. Ulan J G, Kuo E, Maier W F. Effect of lead acetate in the preparation of the Lindlar catalyst. Journal of Organic Chemistry, 1987, 52(18): 3126-3132.
9. Jin S C. Recent developments in Meerwein-Ponndorf-Verley and related reactions for the reduction of organic functional groups using aluminum, boron, and other metal reagents: A review. Organic Process Research Development, 2006, 10(5): 1032-1053.
10. 金滨, 张波, 廖江芬, 等. α, β-不饱和醛/酮 MPV 还原反应催化剂研究进展. 化工生产与技术, 2006, 13(2)：38-42.
11. 韩广甸, 马兆扬. 黄鸣龙还原法. 有机化学, 2009, 29(7)：1001-1017.

第7章 有机合成中的环化反应

(Cyclization reactions in organic synthesis)

7.1 环化概述与策略 (Introduction and strategy of cyclization reaction)

碳原子相互结合生成环状化合物是自然界形成有机物的最基本现象，有机环状化合物具有一个普遍的特点，就是具有闭合的分子骨架。根据结构，可分为脂环（alicyclic ring）和芳环（aromatic ring）两大类，每一类中又可分为碳环和杂环、单环和多环等类型。在脂环中，根据成环原子数的多少，又可分为三元环、四元环、五元环等不同数目的环系，其中，三、四元环称为小环，五、六元环称为普通环，八至十二元环称为中环，十二元以上称为大环。

在前面章节中所描述的许多成键反应，如烷基化反应、酰基化反应、缩合反应和芳香族亲电取代反应，均可用来生成环状化合物，如式（7.1）所示。

Br, COOEt, COOEt —NaOEt→ COOEt, COOEt

—KOH→

Cl —$AlCl_3$→

—KOH→

EtOOC, COOEt —NaOEt→ $CO_2C_2H_5$ (Dieckmann缩合)

（7.1）

一直以来通过环化反应构建分子的碳环和杂环骨架是有机合成核心内容之一。到目前为止，在本书中对于那些形成环状分子的成键反应较少涉及，本章将重点讨论构筑环状分子骨架的策略。

目前发展的环化基本策略（general strategy of cyclization reaction）是通过对非环体系

的环化和对已有环体系的修饰来实现环系的建立，从逆合成分析策略来讲，对非环体系的环化有两种途径：

一是通过非环前体分子内反应实现单边环化，如通过亲电试剂和亲核试剂相互作用的分子内环化，包括阳离子环化、阴离子环化、自由基环化等，见式（7.2）。具体可参见前面章节描述的分子内烷基化反应、酰基化反应、缩合反应和芳香族亲电取代反应。

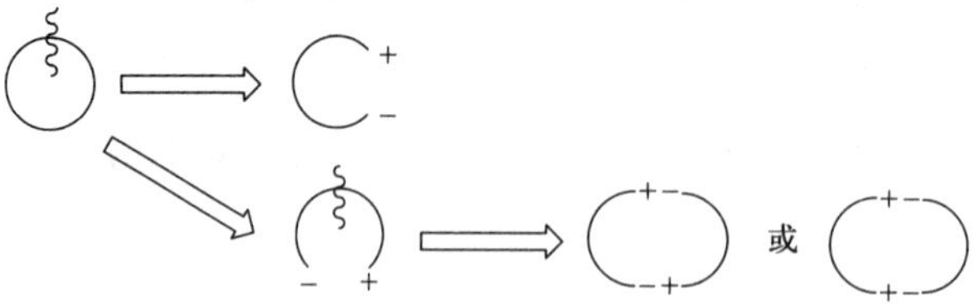

或

（7.2）

二是通过两个或多个非环片段的分子间反应实现双边或多边环合前体单边环化。双边（多边）环化一般通过双（多）反应中心化合物与双（多）官能团的结合来实现，可以是协同反应或分步反应，协同反应（concerted reaction）也称为周环反应，见式（7.3）。

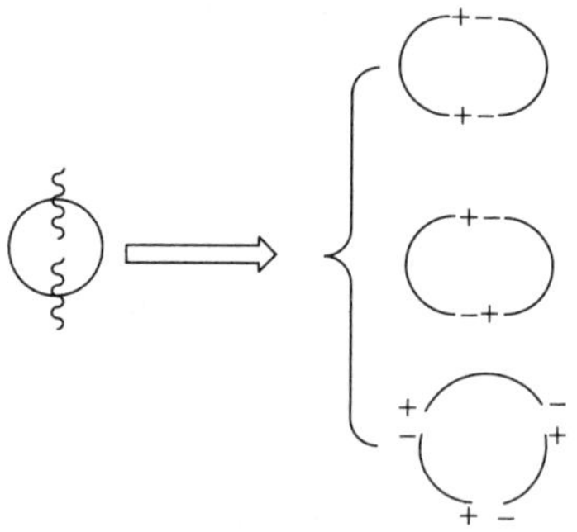

（7.3）

对已有环体系的修饰来完成成环，一般由扩环和缩环的重排反应以及环交换反应（ring exchange reaction）来实现，见式（7.4）。

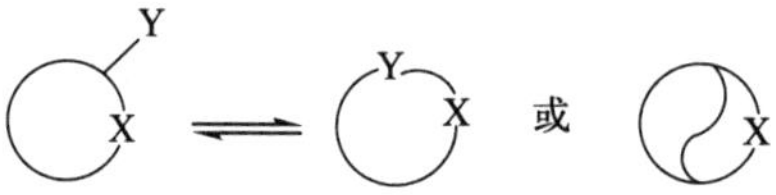

Y X ⇌ Y X 或 X

（7.4）

例如苯与重氮甲烷在光照条件下发生连续扩环反应得到环庚三烯；环戊酮在金属作用下偶联得到邻二醇产物，后者在酸性作用可以发生片呐醇重排反应得到螺环化合物，如反应式（7.5）所示。

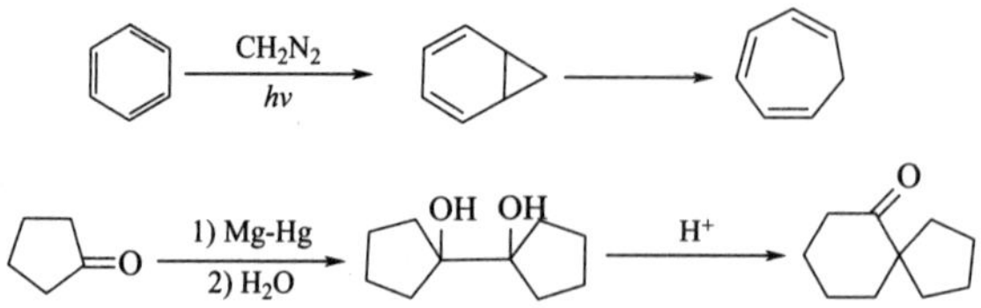

CH_2N_2, $h\nu$

1) Mg-Hg 2) H_2O OH OH H^+ O

（7.5）

7.2 非环前体的环化反应 (Cyclization reaction of non-cyclic precursor)

7.2.1 环的大小与反应速率 (Ring size and reaction rate)

对于环化反应的速率，学者进行相关研究，研究实验设定反应在 50℃进行，同时定义生成 8 元环的速率为 1，其他环的相对反应速率结果如表 7.1 所示。

表 7.1 环大小与反应速率的关系（The relationship between ring size and reaction rate）

$Br(CH_2)_{n-2}COO^- \longrightarrow$ (内酯环) (n=环的大小)

环大小	3	4	5	6	7	8	9	10
相对反应速率	21.7	5.4×10^3	1.5×10^6	1.7×10^4	97.3	1.00	1.12	3.35
环大小	11	12	13	14	15	16	18	23
相对反应速率	8.51	10.6	32.2	41.9	45.1	52.0	51.2	60.4

研究结果显示，生成 4 ～ 7 元环的环化反应速率最快，成环最为有利；生成 3 元时由于环张力比较大，所以环化速率比较慢；8 ～ 11 元环是最难形成的；12 元环及以上的环，其环化反应由于熵效应的因素，比较难形成，相对于分子内环化反应，分子间的反应更容易进行。

7.2.2 Baldwin 规则 (Baldwin rules)

为系统研究非环前体环化反应的难易，1976 年，Baldwin 在总结非环前体环化反应的立体和电子效应规律的基础上，提出了判断和预测非环前体单边环化反应的“有利”或“不利”的 Baldwin 规则。Baldwin 规则是一系列概述脂环化合物中环化反应的相对优势的指南。环化反应的速率在很大程度上受到轨道在分子反应部分相互作用和重叠的容易程度的影响。这套规则适用于大多数反应，包括亲核反应、亲电反应和自由基反应（英文导读 7.1）。

他认为影响分子内闭环反应难易程度的因素有以下几个方面。

第一，距离因素。为了形成 n 元环，必须在两个被（n−2）个其他原子隔开的原子间形成新键。由此可见，当 n 增大时，降低了官能团充分接近的可能性。

第二，各种各样的“张力因素”。环状化合物中的角张力（即正常键角的扭曲）可能将会致使环状化合物本身与它的非环前体相比，稳定性要降低一些，如果环化是可逆的，则化学平衡更有利于前者，即非环前体。在产物中不利的空间相互作用，如取代基之间的 1, 3- 二轴向的相互排斥也有相同的影响。在环化阶段的过渡态中，角张力和 / 或不利的空间相互作用具有十分广泛的意义。正是由于考虑到这些过渡态的几何状态，Baldwin 规则应运而生。如果没有正常的键角或者键长发生严重的扭曲，过渡态就不能形成，于是，环化也将存在困难，Baldwin 把这个过程描述为不利的过程。

因此，环化难易受环的大小、被进攻原子的杂化情况和断键方式三方面影响，Baldwin 通过此规则对有机反应中的立体电子效应有了更加深入的理解，并成功预测了一些分子内环化反应的难易程度。在 1983 年，J.D. Dunitz 及其团队从轨道成键作用论证了分子内环化反应的难易程度与环化部位的分子轨道相互作用息息相关，对 Baldwin 规则进行了理论解释。

Baldwin 把被进攻原子的杂化情况分为：sp^3 杂化（四面体结构，以 tet 表示）、sp^2 杂化（三角形结构，以 trig 表示）和 sp 杂化（对角形结构，以 dig 表示）。例如，对于反应式（7.6），亲核试剂接近的最佳取向是沿着 C-L 轴，并且由此而产生的过渡态的键角 Nu—C—L 为 180°。

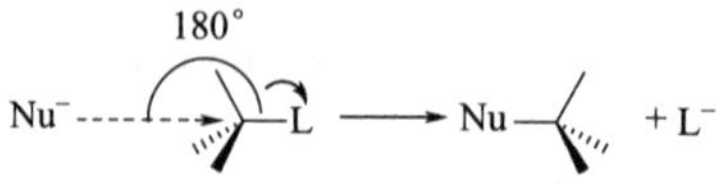

180°

Nu⁻ ⟶ Nu + L⁻　　　(7.6)

1

相应地，亲电性碳原子是三角形结构时，如在羰基、双键或亚氨基中的反应中，亲核试剂接近的最佳取向分别为 Nu^- 对 C═X 键所成角度为 109°，而对 C≡Y 键所成角度为 60°，见式（7.7）和式（7.8）。

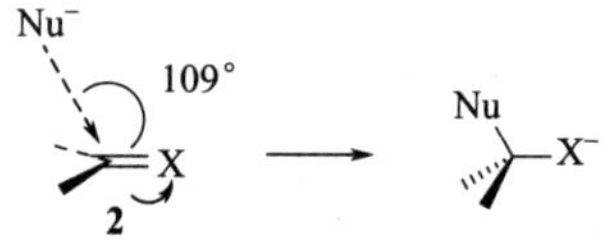

(7.7)

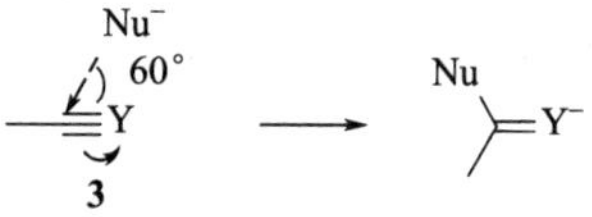

(7.8)

成环时，将进攻电子往电子受体流动的方向进行断键，方式分为内式（*endo*）和外式（*exo*）。即内式电子向“环”内“流动”，形成较大的环；外式电子向“环”外“流动”，形成较小的环，见式（7.9）。

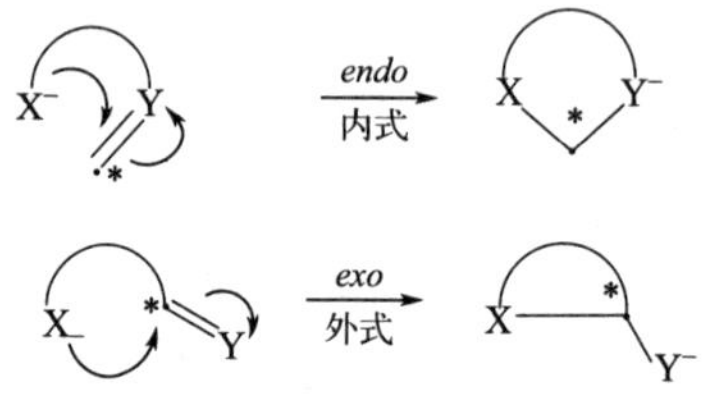

(7.9)

因此，Baldwin 根据三个标准来对环化反应进行分类：①形成环的大小；②原子或基团是处在所形成的环之外还是构成环系的一部分；③亲电性的碳采用的杂化方式（英文导读 7.2）。按照 Baldwin 规则的描述，最为常见的 3～6 元环的描述方式如式（7.10）所示。

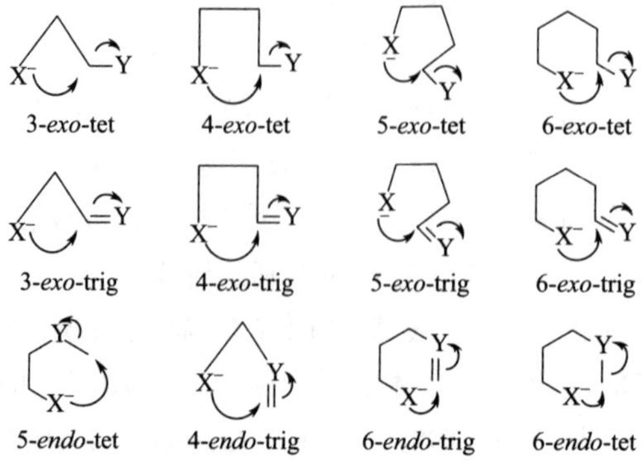

3-*exo*-tet　4-*exo*-tet　5-*exo*-tet　6-*exo*-tet

3-*exo*-trig　4-*exo*-trig　5-*exo*-trig　6-*exo*-trig　　　(7.10)

5-*endo*-tet　4-*endo*-trig　6-*endo*-trig　6-*endo*-tet

将熵效应（entropy effect）、立体电子效应（stereoelectronic effect）、环张力等因素都考虑在内，Baldwin 规则的具体规律如表 7.2 所述。

表 7.2　Baldwin 规则（Baldwin rules）

被进攻原子的杂化情况	断键方式	欲形成环的大小				
		三元环	四元环	五元环	六元环	七元环
sp^3（tet）	*exo*	有利	有利	有利	有利	有利
	endo	—	—	不利	不利	—
sp^2（trig）	*exo*	有利	有利	有利	有利	有利
	endo	不利	不利	不利	有利	有利
sp（dig）	*exo*	不利	不利	有利	有利	有利
	endo	有利	有利	有利	有利	有利

总结出以下几点经验规律：

规律 1　（3 ～ 7）- 环外 - 四面体（*exo*-tet）的过程全部都是有利的；（5 ～ 6）- 环内 - 四面体（*endo*-tet）的过程则是不利的。

规律 2　（3 ～ 7）- 环外 - 三角形（*exo*-trig）的过程全部都是有利的；（3 ～ 5）- 环内 - 三角形（*endo*-trig）的过程则是不利的；而（6 ～ 7）- 环内 - 三角形（*endo*-trig）的过程是有利的。

规律 3　（3 ～ 4）- 环外 - 对角形（*exo*-dig）的过程是不利的；（5 ～ 7）- 环外 - 对角形（*exo*-dig）的过程则是有利的；（3 ～ 7）- 环内 - 对角形（*endo*-dig）的过程也是有利的。

以 2- 氨基 -4- 甲烯基戊二酸甲酯在碱中反应为例，发现亲核基团胺基对 sp^2 杂化的羰基进行环化，以外式成环更为有利，得到 5-*exo*-trig 的产物，符合 Baldwin 规则，但 Baldwin 规则预测的不利的环化反应如 5-*endo*-trig 路径并非完全不能进行，只是比较困难，通常比竞争反应慢，见式（7.11）。

CO_2Me　CO_2Me　NH_2　碱　5-*exo*-trig　MeO_2C　N H　O　5-*endo*-trig　MeO_2C　MeO_2C　N H　（7.11）

当然也有特殊例子，如硫及第三周期的其他元素作为亲核中心往往可进行一般情况下不利的 5-*endo*-trig 环化反应。因为硫的原子半径较大，C—S 键键长较长，而且硫原子空的 3d 轨道可以从双键的 p 轨道接受电子，3d 轨道与 p 轨道的这种成键相互作用要求的角度为≤ 90°而不是 109°，所以内式环化在几何上比较容易满足成键要求，见式（7.12）。

O　OCH_3　SH　碱　5-*endo*-trig　O　OCH_3　S　S　α　（7.12）

另外，该法则可适用范围很广，包括亲核、亲电、自由基环化反应，甚至已经可以拓展到以烯醇负离子为亲核体的环化反应中。烯醇负离子可以以内式（*enolendo*）和外式（*enolexo*）两种构型方式分别对 sp^3 杂化（tet）；sp^2 杂化（trig）的受进攻原子进行 *exo* 为主的环化。

烯烃负离子以外式（*enolexo*）进攻，见式（7.13）。

enolendo-exo-tet, $-Y^-$

enolendo-exo-trig

（7.13）

烯醇负离子以内式（*enolendo*）进攻，见式（7.14）。

enolexo-endo-tet, $-Y^-$

enolexo-endo-trig

（7.14）

其环化反应规则总结如下：除内式型的烯醇负离子对 sp^3 杂化、sp^2 杂化的被进攻原子进行环化，在 3～5 元环的构建是不利的外，其他环化方式都是有利的，见表 7.3。

表 7.3 烯醇负离子环化反应规则（Rules of cyclization reaction of enolate ion）

受进攻原子断键的杂化情况与方式	成环是否有利
（6～7）-*enolendo-exo*-tet	有利
（3～5）-*enolendo-exo*-tet	不利
（3～7）-*enolendo-exo*-tet	有利
（3～7）-*enolendo-exo*-trig	有利
（6～7）-*enolendo-exo*-trig	有利
（3～5）-*enolendo-exo*-trig	不利

以 3, 3- 二甲基 -5- 溴 -2- 戊酮环化反应为例，如式（7.15）所示。

LDA, Et_2O; 5-*exo*-tet 有利 100%; 5-*enolendo-exo*-tet 不利

（7.15）

环化反应也称为环形成反应。最常见的环化反应是亲核原子与亲电试剂相互作用的反应。因此，主要的反应类型包括：阴离子环化反应、阳离子环化反应、自由基环化反应，将分别进行讨论（英文导读 7.3）。

7.2.3 阴离子环化反应 (Anionic cyclization reaction)

阴离子环化反应主要是指在环化反应中涉及阴离子中间体的反应。此类环化还包含了亲核环化，即含氨基、羟基和巯基等非阴离子亲核中心的环化反应。所涉及的最常见的反应类型就是分子内亲核取代反应，如在 LDA 作碱条件下，氰基的邻位碳原子被拔氢得到碳负离子，后者分子内进攻与溴原子相连的碳原子发生 S_N2 的亲核取代反应，实现五元环的构建，见式（7.16）。除分子内亲核取代反应外，还有分子间 1, 2- 加成反应和 1, 4- 加成反应，也涉及阴离子中间体。

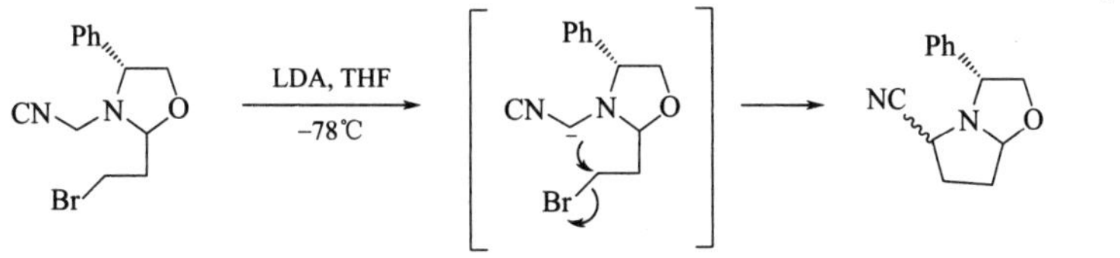

（7.16）

值得注意的是，当两反应中心满足最佳几何排布时，环化反应更易于进行，否则不易通过分子内亲核取代反应或加成反应成环。反应的过渡态为了满足轨道的有效重叠达到成键的目的，不同杂化的亲电中心，亲核试剂有效进攻的立体方位不同。

对于底物为 sp^3 杂化的碳原子，亲核试剂在离去基团的背面进攻更有利，即最佳进攻角度是 180°，同时完成瓦尔登翻转；对于底物为 sp^2 杂化的碳原子，亲核试剂在平面的上下方进攻，处于 109° 时为最佳进攻角度，得到四面体构型的加成产物；而对于底物是 sp 杂化的碳原子，亲核试剂与另一个电子供体 Y 处于对角线的位置时，即进攻角度为 120°，这时得到的加成产物在热力学上更稳定［式（7.17)］。

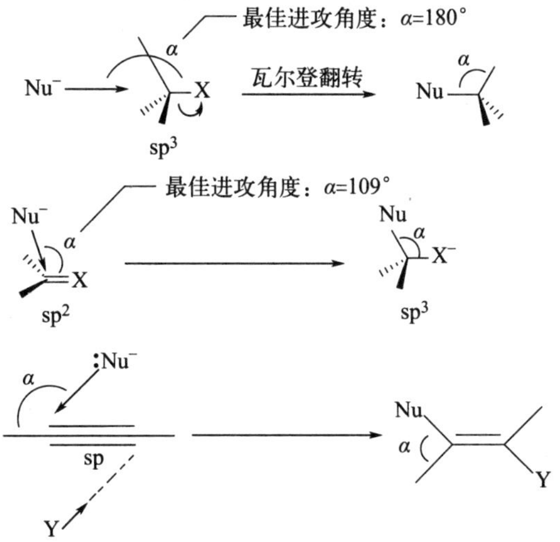

（7.17）

一般而言，阴离子环化反应在分子间反应易于达到，而分子内反应由于受连接两个反应中心链长短的限制，两反应中心的最佳几何排布并非总是得到满足的，因此也会影响环化反应的难易。

根据 Baldwin 规则，总结出阴离子环化反应主要有利的环化反应方式有三种，即 5-*exo*-tet、5-*exo*-trig、6-*enolexo-exo*-tet，分别举例如下：

碳负离子活性中间体 S_N2 方式环化反应式（7.18）所示。

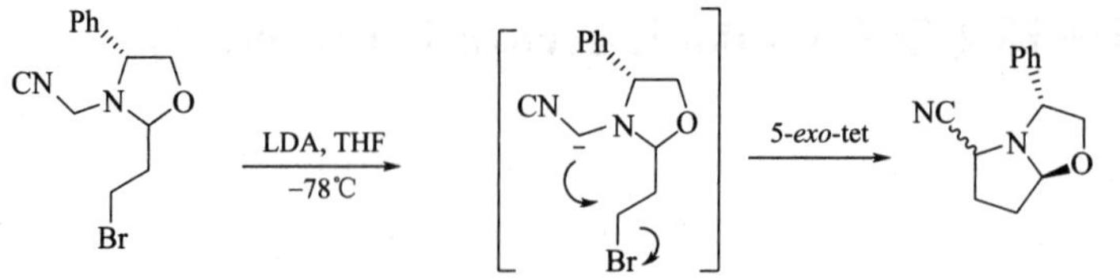

(7.18)

烯基锂与羰基分子内亲核加成方式的环化反应如式（7.19）所示。

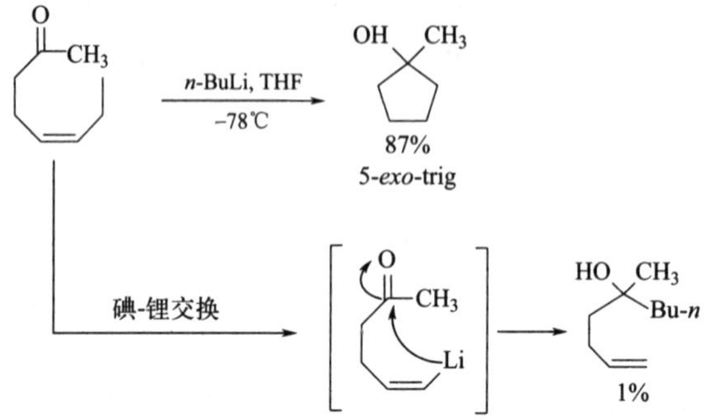

(7.19)

酸催化分子内羟醛缩合方式的环化如式（7.20）所示。

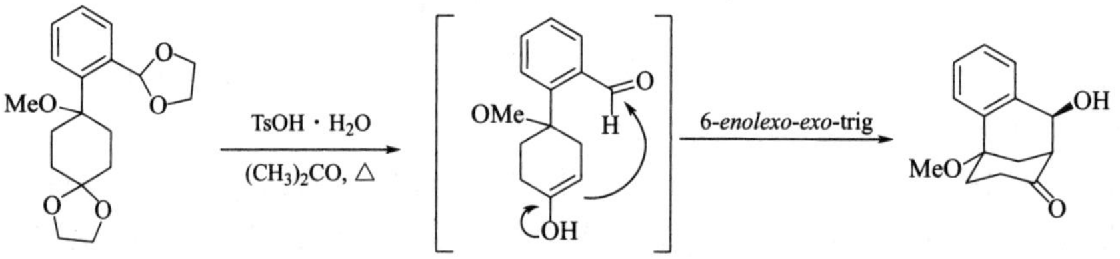

(7.20)

7.2.4 阳离子环化反应 (Cationic cyclization reaction)

阳离子环化是指涉及碳正离子中间体的环化反应。阳离子环化反应在自然界非常普遍，人们建立了许多体系以模仿自然界的阳离子环化反应。例如萜类和甾体化合物的生源合成。三萜由角鲨烯（squalene）经过不同的途径环化而成，而角鲨烯由倍半萜金合欢醇（farnesol）的焦磷酸酯缩合而成，这样就沟通了三萜和其他萜类之间的生源关系，见式（7.21）。

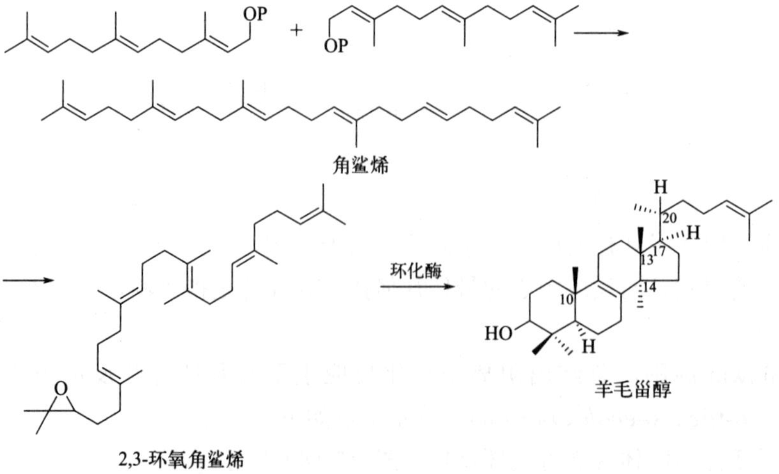

(7.21)

阳离子环化反应是构筑多种碳骨架的有效方法。一般利用布朗斯特酸（质子酸）或路易斯酸作为活化试剂，诱导不饱和键如双键、羰基等实现碳正离子中间体的生成，后者可经过分子内傅-克烷基化过程完成环化反应。如式（7.22）所示。

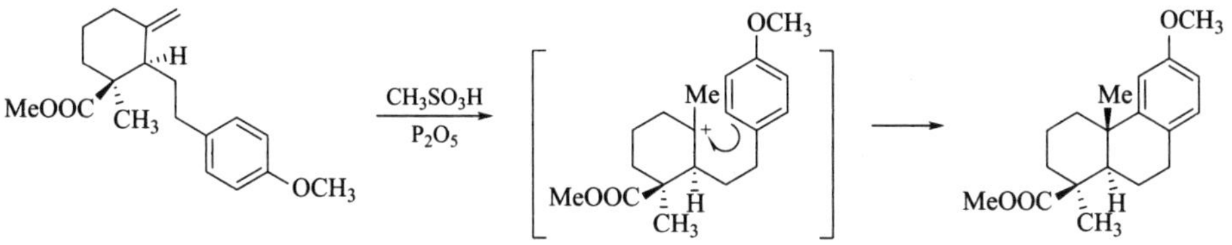

CH_3SO_3H，P_2O_5 （7.22）

另外，在阳离子环化反应中由碳正离子对双键亲电加成环化时，只有形成稳定的叔碳正离子，才具有较好的反应产率，因为非稳定的碳正离子可以发生重排反应，见式（7.23）。

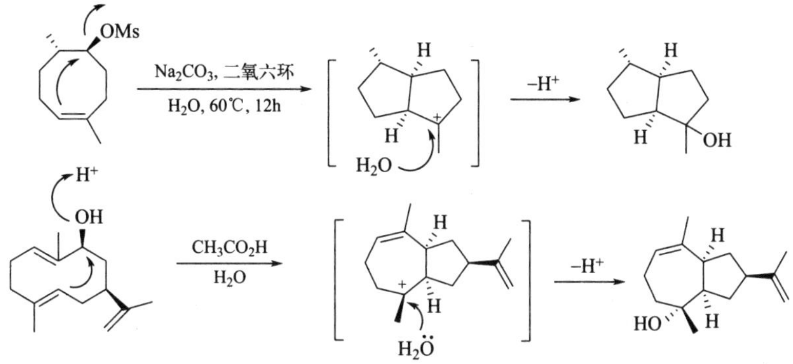

Na_2CO_3，二氧六环，H_2O，60℃，12h；$-H^+$；CH_3CO_2H，H_2O；$-H^+$ （7.23）

Nazarov环化反应是阳离子环化反应中最具合成价值一种反应，被认为是一步合成手性环戊烯酮的重要方法之一。此反应中，二乙烯基酮类化合物在质子酸（如硫酸、磷酸）或路易斯酸（如氯化铝、三氟甲磺酸钪）作用下重排为环戊烯酮衍生物，见式（7.24）。反应首先由苏联化学家伊凡·尼古拉耶维奇·纳扎罗夫报道，其中心步骤是一个五原子4π体系在加热情况下的电环化顺旋闭环反应。

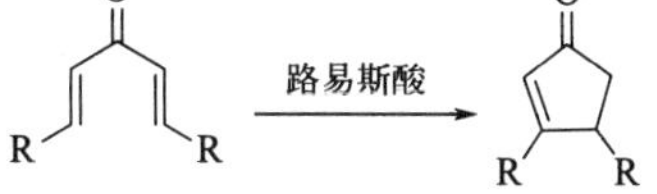

路易斯酸 （7.24）

反应机理如式（7.25）所示。二乙烯基酮在质子酸或路易斯酸作用下质子化生成戊二烯阳离子，后者作为五原子4π电子体系，可以发生互变异构，使正电荷分散到其他碳原子上，接着发生异面的电环化反应，得到羟基环戊烯阳离子中间体，最后失去质子得到环戊烯酮。

手性环戊烯酮是不对称反应中关键的中间体并存在于许多天然产物和药物中，因此，手性环戊烯酮的不对称合成受到化学家们的广泛关注。Nazarov环化反应是一种经典的4π电环化反应，被认为是一步合成手性环戊烯酮的重要方法之一。近些年，关于Nazarov环化反应的报道已经取得了不错的进展，但其极易发生重排或碳正离子中间体的β-氢消除，因此Nazarov环化反应仍然面临巨大挑战。

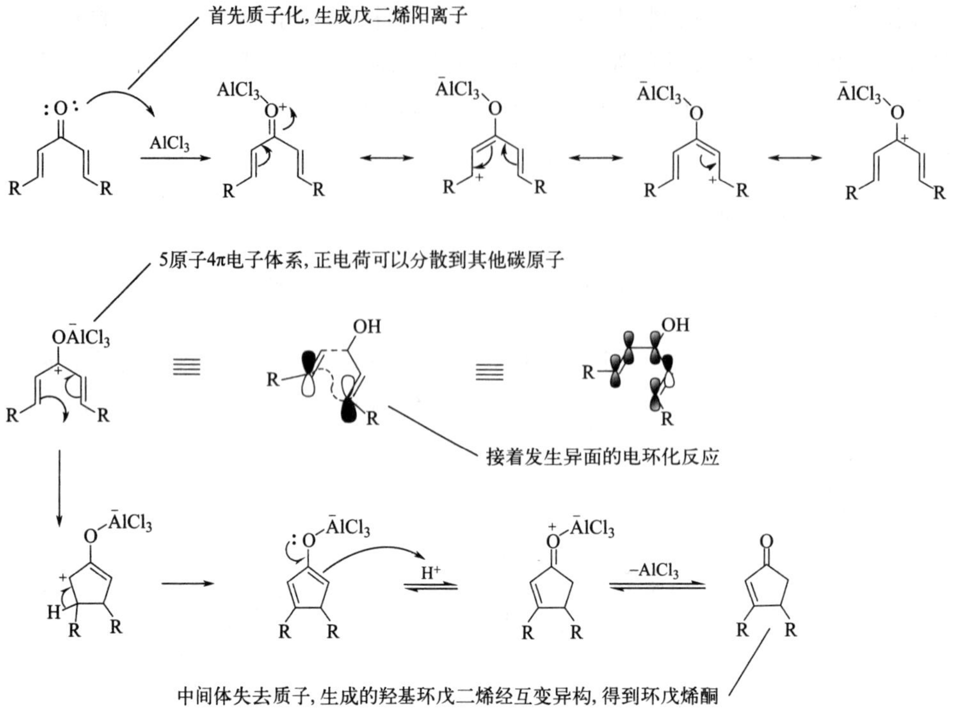

首先质子化，生成戊二烯阳离子
AlCl3
5原子4π电子体系，正电荷可以分散到其他碳原子
接着发生异面的电环化反应
H+
−AlCl3
中间体失去质子，生成的羟基环戊二烯经互变异构，得到环戊烯酮

（7.25）

7.2.5 自由基环化反应 (Free radical cyclization reaction)

自由基环化是一类分子内环化比分子间环化更容易进行的反应，可用于碳环或杂环的合成。有效环化的自由基底物有：烷基、烯基、烯丙基、苯基、酰基等碳自由基和氨基、亚胺基、烷氧基、硫醚等杂原子自由基。自由基受体一般是活化的烯烃、非活化的烯烃。自由基环化反应的优势就是正常的自由基反应和极性反转的自由基反应都可以进行环化，另外自由基的形成及其前体的合成一般在非酸非碱的中性条件下进行，不会对敏感官能团造成影响。如酯基在酸和碱条件下是一种敏感的基团，很难在以上提到的阴离子环化和阳离子环化反应条件下实现，而在自由基环化中性条件下，就可以避免酯基的失活，见式（7.26）。

COSePh
CO2Me
n-Bu3SnH
AIBN
CO2Me

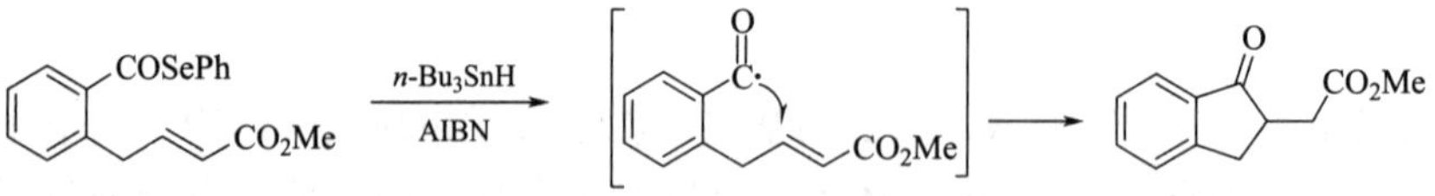

（7.26）

根据 Baldwin 规则预测的结果，自由基环化反应的有利环化方式是 5-*exo*-trig 和 6-*endo*-trig，一般以形成五元环为主。自由基环化反应的合成应用在近二十年得到快速发展，被用于许多复杂天然产物的立体选择性合成。如环酮的自由基环化实现石斛碱的合成。

7.3 双边环化与环加成反应 (Bilateral cyclization and cycloaddition reaction)

双边环化涉及协同或非协同的环加成反应或多步连续单边环化反应。本节将以构建六元环到三元环的环加成反应来叙述。

7.3.1 六元环的形成 (Formation of six-membered ring)

7.3.1.1 Diels-Alder 反应 (Diels-Alder reaction)

两个分子发生［4+2］环加成，同时形成两个化学键，称为 Diels-Alder 反应，是有机合成中最有用的反应之一，尤其在六元环系合成中起着不可替代的作用。1950 年，为表彰 Otto Paul Hermann Diels 和 Kurt Alder 对双烯合成的发现和发展，他们俩以 Diels-Alder 人名反应获得诺贝尔化学奖。依据亲电试剂和亲核试剂相互作用不足以描述这种类型的反应，而同样这种反应也并不涉及自由基的途径。它们代表着一大类反应，涉及 π 电子体系之间以协同方式经过环状过渡态的相互作用。因此，这种反应通常被描述为周环反应或对称控制的反应（英文导读 7.4）。

这些反应的机理可采用前线轨道理论来讨论。反应被认为是通过一个分子的最高占据分子轨道（highest occupied molecular orbit，简称 HOMO）和另一个分子的最低未占据分子轨道（lowest un-occupied molecular orbit，简称 LUMO）的相互作用而发生的。这个反应过程可看成 4π 电子体系（双烯体）和 2π 电子体系（单烯，往往称为亲双烯体）间的相互作用，其机制就是双烯体与亲双烯体发生电子转移，形成 2 个 σ 碳 - 碳键，建立多个手性中心的环己烯体系，见式（7.27）（英文导读 7.5）。

20℃，苯

双烯体　亲双烯体　（7.27）

协同反应机理是被广泛接受的 Diels-Alder 反应机理，如式（7.28），EDG 为给电子取代基，EWG 为吸电子基团。首先，反应对于双烯体和亲双烯体都是高度的立体专一性的顺式加成（syn addition），反应物的构型保留在产物中，这也是协同环状过渡态机理的特征［式（7.29)］。其次，反应的活化熵为绝对值较大的负值，且活化焓小，表明过渡态较基态有序，与被约束的过渡态相符。最后，反应速率受溶剂的影响很小，可排除两性离子中间体的生成，这是因为极性溶剂应加速过渡态中电荷出现的反应速率。

环状过渡态　（7.28）

20℃, Et_2O, 2h

100%　0%　（7.29）

另外，在 Diels-Alder 反应中，对底物结构也有要求。双烯体的结构必须采用 *s*- 顺式（*cis*）构象，若被固定成 *s*- 反式（*trans*）构象，则不能发生 Diels-Alder 反应，构象如式（7.30）所示。共轭双烯当采用不利的顺式构象而引起不利的空间相互作用时，Diels-Alder 反应可能很慢。

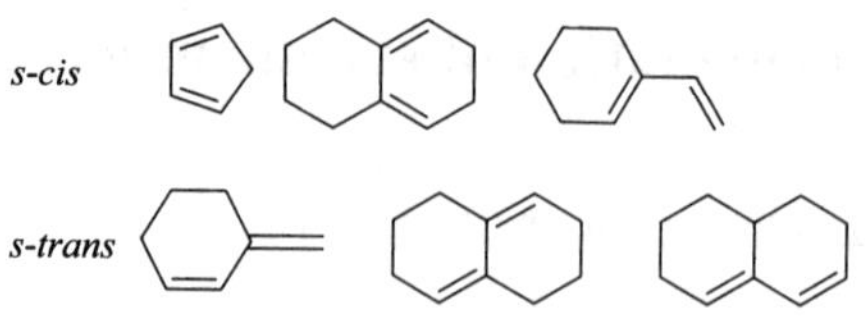

s-cis

s-trans

（7.30）

反应遵循内型规则，即动力学控制下优先形成内型产物，根源在于内型方式加成时，亲双烯体上的取代基与双烯 p 轨道存在有利的次级相互作用，见式（7.31）。

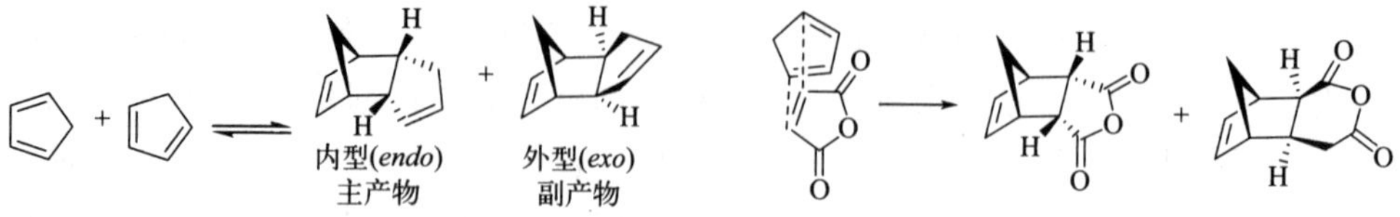

内型(*endo*) 主产物　外型(*exo*) 副产物

（7.31）

Diels-Alder 反应一般使用富电子的双烯体和缺电子的亲双烯体进行环化反应。富电子双烯体是指含有给电子基的二烯烃和环状双烯，见式（7.32）。

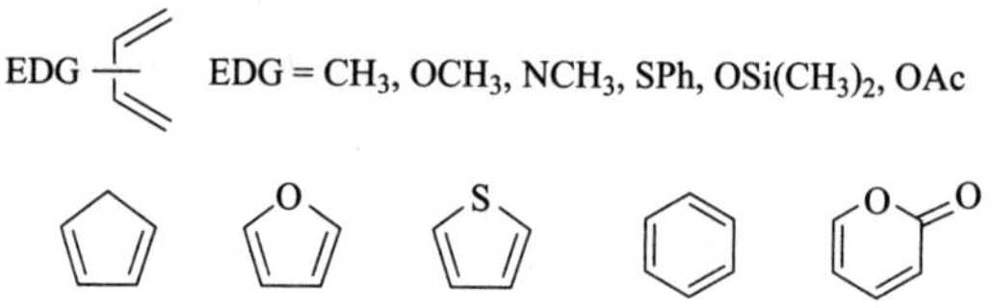

EDG　EDG = CH_3, OCH_3, NCH_3, SPh, $OSi(CH_3)_2$, OAc

（7.32）

缺电子亲双烯体是指含有吸电子基的烯烃，见式（7.33）。

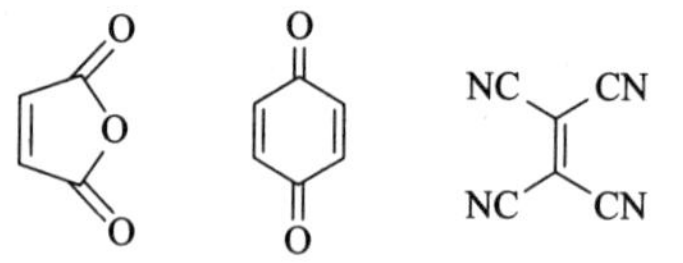

NC　CN　NC　CN

（7.33）

区域选择性的一般规律可总结如下：在区域选择性方面，主要形成邻、对位加成产物，不对称取代的分子进行 Diels-Alder 反应，主要以邻位或对位定向为主，见式（7.34）。

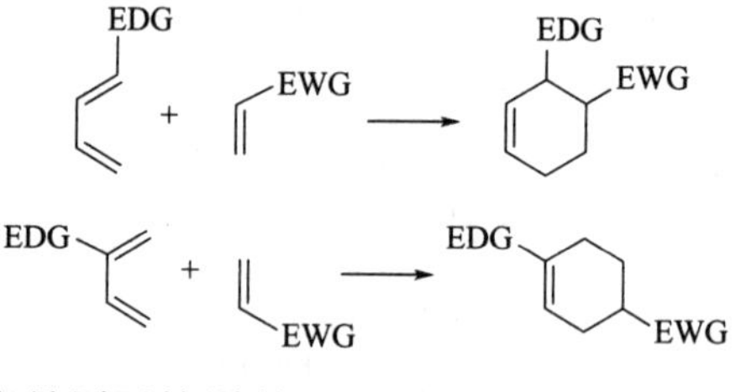

EDG + EWG ⟶ EDG EWG

EDG + EWG ⟶ EDG EWG

（7.34）

主导区域选择性的因素是原子轨道的组合系数，主要选择能使分子轨道达到有效重叠的方式。区域选择性可以从价键理论和电子云变形来解释。如二乙胺基取代的二烯与甲酸乙酯取代的亲双烯体发生反应，得到的主要是邻位的产物［式（7.35)］。原因有两方面，从价键理论来解释，由于氮上的孤对电子，双烯体的远端碳更显电负性，同时由于亲双烯体的羰基的烯醇互变异构，远端碳显电正性，因此两者结合电荷更匹配［式（7.36)］；从电子云变形概念来解释，二乙胺基的给电子效应和甲酸乙酯的吸电子效应使电子云变形，电荷发生不对称分布，从而更有利于结合［式（7.37)］。

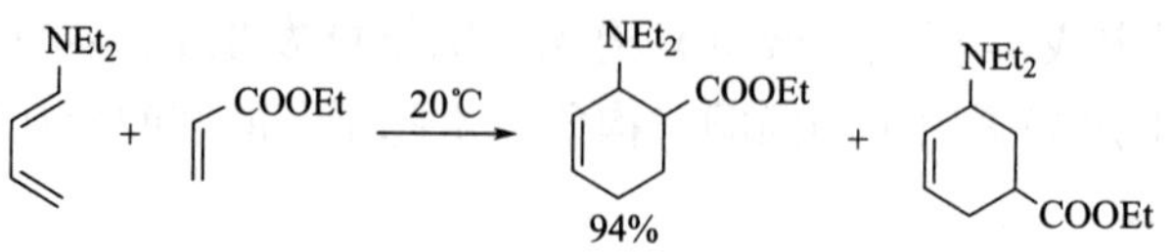

NEt_2 + COOEt $\xrightarrow{20℃}$ NEt_2 COOEt (94%) + NEt_2 COOEt

（7.35）

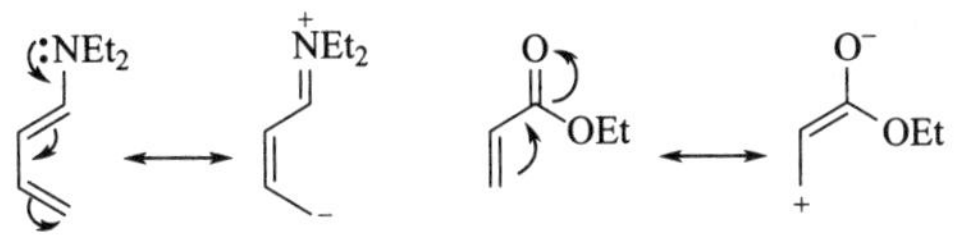

（7.36）

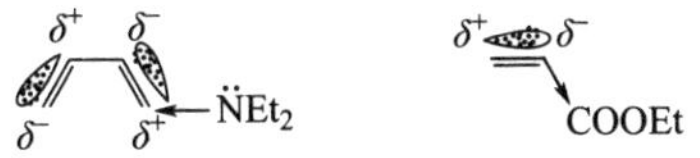

（7.37）

利用 Diels-Alder 加成反应，可以合成各种复杂的环系化合物。如 1, 3- 丁二烯与顺酐在苯中共热，定量反应得到高产率的四氢苯酐，见式（7.38）。

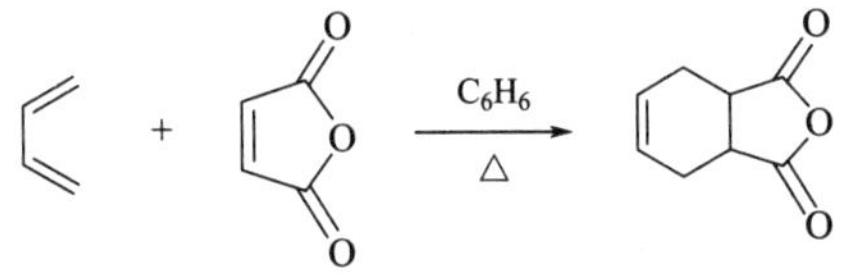

（7.38）

呋喃与丁炔二酸二甲酯环加成反应得到活性桥环化合物，见式（7.39）。

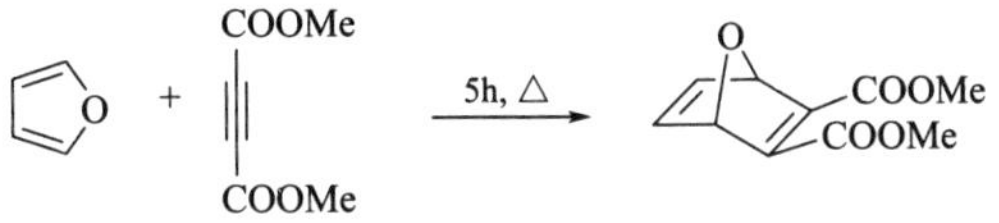

（7.39）

蒽与顺酐反应，以高产率生成目标产物，如式（7.40）所示。

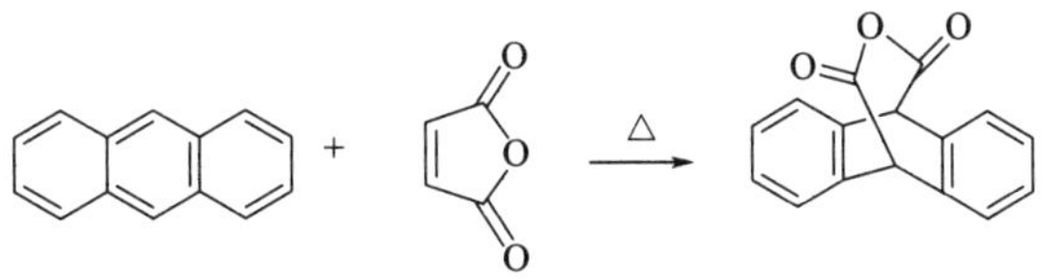

（7.40）

Danishefsky 双烯活性特别高，是区域选择性极佳的双烯，可与不活泼的亲双烯体进行环加成反应。比如在路易斯酸条件下与 2- 甲基 -2- 环己烯酮烯反应可得到萘二酮物质［式（7.41）］。

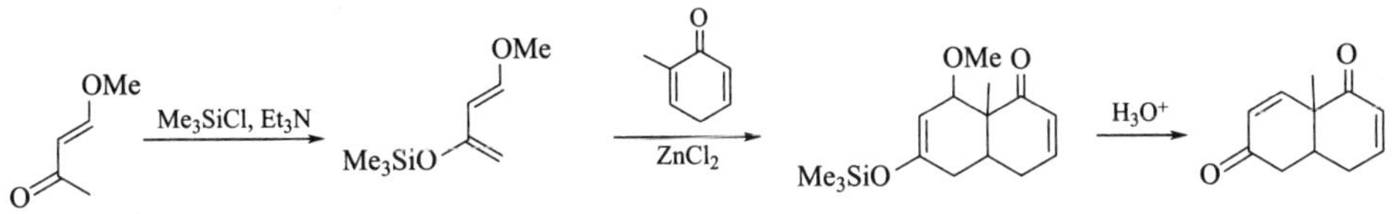

（7.41）

亚胺鎓可作为优良的亲双烯体，可与活泼双烯体发生 Diels-Alder 反应［式（7.42）］。

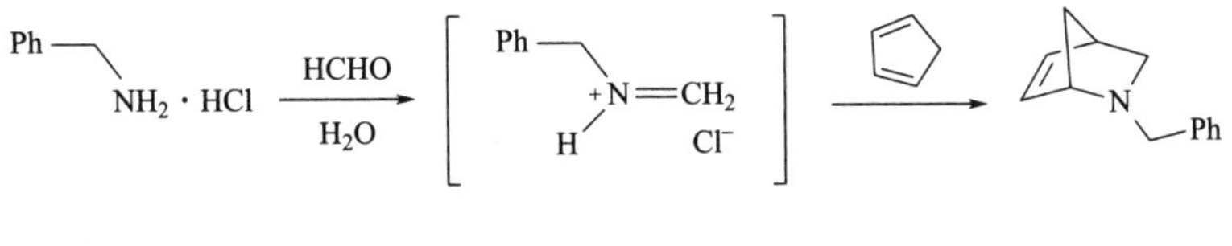

（7.42）

7.3.1.2　罗宾逊环化和贝里斯 – 希尔曼反应 (Robinson annulation and Baylis–Hillman reaction)

除了 Diels-Alder 反应外，Robinson 环化也是合成六元环的重要方法，形式上类似于环加成，称为分步极性环化。该反应涉及两次单边环化反应，活泼亚甲基化合物与 α, β- 不饱和酮、酯、腈等发生 Micheal 反应，继而进行羟醛缩合反应。此反应也称为 Robinson

环化反应，如式（7.43）所示（英文导读 7.6）。

O, H, R, B^-, 烯醇化物, O^-, Michael 加成, R, O^-, 异构化, H-B, O, R, O^-, 羟醛缩合, :B, H, OH, O, R, $-H_2O$ 水解, O, R （7.43）

可根据极性原理设计环化反应，Robinson 环化的一些代表性实例见式（7.44）、式（7.45）。

O + O, C_2H_5ONa, O O, C_2H_5ONa, O HO, $-H_2O$, O

O + Ph O → [O Ph O] → O Ph （7.44）

MeO O + O, $NaNH_2$ → [MeO O O] → MeO O （7.45）

O + O, TfOH, P_4O_{10} / DCM, 微波, O

通过引入—COOEt 基团，Robinson 环化反应所新生成的环也可以不稠合到已有环上。查耳酮和乙酰乙酸乙酯共轭加成，再进行羟醛缩合，接下来通过水解和脱羧就可以得到目标物［式（7.46）］。

Ph O Ph + O COOEt, NaOEt / HOEt, O COOEt Ph Ph, 1) NaOH, H_2O 2) H^+, △, O Ph Ph （7.46）

Robinson 环化的关键点在于利用 Michael 反应构建 1, 5- 二羰基化合物，例如式（7.47）反应中，α,β- 不饱和酮与丙二酸酯发生 Michael 加成，生成的酯缩合得目标六元环。

O, $CH_2(COOEt)_2$ / NaOEt → [EtOOC EtOOC O] → EtOOC O O, 1) NaOH, H_2O 2) H^+, △, O O （7.47）

贝里斯 - 希尔曼反应（Baylis-Hillman reaction）是在催化剂作用下活性烯与醛、酮的反应，得到一个具有多官能团的产物。该反应条件温和且具有较高的原子经济性和选择性。利用 Baylis-Hillman 反应可方便地形成多种环状化合物［式（7.48)]。

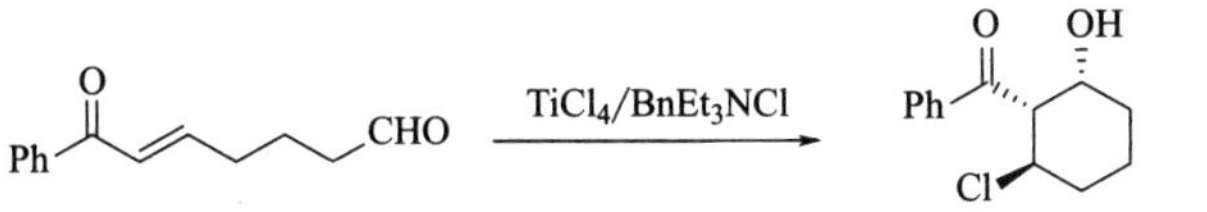

O
Ph
CHO
$TiCl_4/BnEt_3NCl$
O OH
Ph
Cl

（7.48）

其反应机理如式（7.49）所示。

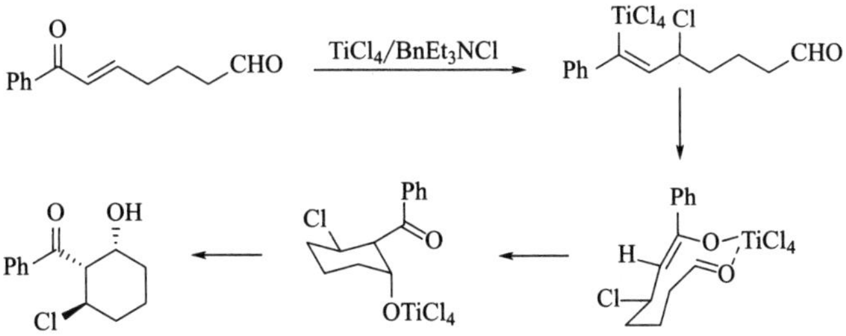

O
Ph
CHO
$TiCl_4/BnEt_3NCl$
$TiCl_4$ Cl
Ph
CHO
Ph
H
O
$TiCl_4$
Cl
Ph
Cl
O
$OTiCl_4$
O OH
Ph
Cl

（7.49）

7.3.1.3 还原芳香化合物和伯奇还原 (Reducing of aromatic compound and Birch reduction)

苯环的还原需要在一定的压力和活性催化剂的条件下完成，在工业与实验室均可以方便地实现，例如合成对叔丁基环己酮，反应式如式（7.50）所示。

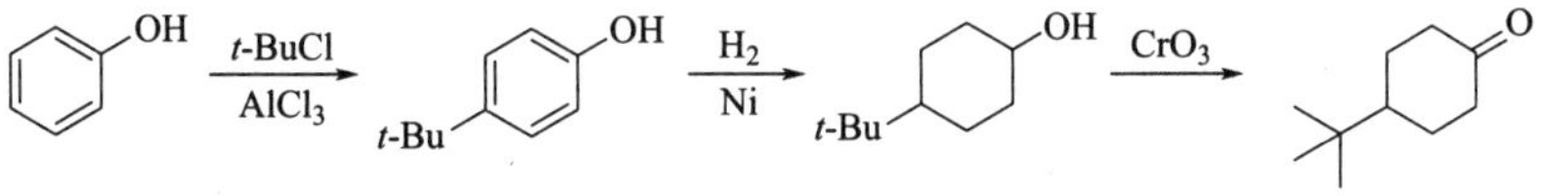

OH
t-BuCl
$AlCl_3$
OH
t-Bu
H_2
Ni
OH
t-Bu
CrO_3
O

（7.50）

芳香化合物部分或完全还原也是构建六元环的一条有效途径。Birch 还原就是芳环的部分还原，是靠碱金属溶在液氨中与液氨反应产生溶剂化电子来完成的。典型的条件是钠溶在液氨中或锂溶在甲胺中。可能的过程是产生的电子转移到苯环上得到一个双负离子中间体，其很快会被体系中的弱酸，通常是叔醇质子化得到目标物［式（7.51)]。

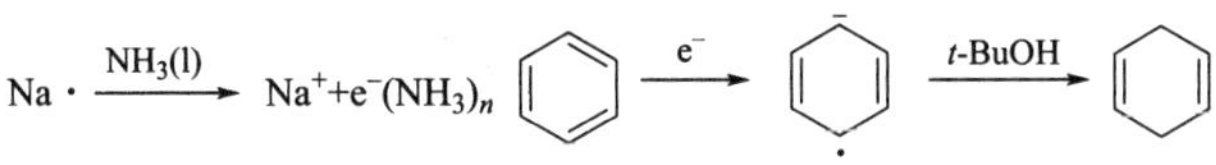

Na ·
$NH_3(l)$
$Na^+ + e^-(NH_3)_n$
e^-
t-BuOH

（7.51）

反应示例如式（7.52）所示。

COOH
Na, $NH_3(l)$
ROH
COOH
N
Na, $NH_3(l)$, THF
−78℃
N

（7.52）

如果苯环上带有给电子基如烷基或烷氧基时，还原得到的双负离子远离给电子基，如苯甲醚还原得到的是烯醇醚，再在温和的条件下水解得到烯酮，见式（7.53)。

OMe
$2e^-$
OMe
t-BuOH
OMe
H^+
H_2O
O

（7.53）

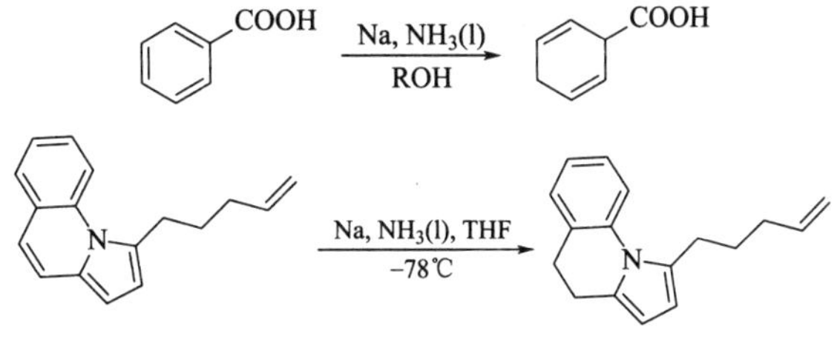

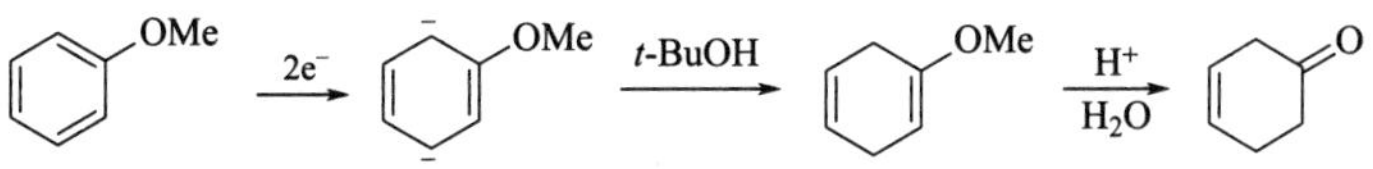

7.3.2 五元环的形成 (Formation of five-membered ring)

7.3.2.1 二羰基化合物合成五元环 (Five-membered ring from dicarbonyl compound)

1, 4- 二羰基化合物合成五元环是比较经典的二羰基化合物合成五元环的方法。环戊烯酮可以经逆合成分析切断成为 1, 4- 二羰基化合物，其中二羰基经羟醛缩合反应是合成五元环主要途径，但要注意成环时的区域选择性问题［式（7.54）］。

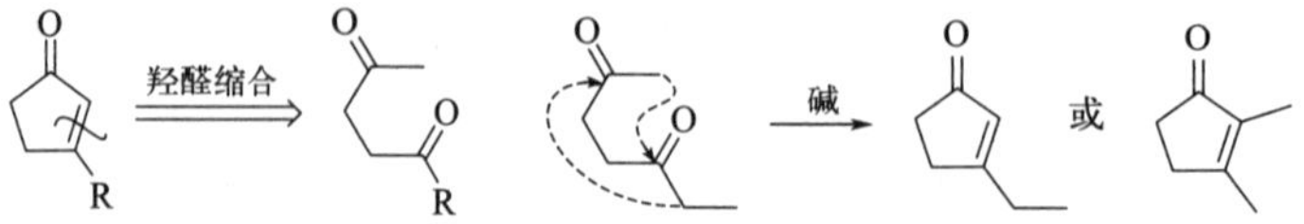

（7.54）

酮醛化合物的羰基部位不能形成烯醇式，因此只有一种成环形式。对化合物进行 1, 4- 羰基切断，最好的选择是将其切断为异丁醛烯醇化物合成子和溴代丙酮合成子，见式（7.55）。

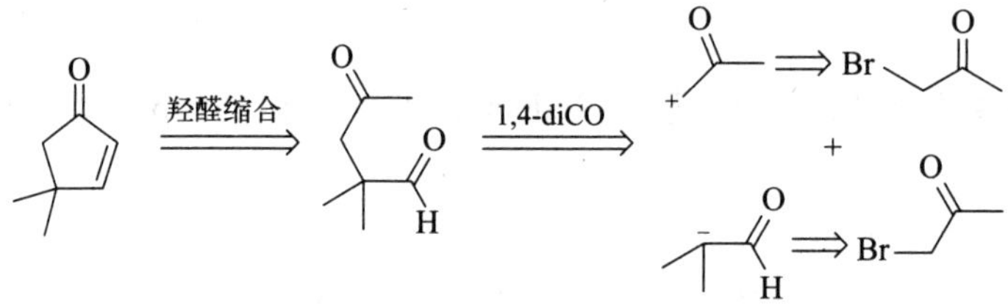

（7.55）

其实化合物还可以通过醛烯胺化然后与炔丙基溴反应，再氢汞化脱氢，接着在碱性条件下闭环生成化合物，反应式见式（7.56）。

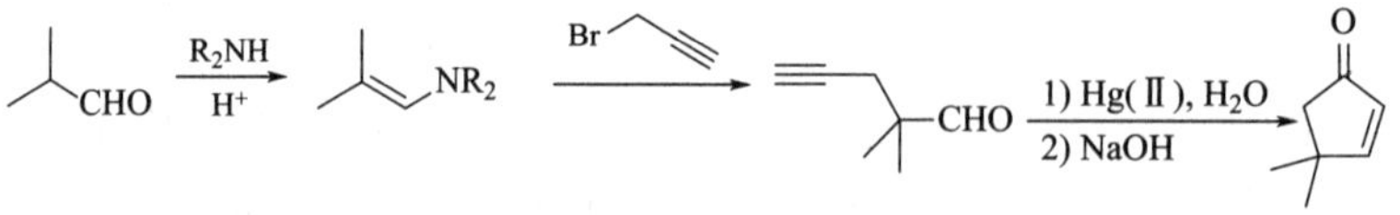

（7.56）

从 1, 6- 二羰基化合物合成环戊酮也是较为经典的五元环合成路线，其中以迪克曼反应（Dieckman reaction）最为常用。迪克曼反应以己二酸酯为起始原料在碱性条件下得到五元环 β- 酮酯，进而脱羧得到环戊酮，它是 Claisen 酯缩合反应在分子内进行的变异，反应式见式（7.57）。

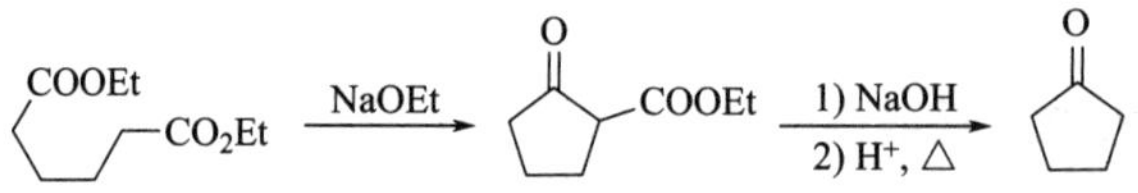

（7.57）

利用迪克曼反应（Dieckman reaction）合成五元环的示例见式（7.58）。

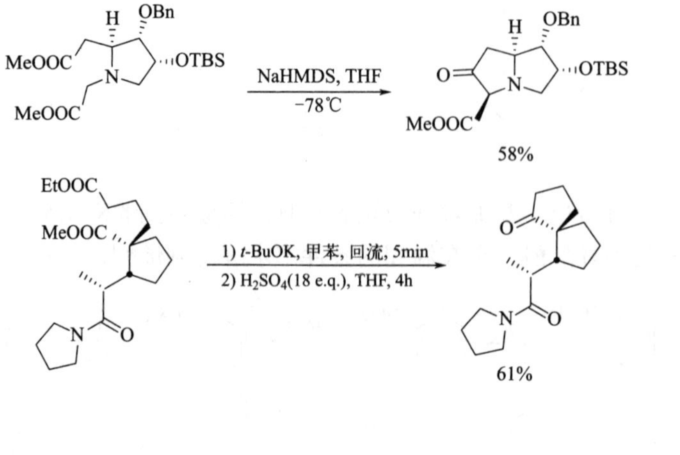

（7.58）

对于同时含有酮与酯的化合物，酮与酯之间的缩合反应也可以在分子内进行。和迪克曼缩合反应一样，这种方法主要用于制备五、六元环状化合物，如式（7.59）。

O　OEt　O　NaOEt　O　O

（7.59）

7.3.2.2　纳扎罗夫环化 (Nazarov cyclization)

纳扎罗夫环化反应（Nazarov cyclization）是二乙烯基酮类化合物在质子酸（如硫酸、磷酸）或路易斯酸（如氯化铝、三氟甲磺酸钪）作用下重排为环戊烯酮衍生物的一类有机化学反应。反应首先由苏联化学家伊凡·尼古拉耶维奇·纳扎罗夫报道，其中心步骤是一个五原子 4π 体系在加热情况下的电环化顺旋环化反应，见式（7.60）。

O　R　R　H^+　OH　+　R　R　OH　+　H　R　R　OH　R　R　O　R　R

（7.60）

利用纳扎罗夫环化反应合成五元环的示例如式（7.61）所示。

O　Ph　O　$HClO_4(10^{-2}M)$　Ac_2O (1M)　EtOAc, 9h　OAc　Ph　H　O　75%

Ph　Me　MeOOC　O　OTIPS　OTIPS　$Cu(ClO_4)_2$(5mol%)　DCE, 45℃, 8h　MeOOC　Me　Ph　O　OTIPS　OTIPS　80%

（7.61）

7.3.2.3　1, 3- 偶极环加成 (1, 3-Dipolar cycloaddition)

这种类型的环加成也是一个［4+2］的过程，因此与 Diels-Alder 反应十分类似，但 4π 电子体系并不是双烯体而是 1, 3- 偶极体，其中四个 π 电子仅分布在三个原子上。

1, 3- 偶极环化加成试剂分为偶极体和亲偶极体，偶极体是在分子内 1- 位和 3- 位原子上带有相反电荷且具有离子结构的一类化合物。包括稳定的 1, 3- 偶极分子（如羟亚胺等）和在反应过程中原位产生的不稳定的偶极体。稳定的 1, 3- 偶极分子见式（7.62）。

$O^+(-O-O^-) \longleftrightarrow O{=}O^+{-}O^-$

$N^+{=}N{-}\bar{C}HR_2 \longleftrightarrow N{\equiv}N^+{-}\bar{C}R_2$　（7.62）

$N^+{=}N{-}\bar{N}R \longleftrightarrow N{\equiv}N^+{-}\bar{N}R$

在反应过程中产生的不稳定偶极体见式（7.63）。

$$\mathrm{R{-}\underset{H}{C}{=}N{-}OH \xrightarrow[-HCl]{Cl_2} R{-}\overset{Cl}{C}{=}N{-}OH \xrightarrow[-HCl]{Et_3N} R{-}C^{+}{=}N{-}O^{-} \longleftrightarrow R{-}C{\equiv}N^{+}{-}O^{-}} \quad (7.63)$$

亲偶极体是一类含有不饱和键（C═C、C═O、C≡C、C≡N 等）的化合物，包括烯类、丙烯酸酯类化合物、炔类、腈类化合物和羰基化合物等。

1, 3- 偶极环加成理论上是许多异构体的混合物，而实际上通常表现出较好的选择性。基本的反应过程包括偶极体与双键的环加成或偶极体与三键的环加成。偶极体与双键的环加成如式（7.64）所示。

$$\overset{+}{a}{-}b{-}c^{-} \longleftrightarrow a{=}b^{+}{-}c^{-} \xrightarrow{d=e} \text{(a-b-c-e-d 五元环) 和/或 (a-b-c-d-e 五元环)} \quad (7.64)$$

偶极体与三键的环加成如式（7.65）所示。

$$\bar{a}{-}\overset{R}{\overset{+}{b}}{=}c + d{\equiv}e \longrightarrow \text{(a-b(R)-c-e=d 五元环)} \quad (7.65)$$

在立体选择性方面，1, 3- 偶极环加成为高度立体专一性的顺式加成，顺式加成可按不同方向进行，生成两个异构体的混合物［式（7.66）］。

$$[\mathrm{Ph\bar{C}{\equiv}\overset{+}{N}{-}NHPh \longleftrightarrow Ph\bar{C}{=}N{=}\overset{+}{N}Ph}] + \begin{cases} \text{反式 H(ROOC)C=C(COOR)H} \longrightarrow \text{Ph-C=N-N(Ph) 吡唑啉（反式 COOR）} \\ \text{顺式 H(ROOC)C=C(COOR)H} \longrightarrow \text{Ph-C=N-N(Ph) 吡唑啉（顺式 COOR）} \end{cases} \quad (7.66)$$

$$\mathrm{Ph(H)\bar{C}{-}\overset{+}{N}{=}NH} + \text{MeOOC(H)C=C(COOMe)} \longrightarrow \text{吡唑啉 (H, Ph; MeOOC, COOMe)} + \text{吡唑啉 (Ph, H; MeOOC, COOMe)}$$

1, 3- 偶极环加成反应的应用例子也较多，主要包括叠氮类、氧化腈类、重氮类和硝酮类。叠氮类化合物与烯类进行 1, 3- 环加成反应产生三唑啉，是一类非常有趣和特别的环化反应，也属于周环反应［式（7.67）］。

$$\mathrm{Ph{-}\ddot{N}{-}\overset{+}{N}{\equiv}N: \longleftrightarrow Ph{-}\ddot{N}{-}N{=}\overset{+}{N}} + \text{(双环二烯)} \xrightarrow{20℃} \text{三唑啉 (N-Ph)} \xrightarrow{150℃} \text{Ph-N 氮丙啶} + N_2 \quad (7.67)$$

氧化腈类偶极化合物与烯类、炔类进行 1, 3- 环加成反应，可得到一些天然产物合成的重要中间体，见式（7.68）。

$$\mathrm{R{-}C{\equiv}\overset{+}{N}{-}O^{-} \updownarrow R{-}\overset{+}{C}{=}N{-}O^{-}} + \mathrm{H_3C{-}\underset{H}{C}{=}CH_2} \longrightarrow \text{3-R-5-甲基异噁唑啉} \quad (7.68)$$

重氮甲烷与烯键发生 1, 3- 偶极加成生成氮杂五元环状化合物，见式（7.69）。

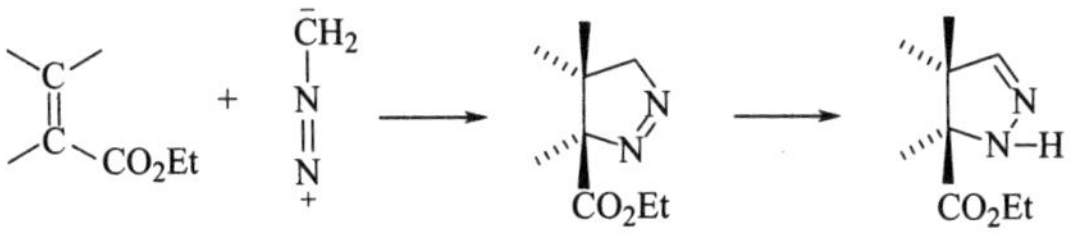

（7.69）

硝酮是一类非常有用的偶极体，与双键反应用于合成五元环化合物。若把 N—O 键还原断裂，最终结果是形成新的碳 - 碳键，并引进羟基和氨基两个官能团。硝酮的分子内环加成反应原料易得、易于进行，N—O 键可被还原断裂，引入立体关系确定的氨基和羟基，因此在有机合成的应用十分广泛。硝酮与双键的 1, 3- 偶极加成反应中，亲核性的氧与亲偶极体中亲电性碳的结合决定了反应的区域选择性。硝酮与双键的 1, 3- 偶极加成反应一般经历外型过渡态，从而形成外型加成产物。环状硝酮与烯烃的加成，内型过渡态存在着不利的亲偶极体的取代基与环上亚甲基的立体排斥作用［式（7.70)］。

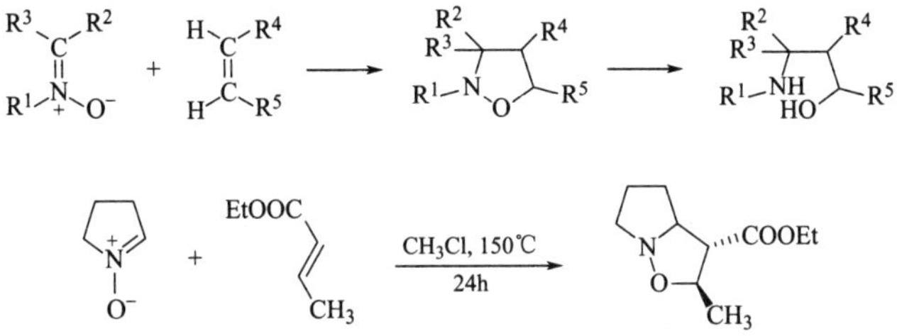

（7.70）

7.3.3 四元环的形成 (Formation of four-membered ring)

四元环是一种高张力环，用一般方法难以合成。合成环丁烷衍生物的通常途径：活泼亚甲基负离子上的两次烷基化；某些环丙烷衍生物的环扩大；光驱动的［2+2］环加成反应。

丙二酸酯、1, 3- 二噻烷的负离子同 1, 3- 二溴丙烷的二次烷基化反应是形成环丁烷衍生物的经典反应，如式（7.71）所示。

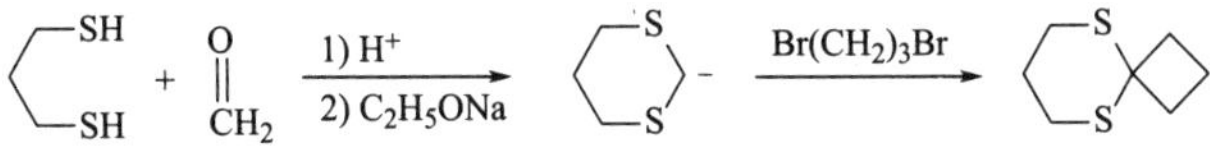

（7.71）

环丙烷容易从烯烃与卡宾的加成而获得，扩环可生成相应四元环，该方法有应用价值，如式（7.72）所示。

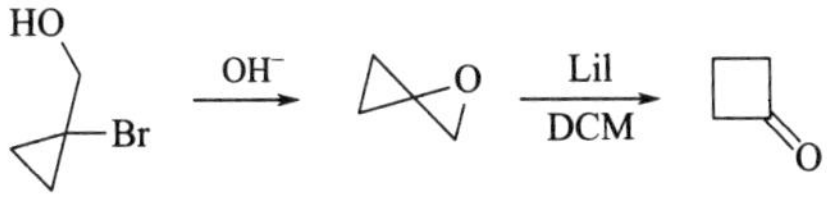

（7.72）

利用两个重键的光或热驱动的［2+2］环加成反应，反应结果是两个重键连接成四元环，加热或光照则取决于 2 个 π 键的对称性，如式（7.73）所示。

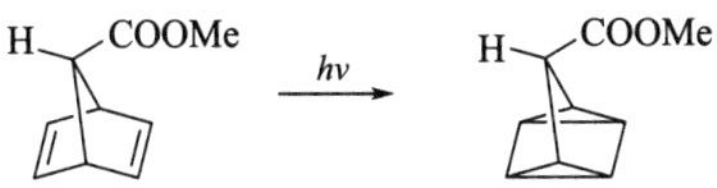

（7.73）

7.3.4 三元环的形成 (Formation of three-membered ring)

7.3.4.1 1, 3- 消除反应 (1, 3-Elimination reaction)

1, 3- 消除反应是指 γ- 卤代酮、γ- 卤代酸酯、γ- 卤代腈、γ- 卤代硫醚、γ- 卤代砜等含活泼氢化合物进行 γ- 消去，形成三元环衍生物［式（7.74)］。

O
H
Cl
NaOH
O
O
S
O
COOCH3
COOCH3
H
H

（7.74）

环丙烷酮可以由 γ- 羟基酮衍生物环化得到。由常见的三元杂环合成三元碳环的逆合成分析如式（7.75）所示。

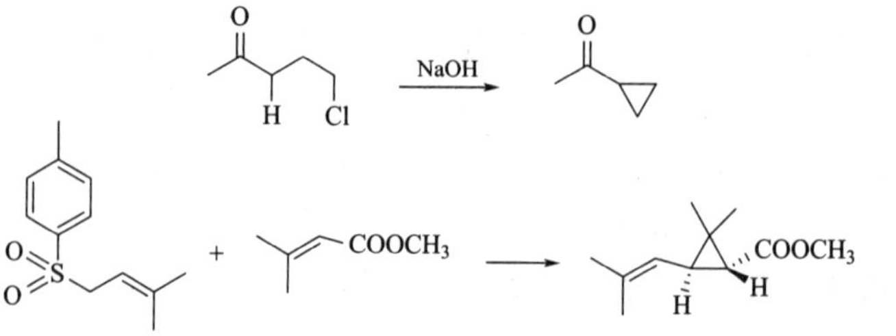

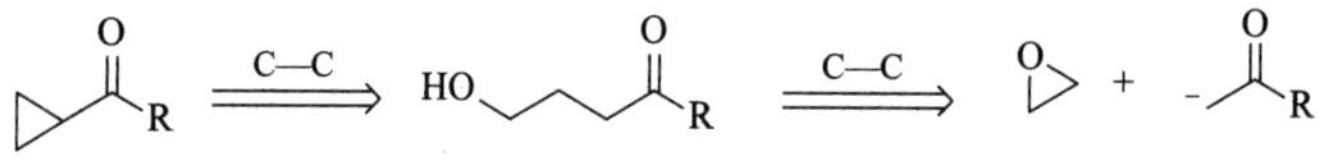

O
R
C—C
HO
O
R
C—C
O
+
O
R

（7.75）

由 β- 酮酯可以方便地合成 γ- 取代酮衍生物，其由环氧乙烷与 β- 酮酯加成直接得到内酯，接着用溴化氢处理、脱羧、溴化，一锅得到 γ- 取代酮。用氢氧化钠作碱，环化得目标三元环化合物，如式（7.76）所示。

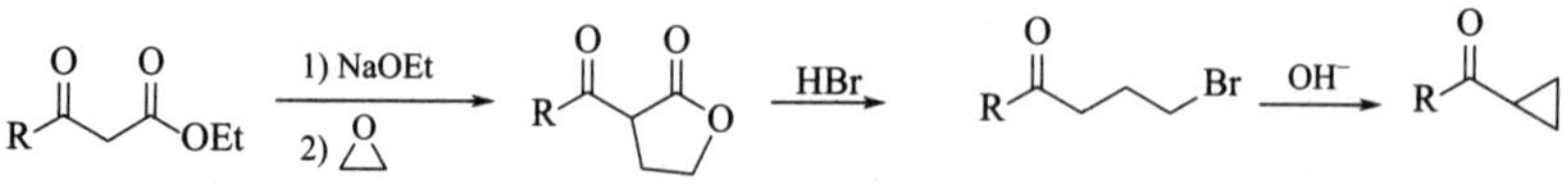

O
O
R
OEt
1) NaOEt
2)
O
O
O
R
O
HBr
O
R
Br
OH⁻
O
R

（7.76）

式（7.77）中的目标化合物可以考虑至少两种合成策略，一种是通过两个亲核卡宾等价物如硫叶立德加到双烯上（见 7.3.4.3 节）；更好的另一种是通过中间体酮的烷基化来合成三元环。后者切断碳 - 碳键可以获得重要的二氯代中间体，二氯酮中间体由酮二醇官能团转化而得，酮二醇可以经 1, 3- 切断得到两个合成子，其可由原料丁内酯直接水解获得，如式（7.77）所示。

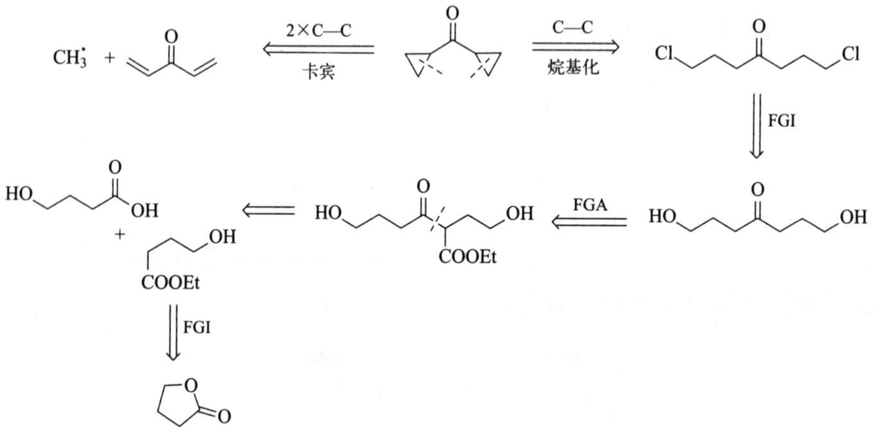

CH3
+
O
2×C—C
卡宾
O
C—C
烷基化
Cl
O
Cl
FGI
HO
O
OH
FGA
HO
O
OH
COOEt
HO
O
OH
+
OH
COOEt
FGI
O
O

（7.77）

7.3.4.2 卡宾与烯烃的加成反应 (Addition reaction of carbene and alkene)

［1+2］环加成是指卡宾与烯烃的加成，卡宾对烯烃的加成是形成三元环的最普通的方法，如式（7.78）所示。

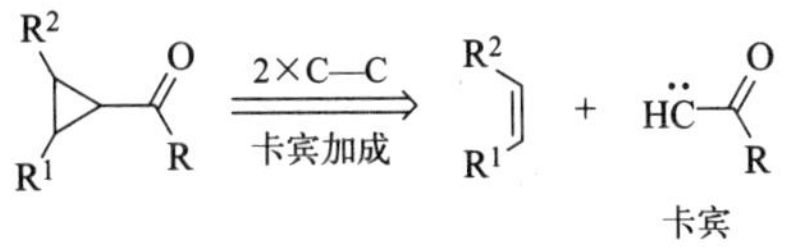

（7.78）

单线态和三线态卡宾与烯烃加成都可得到环丙烷衍生物，但不同电子状态的卡宾表现出不同的立体化学特征。单线态按协同机理，所得环丙烷保持起始烯的构型；三线态按分步机理，由于加成形成的自由基有足够时间绕 C—C 单键旋转，于是得到顺、反异构体的混合物。反应包括卤仿 / 碱（HCX_3 或 H_2CX_2/B:）、重氮化合物 / 铑或铜催化剂（$R_1R_2C{=}N_2$/cat.）、二碘甲烷 / 锌铜齐（CH_2I_2/Zn-Cu）（也称为 Simmons-Simith 反应）。

重氮化合物 / 铑或铜催化剂的反应，如式（7.79）所示。

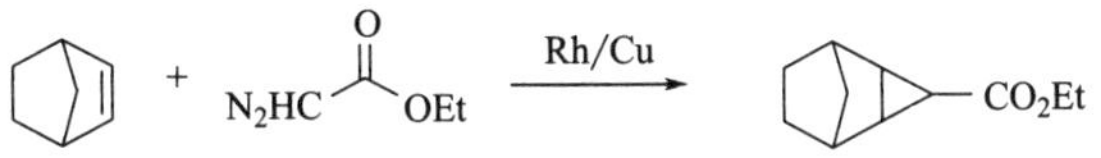

（7.79）

卤仿 / 碱的反应，如式（7.80）所示。

（7.80）

Simmons-Simith 反应，如式（7.81）所示。

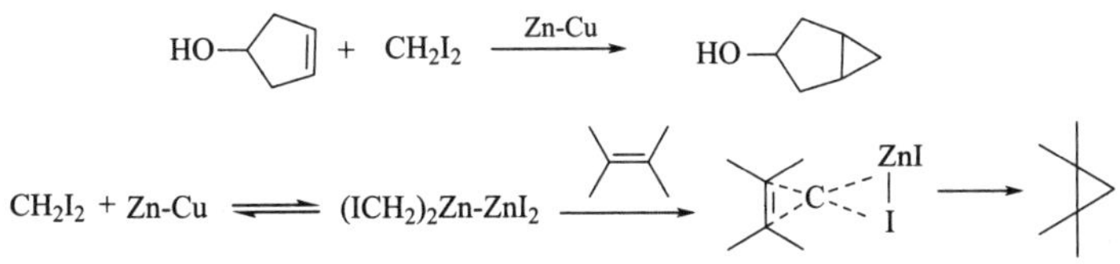

（7.81）

真正的进攻试剂可能是碘代甲基锌和二碘化锌的平衡物，是高度立体专一的顺式同面加成。

式（7.82）中的化合物可以切断为氮酮，为卡宾合成三元环较好的例子。

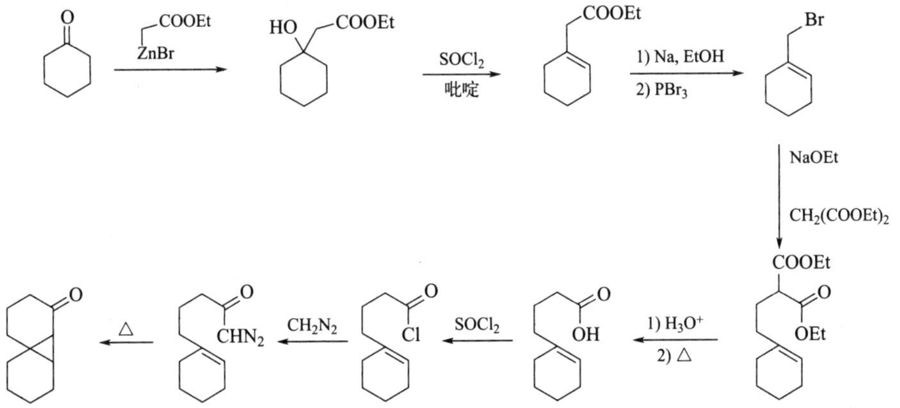

（7.82）

类似地，式（7.83）也是卡宾合成三元环较好的例子。

铜催化剂 环己烷 1) $SOCl_2$ 2) CH_2N_2 COOEt CHN_2

（7.83）

7.3.4.3 硫叶立德与 α,β- 不饱和酮的反应 (Reaction of sulfonium ylides and α,β-unsatarated ketone)

硫叶立德，特别亚砜型叶立德稳定，因此与 α,β- 不饱和酮更倾向于发生共轭加成而不是直接加成。加成产生的中间体消去二甲亚砜生成环丙烷，如式（7.84）所示。

R^1 R^2 碱

（7.84）

其机理已在第 4 章中进行了分析讨论，如式（4.91）所示。式（7.85）即为亚砜型叶立德合成三元环的例证。

NaH $S^+-CH_2^-$

（7.85）

7.3.5 中环和大环的形成 (Formation of middle and big rings)

已经指出，决定分子内环化难易程度的诸多因素之一就是所谓的“距离因素”，即将要形成的环越大，则无环前体使亲电原子和亲核原子充分接近到能够发生环合的构象的可能性就越小。在这种情况下，两个前体分子之间发生分子间反应的可能性则会变得比发生分子内环化作用的可能性要大。因此，若要形成中环即 8 元环到 12 元环和大环即 12 元以上的环，则必须采用特殊的方法，以减少分子间反应为代价来促进环化作用。通常采用“高度稀释”的技术，即将非环前体非常缓慢地滴加到反应介质中，以至于反应物的浓度总是保持在很低的水平，常常为 10^{-3}mol/L 或更低。在这种高度稀释的条件下，发生在分子间反应的可能性则大大减少；同时，狄克曼反应和有关的酰基化反应将会导致得到中环和大环化合物，其最终产率还是可以令人接受的，如式（7.86）所示。

NaH 二甲苯 $(CH_2)_6$

（7.86）

麝香酮是从麝科动物林麝或原麝成熟雄体香囊中的干燥分泌物，是麝香经蒸馏提取得到的活性成分之一，是麝香的主要香味成分。其合成就是大环合成的例子，见式（7.87）。

Br Br + 2 EtONa → EtOOC COOEt → 1) H_3O^+ 2) △ → I-Zn (7.87) → Pd/C H_2

（7.87）

7.4　芳香族杂环的合成 (Synthesis of aromatic heterocycle)

杂环化合物的合成方法数量巨大，种类繁多，大概需要另外编写单独的一卷书才能够涵盖这些内容。下面将尝试提出几条一般性、指南性的规则并将所讨论的范围限制在最常见的杂环上，也就是含有氧、硫和氮原子的五元和六元环。应当注意的是，这些反应具有如下的特点：

① 在单环化合物的合成中，闭环步骤常常（尽管并非总是）包括碳 - 杂原子键的形成；

② 如果杂环体系含有两个相邻的杂原子，则在闭环步骤中很少涉及杂原子 - 杂原子键或重氮基团的形成；

③ 如果目标分子是双环结构的，即具有与苯环稠合的杂环，起始原料则几乎总是预先形成的苯的衍生物。

7.4.1　五元杂环的合成 (Synthesis of five-membered heterocycle)

芳香族单杂原子五元杂环化合物，包括呋喃、吡咯和噻吩环系。[3+2] 型环加成是根据芳香族单杂原子五元杂环分子的骨架构成的，参加反应的两个分子，除含有杂原子的取代基外，还必须至少含有两个活泼的反应中心，如活泼的羰基。其合成时杂原子在结构单元的位置（2 或 3）不同，分为以下 3 种情况，见式（7.88）。

X [2c+3x]　　X [2c+3x]　　X [3c+2x]　　（7.88）

7.4.1.1　[3+2] 环加成 ([3+2] cycloaddition)

[3+2] 环加成内容丰富，一般可以得到呋喃、吡咯环系。α- 氨基酮和含活泼亚甲基的羰基化合物的缩合反应，是合成吡咯的重要反应之一 [式（7.89)]。

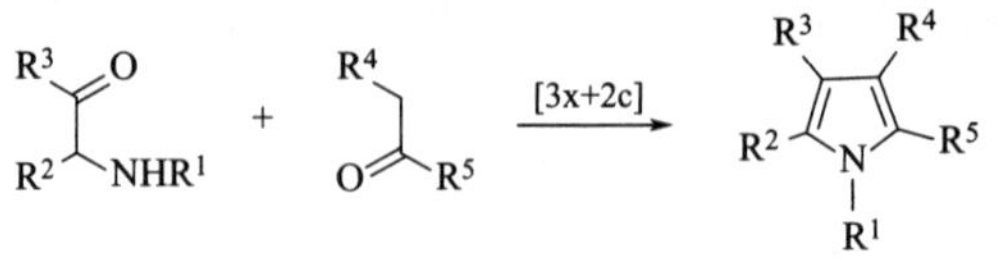

(7.89)

除此之外，α- 卤代醛（酮）和 β- 酮基羧酸酯与伯胺的缩合反应也可得到五元杂环，如韩奇反应（Hantzsch reaction）得到吡咯，Feist-Bénery 反应得到呋喃［式（7.90）］。

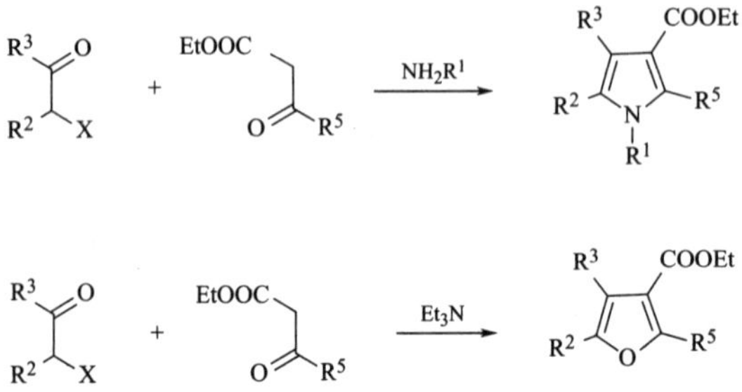

(7.90)

α- 氯代丙基酮与乙酰乙酸酯在乙醇钠的作用下，先发生活泼亚甲基的烷基化反应，然后成环得到 2, 5- 二甲基呋喃乙酸酯［式（7.91）］。

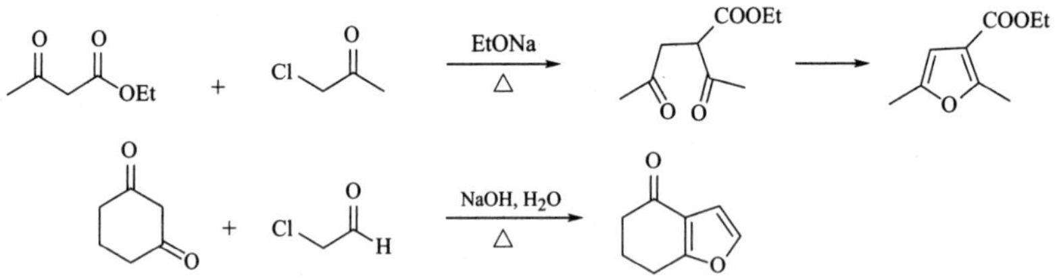

(7.91)

另外，α- 羟基酮和炔二酸酯的缩合反应可以得到呋喃环系，如反应式（7.92）所示。

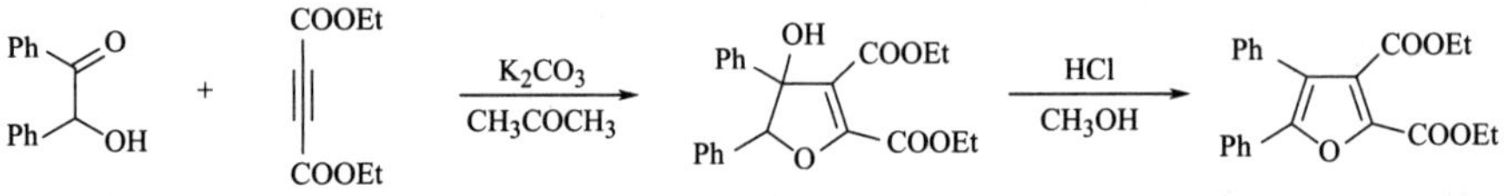

(7.92)

α, β- 不饱和醛（酮）和 α- 氨基酸酯的缩合反应可以得到吡咯环系，如反应式（7.93）所示。

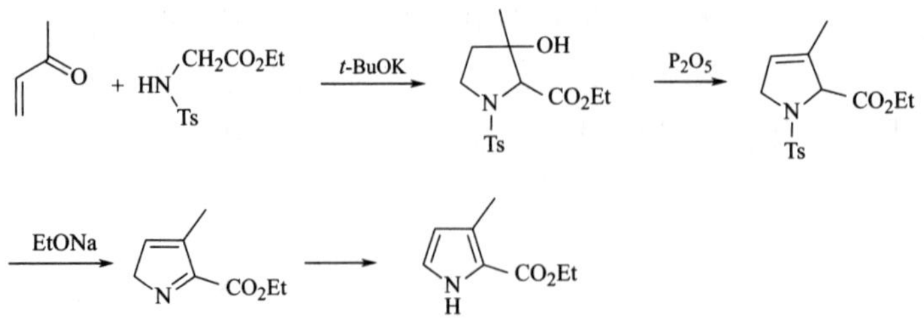

(7.93)

7.4.1.2 ［1+4］环加成（［1+4］cycloaddition）

［1+4］环加成反应指杂原子或含杂原子的官能团与含 4 个碳原子的链状化合物发生环化反应，这是合成单杂原子不饱和五元环的重要方法。合成方法示意如式（7.94）。

（7.94）

式中 4c 组分为丁烯、丁二烯、丁二炔、丁烷、丁二酸盐、丁二醇，以及各种 1, 4- 二羰基化合物。

帕尔 - 克诺尔反应（Paal-Knorr reaction），即各种类型的 1, 4- 二羰基化合物的环加成反应。该反应的产率高，条件温和，是合成各种类型吡咯、呋喃和噻吩环的重要方法，其机理如式（7.95）所示。

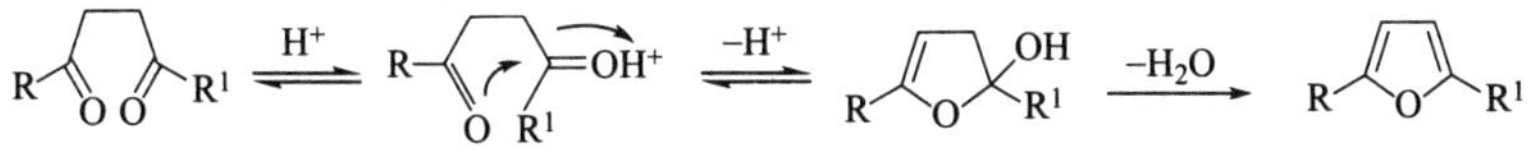

（7.95）

反应示例如式（7.96）所示。

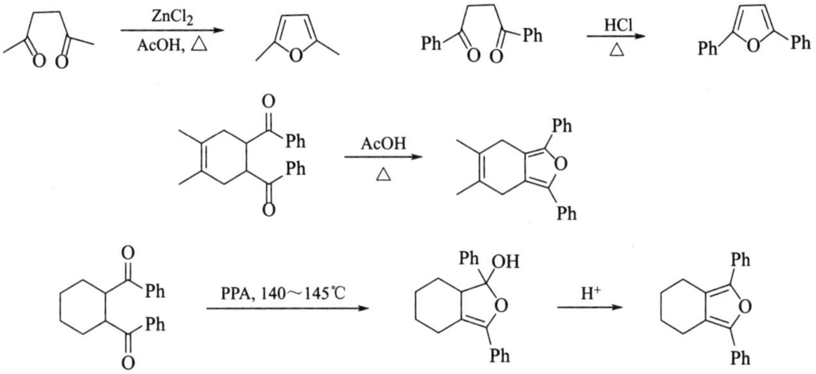

（7.96）

1, 4- 二羰基化合物与氨、碳酸铵、伯胺、芳胺、肼及取代肼、氨基酸等都能发生环化反应，生成吡咯或取代吡咯，如反应式（7.97）所示。

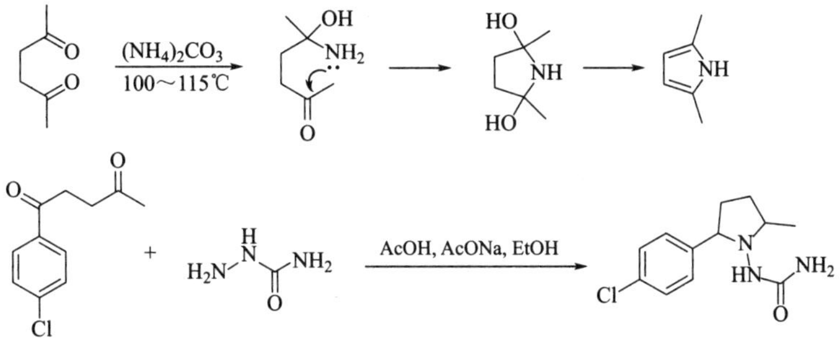

（7.97）

1, 4- 二羰基化合物（包括 γ- 羰基戊酸、丁二酸盐等）与 P_2S_5 反应，生成相应的噻吩，见反应式（7.98）。

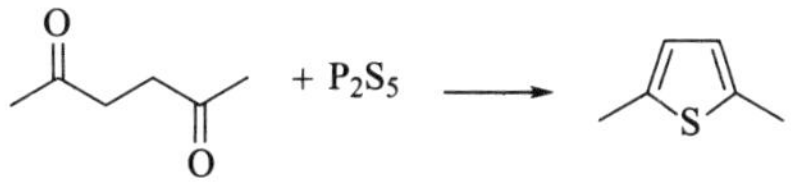

（7.98）

其他含四个碳原子的链状化合物与杂原子的环化反应，如二炔化物与 H_2S 在弱碱催化下环化，工业上制备相应的取代噻吩，见反应式（7.99）。

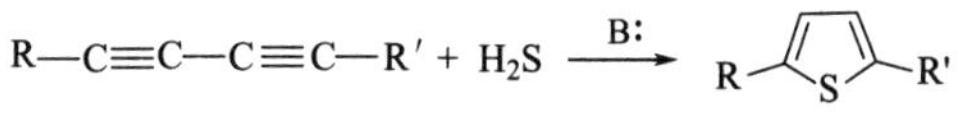

$$R—C\equiv C—C\equiv C—R' + H_2S \xrightarrow{B:} \text{2-R-5-R'-噻吩}$$ （7.99）

最后，值得一提的是佑尔业夫反应（Yurév reaction），它以氧化铝为催化剂，可以使呋喃、吡咯、噻吩的环系相互转化［式（7.100）］。

$$\text{呋喃} \underset{H_2O}{\overset{H_2S}{\rightleftharpoons}} \text{噻吩};\quad \text{呋喃} \underset{H_2O}{\overset{NH_3}{\rightleftharpoons}} \text{吡咯};\quad \text{噻吩} \underset{H_2S}{\overset{NH_3}{\rightleftharpoons}} \text{吡咯} \tag{7.100}$$

$$\text{呋喃} \underset{}{\overset{H_2Z,\ Al_2O_3,\ 400℃}{\rightleftharpoons}} [HO\text{–CH=CH–CH=CH–}ZH] \rightleftharpoons \text{含 Z 五元杂环}$$

7.4.1.3 咪唑合成 (Synthesis of Imidazole)

咪唑是含有两个氮杂原子的芳香族杂环化合物，与噁唑、噻唑同属 1, 3- 唑类。下面仅讨论咪唑环较为重要的合成方法。

乙二醛 - 甲醛 - 氨的环化反应：反应形成的手性咪唑羧酸钠可转换为多种重要手性咪唑衍生物［式（7.101）］。传统的由乙二醛 - 甲醛 - 氨反应形成咪唑环的方法有了许多改进和发展。

$$OHC\text{–}CHO + HCHO + NH_3 + NH_2\text{–}\overset{R}{C^*H}\text{–}COONa \longrightarrow \text{咪唑-1-基–}\overset{R}{C^*H}\text{–}COONa \tag{7.101}$$

异腈与伯胺、亚胺和腈等反应可顺利形成咪唑环。如 3- 溴 -2- 异腈基丙烯酸甲酯与伯胺在常温下的反应，对甲苯磺酰甲基异腈与亚胺在碱作用下的反应，见式（7.102）。

$$Br(R^2)C{=}C(CO_2Me)\text{–}\overset{+}{N}{\equiv}C^- + R^1NH_2 \xrightarrow{Et_3N,\ DMF} \text{4-}MeO_2C\text{-5-}R^2\text{-1-}R^1\text{-咪唑} \tag{7.102}$$

$$TsCH_2NC + R^1HC{=}NR^2 \xrightarrow{K_2CO_3} Ts(N^+{\equiv}C^-)C{=}C(R^1)\bar{N}R^2 \longrightarrow \text{5-}R^1\text{-1-}R^2\text{-咪唑}$$

α- 取代羰基化合物如 *α*- 卤代酮、*α*- 羟基酮和 *α*- 氨基酮可以与伯胺反应，再与甲酰胺环化，得到咪唑环系，如反应式（7.103）所示。

$$R^1COCH_2Br + R^2NH_2 \longrightarrow R^1COCH_2NHR^2 \xrightarrow{HCONH_2} \text{4-}R^1\text{-1-}R^2\text{-咪唑} \tag{7.103}$$

咪唑环系

另外，*α*- 氨基缩醛与酰胺或亚氨基醚进行缩合环化反应也可形成咪唑环。如 *α*- 氨基缩醛与酰胺的缩合环化反应［式（7.104）］。

$$(R^1O)(OR^1)CH\text{–}CH_2NH_2 + RCONH_2 \xrightarrow{130\sim300℃} \text{2-R-1H-咪唑} \tag{7.104}$$

再如 α- 氨基缩醛与亚氨基醚的缩合环化反应［式（7.105）］。

CH_3O OCH_3 NH_2 + NH CH_3O CH_2Cl ⟶ CH_3O OCH_3 NH NH CH_2Cl $\xrightarrow{HCOOH}$ N N H CHO （7.105）

7.4.2　六元杂环的合成 (Synthesis of six-membered heterocycle)

7.4.2.1　吡啶合成 (Synthesis of pyridine)

吡啶早期主要从煤焦油的分馏中得到。随着石油工业的发展，吡啶及其取代衍生物主要是以石油产品为原料，通过合成方法制备的。韩奇吡啶合成（Hantzsch pyridine synthesis）采用 1, 3- 二羰基化合物与氨的缩合环化，反应式如式（7.106）所示。

O MeO O + R H O + O OMe O NH_3 $\xrightarrow{r.t., 4d}$ O R H O MeO N OMe （7.106）

二氢吡啶环系

应用的例子如心脏病的治疗药物硝苯地平的合成［式（7.107）］。

2 O O OEt + NH_3 + CHO NO_2 ⟶ MeOOC NO_2 COOMe N H $\xrightarrow{[O]}$ MeOOC NO_2 COOMe N （7.107）

Hantzsch 反应的反应原理具有普适性。以各种不同的羰基化合物为原料按相似的反应机制，建立多种合成吡啶环系的方法，如反应式（7.108）所示。

O Ph H + O O + COOEt O $\xrightarrow[NH_4OAc, EtOH]{Yb(OTf)_3(5mol\%)}$ O Ph COOEt N H

CHO NH_2 + O OEt O $\xrightarrow[CH_3COONH_4]{(C_2H_5)_3N}$ [O OEt H_2N O] ⟶ O OEt N

O H H + O O OEt $\xrightarrow{(C_2H_5)_3N}$ O O OEt $\xrightarrow{\text{O O OEt}}$ O O EtO OEt O O （7.108）

$\downarrow NH_3$

O O EtO N OEt $\xleftarrow{[O]}$ O O EtO N H OEt ⟵ O O EtO OEt NH_2 O

采用 1, 3- 二羰基化合物另一较为有用的方法是瓜列斯基 - 索普缩合反应（Guareschi-Thorpe condensation），是氰基乙酸乙酯和 β- 二酮在氨的存在下缩合生成 2- 吡啶酮的反应［式（7.109）］。

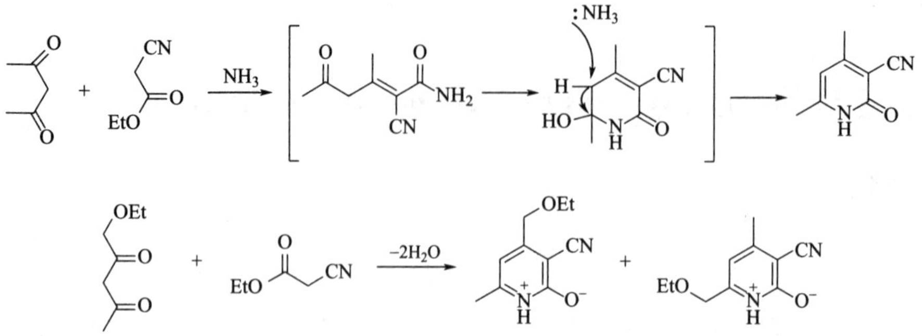

（7.109）

1, 5 - 二羰基化合物与氨的缩合环化也可以构建吡啶环，反应见式（7.110）。

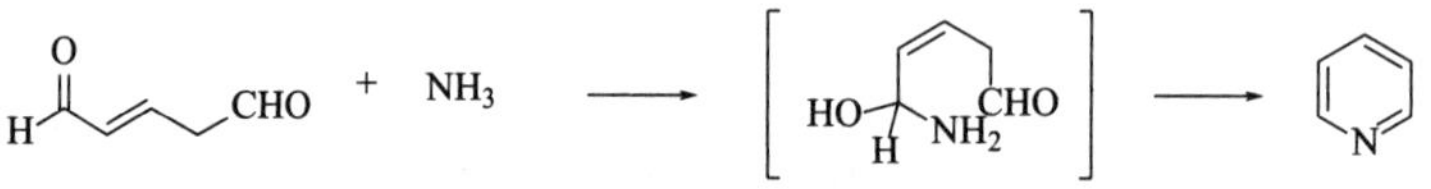

δ-氨基羰基化合物

（7.110）

另外，扩环重排合成法也是合成吡啶的重要方法，其内容是含氮的三元环或五元环经分子内重排，扩大环生成六元吡啶环系。带有烯丙基侧链的氮杂环丙烯分子内重排环化［式（7.111）］。

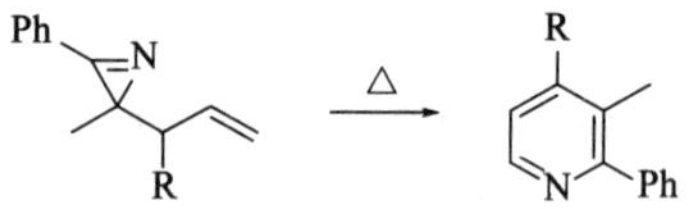

（7.111）

带有烯丁基侧链的氮杂环丙烯分子内重排环化，如反应式（7.112）所示。

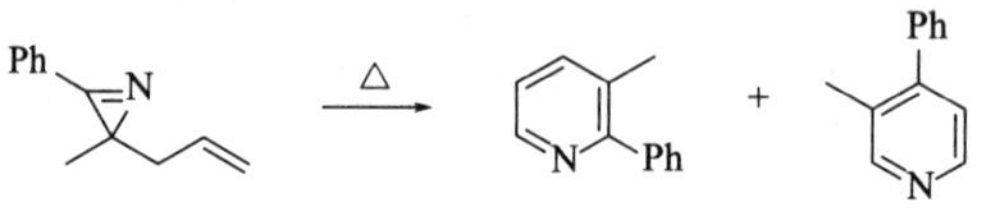

（7.112）

7.4.2.2 嘧啶的合成 (Synthesis of pyrimidine)

以 1, 3- 二酮为原料分别与脒、尿素、硫尿及胍类化合物发生缩合反应，可以生成相应的 2, 4, 6 三取代嘧啶、2- 嘧啶酮、2- 硫代嘧啶酮和 2- 氨基嘧啶衍生物，见式（7.113）。

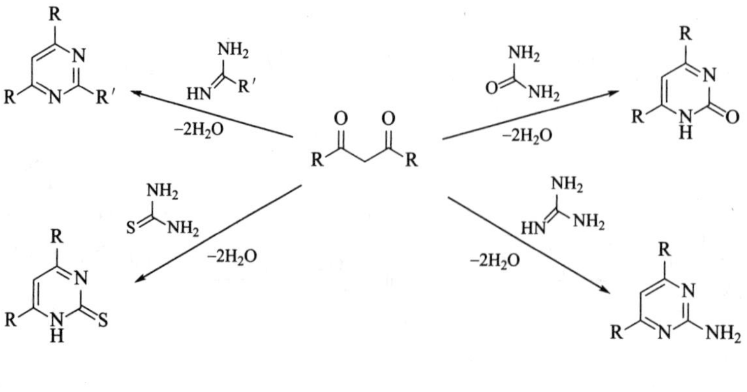

（7.113）

7.4.3 六元稠杂环化合物的合成 (Synthesis of six-membered fused heterocyclic compound)

苯并稠合化合物环化作用中，通常是以邻二取代苯为原料采用综合等方法来实现闭环，如式（7.114）所示。

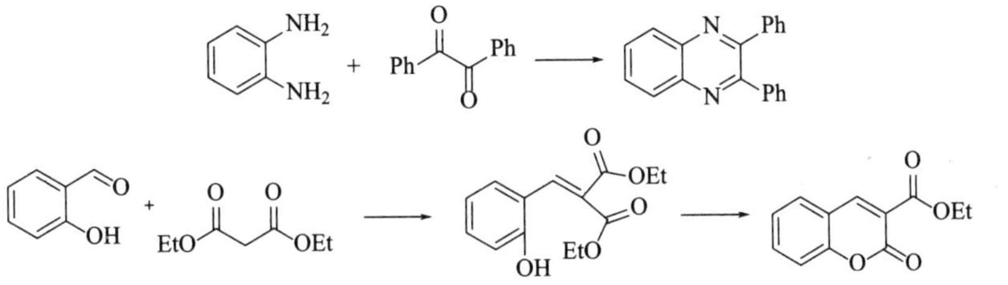

（7.114）

如苯环上仅有一个取代基，闭环则通过亲电的芳香取代，常为傅-克反应或相关类型的反应来完成，如式（7.115）所示。

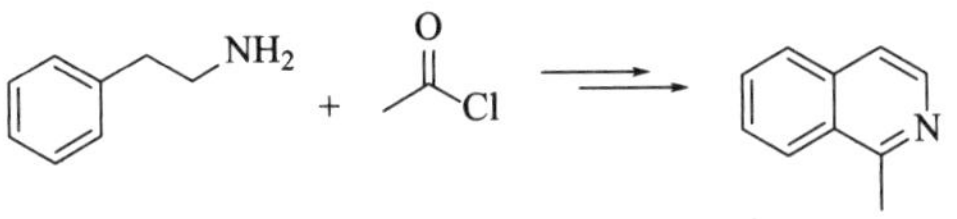

（7.115）

7.4.3.1 吲哚的合成 (Synthesis of indole)

芳香腙在酸性催化剂的影响下受热，经一系列缩合、重排生成吲哚，称为 Fischer 吲哚合成［式（7.116)］。常用酸性催化剂：多聚磷酸、三氟化硼、氯化锌等。

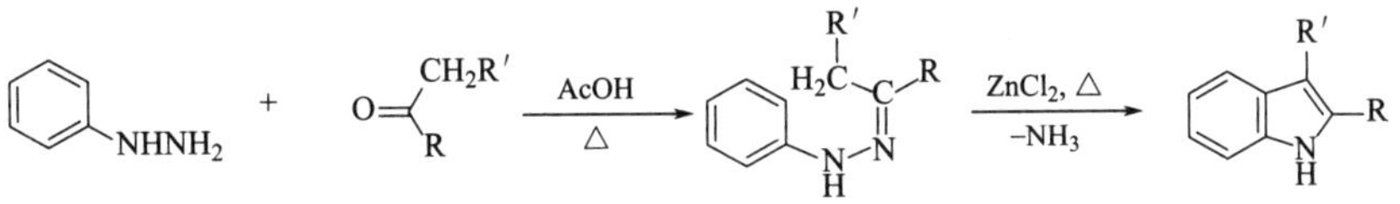

（7.116）

Fischer 吲哚合成反应机理见式（7.117）。

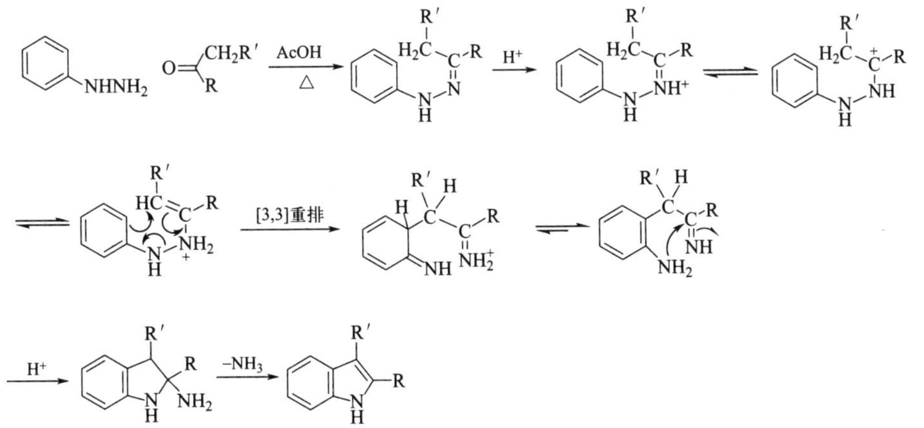

（7.117）

反应示例见式（7.118）。

NH_2 + O, CN, COOEt —AcOH, 5h, △→ N, CN, COOEt (7.118)

7.4.3.2 喹啉的合成 (Synthesis of quinoline)

苯胺、甘油、硝基苯、硫酸铁、硫酸共热时引起剧烈的放热反应产生喹啉(quinoline)，称为 Skraup 喹啉合成法。其他 α, β- 不饱和醛或酮一般情况下不易生成聚合物，可直接使用 [式 (7.119)]。

NH_2 + OH, OH, OH —$C_6H_5NO_2$ / 浓H_2SO_4→ N

CH_3, NH_2 + O —$FeCl_3$, $ZnCl_2$ / EtOH, △→ CH_3, CH_3, N (7.119)

另外，Skraup 喹啉合成反应过程是一组衔接良好、配合完善的“一锅法”连续反应，反应容易，产率较高。用取代芳胺代替苯胺，可制备喹啉衍生物 [式 (7.120)]。

HO, OH, OH —H_2SO_4 / △→ $H\overset{+}{O}$ —H_2N-Ph→ OH, $\overset{+}{N}H_2$ ⇌ O, $\overset{+}{N}H_2$ → $\overset{+}{O}H$, N, H → H, OH, $\overset{+}{N}$, H → H, $\overset{+}{O}H_2$, H, $\overset{+}{N}$, H → N, H —[O]→ N (7.120)

Friedlander 合成法是在大量酸和碱的催化下，邻氨基芳香醛或邻氨基芳香酮与含 α-CH_2 的羰基化合物发生环缩合反应，得邻氨基肉桂酰衍生物，其在催化剂的作用下，通过环化得喹啉衍生物 [式 (7.121)]。

O, NH_2 + O —$SbCl_3$ / CH_2Cl_2→ N

CHO, NH_2 + O, NBn —NaOMe, EtOH / 回流, 3h→ N, NBn 90%

H, O, NHBu-t + O, N, O, OBn —AcOH, 100℃→ N, N, O, OBn 88% (7.121)

Combes 喹啉合成法亦是重要合成方法，其主要是在酸的作用下，苯胺与 1, 3- 二羰基化合物在加热条件下生成高产率的 β- 氨基烯酮，其在酸性条件下闭环脱水形成喹啉衍生物［式（7.122）］。

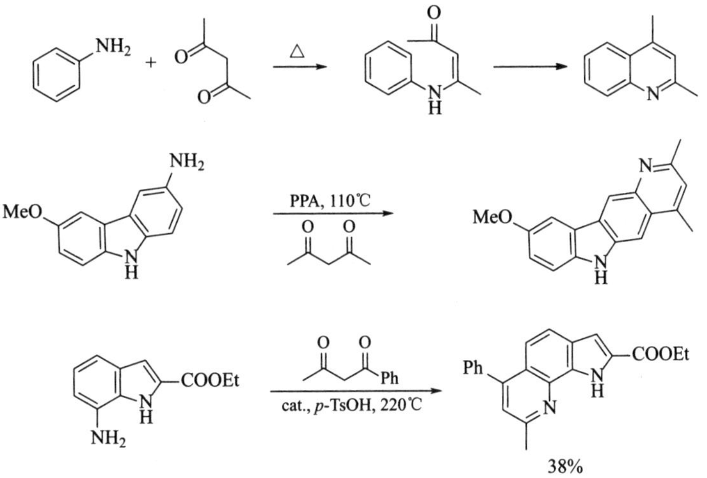

(7.122)

本章小结 (Summary)

1. 大多数环化反应是对前几章所述亲电 - 亲核试剂相互作用的简单的分子内反应，也就是烷基化反应、酰基化反应（如狄克曼反应）、缩合反应、亲电芳香取代反应（如傅 - 克反应）和共轭加成反应（如迈克尔加成）等的一种变形。从逆合成分析策略来讲，环化有两种途径：一是通过非环前体分子内反应实现单边环化，二是通过两个或多个非环片段的分子间反应实现双边或多边环合前体单边环化。
2. 生成中等和大环的环化常需要高度稀释的技术，桥基（可以被断裂除去的）的存在将会有助于大环的形成。
3. D-A 反应和 1, 3- 偶极环加成是周环反应或对称控制反应的例子，涉及 π 电子体系之间通过环状过渡态以协同方式进行的相互作用，即一个反应物的最高占据分子轨道（HOMO）和另一个反应物的最低未占据分子轨道（LUMO）之间相互作用。他们常常具有高度的区域选择性和立体选择性。另外，常见合成三到六元环的环加成方法，包括 Diels-Alder 反应、Robinson 环化反应、偶极环化反应等。
4. 对于大多数环化反应的可行性，可以采用巴德文规则来进行预测。熟练用 Baldwin 规则判断和预测环化反应，并熟悉阴离子环化反应、阳离子环化反应、自由基环化反应。
5. 熟悉芳香杂化的合成方法。如 Paal-Knorr 反应合成五元杂环、Hantzsch 反应合成吡啶杂环、Fischer 吲哚合成法、Skraup 喹啉合成法等。

1. Most of cyclization reactions are a variant of the simple intramolecular reactions of the electrophilic-nucleophilic reagent interactions described in the previous chapters, namely alkylation reaction, acylation reaction (such as Dieckmann reaction), condensation reaction, electrophilic aromatic substitution reaction (such as Friedel-Crafts reaction), conjugate addition reaction (such as Michael addition), etc. In terms of reverse synthesis analysis

strategy, there are two ways to understand cyclization: one is to realize unilateral cyclization through intramolecular reaction of acyclic precursors, and the other is to realize unilateral cyclization of bilateral or multilateral cyclization precursors through intermolecular reaction of two or more acyclic fragments.

2. The formation of medium and large rings often requires highly diluted techniques, and the presence of bridge bases (which can be broken off) will contribute to the formation of large rings.
3. D-A reactions and 1-3 dipolar cycloadditions are examples of pericyclic or symmetrically controlled reactions involving synergistic interactions between π electron systems via cyclic transition states, interactions between the highest occupied molecular orbit (HOMO) of one reactant and the lowest un-occupied molecular orbit (LUMO) of another. They often have high regioselectivity and stereoselectivity. In addition, the common synthesis of 3-6 cycloaddition methods include Diels-Alder reaction, Robinson annulation reaction, dipole cyclization reaction.
4. For the feasibility of most such cyclization reactions, we can use the Bardven rule to predict that in some cases. Skilled with Baldwin rules to judge and predict cyclization reaction, and familiar with anionic cyclization reaction, cationic cyclization reaction, free radical cyclization reaction.
5. Familiar with the synthesis of aromatic hybridization. Such as Paal-Knorr reaction to synthesize five-membered heterocycles, Hantzsch reaction to synthesize pyridine heterocycles, Fischer indole synthesis, Skraup quinoline synthesis, etc.

重要专业词汇对照表 (List of important professional vocabulary)

English	中文	English	中文
cyclization reactions	环化反应	ring exchange reaction	环交换反应
acyclic precursor	非环前体	entropy effect	熵效应
stereoelectronic effect	立体电子效应	syn addition	顺式加成
anion cyclization	阴离子环化	diene	双烯体
cationic cyclization	阳离子环化	dienophile	亲双烯体
free radical cyclization	自由基环化	regioselectivity	区域选择性
concerted reaction	协同反应	alicyclic ring	脂环
stepwise reaction	分步反应	aromatic ring	芳环
ring-enlargement reaction	扩环反应	heterocycle	杂环
Baldwin rule	巴德文规则	D-A cycloaddition reaction	D-A 环加成反应

重要概念英文导读 (English reading of important concepts)

7.1 Baldwin rules in organic chemistry are a series of guidelines outlining the relative advantages of cyclization reactions in alicyclic compounds. They were first proposed by Jack Baldwin in 1976. The rate of cyclization reactions is largely influenced by how easily the orbitals can interact and overlap at the reacting parts of the molecule. The empirical rule that summarizes the relative rates of various cyclization types is known as Baldwin rules. This set of rules is applicable to most reactions including nucleophilic, electrophilic and free radical reactions.

7.2 In Baldwin' s terminology, cyclization reactions are classified according to three criteria: (i) the size of the ring being formed; (ii) whether the atom or groupY lies outside the ring being formed or else is part of the ring system, and (iii)whether the electrophilic carbon adopts an sp, sp^2 or sp^3 hybridization.

7.3 Cyclization reactions is also called ring formation reactions. The most common cyclization reactions are those in which a nucleophilic atom interacts with an electrophile. Therefore, the predominant reaction types are as follows:anionic cyclization reaction, cationic cyclization reaction, free radical cyclization reaction.

7.4 The [4+2] cyclization of a diene and alkene to form a cyclohexene derivative is known as Diels-Alder cycloaddition (D-A cycloaddition). Reports of such cyclizations were made by H. Wieland, W. Albrecht, Thiele, H. Staudinger, and H.V. Euler in the early 1900s, but the structures of the products were misaligned. It was not until 1928 when O. Diels and K. Alder established the correct structure of the cycloadduct of *p*-quinone and cyclopentadiene. Since its discovery, D-A cycloaddition has become one of the most widely used synthetic tools. The diene component is usually electron rich, while the alkene (dienophile) is usually electron poor and the reaction between them is called the normal electron-demand D-A reaction. When the diene is electron poor and the dienophile is electron rich, then an inverse electron demand D-A cyclization takes place. Besides alkene, substituted alkyne, benzyne, and allene are also good dienophiles.

7.5 The process involves the interaction of a 4π-electron system (diene) and a 2π-electron system (monoolefin, as it is often called dienophile), and so the overall reaction is a [4+2] cycloaddition.

7.6 Robinson annulation was initially introduced by Robert Robinson in 1935 as an approach to construct a six membered ring by formation of two novel C—C bonds. This approach employs a methyl vinyl ketone and a ketone for making an α, β-unsaturated ketone in a cyclohexane ring via a Michael addition with a subsequent aldol condensation reaction. This method is one of the main reactions to produce compounds having fused rings. It is also employed for construction of polycyclic compounds bearing six-membered rings, such as steroids. The word "Annulations" viewpoints for "creating ring" . The construction of cyclohexenone and its derivatives is significant due to their usage in the formation of various naturally occurring compounds and other stimulating organic compounds, for example steroids and antibiotics. Remarkably, the construction of cortisone has been accomplished by using the Robinson annulation as the key step.

习题 (Exercises)

7.1 推测下列化合物环加成时的产物结构，并用 Baldwin 规则表示。

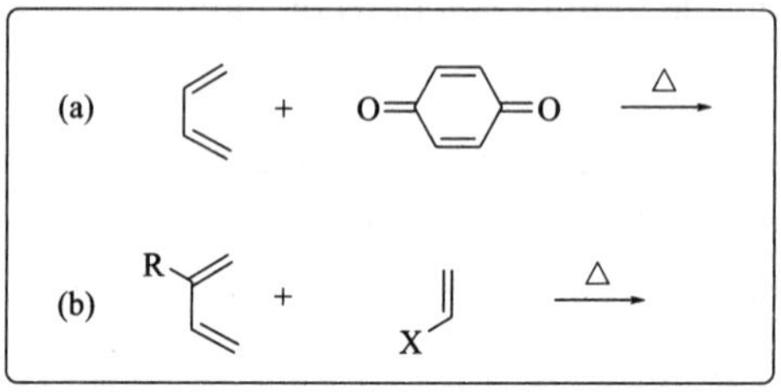

(a) + O=⟨⟩=O $\xrightarrow{\triangle}$

(b) R + X $\xrightarrow{\triangle}$

7.2 Synthesis these compounds by this chapter's cyclization reaction.

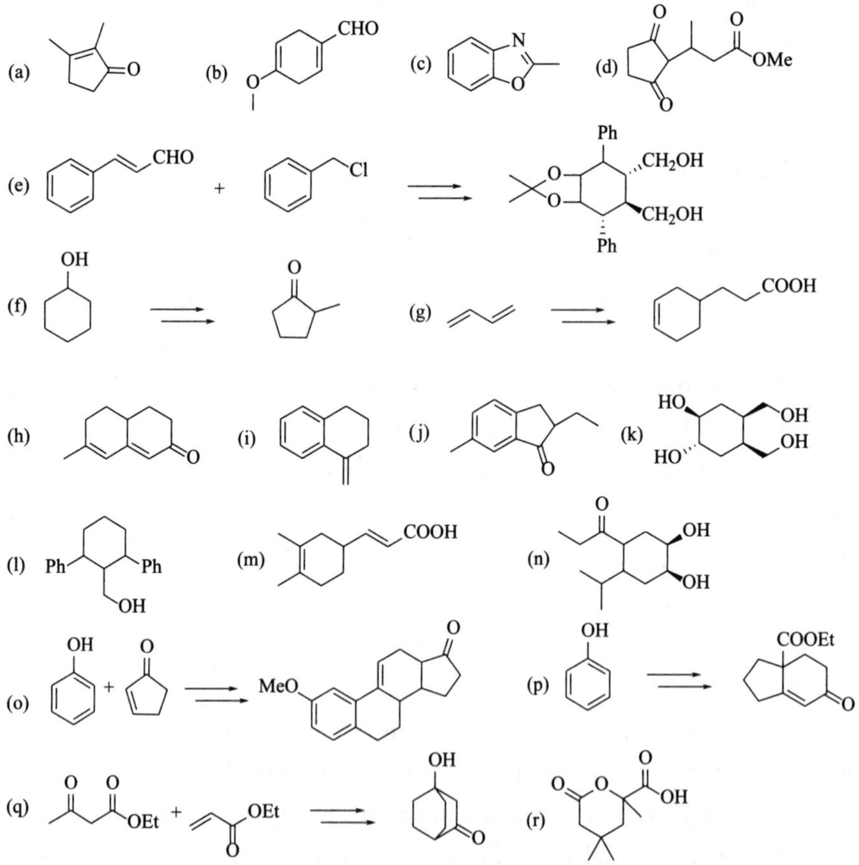

(a) O (b) CHO O (c) N O (d) O O OMe O

(e) CHO + Cl ⟶ Ph O O CH$_2$OH CH$_2$OH Ph

(f) OH ⟶ O (g) ⟶ COOH

(h) O (i) (j) O (k) HO OH OH HO

(l) Ph Ph OH (m) COOH (n) O OH OH

(o) OH + O ⟶ MeO O (p) OH ⟶ COOEt O

(q) O O OEt + OEt O ⟶ OH O (r) O O O OH

参考文献与课后阅读推荐材料 (References and recommended materials for reading after class)

1. Mackie R K, Smith D M, Aitken R A. Guidebook to organic synthesis. 北京：世界图书出版公司 , 2001.
2. Carruthers W. Some modern methods of organic synthesis.3nd ed. 北京：世界图书出版公司 , 2004.
3. Stuart W, Paul W. Organic synthesis：The disconnection approach. 2nd ed. Hoboken: Wiley, 2008.
4. Colquhoun H M, Holton J, Thompson D J, et al. New pathways for organic synthesis. New York: Plenum Press, 1984.
5. Nicolaou K C, Snyder S A, Montagnon T, et al. The Diels-Alder reaction in total synthesis. Angewandte Chemie International Edition, 2002, 41(10): 1668-1698.
6. Gilmore K, Alabugin I V.Cyclizations of alkynes: Revisiting Baldwin' s rules for ring closure. Chemical Reviews, 2011, 111(11): 6513-6556.
7. Eftekhari-Sis B, Zirak M, Akbari A. Arylglyoxals in synthesis of heterocyclic compounds. Chemical Reviews, 2013, 113(5): 2958-3043.
8. Heravi M M, Alipour B, Zadsirjan V, et al. Robinson annulation applied to the total synthesis of natural products. Asian Journal of Organic Chemistry, 2023, 12(3): e202200668.
9. 方凯 , 林国强．Prins 成环反应研究最新进展．上海师范大学学报 (自然科学版), 2004, 3(1): 1-14.
10. 熊兴泉 , 陈会新．Diels-Alder 环加成点击反应．有机化学 , 2013, 33(7): 1437-1450.
11. 徐俐 , 范龙涛 , 王萌斐 , 等．Skraup 反应合成喹啉的研究进展．精细石油化工 , 2020, 37(3)：65-69.

第8章 有机合成中的保护基

(Protecting groups in organic synthesis)

8.1 保护基的基础知识 (Basic knowledge of protecting groups)

在合成反应中，常常需要在一个反应中心进行转换，而在另一个位置保持不变。为了达到这一目的，通常采用两种主要的方法来实现。其一，是大多数情况下首选的策略，即在其他章节中已经提到过的方法，包括精心挑选高选择性的试剂、优化并选择恰当的反应条件。其二，就是本章将要详细说明的方法，包括在不希望发生反应的位置上进行暂时性的结构修饰，从而使得当在其他位置上发生反应时，该位置的官能团不会受到影响而保持不变，当整个反应结束后，原来的官能团能够很容易地再生出来。将这种用以改变官能团并起保护作用的基团称为保护基（protecting group）（英文导读 8.1）。

选择理想的保护基时须考虑以下因素（英文导读 8.2）：

① 保护基的供应来源的便利性，包括其经济性，这一点在工业原料的制备上尤为重要。

② 保护基必须能容易地进行保护，通俗地说就是“上保护基”要方便。

③ 保护基的引入对化合物的结构不致增加过多的复杂性，例如保护中忌讳产生新的手性中心，例如四氢吡喃基醚（OTHP）和乙氧乙基醚（OEE）都是产生手性的保护基。

④ 保护后的化合物要在以后进行的反应和后处理过程中具有较高容忍性，即保护过程中要稳定。

⑤ 保护以后的化合物对分离、纯化、各种色谱技术要稳定。

⑥ 保护基在高度专一的条件下能选择性、高效率地被除去，去保护过程的副产物和产物能容易分离，通俗地说就是“脱保护基”也要方便。

有时会向已经保护官能团的分子中引入其他官能团，然后在合成的后来阶段再释放出该官能团，称之为潜在的官能团（latent function group）。

在现代合成化学中能否巧妙地设计和应用多种保护基往往是合成工作成败的关键之一。对于许多天然产物、药物分子和复杂化合物的合成，常常使用保护基进行选择性控制。然而，合成工作中进行保护基的引入和去除，必然增加合成步骤，这也是不符合原子经济性原则的一种无奈的选择。在设计合成路线时，如能做到不用或少用保护基，当然更好；如能将保护 - 去保护、反应 - 保护或去保护 - 反应等操作通过“一锅反应”（one-pot reaction）进行，也不失为一种选择。近年来，在合成复杂的多官能团化合物时，正交保护（orthogonal protection）的概念常常被广泛应用，其核心意义在于每一个所采用的保护基都分别需要不同的条件来去除，需要去除的特定的基团被脱去而不影响其他任何官能团。

8.2　羟基的保护 (Protection of hydroxyl group)

有机化合物，特别是碳水化合物上有许多活性羟基。羟基的保护和去保护对于碳水化合物等有机化合物的合成是重要的。羟基可以变成酯、醚、缩醛和缩酮等。碳水化合物单体上不同羟基的区域选择性保护是实施羟基保护中最为关键的问题，可以通过利用其细微的反应性差异和相对取向来区分它们，分别保护它们（英文导读 8.3）。

8.2.1　生成醚来保护羟基 (Protecting hydroxyl group by forming ether)

生成醚来保护羟基的保护基主要有甲醚（OMe）、苄基醚（OBn）、对甲氧基苄基醚（OPMB）、3, 4- 二甲氧基苄基醚（ODMB 或 ODMPB）、三苯甲基醚（OTr）、叔丁基醚和烯丙基醚等。通过转化生成相应的甲基或乙基醚来保护醇，是一个较为良好的保护方法。该基团的引入很容易，例如将卤代烷在碱存在下处理，所得到的醚在强碱和氧化试剂或者卤化试剂存在的条件下可以稳定地存在。然而，当考虑到保护基的除去时，需要使用进攻性强的试剂，如三氯化硼、三溴化硼或三甲基碘硅烷，这些试剂与许多其他可能存在的官能团不能共存。

因此，生成醚的保护基要求具有引入容易和稳定性好的优点，且其除去也应更为容易。对于除去苄基、对甲氧苄基、三苯甲基、叔丁基和烯丙基的典型方法，已经总结列于表 8.1 中。这些官能团几乎都是通过醇和合适的卤化物在碱的存在下进行反应而引入的，而叔丁基则是通过与 2- 甲基丙烯（异丁烯）和硫酸反应而引入的。

表 8.1　第一类醇的醚保护基（Ester protecting group of alcohol）

基团	结构	缩写	常规的脱除方法
苄基醚	$—OCH_2Ph$	—OBn	H_2，Pd/C 催化
对甲氧基苄基醚	$—OCH_2C_6H_4OCH_3$（*p*-）	—OPMB	DDQ 或 $Ce(NH_4)_3(NO_3)_6$①
三苯甲基醚	$—OCPh_3$	—OTr	CH_3COOH 或 CF_3COOH
叔丁基醚	$—OC(CH_3)_3$	—OBu（*t*-）	HCl 或 HBr 或 CF_3COOH
烯丙基醚	$—OCH_2CH{=}CH_2$	—	采用 $(Ph_3P)_3RhCl$②催化，接着用 Hg^{2+}、H^+

① 苄基在这些条件下不会受到影响。

② 将会导致异构化反应而生成烯醚 $OCH{=}CHCH_3$，其很容易被水解。

苄基醚的应用很广，可以经受许多温和的氧化反应，如 Swern 试剂、PCC、PDC、Jones 试剂、$NaIO_4$、$Pb(OAc)_4$，以及 $LiAlH_4$ 还原。苄基醚一般由 $PhCH_2Br$ 或 $PhCH_2Cl$ 与烷氧基负离子反应所得，如 $BnBr/NaH/Bu_4NI$。另外，$BnBr/Ag_2O/DMF$ 体系常被用于 α-羟基酯的保护，对易消除的 β- 羟基酯可以用酸性条件［式（8.1)］。

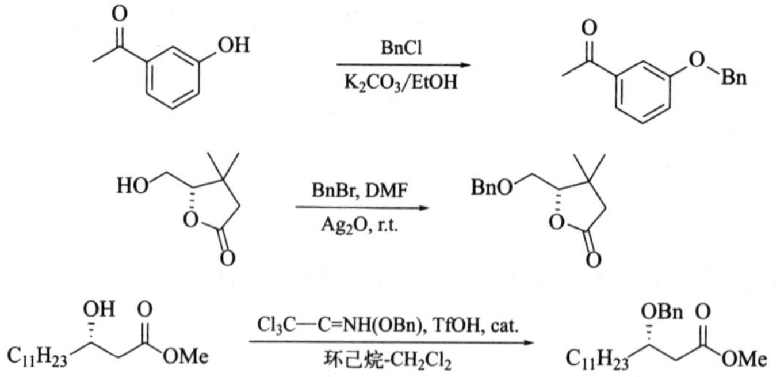

(8.1)

采用 BnBr/NaH 和低温条件可选择性实现伯醇的苄基化，仲醇不受影响，如式（8.2）所示。

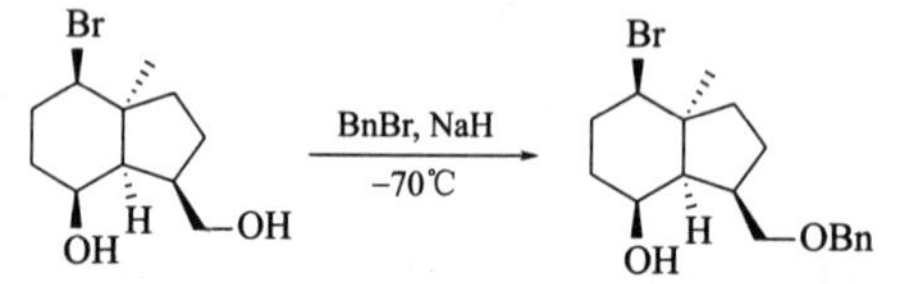

(8.2)

另外，苄基还可以在反应中由苄叉经 DIBAL 还原转化而来，一般苄基生成在仲羟基上，如式（8.3）所示。

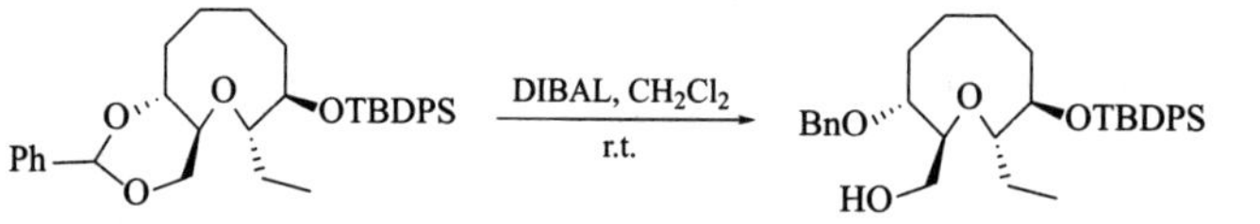

(8.3)

苄基在很多情况下用氢解的方式除去，10%Pd/C 是最常用的催化剂，另外 Raney 镍、Rh/Al_2O_3 也是常用的氢解催化剂。氢解的氢原子来源除了氢气外，还可以是环己烯、环己二烯、甲酸或甲酸铵等，见式（8.4）。

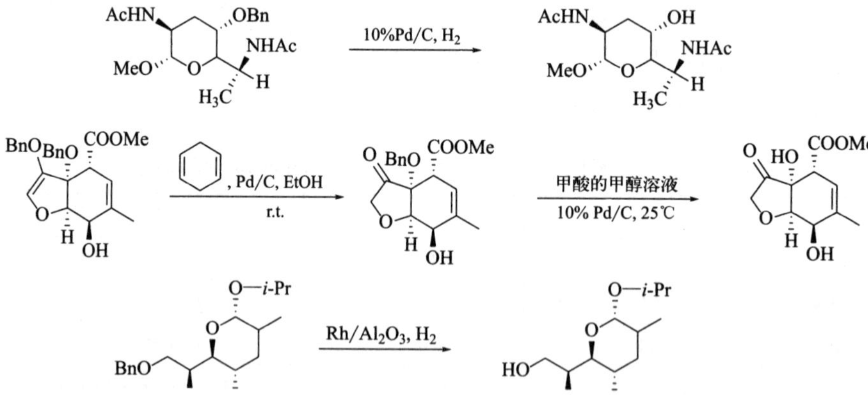

(8.4)

应用 Li（Na）/NH_3（l）还原也可迅速除去苄基保护，同时不影响双键。另外，Lewis 酸也被用以除去苄基保护，如 TMSI、$SnCl_4$、$PhSSiMe_3$-ZnI_2、BCl_3、$FeCl_3$ 等。

另一类醚保护基包括 OMOM（甲氧基甲基醚）、OMTM（甲硫基甲基醚）、OMEM（甲氧基乙氧基甲基醚）、OBOM（苄氧基甲基醚）和 OTHP（四氢吡喃基醚）等含氧醚。

除 THP 醚外，这类保护基的制备方法大体相同，一般用相应的氯化物或溴化物与醇负离子作用所得。如用 NaH 或 KH 作碱，反应一般在 THF 中进行，加料有先后次序，其反应是醇的碱金属盐与甲氧基甲基氯或 β- 甲氧基乙氧基甲基氯反应以缩酮或缩醛形式保护羟基，如式（8.5）所示。

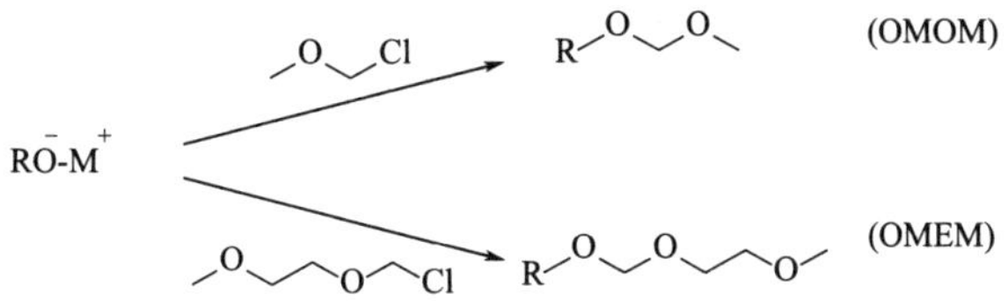

$$RO^-M^+ \xrightarrow{CH_3OCH_2Cl} R-O-CH_2-O-CH_3 \ (OMOM)$$

$$RO^-M^+ \xrightarrow{CH_3OCH_2CH_2OCH_2Cl} R-O-CH_2-O-CH_2CH_2-O-CH_3 \ (OMEM) \quad (8.5)$$

如用 i-Pr_2NEt 作碱，反应一般在二氯甲烷中进行，并可一次加料。

严格来讲，这些衍生物都是缩酮或缩醛，应该能在酸性条件下水解。MOM 可以采用稀酸除去，而 MTM 和 MEM 在这些条件下稳定，可以分别通过汞盐和路易斯酸来除去（表 8.2）。

表 8.2 第二类醇的醚保护基（Ether protecting group of alcohol）

基团	结构	缩写	常规的脱除方法
甲氧基甲基醚	$-OCH_2OCH_3$	—OMOM	HCl 或 CF_3COOH
甲硫基甲基醚	$-OCH_2SCH_3$	—OMTM	$HgCl_2$
甲氧基乙氧基甲基醚	$-OCH_2OCH_2CH_2OCH_3$	—OMEM	$TiCl_4$ 或 $ZnBr_2$
乙氧基乙基醚	$-OCH(CH_3)OC_2H_5$	—	CH_3COOH

MOM 还可以用 $H_2C(OMe)_2/P_2O_5/CHCl_3$ 体系完成引入。对于 MOM 的引入，建议在酸性条件下采用二甲氧基甲烷，而避免使用致癌的氯甲基甲醚，见式（8.6）。

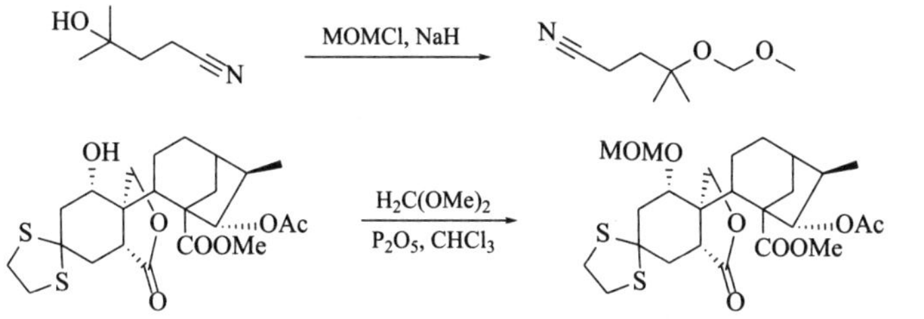

MOMCl, NaH

$H_2C(OMe)_2$ / P_2O_5, $CHCl_3$ （8.6）

MOM 醚对酸的稳定性不如前述的甲基醚、苄基醚，通常去保护可用盐酸的甲醇溶液或 THF-H_2O 溶液。如式（8.7）中的底物含三个保护基：甲氧基甲基、苄基和 O,O- 缩酮保护基。采用盐酸的甲醇溶液的温和条件，即可选择性去除甲氧基甲基而不影响另外两个保护基。

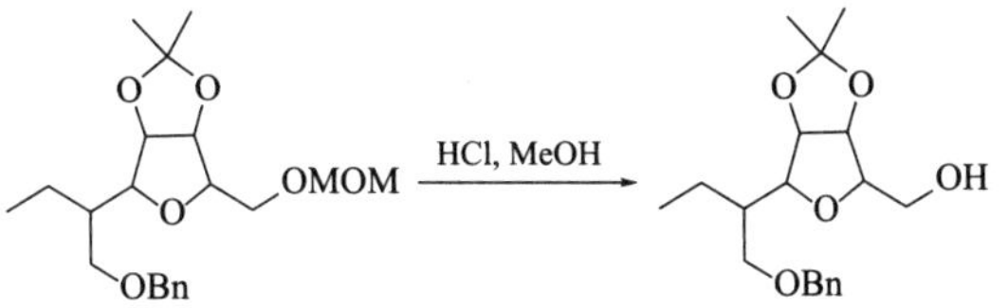

HCl, MeOH （8.7）

对于对碱敏感的底物，MEM 引入时可先制成季铵盐 $Et_3N^+MEMCl^-$，然后与醇反应，见式（8.8）。

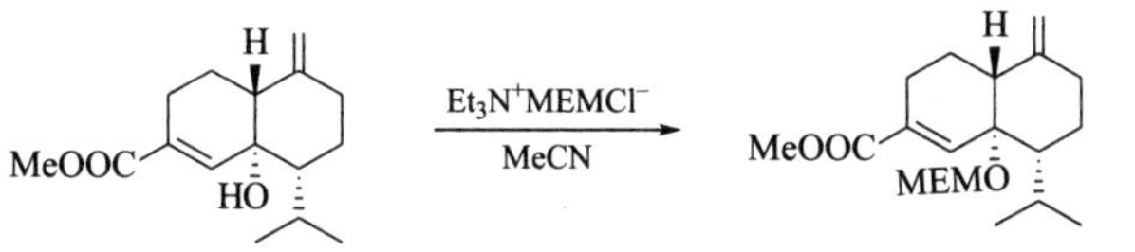

$Et_3N^+MEMCl^-$ / MeCN （8.8）

用二氢吡喃与羟基作用形成四氢吡喃醚（tetrahydropyranyl ether，简写为 THP 醚）是最早用来保护羟基的方法之一。它的保护和去保护都比较容易操作，形成的醚在不同酸碱条件下均非常稳定。THP 醚的制备与前面几种甲基醚有较大差别，酸催化伯、仲和叔醇与 3, 4- 二氢吡喃在二氯甲烷中反应，室温下生成相应的醚［式（8.9）］。DHP（**1**）为手性化合物，因此反应后会引入一个新的手性中心（**2**），相对来说，图谱也较为复杂。

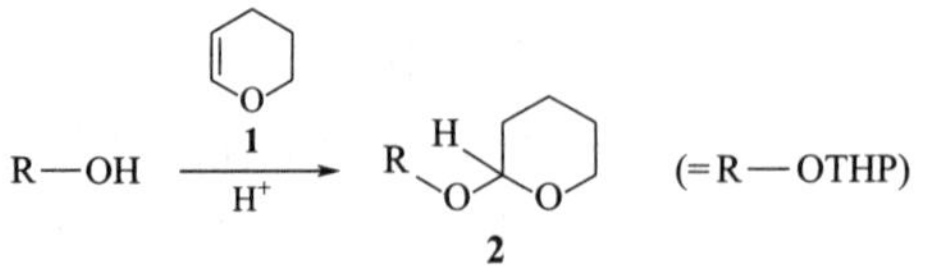

（8.9）

它一般在酸催化下形成，催化剂可以为 $POCl_3$、PTSA、TMSI 和 PPTS 等，PPTS 酸性比较温和，适应于许多底物，例如对环氧醇的保护，见式（8.10）。

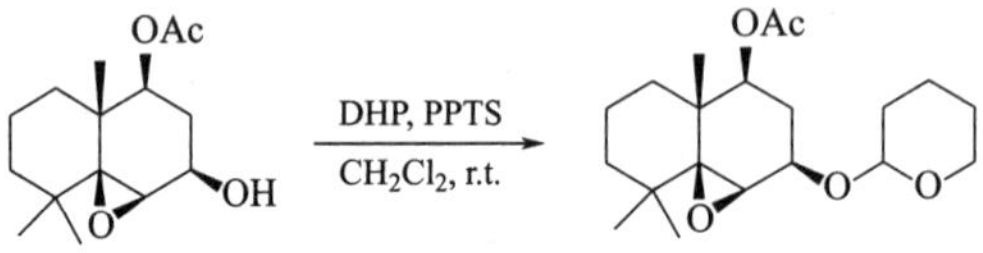

（8.10）

由 7- 溴 -1- 庚醇合成碳链增加的不饱和化合物，当选择端基炔作为原料时，醇羟基的保护是必要的，当完成反应后，在酸性水溶液中脱除保护基，如式（8.11）所示。

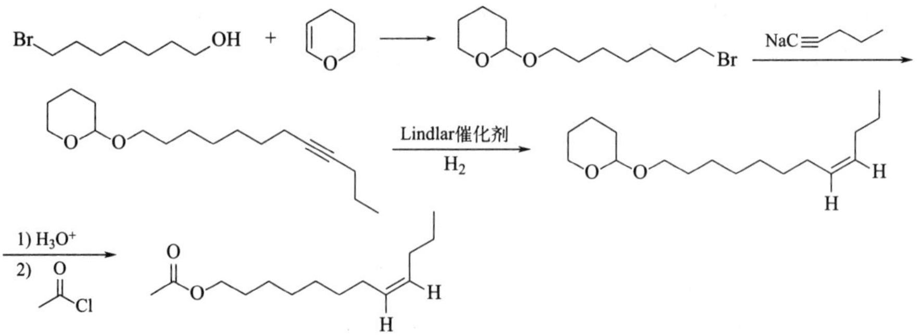

（8.11）

8.2.2 生成酯来保护羟基 (Protecting hydroxyl group by forming ester)

重要的保护醇的方法就是酯化反应。酯类保护基生成方法一般大同小异，由醇和相应的酸酐、酰氯在吡啶或三乙胺存在下，0 ～ 25℃下反应获得。如果反应过慢，可加入催化量的 4- 二甲氨基吡啶（4-dimethylaminopyridine，DMAP）来加速反应。在多羟基底物上，*t*-BuCOCl 可以选择性地保护伯羟基，见式（8.12）。

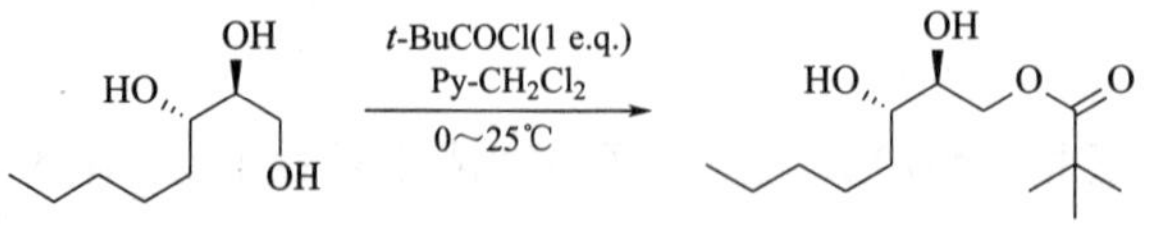

（8.12）

酯基可以通过在碱性介质中的水解除去，所需条件的严格程度具有足够的变化范围，可以提供各种有用的选择性除去。因此，乙酰基比三氟乙酰基更容易被除去，而苯甲酰基则很难以被除去；具有位阻的 2, 4, 6- 三甲基苯甲酰基在碱性条件下水解则很稳定，但对于其他没有可以被还原官能团存在的酯类化合物，则可以很容易通过氢化铝锂还原的方法而除去（表 8.3）。

表 8.3　生成酯保护醇（Generate ester protecting alcohol）

基团	结构	缩写	常规的脱除方法
乙酰基酯	$—OCOCH_3$	—OAc	碱，如 K_2CO_3
三氟乙酰基酯	$—OCOCF_3$	—	中强碱
三甲基乙酰基（特戊酰氯）酯	$—OCOC(CH_3)_3$	—OPiv	NaOH
苯甲酰基酯	—OCOPh	—OBz	NaOH 或 $(C_2H_5)_3N$
2, 4, 6- 三甲基苯甲酰基酯	$—OCOC_6H_2(CH_3)_3$	—OCOMes	$LiAlH_4$

天然产物香叶醇（**3**）转化为溴代醇（**4**）的反应涉及了以上几种保护醇的主要方法，见反应式（8.13）。需要注意的是，在这十步反应中有三步反应涉及保护基的引入，有三步涉及保护基的脱除，而只有四步涉及构建产物所需的反应。这种比例并不是典型的。整个方法看似笨拙，实则涉及碳骨架的部分降解和重新构建，以及在合适部位引入所需的官能团。

（8.13）

8.3　羧基的保护 (Protection of carboxyl group)

对于分子中羧基的保护问题，主要有两种方法被广泛应用。其一，形成容易获得的酯，例如甲酯和乙酯，偶尔也有形成酰胺的情况，并设计新的、温和的去保护条件，如果可能的话采用非水解的条件，以使底物分子中的其他酸或碱敏感基团可以存在。这种方法的主要优点是合成起始材料容易获得。其二，是设计在非水解条件下可去除的新型酯保护基团。它是指根据不同的化学原理（氧化、光解、氢解等）起作用的各种保护基团（英文导读 8.4）。

8.3.1 生成酯来保护羧基 (Protecting carboxyl group by forming ester)

可以采用与醇烷基化的相同形式来保护羧酸的羟基，该反应过程的产物是酯。酯化产物很容易在酸催化（acid catalysis）的条件下由适当的醇反应获得，如果需要的话，还可以采取更加温和的条件，如可以使用偶氮甲烷来形成甲酯［式（8.14)］。

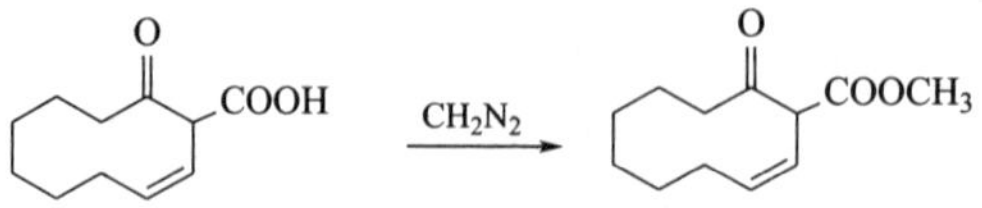

（8.14）

脱除常常可以通过酸性或碱性条件下的水解反应（hydrolysis reaction）来进行，但是在一些特殊例子中还可以使用一些其他方法，大部分与表 8.1 中所示的那些方法相类似。因此，苄基酯可以通过氢解反应（hydrogenolysis reaction）而被脱去，烯丙基酯可以通过铑参与调节的异构化（isomerization）反应而进行脱去等。MOM、MTM 和 MEM 都可以被用来保护羧基。一个具有特殊价值的基团就是 1,1,1- 三氯乙基的羧酸酯 $RCOOCH_2CCl_3$，该保护基可以通过锌在醋酸中的还原反应而在温和条件下被除去。

甲酯的优点是结构简单，位阻小，核磁共振谱简单，易于制备。甲酯的制备可以用传统的方法，但是对于氨基酸有一些有效的方法，如使用 Me_3SiCl 或 $SOCl_2$ 活化的酯化反应，反应中首先产生的 HCl 是酯化催化剂［式（8.15)］。

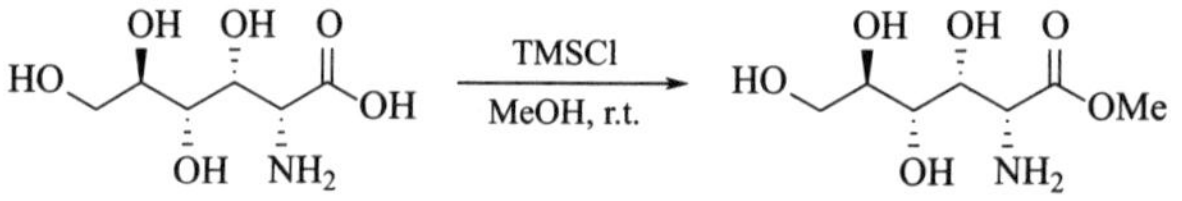

（8.15）

比较温和的反应条件还有使用 $KHCO_3$/MeI，有时也用到一些常见的相转移催化剂来促进反应，如式（8.16）所示。

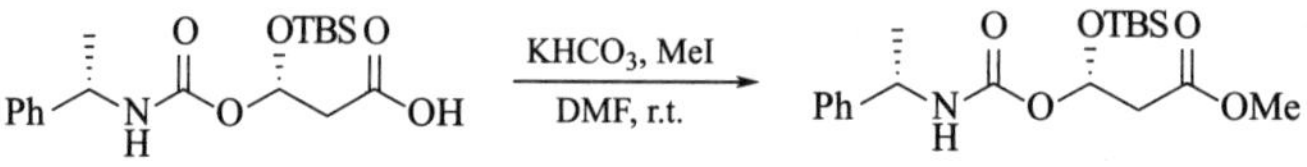

（8.16）

甲酯的脱除过程常常在 MeOH 或 THF 与水的混合溶剂中进行，使用 LiOH 等无机碱来完成［式（8.17)］。

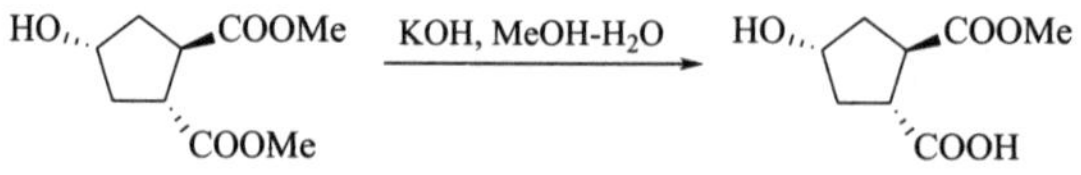

（8.17）

某些 Lewis 酸的使用也是一种重要的脱除方法，可以避免碱性条件下不宜反应的底物或产生副反应的情况，如溴化铝与硫醚组合常用于甲酯到羧酸的转化［式（8.18)］。

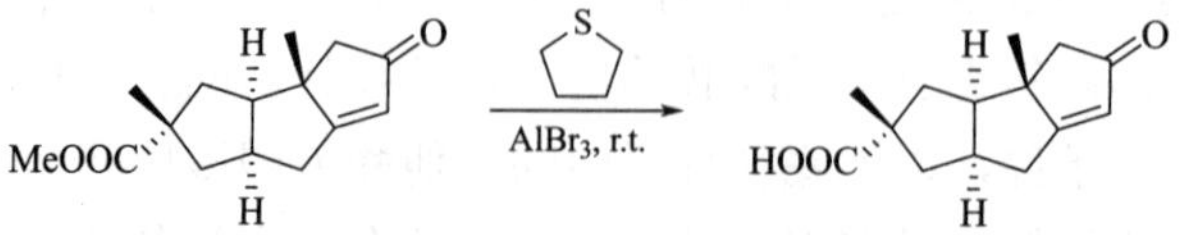

（8.18）

水解酶（amino lipase P-30）也是一种常见的脱除试剂，特别是在内消旋化合物的控制性水解方面有突出的优势，其产物通常具有很高的光学活性［式（8.19)］。

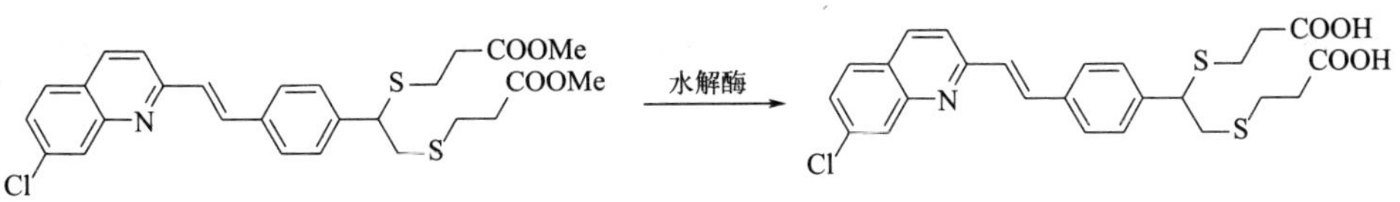

水解酶　（8.19）

叔丁基酯的制备方法有别于其他酯。经典的合成是酸催化条件下羧酸对异丁烯的加成反应，这是相当便宜的工艺流程，如反应式（8.20）所示。

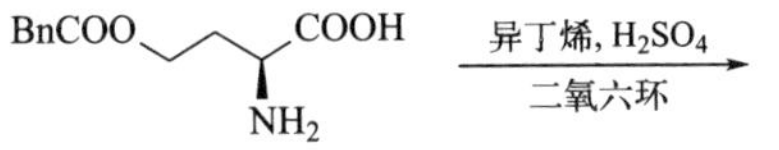

异丁烯, H_2SO_4 / 二氧六环　（8.20）

新的有效的保护试剂也不断地被开发出来，以满足各种不同的需要。*O*- 叔丁基 -*N*, *N'*- 二异丙基异脲（**6**）就是条件温和的试剂之一，反应一般用 BF_3OEt_2 催化完成［式（8.21）］。

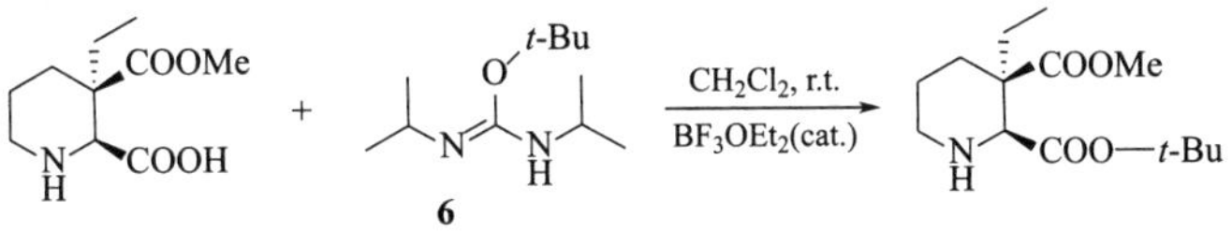

CH_2Cl_2, r.t. / BF_3OEt_2(cat.)　（8.21）

最常见的叔丁基酯的除去反应在 CF_3COOH（TFA）中进行，纯 TFA 或 TFA 与 CH_2Cl_2 的溶液在室温下分解。其他条件还有 TsOH 或甲酸在回流的苯中反应；温和一些的条件如醋酸在回流的异丙醇中效率也非常高［式（8.22）］。

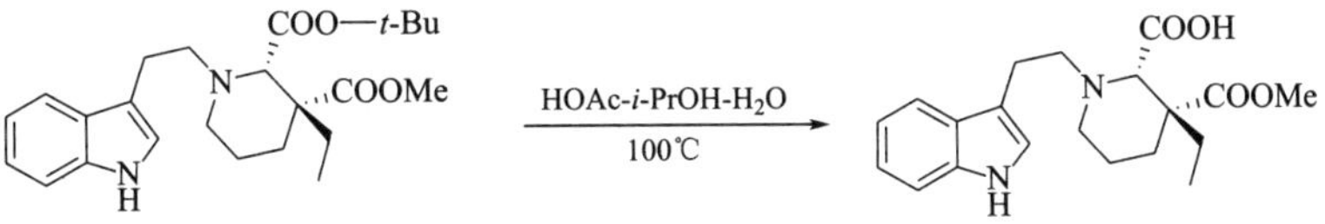

HOAc-*i*-PrOH-H_2O / 100℃　（8.22）

需要注意的是叔丁基酯分解产生的碳正离子具有强亲电性，可以与很多官能团发生反应，此时需要加入 PhSMe 或 Et_3SiH 等清除产生的正离子，称为清除剂（scavenger）。

MOM、MEM、BOM、MTM 和 SEM 等形成的酯被称作缩醛型酯，很容易高产率制备，亦很容易在各种条件下被温和地除去。保护和去保护的操作与醇的相应保护基类似，此处不展开讲述。

β- 取代的乙氧基类保护基的主要代表为 2, 2, 2- 三氯乙基酯等。它的制备基本上均采用羧酸与相应的 *β*- 取代的乙醇在 DCC 存在下缩合［式（8.23）］。

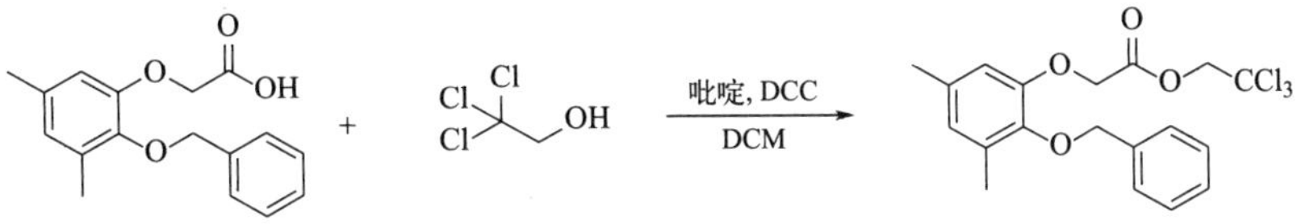

吡啶, DCC / DCM　（8.23）

但是除去保护基的方法略有不同，2,2,2- 三氯乙基酯的去保护反应主要采用化学还原方法，如在 Zn 的醋酸中的还原反应可以高效获得相应的羧酸［式（8.24）］。

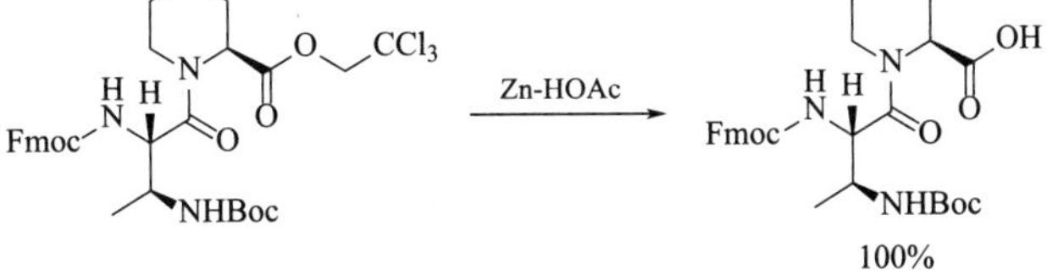

Zn-HOAc　100%　（8.24）

8.3.2 生成原酸酯来保护羧基 (Protecting carboxyl group by forming ortho ester)

传统的生成酯来保护羧基虽然可以免受常用碱的去质子化（deprotonation）作用，但对于要防止在强碱条件下形成烯醇酯，或防止有机金属试剂的亲核性进攻（nucleophilic attack），它们并不能提供任何保护。为达到此目的，形成环状酯就成为一种有价值的方法。通过将酸的酰氯和商业易得的环氧丙烷醇（**7**）处理得到简单的酯，通过采用三氟化硼乙醚化物处理可将该酯转化为原甲酸酯（**8**），该环状酯常常称为OBO酯。OBO酯（**8**）尽管对于有机锂试剂和格氏试剂来说可以稳定存在，但却很容易通过两步反应被除去。该过程见式（8.25）。

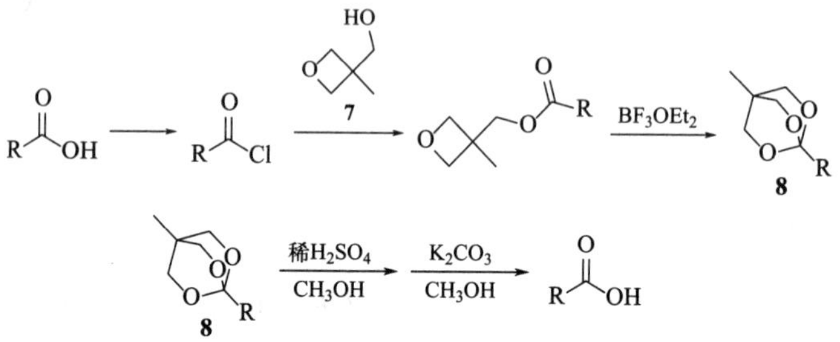

（8.25）

为了使底物能经受强亲核试剂的进攻，Corey等发展了这类原酸酯保护基。采用此类保护基不仅保护了羧酸中的羟基，而且保护了羰基。其应用如式（8.26）所示。

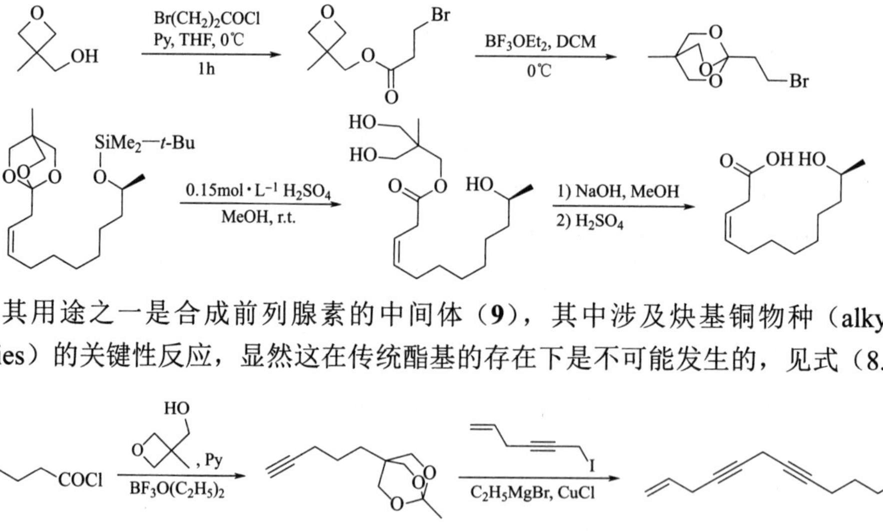

（8.26）

其用途之一是合成前列腺素的中间体（**9**），其中涉及炔基铜物种（alkynyl copper species）的关键性反应，显然这在传统酯基的存在下是不可能发生的，见式（8.27）。

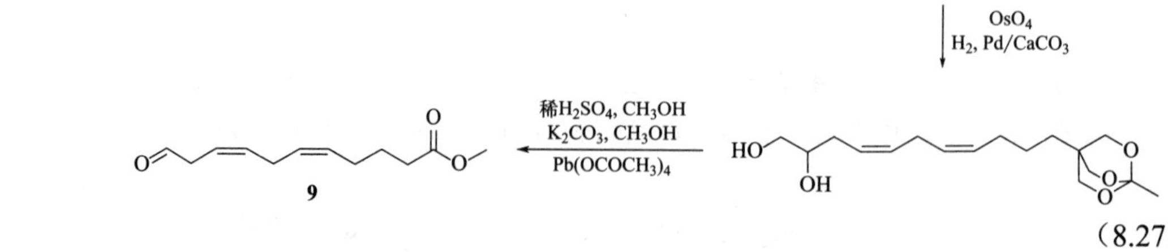

（8.27）

8.4 羰基的保护 (Protection of carbonyl group)

羰基是最活泼的官能团之一，因此，在复杂有机化合物的合成中往往涉及羰基的保护。羰基保护的目的是防止烯醇的形成或者亲核试剂的进攻，最常见的方法是转化为缩醛或者缩酮。无环缩醛或者缩酮容易形成，例如与甲醇和氯化氢气体反应，但是它们在大多数应用情况下，容易发生水解。更加常用的是转化为 1, 2- 乙二醇衍生的环状缩酮，即 1, 3- 二氧戊环（**11**）（dioxolane）。它们可以通过在酸催化剂的存在下，将所有组分一起加热而形成，该过程常常伴随着共沸除水。羰基化合物可以通过酸性条件下的水解而得到再生。1, 3- 二氧六环（**10**）（dioxane）可以由 1, 3- 二醇采用类似方法而形成，其更容易被裂解。将羰基化合物转化为化合物 1, 3- 二氧戊环（**11**）是一个有价值的方法，避免了酸性条件的使用。该方法是在催化量的三甲硅基三氟甲磺酸酯的存在下，采用乙二醇的双三甲硅基醚［$(CH_3)_3SiOCH_2CH_2OSi(CH_3)_3$］处理［式（8.28）］。

引入和脱去这些基团的方法范围可以延伸至单取代和二硫取代物中。因此，1, 3- 二硫戊烷（**12**）可以通过与乙二醇和三氟化硼乙醚化物处理的反应而形成，并通过与汞或银盐的处理而被裂解，而 1, 3- 氧杂硫戊烷（**13**）在温和条件下经 2- 巯基乙醇与氯化锌反应形成，通过汞盐或雷尼镍而被裂解［式（8.28）］。

（8.28）

不同羰基的反应活性顺序是：醛（脂肪醛＞芳香醛）＞非环酮、环己酮＞环戊酮＞ α, β- 不饱和酮、α, α- 二取代酮≫芳香酮。可依据这种活性差异实现不同羰基的选择性保护（英文导读 8.5）。

8.4.1 *O, O*– 缩醛 (酮) 保护基 (Protecting groups of *O, O*–acetal or *O, O*–ketal)

O, O- 缩醛（酮）在通常条件下是比较稳定的，但是 Zn^{2+} 和 Mg^{2+} 可以与环状缩醛或缩酮发生螯合，与氧原子作用力更强的 Lewis 酸，如 AlX_3、TiX_2、BX_3 以及 R_3SiX 可以与之发生某些反应破坏它的基本结构。典型的例子，如 Grignard 试剂在强 Lewis 酸的帮助下可以取代缩醛中的一个氧原子。*O, O*- 缩醛（酮）对于金属氢化物有机锂试剂、碱的水溶液或醇溶液、催化氢化（不包括苄叉类）、锂氨等还原条件是稳定的。对于大多数非酸性条件下的氧化反应也是稳定的，但是臭氧化反应可以使 1, 3- 二氧六环结构发生变化，氧化为酯［式（8.29）］。类似这样的情况还有金属 Ru 催化下的氧化反应。

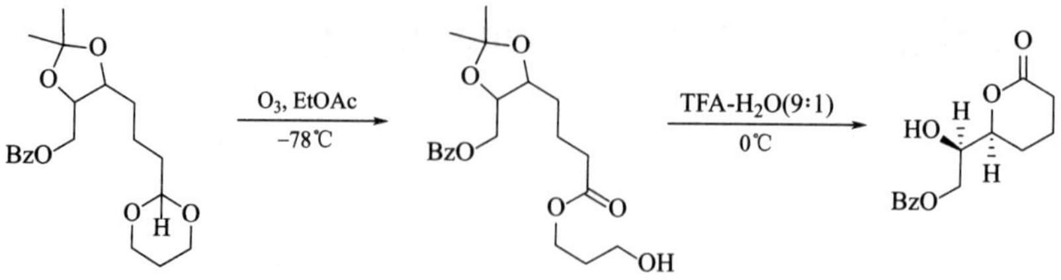

BzO O O O H O ; O_3, EtOAc, −78℃ ; BzO O O O O OH ; TFA-H_2O(9∶1), 0℃ ; O O HO H H BzO

（8.29）

8.4.1.1 *O*, *O*- 缩醛（酮）保护基的制备 (Preparation of *O*, *O*-acetal or *O*, *O*-ketal)

醛制备 *O*, *O*- 缩醛较酮容易，环状的 *O*, *O*- 缩醛又比非环缩醛容易形成。位阻较大的羰基化合物形成缩醛的反应相当慢，对于芳香醛酮，芳基上的吸电子基团比给电子基团更有利于缩醛的形成。1, 3- 二氧戊环和 1, 3- 二氧六环是最常见的环状缩醛（酮），通常分别由 1, 2- 乙二醇和 1, 3- 丙二醇在酸催化下与醛（酮）反应而得。反应中的去水处理过程有利于正方向反应。常用的酸催化剂有 *p*-TsOH、CSA 和 PPTs 或酸性离子交换树脂等［式（8.30）］。

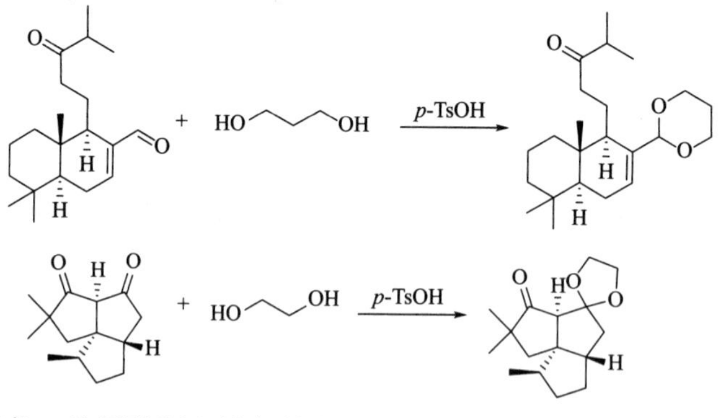

O H O H + HO OH ; *p*-TsOH ; O O O H H

O H O H + HO OH ; *p*-TsOH ; O H O O H

（8.30）

应注意一个现象，共轭醛酮在被保护之后，有时双键的位置会发生转移，这跟催化剂的酸性密切相关，如式（8.31）所示。

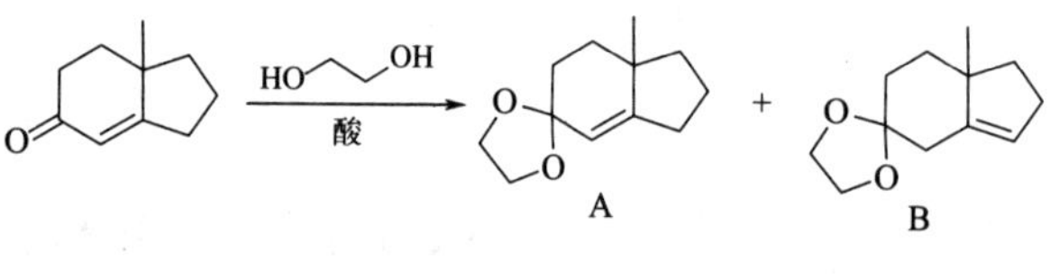

O ; HO OH, 酸 ; O O A + O O B

酸	pK_a	A∶B
HCOOH	3.03	10∶0
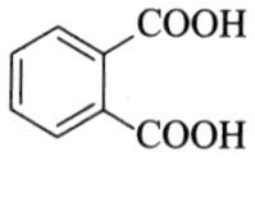 (邻苯二甲酸) COOH COOH	2.89	7∶3
$(COOH)_2$	1.23	8∶2
p-TsOH	<1.0	0∶10

（8.31）

有时会利用共轭羰基较一般羰基反应性低的特点，实现选择性保护活性较高的羰基，如式（8.32）所示。

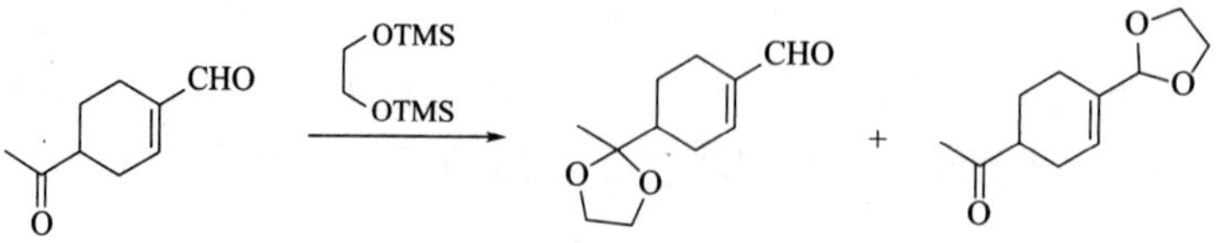

CHO O ; OTMS OTMS ; CHO O O + O O O

27 ∶ 1

（8.32）

8.4.1.2 *O*, *O*- 缩醛 (酮) 保护基的除去 (Remove of *O*, *O*-acetal or *O*, *O*-ketal)

酸催化水解反应是最为常见的缩醛（酮）保护基的除去办法。通常酮的 1, 3- 二氧六环保护形式比醛的 1, 3- 二氧戊环保护形式水解速率要快些；同时醛的 1, 3- 二氧戊环又比醛的 1, 3- 二氧六环水解速率快。对于底物中存在碱性 N 原子的情况，水解反应速率相对要慢一些，因为酸首先与 N 原子发生作用，因此需要较强的酸性物质作为催化剂［式（8.33）］。

HCl(6 e.q.)
丙酮, 回流
（8.33）

式（8.34）是采用缩酮保护的一个简单例子，通过保护可以将酮酯（**14**）转化为酮醇（**15**），而这在没有使用保护基时是不可能的，因为酮基官能团比酯基更容易还原。

（8.34）

8.4.2 *S*, *S*- 缩醛 (酮) 保护基 (Protecting groups of *S*, *S*-acetal or *S*, *S*-ketal)

使用 *S*, *S*- 缩醛（酮）保护羰基化合物有三个主要的缺点：首先，大多数硫醇和二硫醇具有难闻的气味；其次，水解反应常用到重金属盐，也具有相当的毒性和环境问题；最后，含硫化合物对 Pd 和 Pt 催化剂具有毒化作用，对于催化还原反应有相当大的限制，这时候往往需要较大的催化剂用量和高压条件。尽管如此，由于该类化合物对水解反应的稳定性和除去保护时使用的条件温和，且具有高度专一性，在复杂分子合成中有广泛的应用。

合成实践中，由于二硫醇的沸点较高，而甲硫醇的沸点只有 6℃，因此环状 *S*, *S*- 缩醛（酮）的应用较为普遍。但是，有一个性质必须考虑到，即 1, 3- 二噻烷的亚甲基（pK_a=31）能够被 *n*-BuLi 夺取质子而成为负离子，且相当稳定，能够进行各种碳 - 碳键的形成反应。

8.4.2.1 *S*, *S*- 缩醛 (酮) 的形成 (Preparation of *S*, *S*-acetal or *S*, *S*-ketal)

与相应的 *O*, *O*- 缩醛（酮）相比，*S*, *S*- 缩醛（酮）的制备具有许多相似之处，如 Lewis 酸和质子酸均可以催化缩合反应，见式（8.35）。

O OTBS OPiv OMe OMe —— HS⌒⌒SH, BF_3OEt_2, CH_2Cl_2, 0℃ ——→ S S OTBS OPiv OMe OMe

O O —— HS⌒SH (1.1 e.q.), cat., TsOH, AcOH ——→ O S S (8.35)

对于一些性质较敏感的反应，当不能使用 BF_3OEt_2 时，$Zn(OTf)_2$ 是很好的选择，见反应式（8.36）。

O O H H O OTBDPS —— HS⌒SH, $Zn(OTf)_2$ (1.2 e.q.), CH_2Cl_2, 23℃, 5h ——→ O O H H S S OTBDPS (8.36)

8.4.2.2 *S*, *S*- 缩醛 (酮) 的除去 (Remove of *S*, *S*-acetal or *S*, *S*-ketal)

S, *S*- 缩醛（酮）对于 *O*, *O*- 缩醛（酮）的水解条件都是非常稳定的，通过此可以区分两者，并先后选择性脱除。比较常见的除去 *S*, *S*- 缩醛（酮）的条件都使用重金属盐，如 Hg(Ⅱ)、Ag(Ⅰ)、Ag(Ⅱ)、Cu(Ⅱ) 或 Ti(Ⅲ) 等［式（8.37）］。

O S S O O S S O —— HgO/$HgCl_2$(1∶1), 丙酮 ——→ O O O O O O (8.37)

一种比较温和的条件是使用硫烷基化试剂，如 MeI、Me_3OBF_4、Et_3OBF_4 或 $MeOSO_2CF_3$ 进行去保护，如合成印楝素时用到的方法［式（8.38）］。

PivO O OPiv S Me_2PhSi MeOOC O S —— MeI(过量), $CaCO_3$, $MeCN$-H_2O ——→ PivO O OPiv Me_2PhSi MeOOC O O (8.38)

如在下列甾体化合物中实现环上羰基和酯基在氢化铝锂条件下还原为羟基，其支链上的酮羰基先用乙硫醇在氯化锌的条件下保护，完成反应后用催化氢化法脱去保护基，如反应式（8.39）所示。

O O MeOOC H —— HS⌒OH, $ZnCl_2$ ——→ S O O MeOOC H

$LiAlH_4$ ↓ (8.39)

S O HO HO H —— Raney镍, H_2 ——→ O HO HO H

8.5　1, 2- 和 1, 3- 二醇的保护 (Protection of 1, 2- and 1, 3-diol)

1, 2 和 1, 3- 二醇的保护基由多种试剂和溶液组成，有助于设计复杂的碳水化合物的合成。亚甲基缩醛在各种酸性和碱性条件下都具有很强的活性，但在碳水化合物化学中很少被用于保护二醇，可能是因为它们的去保护需要强酸条件。由羰基化合物（carbonyl compound）和乙二醇形成 1, 3- 二氧六环（**10**）也被视为是保护乙二醇的一种方式，形成缩醛和缩酮确实是保护 1, 2- 和 1, 3- 二醇的最重要的方法，尤其在糖化学（carbohydrate chemistry）中更为重要。异亚丙基缩醛是 1, 2- 和 1, 3- 二醇最常用的保护基之一。它们通常在酸性条件下（如催化量的 *p*-TsOH）与丙酮、2, 2- 二甲氧基丙烷（DMP）或 2- 甲氧基丙烯（MP）反应生成。通常条件下，最常形成热力学产物，即优先生成 1, 2- 衍生物（1, 3- 二氧戊环）而不是 1, 3- 衍生物（1, 3- 二氧六环），优先生成 1, 2- 顺式二醇而不是 1, 2- 反式二醇（英文导读 8.6）。

如 8.4 节所述，二醇可以与羰基化合物在酸催化下一起加热，共沸除去水后得到缩醛或缩酮，或者在较为温和的条件下形成更简单的缩酮，如：2, 2- 二甲氧基丙烷进行转缩酮化（transketalization）反应。在同时存在 1, 2- 二醇和 1, 3- 二醇官能团的情况下，醛通常有利于与 1, 3- 二醇反应生成 1, 3- 二氧六环，而酮更利于与 1, 2- 二醇反应生成 1, 3- 二氧五环。例如丙酮常被用于 l, 2- 二醇的保护，其反应常在酸性条件下进行，而苯甲醛用于 1, 3- 二醇的保护，如式（8.40）所示。

(8.40)

上述常用的羰基化合物包括丙酮、苯甲醛和环己酮，它们与二醇反应分别得到结构（**16**）、（**17**）和（**18**）[式（8.41）]，并且在所有情况下都可以通过酸性条件下的水解反应而使二醇官能团得到再生，对于苄基缩醛（**17**）的去除，氢解反应也是有效的。环状缩醛和缩酮在许多中性和碱性介质中稳定，在烷基化和酰基化所需条件下不受影响，对 CrO_3/ 吡啶、过氧酸、Pb(OA)$_4$、AgO_2、碱性 $KMnO_4$、烷氧基铝等氧化条件及 $NaBH_4$、$LiAlH_4$、Na-Hg 等还原条件都很稳定。

16　**17**　**18**　**19**　**20**　(8.41)

当需要在酸性条件下以稳定的形式来保护二醇时，可以采用生成环状碳酸酯（**19**）的形式。环状碳酸酯（**19**）可以由二醇与光气（phosgene）通过碱处理来形成，或者在更温和的条件下通过 *N*, *N*- 羰基二咪唑（**20**）处理而得，随后通过碱，如氢氧化钠或氢氧化钡促进水解来除去，使二醇官能团得到再生 [式（8.41）]。

对于环状缩酮的生成，空间位阻和成环的张力对由 1, 3- 二醇反应生成 1, 3- 二氧六环还是由 1, 2- 二醇反应生成 1, 3- 二氧戊环有很大影响，见式（8.42）。总的来说，不利于生成环上取代基多的保护形式。

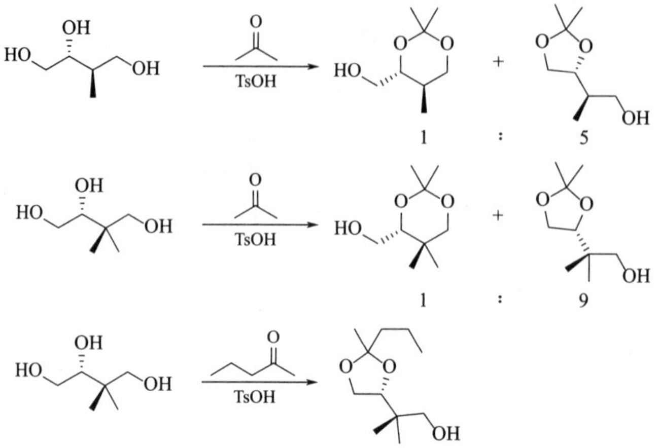

（8.42）

苄叉的形成有以下两种方式：PhCHO/$ZnCl_2$ 或质子酸催化下与二醇脱水缩合，或者过量的 $PhCH(OMe)_2$ 在质子酸催化下缩合。当保护 1, 2, 3- 或 1, 2, 4- 三羟基化合物时，醛或者由醛衍生而来的试剂利于形成六元环，即 1, 3- 保护；而酮或由酮衍生的试剂一般优先生成五元环，即 1, 2- 保护［式（8.43）］。

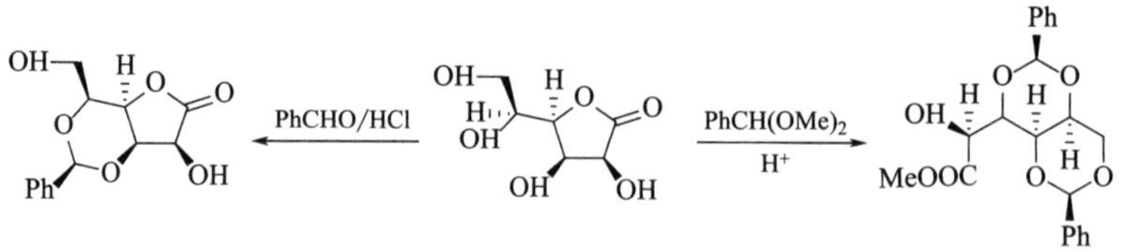

（8.43）

丙酮叉的生成条件与前者类似。除了可用丙酮和 DMOP 外，还有一种等同试剂是 $H_2C{=}C(OMe)Me$。丙酮叉在酸催化条件下经常会发生热力学重排，如式（8.44）所示。

（8.44）

缩醛或缩酮均可用酸水解除去保护，包括质子酸和 Lewis 酸。不同位置的丙酮叉可调节酸性达到选择性效果，见式（8.45）。

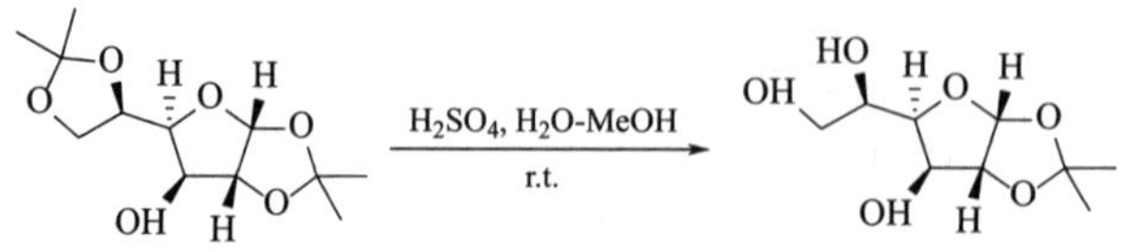

（8.45）

8.6 氨基的保护 (Protection of amino group)

伯胺和仲胺具有亲核性，即弱的酸性氢，其氨基易氧化生成氮氧化物。氨基氮原子带有负电荷，易作为亲核试剂进攻带有部分正电荷的碳原子，从而发生烃基化、酰基化等反应。因而，氨基对氧化和取代反应敏感，通常需要对其进行保护。

目前开发的氨基保护基（protecting group of amino group）非常多，其主要用于多肽（polypeptide）合成中对氨基酸（amino acid）的有效保护。最广泛使用的氨基保护法包括酰化、甲酰化、烷基化、苄基化和生成氨基甲酸酯等。其中，氨基甲酸酯是有机合成中最有价值的，也是最多选择的保护基。

氨基甲酸酯类保护基的氮是相对非亲核的，可以容易地进行保护，并且在各种反应条件下都是稳定的。其中，叔丁氧羰基（Boc）、苄氧羰基（Cbz）和 9- 芴甲氧羰基（Fmoc）是对氨基而言最重要的保护基，因为它们保护效率高、在各种反应条件下的惰性也高，以及在不影响现有酰胺基团的情况下，去保护容易且具有化学选择性。由于氨基甲酸酯类保护基在各种条件下能很好地对氨基提供有效保护，已成为最常用的氨基保护基。这类保护基很容易通过在碱性条件下用适当的氯甲酸酯处理引入［式（8.46）］（英文导读 8.7）。

（8.46）

去保护（deprotection）的过程取决于氨基甲酸酯（**21**）水解后形成的氨基甲酸（**22**）的不稳定性，其可以自发脱羧（decarboxylation）而再生成胺。因此，去保护的方法就是将（**21**）的—OR 转换为—OH 的方法。乙氧基羰基的去除需要相当苛刻的条件，而苄氧羰基和叔丁氧基羰基更容易分别通过氢化和酸化去除（表 8.4）。烯丙氧羰基基团可以再次通过双键异构化而被脱除，尽管这时候对于烯丙基醚的脱去使用钯催化剂（palladium catalyst）比铑催化剂（rhodium catalyst）更为有效。

表 8.4　生成甲酸酯保护氨基（Generate formate protecting amino group）

基团	结构	缩写	常规的脱除方法
N- 乙氧羰基	$—N—CO_2C_2H_5$	—	C_3H_7SLi 或 HBr，CH_3CO_2H
N- 苄氧羰基	$—N—CO_2CH_2Ph$	—N—Cbz①	H_2，cat.，Pd/C
N- 叔丁基羰基	$—N—CO_2C(CH_3)_3$	—N—Boc	HCl，CF_3COOH
N- 烯丙氧羰基	$—N—CO_2CH_2CH{=}CH_2$	—N—Alloc	1）cat.，$(Ph_3P)_4Pd$② 2）H^+
N-9- 芴甲氧羰基酯	[结构式：N, O, O]	—N—Fmoc	哌啶或吗啉

续表

基团	结构	缩写	常规的脱除方法
N-三甲基硅基乙氧基羰基酯	$—N—CO_2CH_2CH_2Si(CH_3)_3$	—	F^-

① 或可简单地写作—Z。
② 导致发生异构化形成 $N—CO_2CH═CHCH_3$，其很容易被水解。

8.6.1 叔丁氧羰基 (*t*-Butyloxycarbonyl)

叔丁氧羰基自 1957 年被发现作为氨基保护基以来，已在多肽等的合成中得到了广泛应用。此保护基对于亲核试剂、有机金属试剂、氢化物还原以及氧化反应等是稳定的，在碱性条件下不水解。用浓盐酸或三氟乙酸等处理，Boc 保护基易脱去，产物易于分离。保护氨基化合物的 Boc 基团的引入必须使用二碳酸二叔丁酯（di-*t*-butyl dicarbonate ester）或叠氮甲酸叔丁酯（*t*-butyl azidate），因为叔丁基氯甲酸酯（*t*-butyl chloroformate）并不是一种稳定存在的化合物。在碱存在下用二碳酸二叔丁酯（即 Boc 酐）与氨反应得到氨基甲酸叔丁酯。以苯丙氨酸的保护为例，其保护的条件相当温和，见式（8.47）。

COOH NH2 —Boc2O, NaOH, H2O/t-BuOH; 20～40℃→ COOH HN O O
Ph Boc O CN, Et3N, H2O-二氧六环

（8.47）

脱除 Boc 保护基最常用的方法是使用三氟醋酸或三氟醋酸在 CH_2Cl_2 中的溶液。一般在室温下就可以迅速完成去保护反应，但有些底物会慢一些［式（8.48）］。

OMe O O O NH N N O NHBoc —TFA, 1,3-二甲氧基苯→ OMe O O O NH N N O NH2 · TFA

（8.48）

HCl 的乙酸乙酯溶液可选择性地脱除 Boc 基团，而分子中的其他对酸敏感的保护基（如叔丁基酯、脂肪族叔丁基醚、二苯基醚等）不受影响，如式（8.49）所示。

O O O NHBoc —HCl, EA; r.t.→ O O O NH2 · HCl

（8.49）

8.6.2 苄氧羰基 (Carbobenzyloxy)

1932 年 Bergman 等发明了苄氧羰基保护基是现代肽合成化学中的一个里程碑。由于 Cbz 可以被氢解除去，条件中性，因此得到了广泛应用。且由于 CbzCl 非常便宜，适合大

量原料的制备。Cbz保护的条件非常温和，在碱性水溶液中使用CbzCl（5～10℃）很快完成，如式（8.50）所示。

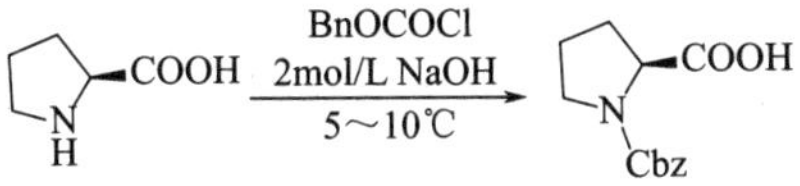

（8.50）

Cbz的除去与苄基类似，有多种方法，如化学还原法、锂氨还原以及使用Lewis酸等，其中使用催化氢解的例子最多，如式（8.51）所示。

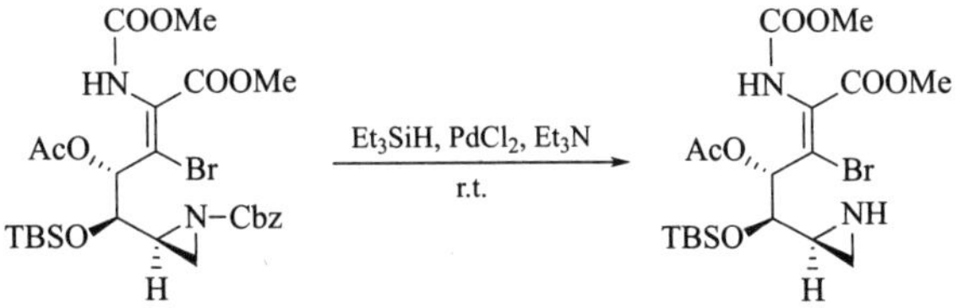

（8.51）

8.6.3　9-芴甲氧基羰基(9-Fluorenylmethyloxycarbonyl)

Fmoc是Carpino等在1970年的一大发明，是现代固相和液相多肽合成的基础。Fmoc基团对酸性条件相当稳定，常用的保护试剂为Fmoc—Cl或Fmoc—OSuc，在$NaHCO_3$或Na_2CO_3存在下，一般均能取得较好的产率，见式（8.52）。

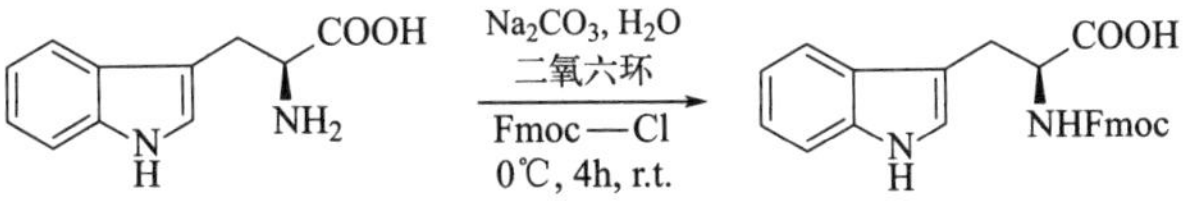

（8.52）

该保护基的除去应用β-消除原理，简单的碱，如NH_3、Et_2NH、哌啶、吗啉等在非质子性极性溶剂（DMF、NMP或MeCN）中可以快速完成这一基团的释放过程[式(8.53)]。

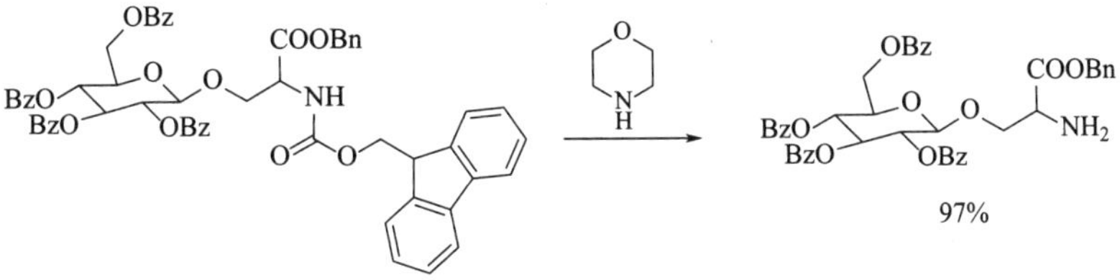

（8.53）

本章小结(Summary)

1. 对于醇来说，最常见的保护形式就是生成醚，特别是当醚官能团处于（混合）缩醛或缩酮之中时，这就使得保护基的脱除需要相对温和的酸性条件。醇还可以通过酯化反应进行保护；而接下来保护基的脱去方法涉及水解反应或采用氢化铝锂的还原反应。
2. 羧酸常常转化为酯或原酸酯进行保护，其脱去也需要水解反应。硫醇常常通过S-烷基化而得到保护。
3. 对于醛和酮的保护常常涉及缩醛或缩酮的形成，其中五元和六元环衍生物（分别为1,3-二氧戊环和1,3-二氧六环）尤其重要，脱去保护需要酸性水解。这些环状缩醛和缩酮的形成还用于保护 1, 2- 二醇和 1, 3- 二醇。

4. 氨基的保护可以通过生成 *N*- 烷基（特别是苄基、三苯基和烯丙基）或者 *N*- 酰基衍生物（特别是乙酰基、三氟乙酰基、苯甲酰基或邻苯二甲酰基）或者生成其氨基甲酸酯；去保护可以根据具体情况来选择究竟是使用水解反应还是使用还原反应。

1. Alcohols are most commonly protected as ethers, especially where the ether function is in reality part of a (mixed) acetal or ketal; this enables the protecting group to be removed under relatively mild acidic conditions. Alcohols may also be protected by esterification; removal of the protecting group then involves hydrolysis or reduction using lithium aluminium hydride.
2. Carboxylic acids are ususlly protected as esters or *ortho* esters, deprotection again requiring hydrolysis.
3. For aldehydes and ketones, protection usually involves the formation of an acetal or ketal, the five- and six-membered cyclic derivatives (1, 3-dioxolanes and 1, 3-dioxanes, respectively) being particularly important. Deprotection involves acid hydrolysys. The formation of these cyclic acetals and ketals is also used for the protection of 1, 2- and 1, 3-diols.
4. Amines may be protected as *N*-alkyl (especially benzyl, trityl and allyl) or *N*-acyl derivatives (especially acetyl, trifluoroacetyl, benzoyl or phthaloyl) or as carbamates. Hydrolytic or reductive methods of deprotection are employed, according to the individual circumstances.

重要专业词汇对照表（List of important professional vocabulary）

English	中文	English	中文
protecting group	保护基	alkynyl copper species	炔基铜物种
orthogonal protection	正交保护	carbohydrate chemistry	糖化学
acid catalyst	酸催化	transketalization	转缩酮化
hydrolysis reaction	水解反应	protecting group of amine group	氨基的保护基团
hydrogenolysis reaction	氢解反应	amino acid	氨基酸
isomerization	异构化	deprotection	脱保护
deprotonation	去质子化	decarboxylation	脱羧
nucleophilic attack	亲核性进攻	carbonyl compound	羰基化合物

重要概念英文导读 (English reading of important concepts)

8.1 In a synthetic sequence, it is frequently necessary to carry out a transformation at one center while another reactive site remains unchanged. The complex synthetic intermediates and products contain, in general, a multiplicity of functional groups, most of which must be blocked and, at an appropriate point in the synthesis, liberated. The correct choice of protecting groups is often decisive for the realization of the overall operation. In this chapter, involves the temporary modification of the site at which reaction is undesirable in such a manner that it remains unaffected during reaction at the other site and may then be easily regenerated in a subsequent step at the end of the reaction sequence.

8.2 For an ideal protecting group, it must fulfill several criteria.

(i) the convenience of the supply source of protecting group, including its economic level, is more important in the preparation of industrial raw materials.

(ii) the protecting group must be easy to protect, in layman' s terms, it should be convenient to apply the protecting group.

(iii) the introduction of protecting groups does not add too much complexity to the structure of the compound. For example, in protection, it is taboo to generate new chiral centers, such as tetrahydropyran (THP) and ethoxyethyl ether (EE), which are protecting groups that produce chirality.

(iv) the protected compound should be able to withstand future reactions and post-treatment processes, and be stable during the protection process.

(v) protect the stability of future compounds for separation, purification, and various chromatography techniques.

(vi) protecting groups can be selectively and efficiently removed under highly specific conditions, and the by-products and products of the deprotection process can be easily separated. Simply put, deprotection should also be convenient.

8.3 There are many active hydroxyl groups on carbohydrates. The protection and deprotection of hydroxyl groups are important to the synthesis of carbohydrates. The hydroxyl groups can be changed into esters, ethers, acetals and ketals, etc. The regioselective manipulation of the different hydroxyl groups on a carbohydrate monomer is key to any protecting group strategy. Although hydroxyl groups are of comparable reactivity, they can be discriminated by exploiting their subtle reactivity differences and their relative orientation.

8.4 Two approaches to the problem of the protection of the carboxyl group in a molecule are broadly possible. The first is to use readily available or readily prepared esters (such as methyl and ethyl), and occasionally amides, and to devise novel, mild and if possible non-hydrolytic conditions for deprotection such that other acid or base-sensitive groups in the substrate molecule may survive. The prime advantage of this approach is the ready availability or formation of the synthetic starting materials. The second approach is to devise novel ester (and amide) protecting groups which are removable under non-hydrolytic conditions. A wide range of protecting groups (principally esters) which function on the basis of different chemical principles (oxidation, photolysis, hydrogenolysis, etc.) are now available in this category. The main disadvantage of this procedure generally lies in the availability and ease of preparation of the particular ester to be used.

8.5 Protection of a carbonyl group is usually required to prevent enolate formation or nucleophilic attack and is most commonly done by conversion into an acetal or ketal. Acyclic acetals or ketals are readily formed, for example by reaction with methanol and hydrogen chloride gas, but they are rather too easily hydrolysed for most applications. Because of the order of reactivity of the carbonyl group [aldehydes (aliphatic>aromatic) >acyclic ketones and cyclohexanone>cyclopentanone>α, β-unsaturated ketones or α, α-disubstituted ketones>>aromatic ketones (electron-withdrawing>electron-donating)], it may be possible to protect a carbonyl group selectively in the presence of a less reactive one. The most useful protecting groups are the acyclic and cyclic acetals and the acyclic and cyclic thioacetals. The protecting group is introduced by treatment of the carbonyl compound in the presence of acid with an alcohol, diol, thiol, or dithiol. Cyclic and acyclic acetals and ketals are stable to aqueous and non-aqueous bases, to nucleophiles including organometallic reagents, and to hydride reductions. Protection of carbonyl groups as 1, 3-dithiane are quite often a necessary requirement in the synthesis of multifunctional organic molecules. Thioacetals are quite stable to a wide variety of reagents and are also useful in organic synthesis as acyl carban ion equivalents in C—C bond-forming reactions. The carbonyl group forms a number of other very stable derivatives that are less useful as protecting groups because of the greater difficulty involved in their removal. Such derivatives include cyanohydrins, hydrazones, imines, oximes, and semicarbazones. It is important that these groups easily be introduced and removed under mild conditions.

8.6 Protecting groups for 1, 2 and 1, 3 - diols consist of a large panel of reagents and solutions to help in the design of complex carbohydrate synthesis. Methylene acetals are quite robust under a wide range of both acidic and alkaline conditions, but have been scarcely used for diol protection in carbohydrate chemistry, probably because of the strong acidic conditions needed for their deprotection. They are classically formed by reaction with formaldehyde in an acidic medium or by condensation with dihalomethanes in alkaline conditions. Isopropylidene acetals are among the most commonly used protecting groups for 1, 2- and 1, 3-diols. They are usually formed by reaction with acetone, 2, 2-dimethoxypropane (DMP), or 2-methoxypropene (MP) under acidic conditions such as catalytic amounts of *p*-TsOH. Under these conditions, the thermodynamic product is most often formed: 1, 2-derivatives (1, 3-dioxolane) are often preferred over 1, 3-derivatives (1, 3-dioxane), 1, 2-*cis*-diols are usually favored over 1, 2-*trans*-diols. The formation of the 1, 3-dioxolane **10** from a carbonyl compound and ethylene glycol might also be regarded as a way of protecting the latter, and indeed, the formation of acetals and ketals is the most important method for protection of 1, 2-and 1, 3-diols, which is a goal of particular importance in carbohydrate chemistry.

8.7 Protection of amine has numerous applications in synthetic organic chemistry, especially for the synthesis of complex natural products. Of prime importance is the very complex and challenging synthesis of peptides which are biologically most important molecules. Furthermore, the protected amines find numerous applications as pharmaceutical molecules, materials, agrochemicals, natural products etc.There are several types of protecting groups available to protect amine group. Most extensively used protecting groups for amino group include acyl, formyl, alkyl, benzyl, and carbamate protecting groups, such as tert-butyloxycarbonyl (Boc), carbobenzyloxy (Cbz) and 9-fluorenylmethyloxycarbonyl (Fmoc) etc. Numerous methods with varying reaction conditions and routes are reported to protect —NH_2 using these protecting group. Carbamate protecting groups are valuable and the most popular choice of protecting groups for amines in organic synthesis. The nitrogen of a carbamate protecting groups is relatively non-nucleophilic, can be easily installed on nitrogen and are stable to a wide variety of reaction conditions. Among them, Boc, Cbz, and Fmoc are the most significant protecting groups for —NH_2 because of their efficiency in the protection, inertness in various reaction condition as well as easiness and chemoselectivity in deprotection without affecting existing amide groups. Carbamate protecting groups are by far the most commonly used. The deprotection procedure relies on the fact that carbamic acids are unstable and spontaneously undergo decarboxylation to regenerate the amine.

习题 (Exercises)

8.1　以列表的形式给出常见的醇的保护基。

8.2　以列表的形式给出常见的羧酸的保护基。

8.3　以列表的形式给出常见的醛和酮的保护基。

8.4　以列表的形式给出常见的 1, 2- 二醇和 1, 3- 二醇的保护基。

8.5　以列表的形式给出常见的氨基的保护基。

8.6　Whether the amino groups can be protected in the same way as that of an alcohol by alkylation?

8.7　Write the major organic products for the following reactions.

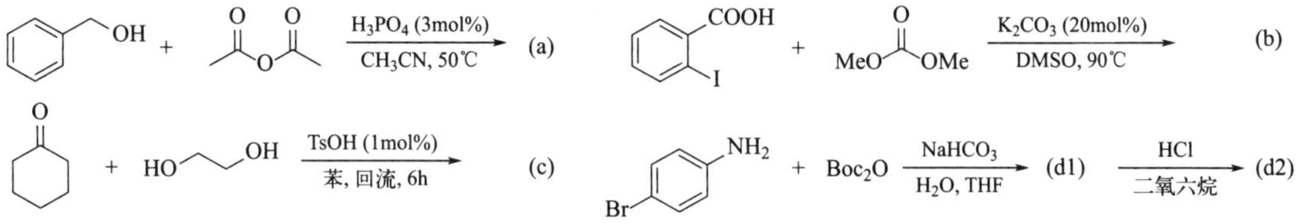

OH + (Ac₂O) —H_3PO_4 (3mol%), CH_3CN, 50℃→ (a)

COOH, I + MeO(CO)OMe —K_2CO_3 (20mol%), DMSO, 90℃→ (b)

O + HO⁀OH —TsOH (1mol%), 苯, 回流, 6h→ (c)

Br, NH_2 + Boc_2O —$NaHCO_3$, H_2O, THF→ (d1) —HCl, 二氧六烷→ (d2)

8.8　Synthesis these compounds by the protecting group of this chapter.

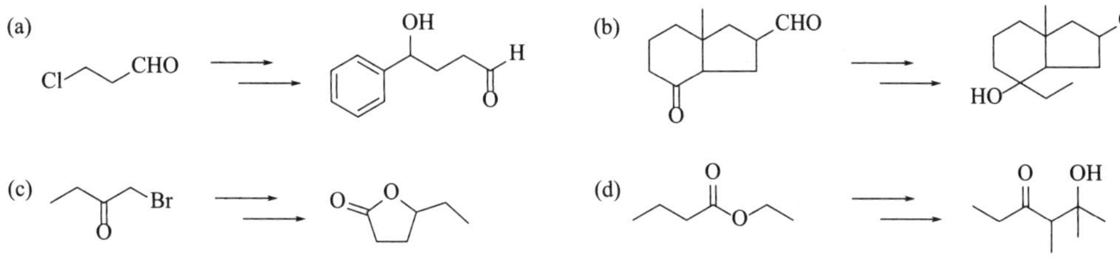

(a) Cl, CHO → OH, H, O

(b) CHO, O → CHO, HO

(c) Br, O → O, O

(d) O, O → O, OH

参考文献与课后阅读推荐材料 (References and recommended materials for reading after class)

1. Mackie R K, Smith D M, Aitken R A.Guidebook to Organic Synthesis. 北京 : 世界图书出版

公司 , 2001.

2. Schelhaas M, Waldmann H.Protecting group strategies in organic synthesis. Angewandte Chemie-International Edition, 1996, 35(18): 2056-2083.
3. Jarowicki K, Kocienski P.Protecting groups. Journal Chemical Society, Perkin Transactions 1, 1998, 38(23): 4005.
4. Codée J D C, Ali A, Overkleeft H S, et al. Novel protecting groups in carbohydrate chemistry. Comptes Rendus Chimie, 2011, 14(2-3): 178-193.
5. Haslam E. Recent developments in methods for the esterification and protection of the carboxyl group. Tetrahedron, 1980, 36(17): 2409-2933.
6. Hajipour A R, Khoeet S, Ruoho A E. Regeneration of carbonyl compounds from oximes, hydrazones, semicarbazones, acetals, 1, 1-diacetates, 1, 3-dithiolanes, 1, 3-dithianes and 1, 3-oxathiolanes. Organic Preparations and Procedures International, 2003, 35(6): 527-581.
7. Schuler M, Tatibouët A. Strategies toward protection of 1, 2- and 1, 3-diols in carbohydrate chemistry. Protecting Groups, 2018.
8. Isidro-Llobet A, Á lvarez M, Albericio F. Amino acid-protecting groups. Chemical Reviews, 2009, 109(6): 2455-2504.
9. Rathi J O, Shankarling G S. Recent advances in the protection of amine functionality: A review. Chemistry Select, 2020, 5(23): 6861-6893.
10. 何敬文 , 伍贻康 . 羰基保护基团的新进展 . 有机化学, 2007, 27 (5): 576-586.
11. 高旭红 , 李炳奇 . 有机合成中的氨基保护及应用（综述）. 石河子大学学报（自然科学版）, 1999 (1): 76-85.
12. 高旭红 , 李炳奇 . 有机合成中的羧基保护（综述）. 石河子大学学报（自然科学版）, 1999 (2): 77-82.

第9章
有机合成中的芳香环取代反应

(Aromatic substitution reaction in organic synthesis)

芳香环的取代是有机合成最早开发的方法之一，本章涉及在芳香环上引入或者取代，从而获得不同取代基的各种类型的反应，包括引入硝基（nitro group）、卤素（halogen）、磺基（sulfo group）、烷基（alkyl group）和酰基（acyl group）的不同方法和不同条件［式（9.1）］。这些反应的区域选择性（regioselectivity）十分重要，取决于现有取代基的性质，它们可以是邻位、间位或对位（*ortho*, *meta*, or *para*）。

$$\text{PhA} \xrightarrow{E^+} \text{C}_6\text{H}_4(\text{A})(\text{E}) \tag{9.1}$$

E=NO_2, F, Cl, Br, I, SO_3H, SO_2Cl, R, RC=O

在有机合成中应用较为广泛的另一大类芳香取代反应是芳基重氮离子（aryl diazonium ion）。芳基重氮离子的众多取代反应可追溯到十九世纪，而在方法学中一些新的重氮中间体的取代反应仍在不断地发展。这些反应为合成芳基卤化物（aryl halide）、氰化物（cyanide）、叠氮化合物（azide）和苯酚（phenol）以及在某些情况下为合成烯烃衍生物（alkene derivatives）提供了更多的途径［式（9.2）］。

$$\text{X-C}_6\text{H}_4\text{-N}^+\equiv\text{N} \xrightarrow{Nu^-} \text{X-C}_6\text{H}_4\text{-Nu} \tag{9.2}$$

Nu=F, Cl, Br, I, CN, N_3, OH, CH=CHR

一般而言，直接亲核取代芳香环中的卤素和磺基非常困难，但上述反应仍可在特定情况下发生。这些反应可以通过加成 - 消除（addition-elimination）或消除 - 加成（elimination-addition）反应实现。近年来，金属离子催化（metal ion catalysis）技术，如铜和钯催化发展较为迅速，涉及铜盐的传统方法有了很大的改进，用于亲核取代的钯催化剂也已经被多次报道，并获得了良好的结果［式（9.3）］。

$$\text{X-C}_6\text{H}_4\text{-Z} \xrightarrow[Nu^-]{\text{Cu或Pd催化剂}} \text{X-C}_6\text{H}_4\text{-Nu} \tag{9.3}$$

Z=I, Br, Cl, O_3SAr　　Nu=CN, R_2N, RO

一些自由基反应（free radical reaction）也可应用于有机合成中，包括自由基取代和 $S_{RN}1$ 反应。

9.1 亲电芳香取代 (Electrophilic aromatic substitution)

基础有机化学中学习了基本的机理概念和典型的亲电芳香取代反应。在本章中，将对相关知识进行扩展，特别强调合成方法以及这些方法在有机合成中的应用。

9.1.1 傅 - 克烷基化 (Friedel-Crafts alkylation)

傅 - 克烷基化反应是在芳环上引入烷基的重要方法，反应性亲电试剂为碳正离子或含有离去基团的极化配合物。经过近 130 年的发展，Friedel-Crafts 烷基化反应仍然是有机合成中研究最多、使用最多的反应之一。这一惊人成功的秘诀是什么？也许它在范围和适用性方面的巨大多样性进一步证明了它在合成越来越复杂的分子中的关键作用。各种试剂组合可用于生成烷基化物，傅 - 克烷基化最为常见的是采用烷基卤化物和路易斯酸、醇或烯烃与强酸的反应两条路径，如式（9.4）所示（英文导读 9.1）。

$$R{-}X + AlCl_3 \rightleftharpoons R{-}\overset{+}{X}{-}\overset{-}{Al}Cl_3 \rightleftharpoons R^+ + X\overset{-}{Al}Cl_3$$

$$R{-}OH + H^+ \rightleftharpoons R{-}\overset{+}{O}H(H) \rightleftharpoons R^+ + H_2O$$

$$RCH{=}CH_2 + H^+ \rightleftharpoons R\overset{+}{C}HCH_3$$

$$R{-}Cl \cdots AlCl_3 \longrightarrow R{-}Cl^{+}\cdots{}^{-}AlCl_3 \longrightarrow AlCl_4^- + R^+ \quad (9.4)$$

芳构化 −HCl

这类反应有严重缺点：其一，对于具有强吸电子取代基的芳香族反应物，Friedel-Crafts 烷基化反应不能成功进行；其二，由于新引烷基侧链是一供电子基团，反应产物比起原料有更高的亲核性，于是产物苯环上的另一个氢可以继续被烷基取代，从而最终出现过烷基化现象而形成了众多副产物。如苯以氯仿烷基化时，甲基是供电子基团，取代后的芳环上电子云密度增大，亲电取代反应更容易进行，所以取代还会继续进行下去，最后可以全部取代，如式（9.5）所示。

$$\xrightarrow{CH_3Cl\ \ AlCl_3} \quad (9.5)$$

空间位阻效应可以被用于限制烷基化的数量，比如1, 4-二甲氧基苯的叔丁基化反应，见式（9.6）。

（9.6）

下列反应使用$AlCl_3$为催化剂在过量苯中回流进行，如式（9.7a）所示；反应式（9.7b）涉及反应物中两个溴取代基的烷基化，使用$AlBr_3$在过量的苯中进行反应。

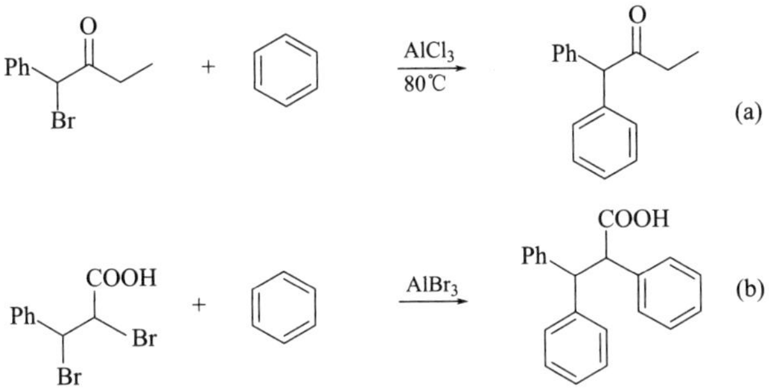

（9.7）

由于碳正离子的参与，Friedel-Crafts烷基化可伴随烷基化基团的重排（rearrangement）。另外，如果卤素不是处于三级碳原子（叔碳原子）上，还有可能发生碳正离子重排反应，而这取决于碳正离子的稳定性，即三级碳 > 二级碳 > 一级碳，如式（9.8）所示。例如，使用正丙基时通常引入异丙基，如式（9.8b）所示。

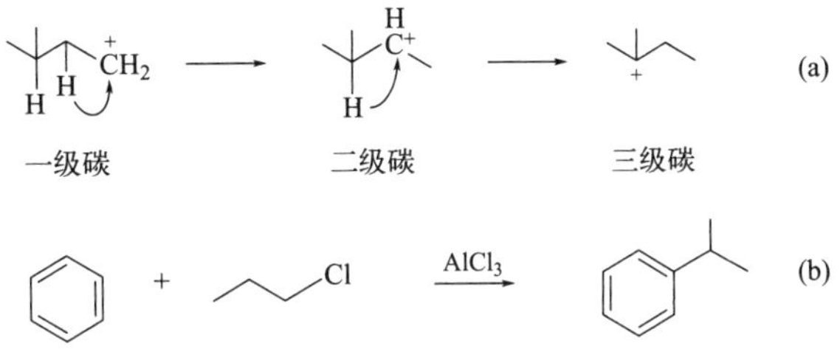

一级碳　二级碳　三级碳

（9.8）

烷基也可以从环上的一个位置迁移到另一个位置。这种迁移也受到热力学控制，并朝着取代基间空间相互作用最小化的方向进行。这种烷基化反应是可逆的，导致可能产生烷基被其他基团所取代的副产物，例如出现烷基被氢取代的情况，称为傅-克脱烷基化反应。另外，长时间的反应也会导致基团的移位，通常是转移至空间位阻更小和热力学更稳定的间位生成产物，如式（9.9）所示。

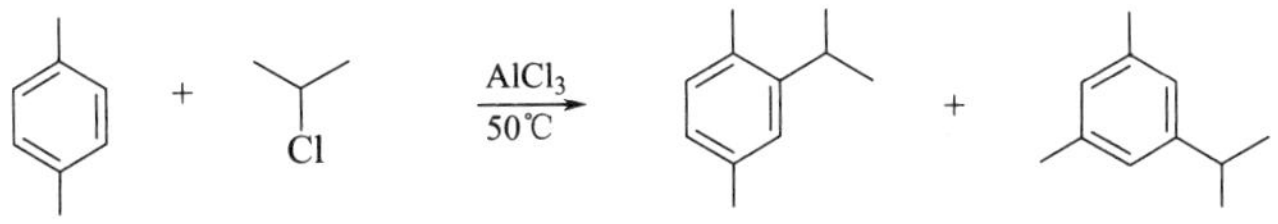

（9.9）

在逆向傅-克反应或者傅-克去烷基化反应当中，烷基可以在质子或者路易斯酸的存在下去除或迁移。例如，在溴乙烷对苯的多重取代当中，由于烷基是一个活化的邻对位定位基团，本期待能够得到*o*, *m*-取代的产物，但真正的反应产物是1, 3, 5-三乙基苯，这与想象中完全不一样，所有烷基取代都是在*p*-位。热力学反应控制使得该反应产生了热力学上更稳定的间位产物。通过化学平衡，间位产物比起邻对位产物降低了空间位阻。因此反应最终的产物就是一系列烷基化与去烷基化共同作用的结果，如式（9.10）所示。

$$\text{C}_6\text{H}_6 \xrightarrow[\text{AlCl}_3,\ 80℃\sim\text{r.t.}]{\text{CH}_3\text{CH}_2\text{Br}} 1,3,5\text{-三乙基苯} \qquad (9.10)$$

目前尚没有定量描述 Friedel-Crafts 催化剂的相对反应性的方法，但使用一系列苄基卤化物进行的比较研究得出了表 9.1，其为一个定性的分组。适当选择催化剂可以最大限度地减少后续产品达平衡的时间。

表 9.1　Friedel–Crafts 催化剂的相对活性（Relative activity of Friedel–Crafts catalysts）

活性（active）	傅克反应催化剂（Friedel-Crafts catalysts）
高活性（very active）	$AlCl_3$，$AlBr_3$，$GaCl_3$，$GaCl_2$，SbF_s，$MoCl_5$
较高活性（moderately active）	$InCl_3$，$InBr_3$，$SbCl_4$，$FeCl_3$，$AlCl_3$-CH_3NO_2，SbF_5-CH_3NO_2
中等活性（mild）	BCl_3，$SnCl_4$，$TiCl_4$，$TiBr_4$，$FeCl_2$

常用的是氯化物的活泼性次序为 RCl>RBr>RI，各种卤代烃的活泼性顺序如式（9.11）所示，最为活泼的是氯苄，只需要少量不活泼催化剂如 $ZnCl_2$，甚至 Al 和 Zn 即可与芳环反应，而氯甲烷必须用大量的氯化铝加热才能和芳环反应。

$$\text{PhCH}_2\text{X} > \text{CH}_3\text{CH=CHCH}_2\text{X} > \text{R}_3\text{CX} > \text{R}_2\text{CHX} > \text{RCH}_2\text{CH}_2\text{X} > \text{CH}_3\text{X} \qquad (9.11)$$

烷基化的底物并不局限于卤代烃类，除了烷基卤化物 - 路易斯酸组合外，Friedel-Crafts 反应中还经常使用另外两种阳离子。醇可以在硫酸或磷酸等强酸中作为碳正离子前体，醇与 BF_3 或 $AlCl_3$ 的结合也会影响烷基化。当使用质子酸（H_2SO_4、H_3PO_4 和 HF）或 Lewis 酸（如 BF_3 和 $AlCl_3$）作为催化剂时，烯烃可以用作烷基化试剂。反应式（9.12）使用苯作为溶剂，但该反应在 0℃下进行，三级碳正离子是由双键质子化产生的。

$$\text{ClCH}_2\text{C(CH}_3\text{)=CH}_2 + \text{C}_6\text{H}_6 \xrightarrow[0℃]{H_2SO_4} \text{PhC(CH}_3\text{)}_2\text{CH}_2\text{Cl} \qquad (9.12)$$

在某些反应中，不同催化剂产生不同的产物，如 3- 氯丙烯的傅 - 克反应，由于有两个不同的反应基团，催化剂对这两个基团的活泼性各不相同，它们能产生出不同的产物，如式（9.13）所示。

$$\text{C}_6\text{H}_6 + \text{CH}_2\text{=CHCH}_2\text{Cl} \longrightarrow \begin{cases} \xrightarrow{H_2SO_4} \text{PhCH(CH}_3\text{)CH}_2\text{Cl} \\ \xrightarrow{BF_3} \text{PhCH}_2\text{CH=CH}_2 \\ \xrightarrow{AlCl_3} \text{PhCH(CH}_3\text{)CH}_2\text{Cl} + \text{PhCH}_2\text{CH=CH}_2 \end{cases} \qquad (9.13)$$

反应式（9.14）证明了典型芳香磺酸通过烯烃质子化生成反应性正离子的能力。反应在 105℃的过量对甲苯磺酸中进行。反应的位置选择性相对差，在这些条件下，仲烷基甲苯磺酸盐也是活性碳正离子的来源［式（9.14）］。

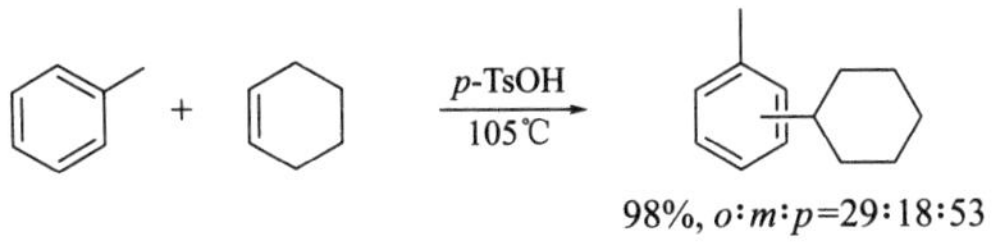

p-TsOH 105℃

98%, *o*:*m*:*p*=29:18:53

（9.14）

烯丙醇（allyl alcohol）和苄醇（benzyl alcohol）可通过与 $Sc(O_3SCF_3)_3$ 反应生成稳定的碳正离子，并导致苯与活化衍生物形成烷基化产物，如式（9.15）所示。

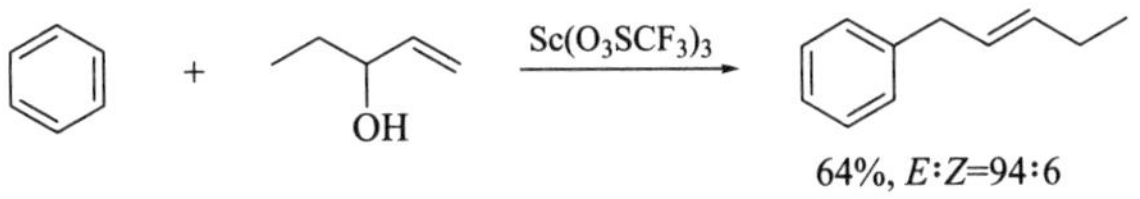

OH　$Sc(O_3SCF_3)_3$

64%, *E*:*Z*=94:6

（9.15）

曾有研究实例表明，还能选用由烯烃和 NBS 生成的溴离子作为亲电试剂，实现烯烃的傅 - 克烷基化，在这个反应中三氟甲磺酸钐被认为在卤离子形成中活化了 NBS 的供卤素能力，如式（9.16）所示。

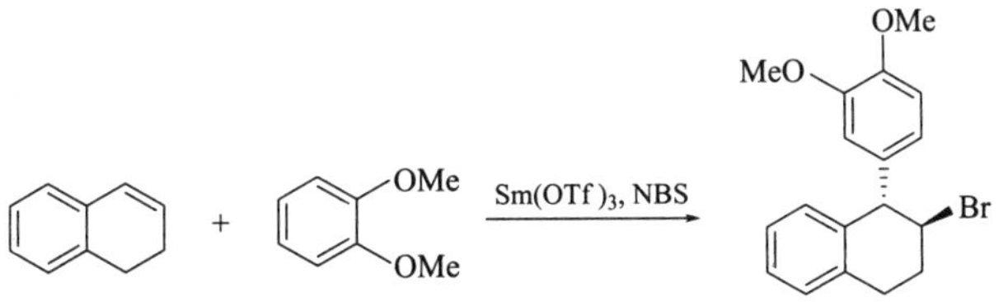

OMe　OMe　Sm(OTf)₃, NBS　OMe　MeO　Br

（9.16）

仲醇的甲烷磺酸酯在 $Sc(O_3SCF_3)_3$ 或 $Cu(O_3SCF_3)_2Sc$ 存在下也会生成 Friedel-Crafts 产物，如式（9.17）所示。

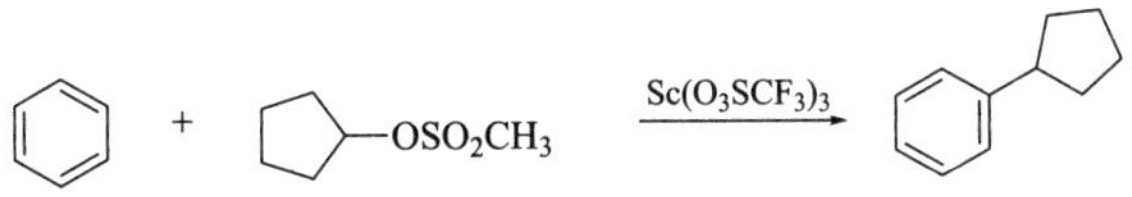

$-OSO_2CH_3$　$Sc(O_3SCF_3)_3$

（9.17）

Friedel-Crafts 烷基化可在分子内发生以形成稠环。分子内 Friedel-Crafts 反应为构建多环烃骨架提供了重要方法。在这种反应中，形成六元环比形成五元环要容易一些。例如，4- 苯基 -1- 丁醇在磷酸中的环化产物产率为 50%，而 3- 苯基 -1- 丙醇主要脱水生成烯烃，见式（9.18）。

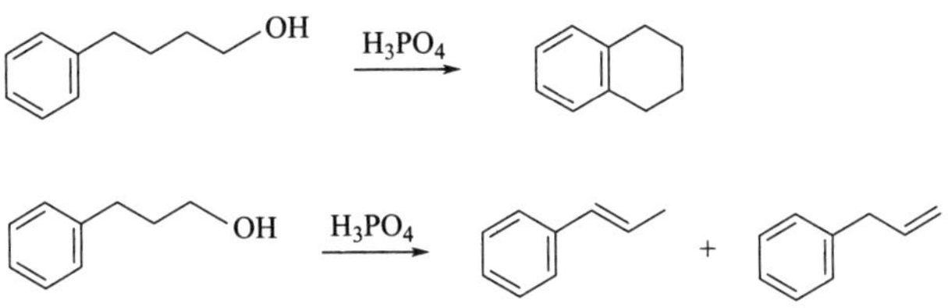

OH　H_3PO_4

OH　H_3PO_4

（9.18）

博格特 - 库克合成（Bogert-Cook）通过脱水反应和异构化，将 1- 苯乙基环己醇合成菲，如式（9.19）所示。

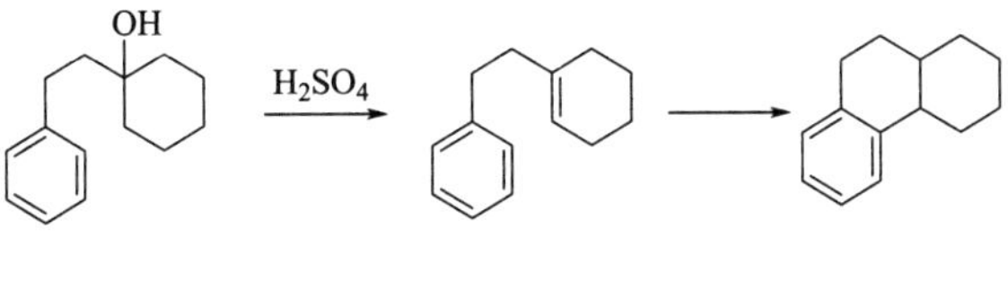

OH　H_2SO_4

（9.19）

9.1.2 傅 - 克酰基化 (Friedel-Crafts acylation)

在路易斯酸催化剂存在下，通过使用酰卤或酸酐将酮基引入芳香族或脂肪族底物中，称为 Friedel-Crafts 酰基化。Friedel-Crafts 酰基化的一般特征如下：①进行 Friedel-Crafts 烷基化的底物也容易酰化，并且在大多数情况下富含电子的底物能以更好的产率来获得所需的酮；②具有强吸电子基团的芳香族底物和某些杂环化合物，如喹啉、吡啶，根本不进行酰化；③酰卤以外的酰化剂有芳香族和脂肪族羧酸、酸酐、烯酮和酯，以及多官能酰化剂如草酰卤。Friedel-Crafts 酰化通常涉及酰卤（acyl halide）在路易斯酸如 $AlCl_3$、SbF_5 或 BF_3 作用下的反应，在某些情况下酸酐（acid anhydride）、三氟甲磺酸铋也是一种非常活性的酰化试剂，机理如式（9.20）所示（英文导读 9.2）。

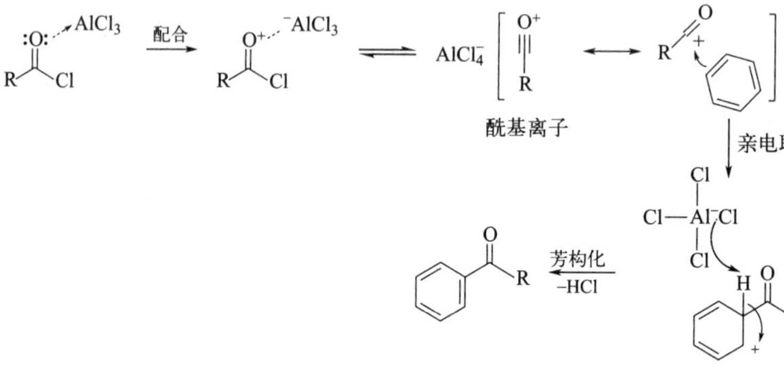

配合　酰基离子　亲电取代　芳构化 −HCl

（9.20）

最为常用于 Friedel-Crafts 反应的酰基试剂是酰卤，其活性顺序如式（9.21）所示。

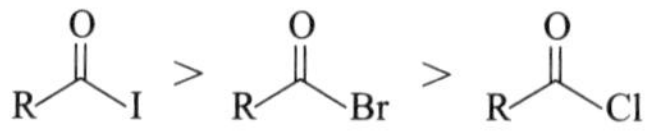

RCOI > RCOBr > RCOCl　（9.21）

酸酐也是很好的酰化剂，但是它需要的氯化铝比酰卤多 50%，如式（9.22）所示。羧酸也可以直接用作酰化剂，但催化剂不宜用氯化铝，而要用硫酸、磷酸，最好是氟化氢。

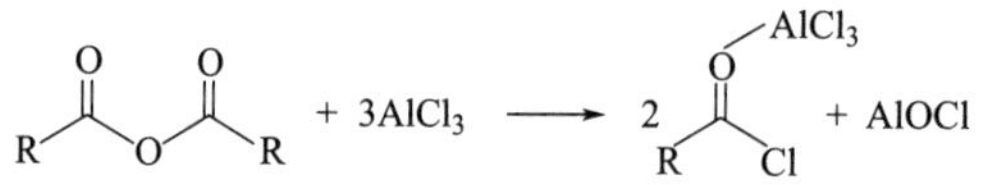

$(RCO)_2O + 3AlCl_3 \longrightarrow 2\, RCOCl\cdot AlCl_3 + AlOCl$　（9.22）

傅 - 克酰基化的成功取决于酰氯试剂的稳定性。比如甲酰氯不稳定而不能进行，因此合成苯甲醛就需要其他的方法，如 Gattermann-Koch 反应。它是指在氯化铝和氯化亚铜的催化下，通过苯、一氧化碳与氯化氢在高压下合成相应的芳香醛。反应式（9.23）就是典型的 $AlCl_3$ 作用下的 Friedel-Crafts 酰化反应。

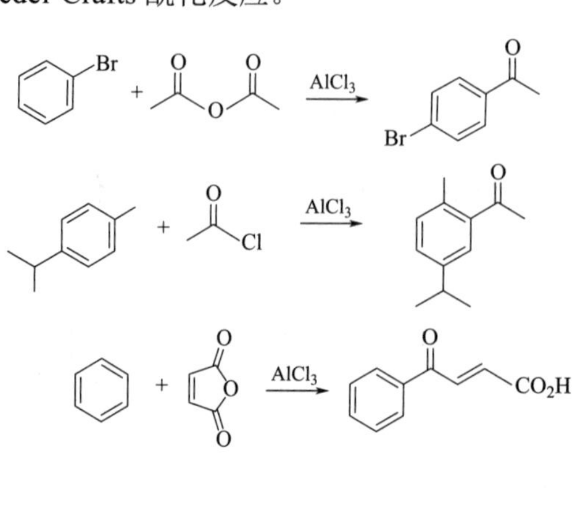

（9.23）

再如，四三氟甲烷磺酸铪（Ⅳ）和 $LiClO_4$ 的组合可催化中等活性的芳烃与乙酸酐的酰化反应，见式（9.24）。

$$\text{间二甲苯} + (CH_3CO)_2O \xrightarrow[LiClO_4,\ CH_3NO_2]{Hf(O_3SCF_3)_4} \text{2,4-二甲基苯乙酮} \tag{9.24}$$

与烷基化反应一样，Friedel-Crafts 酰化反应的中间体可以是解离的酰基离子或酰基氯化物和路易斯酸的配合物。对于苯和轻微失活的衍生物，质子化的酰基离子是动力学上占主导地位的亲电体，如式（9.25）所示。

(a)

$$RCOX + MX_n \longrightarrow R-C\equiv O^+ + (MX_n{+}1)^-$$

$$R-C\equiv O^+ + H^+ \rightleftharpoons R-\overset{+}{C}=\overset{+}{O}-H$$

$$C_6H_6 + R-\overset{+}{C}=\overset{+}{O}-H \longrightarrow [C_6H_6(H)(C(=O)R)]^+ \xrightarrow{-H^+} C_6H_5-\overset{O}{\overset{\|}{C}}R$$

(b)

$$RCOX + MX_n \longrightarrow R-CH=\overset{+}{O}-\overset{-}{M}X_n \longrightarrow R-C\equiv O^+ + {}^-MX_{n+1}$$

$$C_6H_6 + R-C\equiv O^+ \longrightarrow [C_6H_6(H)(C(=O)R)]^+ \longrightarrow C_6H_5-\overset{O}{\overset{\|}{C}}R + H^+$$

$$(9.25)$$

在 Friedel-Craft 酰基化反应中不会出现重排问题，同时多酰基化也不可能发生，因为第一个酰基可以使环失活，避免了进一步取代。因此通常通过先酰基化然后还原酰基来在芳环上引入烷基。

分子内酰基化非常常见，可以采用酰基卤化物和常用路易斯酸在正常条件下反应获得。一种有用的替代方法是将羧酸溶解在聚磷酸（PPA）中并加热以实现环化。该步骤可能涉及形成混合磷酸羧酸酐，如式（9.26）所示。

$$C_6H_5(CH_2)_3COCl \xrightarrow{AlCl_3} \text{1-四氢萘酮} \qquad C_6H_5(CH_2)_3CO_2H \xrightarrow{PPA} \text{1-四氢萘酮}$$

$$\text{1-萘基}(CH_2)_3CO_2H \xrightarrow{PPA} \text{四氢菲酮} \tag{9.26}$$

将六元环与芳香环稠合的经典方法是使用琥珀酸酐或其衍生物。此方法首先进行分子间酰化，之后进行还原和分子内酰化，还原步骤可为分子内酰化提供更具反应性的环，见式（9.27）。

$$\text{对二甲苯} + \text{甲基琥珀酸酐} \xrightarrow{AlCl_3} ArCOCH_2CH(CH_3)CO_2H \xrightarrow{Pd,\ H_2} ArCH_2CH_2CH(CH_3)CO_2H \xrightarrow{PPA} \text{四氢萘酮} \tag{9.27}$$

9.1.3 其他烷基化和酰化反应 (Other alkylation and acylation reactions)

氯甲基化反应（chloromethylation reaction）是指在浓盐酸和氯化锌等卤化物盐中与甲醛反应制得氯甲基苯（苄氯），底物为苯及其衍生物，反应性亲电试剂可能是氯甲基离子，机理如式（9.28）所示。

$$H_2C{=}O + HCl + H^+ \rightleftharpoons H_2\overset{+}{O}CH_2Cl \longrightarrow H_2C{=}\overset{+}{Cl}$$

$$+ H_2C{=}\overset{+}{Cl} \longrightarrow \quad Cl \tag{9.28}$$

$$+ \; \underset{H\quad H}{\overset{O}{\parallel}} \; + HCl \xrightarrow[HOAc]{H_3PO_4} \quad Cl$$

一氧化碳（carbon monoxide）、氰化氢（hydrogen cyanide）和腈（nitrile）也在强酸或 Friedel-Crafts 催化剂存在下与芳香族化合物反应，引入甲酰基或酰基。反应性亲电试剂被认为是 CO、HCN 或腈的二质子化产物，这些反应的机理如式（9.29）所示。

(a)
$$C^-{\equiv}O^+ + H^+ \rightleftharpoons H{-}C{\equiv}O^+ \overset{H^+}{\rightleftharpoons} H{-}C^+{\equiv}O^+{-}H$$
$$ArH + H\overset{+}{C}{=}\overset{+}{O}{-}H \longrightarrow ArCH{=}O + 2H^+$$

(b)
$$H{-}C{\equiv}N + H^+ \rightleftharpoons H{-}C{\equiv}\overset{+}{N}{-}H \overset{H^+}{\rightleftharpoons} H\overset{+}{C}{=}\overset{+}{N}H_2$$
$$ArH + H\overset{+}{C}{=}\overset{+}{N}H_2 \longrightarrow ArCH{=}\overset{+}{N}H_2 \xrightarrow{H_2O} ArCH{=}O \tag{9.29}$$

(c)
$$R{-}C{\equiv}N + H^+ \rightleftharpoons R{-}C{\equiv}\overset{+}{N}{-}H \overset{H^+}{\rightleftharpoons} R\overset{+}{C}{=}\overset{+}{N}H_2$$
$$ArH + R\overset{+}{C}{=}\overset{+}{N}H_2 \longrightarrow R{-}\underset{Ar}{\underset{|}{C}}{=}\overset{+}{N}H_2 \xrightarrow{H_2O} Ar{-}\overset{O}{\overset{\parallel}{C}}{-}R$$

一氧化碳、氰化氢和腈与芳香族化合物反应，引入甲酰基或酰基反应示例见式（9.30）。

$$+ \; CO \xrightarrow[CuCl]{AlCl_3} \quad H$$

$$+ HCl + Zn(CN)_2 \xrightarrow{AlCl_3} \xrightarrow{H_2O} \quad H \tag{9.30}$$

$$HO\ OH\ OH \; + \; N \xrightarrow[Zn(CN)_2]{HCl} \xrightarrow{H_2O} \quad OH\ O\ HO\ OH$$

引入甲酰基和酰基的另一种有用的方法是维尔斯迈尔 - 哈克反应（Vilsmeier-Haack reaction）。*N, N*- 二烷基酰胺与三氯氧磷或草酰氯反应生成氯亚胺离子，见式（9.31）。氯亚胺离子是反应性亲电体，在不添加路易斯酸的情况下，起到亲电试剂的作用。此反应只适用于带有给电子取代基的活泼芳环，反应见式（9.31）。

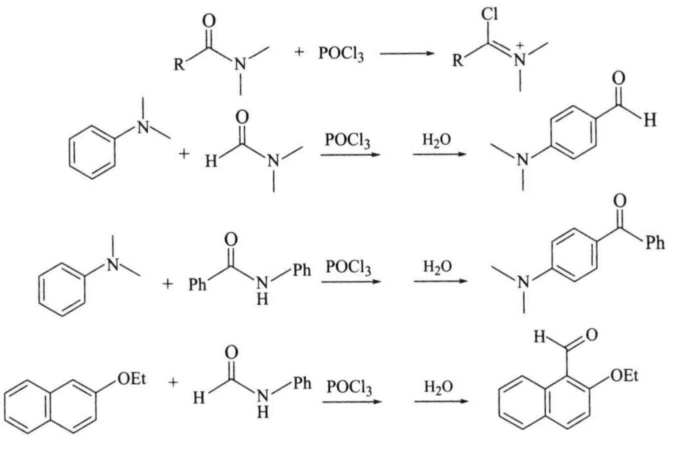

(9.31)

9.1.4 卤化 (Halogenation)

通过亲电取代将卤素引入芳香环在芳香类化合物的有机合成中占有重要的位置。氯和溴对芳烃具有良好的反应性，但通常需要用路易斯酸（Lewis acid）催化才可获得理想的反应速率。氟的反应非常剧烈，必须严格控制反应条件。碘分子只能对非常活泼的芳香族化合物起到取代作用（英文导读 9.3）。

反应速率的研究结果表明，氯化（chlorination）通常受到酸催化的影响，尽管动力学的影响非常复杂，但质子被认为有助于反应物—Cl_2 配合物中 Cl—Cl 键的断裂。极性溶剂（polar solvent）中的氯化比非极性溶剂（non polar solvent）中的氯化快得多，溴化（bromination）也显示出类似的机理特征［式（9.32)]。

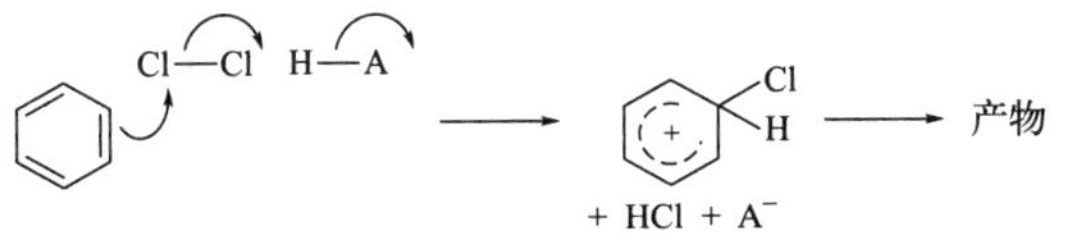

(9.32)

对于常见的有机合成反应来说，常使用路易斯酸作为催化剂，比如，氯化常以氯化锌或氯化铁作催化剂，而生成溴化铁的金属铁通常用于溴化反应，它们的机理在于路易斯酸有助于卤素 - 卤素键（halogen-halogen bond）的断裂（cleavage）［式（9.33)]。

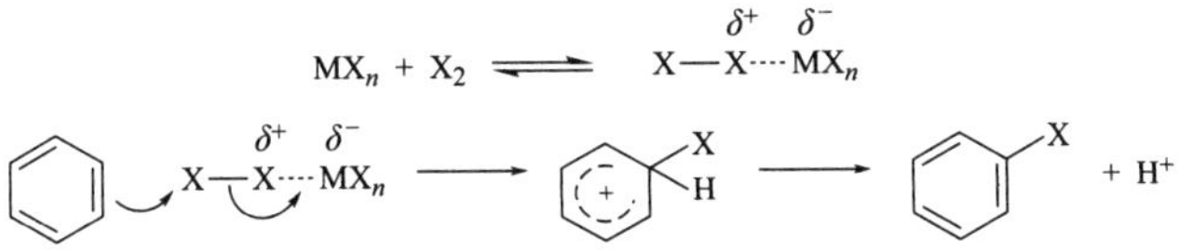

$$MX_n + X_2 \rightleftharpoons \overset{\delta^+}{X}—\overset{\delta^-}{X}\cdots MX_n$$

(9.33)

例如，反应式（9.34）涉及路易斯酸催化氯化。

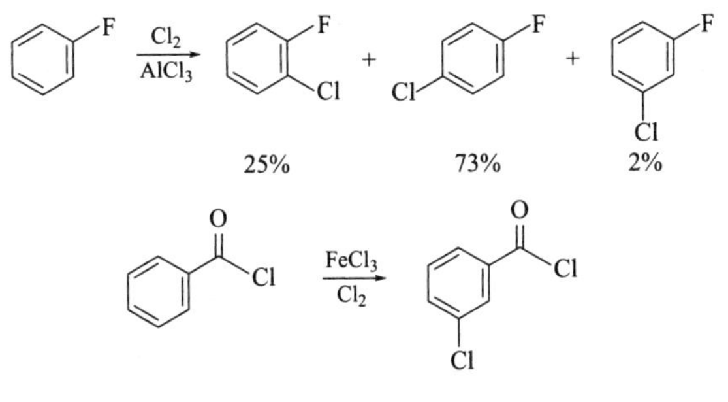

25%　73%　2%

(9.34)

反应式（9.35a）是典型的金属铁作用下的低活性芳烃（deactivated aromatic）的间位溴化。反应式（9.35b）是所有活化位置都发生溴化的情况，反应有趣的地方在于，反应发生在酸性溶液中，连续添加溴时，可能会降低苯胺的碱性从而增加中性形式的含量加速反应。

(a) NO_2-苯 $\xrightarrow[Br_2]{Fe}$ 3-溴硝基苯（NO_2，Br）

(b) 3-氨基苯甲酸（COOH，NH_2）$\xrightarrow[Br_2]{HCl}$ 2,4,6-三溴-3-氨基苯甲酸（COOH，Br，Br，NH_2，Br）

（9.35）

N-溴代琥珀酰亚胺（*N*-bromosuccinimide，NBS）和 *N*-氯代琥珀酰亚胺（*N*-chlorosuccinimide，NCS）是常见的温和卤化剂。活性芳烃，如 1, 2, 4-三甲氧基苯在室温下会被 NBS 溴化。其实 NCS 和 NBS 都可以在类似于四氯化碳等非极性溶剂（non polar solvents）中卤化中等活性的芳烃，式（9.36a）就是以 HCl 或 $HClO_4$ 作为催化剂，以四氯化碳为溶剂的反应。反应式（9.36b）是使用 NCS 进行大规模氯化的例证，该产物用于合成 5-HT4 受体激动剂药物舒兰色罗（sulamserod）。反应式（9.36c）是使用 NBS 进行溴化的例子。

(a) H_3CO，CH_3，CH_3 $\xrightarrow[CCl_4]{NCS,\ HClO_4}$ H_3CO，CH_3，CH_3，Cl

(b) $\xrightarrow[CH_3CO_2H]{NCS}$ Cl，Cl

(c) OCH_3 $\xrightarrow[CH_3CN]{NBS}$ OCH_3，Br

（9.36）

研究证实异喹啉在硫酸介质下可以很好地被 NBS 溴化，反应定位也很好，几乎都为 5-溴化产物，可以获得 92% 以上产率，但同样条件下 NCS 与异喹啉完全不反应，不能获得相应的 5-氯异喹啉［式（9.37)］，可以看出 NBS 和 NCS 的反应性并不完全一致。

异喹啉（N）$\xrightarrow[H_2SO_4]{NBS}$ 5-溴异喹啉（Br，N）92%

异喹啉（N）$\xrightarrow[H_2SO_4]{NCS}$ 5-氯异喹啉（Cl，N）不反应

（9.37）

乙酸汞或三氟乙酸对卤化反应有强烈催化作用。催化条件产生酰基次卤化盐（acyl hypohalites）为活性较高的卤化剂。三氟乙酰基次卤化物同样是非常活泼的试剂，即使是硝基苯、三氟甲基苯也容易被三氟乙酰次溴酸盐溴化，见式（9.38）。

$$Hg(O_2CR)_2 + X_2 \rightleftharpoons HgX(O_2CR) + RCO_2X$$

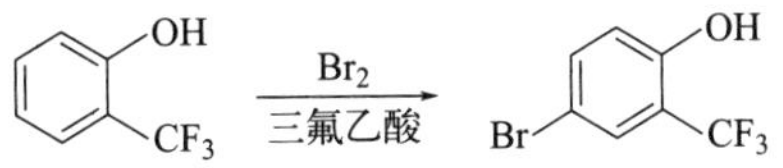

Br_2 / 三氟乙酸　(9.38)

溴单质在含有硫酸和氧化汞的 CCl_4 溶液中也是一种反应性溴化剂。例如反应式（9.39）中使用溴和氧化汞对低活性芳烃进行溴化。

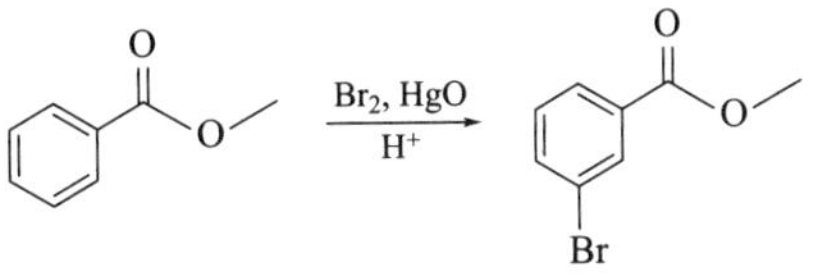

Br_2, HgO / H^+　(9.39)

将氟引入有机分子中会影响近端官能团的碱度和酸度、偶极矩和氢键能力。在药物中，氟经常被引入以提高亲脂性、生物利用度和代谢的稳定性。尽管氟取代基很有用，但与其他碳 - 卤素键形成方法相比，碳 - 氟键选择性形成的方法相对较少。氟化（fluorination）可使用惰性气体稀释的氟进行。然而，使用惰性气体稀释的氟须非常小心，从而避免不受控制的反应出现。已报道了一些能够进行芳香族氟化的试剂，其中 *N*- 氟 - 双 (三氟甲基磺酰基) 亚胺［$(CF_3SO_2)_2NF$］显示出良好的反应性，并且可以氟化苯等活化的芳烃［式（9.40）］（英文导读 9.4）。

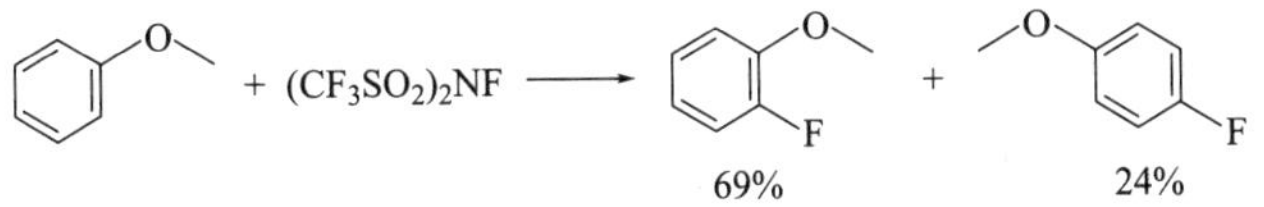

$+ (CF_3SO_2)_2NF \longrightarrow$　69%　+　24%　(9.40)

碘化（iodination）可以采用单质碘（iodine）和各种氧化剂的混合物进行，如高碘酸、I_2O_5、NO_2 和 $Ce(NH_3)_2(NO_3)_6$，反应示例见式（9.41）。

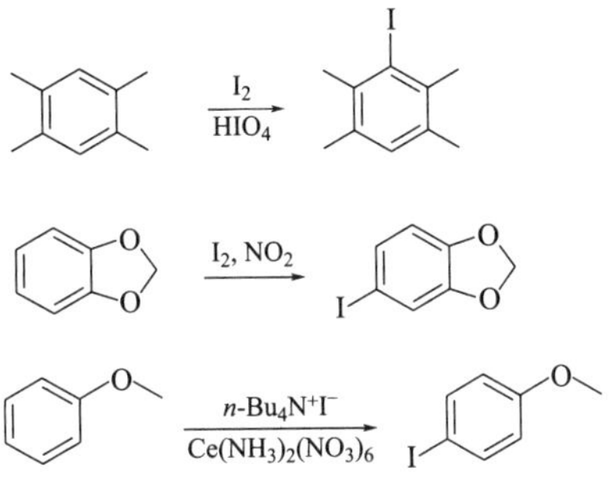

I_2 / HIO_4

I_2, NO_2　(9.41)

$n\text{-}Bu_4N^+I^-$ / $Ce(NH_3)_2(NO_3)_6$

碘化亚铜（cuprous iodide）和铜盐（copper salt）的混合物也能有效地进行碘化反应，如反应式（9.42）所示。

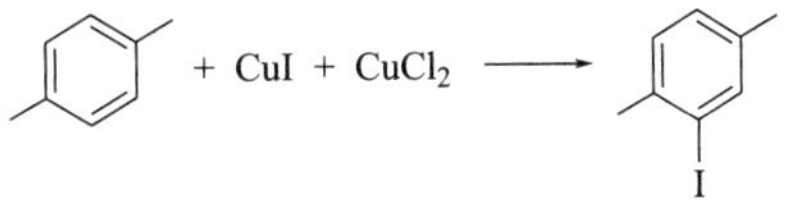

$+ CuI + CuCl_2 \longrightarrow$　(9.42)

中等活性的芳烃类化合物的碘化可通过单质碘和银（silver）或汞（mercury）盐的混合物进行。式（9.43）分别涉及由汞盐和银盐激活的反应，其反应机理涉及作为活性中间体的次碘酸盐的参与。

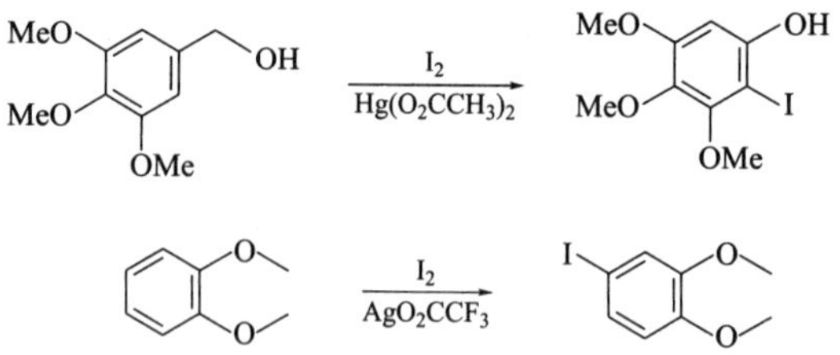

(9.43)

低价碘盐同样也是一类活性碘化物，在 HBF_4 或 CF_3SO_3H 等强酸存在下，双-(吡啶)碘盐可以碘化苯及衍生物。反应式（9.44）中，采用双-(吡啶)碘盐及两倍物质的量的强酸（HBF_4 或 CF_3SO_3H）在以二氯甲烷为溶剂的条件下实现了溴苯的碘化，类似条件甚至适用于失活的芳烃，如苯甲酸甲酯和硝基苯的碘化（英文导读 9.5）。

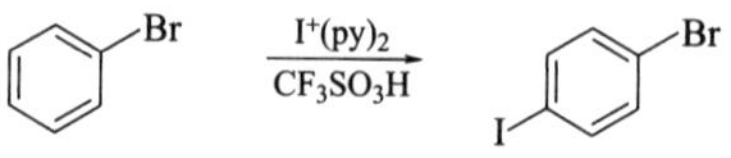

(9.44)

9.1.5 硝化 (Nitration)

硝化是在芳香环上引入含氮官能团的最重要方法。硝基化合物可以很容易地被还原为相应的氨基衍生物，进而成为获得重氮离子的重要途径。有多种试剂和反应体系可用于硝化，试剂的选择是影响芳香环硝化的反应活性的主要因素之一。硝化是一种非常普遍和常见的反应，通常可以为高活性的芳香族化合物和低活性的芳香族化合物分别开发出适合的反应条件。由于任意的硝基引入都会降低环的反应性，因此很容易控制条件以获得单硝化产物。如果需要多次硝化，则使用更剧烈的条件（英文导读 9.6）。

浓硝酸可以作为硝化剂，但其活性不如硝酸和硫酸的混合物。这两种介质中的活性硝化物质是硝基正离子（nitronium ion），即 NO_2^+，它是由硝酸的质子化和离解形成的，强酸性硫酸中的 NO_2^+ 浓度高于单纯的硝酸中的 NO_2^+ 浓度，见式（9.45）。

$$HNO_3 + 2H^+ \rightleftharpoons H_3O^+ + NO_2^+ \quad (9.45)$$

在混酸中，硫酸起酸的作用，硝酸则作为一个碱而起作用。因此，硫酸的加入可以大大提高硝酸的硝化能力。混酸中所含硫酸的浓度不同，其 NO_2^+ 含量也不同，如表 9.2 所示。

表 9.2 混酸中 HNO_3 转变为 NO_2^+ 的转化率

混酸中硝酸含量 /%	5	10	15	40	80	100
硝酸转变为 NO_2^+ 的转化率 /%	100	100	80	28.8	9.8	1

硫酸中水的存在对生成 NO_2^+ 不利，因加入水后增加了 HSO_4^- 及 H_3O^+ 的浓度，这两种离子均会抑制 NO_2^+ 的生成。

芳环上的硝化是典型的亲电取代反应。通常认为 NO_2^+ 是硝化反应的亲电活泼质点，硝化反应速率与 NO_2^+ 的浓度成正比。以苯的混酸硝化为例，NO_2^+ 首先与芳烃相互作用，发生亲电进攻，生成 π- 配合物，然后转变成 σ- 配合物，最后脱质子变成硝化产物，如式（9.46）所示。

$$\text{C}_6\text{H}_6 + NO_2^+ \longrightarrow [\text{C}_6\text{H}_6 \cdot NO_2^+] \longrightarrow [\text{C}_6\text{H}_6(H)NO_2]^+ \xrightarrow{-H^+} \text{C}_6\text{H}_5NO_2 \quad (9.46)$$

在硝化反应中被硝化物的性质对反应起着重要的作用，其对硝化反应速率、产物构成、硝化方法的选择都有很大的影响。当芳香环上有给电子取代基时，硝化反应速率会加快，硝化产物以邻、对位产物为主；当芳香环上含有弱吸电子基团时，硝化反应速率会大大降低，产物常常以间位异构体为主；当芳香环上有强吸电子基，如—NO_2、—$N^+(CH_3)_3$等时，硝化反应几乎不进行。带有含氧的吸电子基，如—NO_2、—CHO、—SO_3H、—COOH等的芳烃进行硝化时，主要生成间位异构体，同时硝化产物中邻位的异构体要远比对位异构体多。

不同对象进行硝化时，通常需要选用不同的硝化试剂。相同的硝化对象，选用不同的硝化方法时，常常得到不同的产物组成。例如乙酰苯胺在使用不同的硝化剂进行硝化反应时，所得到的产物组成相差很大，如表9.3所示。

表9.3　不同硝化剂硝化乙酰苯胺所得产物的组成

$$\text{C}_6\text{H}_5\text{NHCOCH}_3 \xrightarrow{NO_2} O_2N\text{-C}_6\text{H}_4\text{NHCOCH}_3$$

硝化剂	温度/℃	邻位/%	间位/%	对位/%	邻位/对位
混酸	20	19.4	2.1	78.5	0.25
90%HNO_3	−20	23.5	—	76.5	0.31
80%HNO_3	−20	40.7	—	59.3	0.69
HNO_3在乙酸酐中	20	68.8	2.5	28.7	2.45

对于使用混酸进行的硝化反应，混酸的组成将直接影响硝化的能力。通常的情况是硫酸的含量越多，硝化能力越强。对于难硝化的物质，采用焦硫酸与硝酸的混合物作硝化试剂可提高反应速率，使废酸量大幅度下降，并能改变异构体组成的比例，如式（9.47）所示。

$$\text{1,5-萘二磺酸}\begin{cases}\xrightarrow{稀H_2SO_4+HNO_3} \text{4-硝基-1,5-萘二磺酸} (NO_2, SO_3H, SO_3H)\\ \xrightarrow{H_2S_2O_7+HNO_3} \text{3-硝基-1,5-萘二磺酸} (SO_3H, NO_2, SO_3H)\end{cases} \quad (9.47)$$

硝化反应的热效应明显，是一强放热反应。温度的选择和控制对于硝化反应是十分重要的，有机物硝化时一般都有一适合的反应温度，改变反应温度不仅影响到反应速率和产物的组成，而且直接涉及反应的安全。对于芳胺、*N*-酰基芳胺、酚类和酚醚等容易被氧化的化合物，硝化温度必须低一些（−10～90℃）；对于含有硝基或磺基等比较稳定的化合物，硝化温度就需要高一些（30～120℃）。不同底物需要进行独立研究确定硝化温度。

通常硝化反应速率会随着反应温度的升高而加快，一般温度每升高 10℃，硝化反应速率增高为原来的三倍。应该指出的是，虽然升高温度可以加速反应，但是在硝化反应研究过程中不能轻易升高温度来提高反应速率。由于硝化反应是一强放热反应，反应温度若控制不当，会引起多硝化、氧化等副反应，甚至会出现危险。硝化反应的温度控制是一事关安全的重要问题，必须慎之又慎。硝化温度能改变产物的组成。表 9.4 列出了甲苯硝化时温度对产品组成的影响。

表 9.4　甲苯硝化时温度对产品组成的影响

$$\text{甲苯} + NO_2 \longrightarrow O_2N\text{-}C_6H_4\text{-}CH_3$$

反应温度 /℃	邻位 /%	间位 /%	对位 /%
−30	57.2	3.5	39.3
0	58.0	3.9	38.1
30	58.8	4.4	36.8
60	59.6	5.1	35.3

硝化也可以在有机溶剂中进行，乙酸和硝基甲烷是常见的例子。在这些溶剂中，NO_2^+ 的形成通常是速率控制步骤（rate-determining step）[式（9.48）]。

$$\begin{aligned} &2HNO_3 \rightleftharpoons H_2NO_3^+ + NO_3^- \\ &H_2NO_3^+ \xrightarrow{\text{慢}} NO_2^+ + H_2O \\ &ArH + NO_2^+ \xrightarrow{\text{快}} ArNO_2 + H^+ \end{aligned} \tag{9.48}$$

另一种有用的硝化介质是将硝酸溶解在乙酸酐中制备而得的溶液，乙酸酐可生成乙酰硝酸酯 [式（9.49）]。硝酸与乙酸酐组成的硝化体系硝化能力较强，可在低温下进行硝化反应，适用于易被氧化和被混酸分解的硝化反应。该硝化剂中乙酸酐是溶剂，对有机物有良好的溶解性。因此，一些容易被混酸破坏的有机物可在此硝化剂中顺利地硝化，它是仅次于硝酸和混酸的重要硝化剂。该试剂在特定的一些硝化反应中更倾向于提供高的邻对位比值。

$$HNO_3 + (CH_3CO)_2O \rightleftharpoons CH_3COONO_2 + CH_3COOH \tag{9.49}$$

反应示例见式（9.50）。

$$\begin{aligned} &C_6H_5CH{=}CHCHO \xrightarrow[\text{乙酸酐}]{\text{硝酸}} 2\text{-}O_2NC_6H_4CH{=}CHCHO \\ &C_6H_5B(OH)_2 \xrightarrow[\text{乙酸酐, 尿素}]{\text{硝酸}} 2\text{-}O_2NC_6H_4B(OH)_2 \end{aligned} \tag{9.50}$$

还有一种方便的方法是采用硝酸盐和三氟乙酸酐在氯仿或二氯甲烷溶剂中硝化芳烃，

其机理可能同样是生成三氟乙酰硝酸酯，见式（9.51）。

（9.51）

反应示例见式（9.52）。

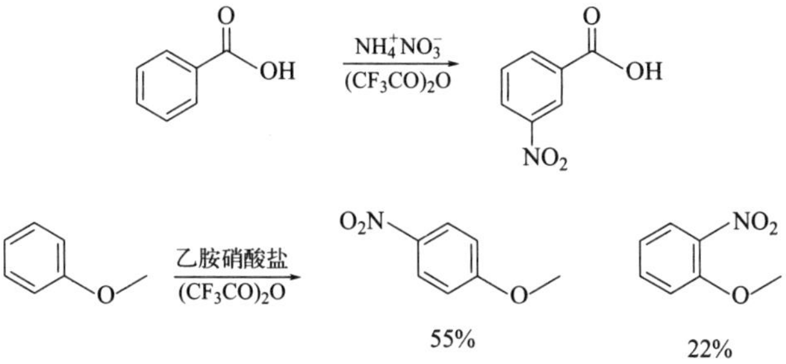

$NH_4^+NO_3^-$ / $(CF_3CO)_2O$

乙胺硝酸盐 / $(CF_3CO)_2O$

55%　22%

（9.52）

镧系盐能很好地催化硝化反应。例如在 $Yb(O_3SCF_3)_3$ 存在下，硝酸对苯、甲苯和萘的硝化以良好的产率进行。这种催化作用可能是由于硝酸根与镧系阳离子之间的亲氧相互作用产生或转移 NO_2^+。该催化过程使用化学计量的硝酸，避免了传统硝化方法需要使用的过强酸性条件［式（9.53）］。

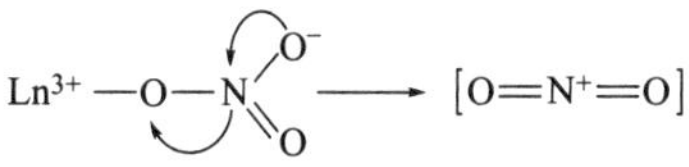

$$Ln^{3+}—O—NO_2 \longrightarrow [O{=}N^+{=}O] \qquad (9.53)$$

例如，使用 $Sc(O_3SCF_3)_3$、$LiNO_3$ 或 $Al(NO_3)_3$ 和乙酸酐可以硝化多种芳香族化合物，见反应式（9.54）。

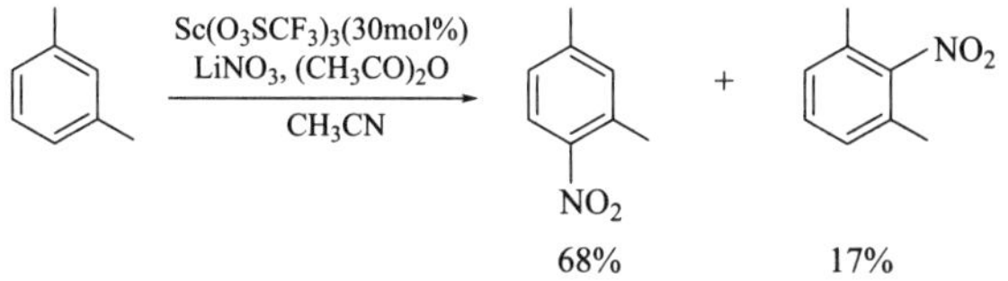

$Sc(O_3SCF_3)_3$(30mol%) / $LiNO_3$, $(CH_3CO)_2O$ / CH_3CN

68%　17%

（9.54）

含有硝胺离子的盐也是具有反应性的硝化剂。硼酸胺使用最频繁［式（9.55）］，但氟甲基磺酸硝鎓盐更容易制备。

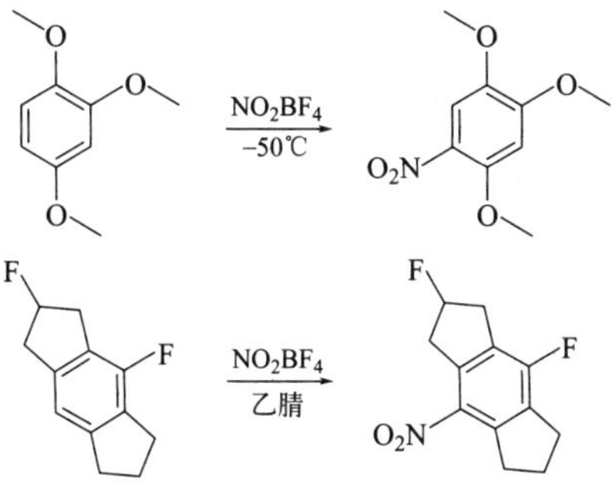

NO_2BF_4 / −50℃

NO_2BF_4 / 乙腈

（9.55）

氮杂环，如吡啶和喹啉，在与 NO_2BF_4 反应时形成 *N*- 硝基杂环盐，这些 *N*- 硝基杂环盐实际上可以作为硝化试剂，发生的反应称为转移硝化反应（transfer nitration reaction），见式（9.56）。

$o:m:p=64:3:33$

$o:m:p=65:3:32$

(9.56)

另一种较为特别的硝化过程是使用臭氧（ozone）和二氧化氮（nitrogen dioxide）。对于芳烃和其活性衍生物，这种硝化作用被认为涉及芳香族化合物的自由基反应［式（9.57）］。

$$NO_2 + O_3 \longrightarrow NO_3 + O_2$$
$$ArH + NO_3 \longrightarrow [ArH]^{+\cdot} + NO_3^-$$
$$[ArH]^{+\cdot} + NO_2 \longrightarrow [Ar(H)(NO_2)]^+ \longrightarrow ArNO_2 + H^+ \tag{9.57}$$

苯乙酸酯和苯乙醚等化合物带有含氧取代基，其同时可以作为导向基团，诱导硝化在邻位发生，显示出非常高的邻对位比值。这些反应的机理可能是 NO_2^+ 先与含氧取代基上的氧的配位，然后再经历分子内转移［式（9.58）］。

O_3, NO_2 / $(ClCH_2)_2$

$o:m:p=81:2:17$

(9.58)

9.2 亲核芳香取代 (Nucleophilic aromatic substitution)

芳香族化合物的重要合成取代也可通过亲核试剂完成。Griess 于 1858 年发现芳香重氮盐在有机合成和工业生产中有着广泛的应用。本节将重点讨论芳基重氮离子（aryldiazonium ion），它可以通过几种机制进行反应。

芳基重氮盐是一大类广泛使用的芳香化合物合成中间体。芳基重氮离子通常由苯胺与亚硝酸反应制备，亚硝酸由亚硝酸盐原位生成，见式（9.59）。脂肪族重氮离子可迅速分解为氮气和碳正离子，而芳基重氮离子足够稳定，可在室温及以下温度的溶液中存在。重氮离子的形成经过亚硝基离子 NO^+ 与氨基的加成，然后再脱水。

$$ArNH_2 + HONO \xrightarrow{H^+} ArN(H)-N=O + H_2O$$
$$ArN(H)-N=O \longrightarrow ArN=N-OH \xrightarrow{H^+} ArN\equiv N + H_2O \tag{9.59}$$

除了在水溶液中进行重氮化的方法外，重氮离子还可以在有机溶剂中与烷基亚硝酸盐反应生成，如反应式（9.60）所示。

$$RO-N=O + ArNH_2 \longrightarrow ArN(H)-N=O + ROH$$
$$ArN(H)-N=O \rightleftharpoons ArN=N-OH \xrightarrow{H^+} Ar\overset{+}{N}\equiv N + H_2O \tag{9.60}$$

芳基重氮离子作为合成中间体的广泛用途源于 N_2 作为离去基团的优越性，将对其进行详细讨论。

9.2.1 芳基重氮离子中间体的还原脱氮 (Reductive denitrification of aryldiazonium ion intermediate)

有时需要用氢取代硝基或氨基，特别是使用取代基进行区域选择性控制占位后，后续操作需要用氢取代占位基团。还原脱氮的最佳试剂是次磷酸（H_3PO_2）和 $NaBH_4$。通过氧化亚铜的催化作用，H_3PO_2 的还原大大改善。H_3PO_2 的还原过程是通过一个电子还原，发生氮的损失和苯基自由基的形成，其中次磷酸作为氢原子供体，机理如式（9.61）所示。

链引发　$Ar\overset{+}{N}\equiv N + e^- \longrightarrow Ar\cdot + N_2$

链传递　$Ar\cdot + H_3PO_2 \longrightarrow Ar—H + [H_2PO_2\cdot]$

$Ar\overset{+}{N}\equiv N + [H_2PO_2\cdot] \longrightarrow Ar\cdot + N_2 + [H_2PO_2^+]$　（9.61）

$[H_2PO_2^+] + H_2O \longrightarrow H_3PO_3 + H^+$

还原脱氮反应示例见式（9.62）。

H_2N—(3,3'-二甲基联苯)—NH_2 $\xrightarrow[2)\ H_3PO_2]{1)\ HONO}$ 3,3'-二甲基联苯

2,4-二氯苯基 $\overset{+}{N_2}BF_4^-$ $\xrightarrow[Cu_2O]{H_3PO_2}$ 1,3-二氯苯　97%　（9.62）

OH, O, OH, HN, O, NH_2 (Boc保护氨基酸) $\xrightarrow{1)\ C_2H_5ONO\ \ 2)\ NaBH_4\ \ 3)\ HCl}$ OH, O, OH, NH_3^+

9.2.2 由芳基重氮离子中间体合成苯酚 (Phenol from aryldiazonium ion intermediate)

芳基重氮离子可以在水中加热转化为苯酚（phenol），过程中可能会形成苯基阳离子[式（9.63a）]。酚类物质还可以通过一种替代的氧化还原机制在较温和的条件下形成。该反应由氧化亚铜引发，并在 Cu(Ⅱ) 盐存在下进行。氧化亚铜会还原并分解出芳基自由基，自由基被 Cu(Ⅱ) 捕获，并通过还原消除转化为苯酚，这一过程非常迅速，并能获得高的产率，机理如式（9.63b）所示。

$Ar\overset{+}{N}\equiv N \longrightarrow Ar^+ + N_2 \xrightarrow{H_2O} ArOH + H^+$　(a)

$Ar\overset{+}{N}\equiv N + Cu(Ⅰ) \longrightarrow Ar\cdot + N_2 + Cu(Ⅱ)$　（9.63）

$Ar\cdot + Cu(Ⅱ) \longrightarrow [Ar—Cu(Ⅲ)]^{2+} \xrightarrow{H_2O} ArOH + Cu(Ⅰ) + H^+$　(b)

由芳基重氮离子中间体合成苯酚的反应见式（9.64）。

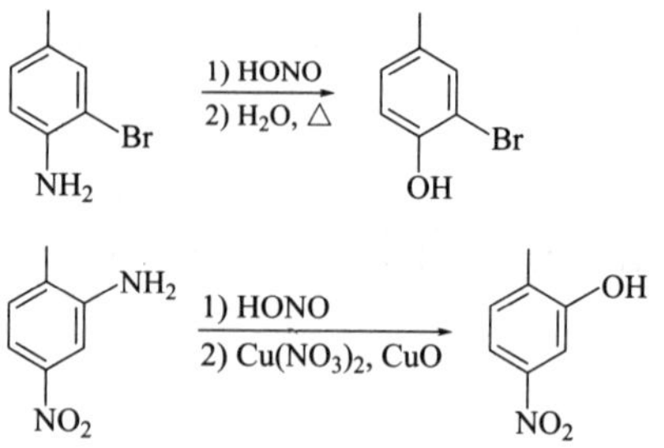

1) HONO 2) H_2O, △

1) HONO 2) $Cu(NO_3)_2$, CuO

（9.64）

9.2.3 由芳基重氮离子中间体合成芳基卤化物 (Aryl halide from aryldiazonium ion intermediate)

卤化物取代重氮基团是制备芳基卤化物的一种有价值的合成方法。1884 年桑德迈尔（Sandmeyer）在试图制备苯乙炔时，却得到氯苯且产率很好。芳基溴化物和氯化物通常通过使用适当的 Cu(Ⅰ) 盐的反应制备，该反应被称为桑德迈尔反应（Sandmeyer reaction）。该反应的优点是不产生多卤代烃及异构化产物，被广泛用于药物中间体、荧光染料、功能材料等的合成（英文导读 9.7）。

桑德迈尔反应将重氮盐添加到氯化亚铜的热酸性溶液中，发生重氮离子与 Cu(Ⅰ) 的氧化加成反应和 Cu(Ⅲ) 中间体的卤化物转移，机理如式（9.65）所示。

$$
\begin{aligned}
&Ar\overset{+}{N}\equiv N + [Cu^{\mathrm{I}}X_2]^- \longrightarrow Ar-Cu^{\mathrm{III}}X_2 + N_2\\
&Ar-Cu^{\mathrm{III}}X_2 \longrightarrow ArX + Cu^{\mathrm{I}}X
\end{aligned}
\qquad (9.65)
$$

典型的桑德迈尔反应示例如式（9.66）所示。

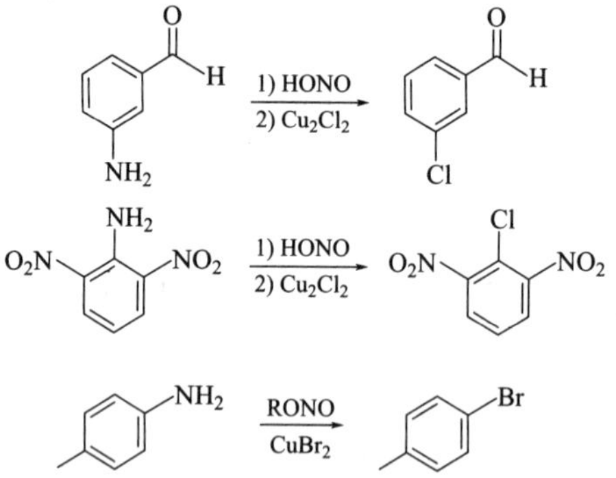

1) HONO 2) Cu_2Cl_2

1) HONO 2) Cu_2Cl_2

RONO, $CuBr_2$

（9.66）

氟也可以通过重氮离子引入，称为希曼反应（Schiemann reaction）。反应中首先生成芳基重氮四氟硼酸盐，此盐经热分解生成芳基氟化物。它可能涉及形成一个芳基阳离子，以及从四氟硼酸盐阴离子中提取氟离子，反应式如式（9.67）所示。

$$Ar\overset{+}{N}\equiv N + BF_4^- \longrightarrow ArF + N_2 + BF_3 \qquad (9.67)$$

近年来，一种改良方法是用六氟磷酸代替氟硼酸，可得到溶解度更小的重氮盐，如式（9.68）所示。

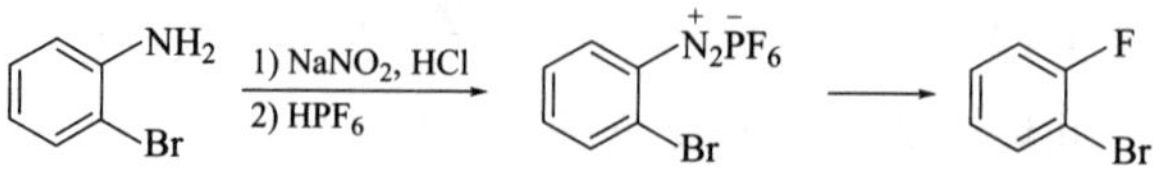

1) $NaNO_2$, HCl 2) HPF_6 → $\overset{+}{N}_2\overset{-}{P}F_6$ →

（9.68）

希曼反应示例如式（9.69）所示。

$$\text{2-Br-C}_6\text{H}_4\text{NH}_2 \xrightarrow[\text{2) HPF}_6\text{; 3) }\triangle]{\text{1) HONO}} \text{2-Br-C}_6\text{H}_4\text{F}$$
$$\text{H}_2\text{N-C}_6\text{H}_4\text{-C}_6\text{H}_4\text{-NH}_2 \xrightarrow[\text{2) HBF}_4\text{; 3) }\triangle]{\text{1) HONO}} \text{F-C}_6\text{H}_4\text{-C}_6\text{H}_4\text{-F} \quad (9.69)$$

芳基重氮离子与碘盐反应高产率地转化为碘化物。碘置换重氮离子不属于桑德迈尔反应，且不用亚铜盐作催化剂。该反应是由碘还原重氮离子引发的，然后芳基从 I_2 或 I_3^- 中提取碘，最后链传递消耗 I^- 和 ArN_2^+。自由基参与的证据包括从邻烯丙基衍生物中分离出环化产物，机理如式（9.70）所示。

$$\begin{aligned}
&Ar\overset{+}{N}\equiv N + I^- \longrightarrow Ar\cdot + N_2 + I\cdot \qquad 2I\cdot \longrightarrow I_2\\
&Ar\cdot + I_3^- \longrightarrow ArI + I_2^-\cdot \qquad\qquad (9.70)\\
&Ar\overset{+}{N}\equiv N + I_2^-\cdot \longrightarrow Ar\cdot + N_2 + I_2 \qquad I_2 + I^- \longrightarrow I_3^-
\end{aligned}$$

相关反应示例如式（9.71）所示。

$$\text{2-Br-C}_6\text{H}_4\text{NH}_2 \xrightarrow[\text{2) KI}]{\text{1) HONO}} \text{2-Br-C}_6\text{H}_4\text{I}$$

(9.71)

本章小结 (Summary)

1. 讨论了亲电芳香取代反应，包括硝化、卤化、傅 - 克烷基化和傅 - 克酰基化。
2. 讨论了芳香族亲核取代，特别是芳基重氮离子作为合成中间体。
1. The electrophilic aromatic substitution, including nitration, halogenation, Friedel-Crafts alkylation and Friedel-Crafts acylation were discussed.
2. The nucleophilic aromatic substitution, especially the aryldiazonium ion as synthetic intermediate were discussed.

重要专业词汇对照表 (List of important professional vocabulary)

English	中文	English	中文
allyl alcohol	烯丙醇	*N*-bromosuccinimide	*N*- 溴代琥珀酰亚胺
aryl diazonium ion	芳基重氮离子	*N*-chlorosuccinimide	*N*- 氯代琥珀酰亚胺
aryl halide	芳基卤化物	nitration reaction	硝化反应
benzyl alcohol	苄醇	nitro group	硝基
bromination	溴化	nitrogen dioxide	二氧化氮
chlorination	氯化	nitronium ion	硝基正离子
cleavage	断裂	non-polar solvent	非极性溶剂
copper salt	铜盐	ozone	臭氧
cuprous iodide	碘化亚铜	phenol	苯酚
cyanides	氰化物	polar solvent	极性溶剂
fluorination	氟化	free radical reaction	自由基反应
Friedel-Crafts alkylation	傅克烷基化反应	rearrangement	重排
Friedel-Crafts acylation	傅克酰化反应	Sandmeyer reaction	桑德迈尔反应
halogenation	卤化	Schiemann reaction	希曼反应
halogens	卤素	silver	银
iodination	碘化	sulfo group	磺基
iodine	碘	zides	叠氮化合物

重要概念英文导读 (English reading of important concepts)

9.1 The reaction of alkyl halides with benzene was found to be general, and aluminum chloride ($AlCl_3$) was identified as the catalyst. Since their discovery, the substitution of aromatic and aliphatic substrates with various alkylating agents (alkyl halides, alkenes, alkynes, alcohols, etc.) in the presence of catalytic amounts of Lewis acid is called the Friedel-Crafts alkylation. Friedel-Crafts alkylation reactions are an important method for introducing carbon substituents in aromatic rings. The reactive electrophiles can be either discrete carbocations or polarized complexes that contain a reactive leaving group. Various combinations of reagents can be used to generate alkylate.Until the 1940s, the alkylation of aromatic compounds was the predominant reaction, but later the alkylation of aliphatic systems also gained considerable importance (e.g.,isomerization of alkanes, polymerization of alkenes and the reformation of gasoline). In addition to aluminum chloride, other Lewis acids are also used for Friedel-Crafts alkylation: $BeCl_2$,$CdCl_2$, BF_3, BBr_3,$GaCl_3$, $AlBr_3$, $FeCl_3$, $TiCl_4$, $SnCl_4$, $SbCl_5$, lanthanide trihalides, and alkyl aluminum halides ($AlRX_2$). The most widely employed catalysts are $AlCl_3$ and BF_3 for alkylation with alkyl halides. When the alkylating agent is an alkene or an alkyne, in addition to the catalyst, a cocatalyst (usually a proton-releasing substance, such as water, alcohol, or Brϕnsted acid) is also necessary for the reaction to occur.

9.2 The introduction of a keto group into an aromatic or aliphatic substrate by using an acyl halide or acid anhydride in the presence of a Lewis acid catalyst is called the Friedel-Crafts acylation. General features of the Friedel-Crafts acylations are the following: 1) substrates that undergo the Friedel-Crafts alkylation are also easily acylated and in most cases, electron-rich substrates are needed to obtain the desired ketone in good yield; 2) aromatic substrates with strongly electron-withdrawing groups and certain heteroaromatic compounds, such as quinolines, pyridines, do not undergo acylation at all; 3) acylating agents besides acyl halides are: aromatic and aliphatic carboxylic acids, acid, ketenes and esters, as well as polyfunctional acylating agents (oxalyl halides). Friedel-Crafts acylation generally involves reaction of an acyl halide and Lewis acid such as $AlCl_3$, SbF_5, or BF_3. Acid anhydrides can also be used in some cases. Bismuth (Ⅲ) triflate is also a very active acylation catalyst.

9.3 The introduction of the halogens into aromatic rings by electrophilic substitution is an important synthetic procedure. Chlorine and bromine are reactive toward aromatic hydrocarbons, but Lewis acid catalysts are normally needed to achieve the desirable rate. Fluorine reacts very exothermically and careful control of conditions is required.Iodine can effect substitution only on very reactive aromatic hydrocarbons.

9.4 The introduction of fluorine into organic molecules can affect the basicity and acidity of proximal functional groups, dipole moments, and hydrogen bonding ability.In pharmaceuticals, fluorine is often introduced to increase lipophilicity, bioavailability, and metabolic stability. Despite the utility of fluorosubstituents, relatively few methods are available for selective carbon–fluorine bond formation, when compared to methods for other carbon–halogen bond formations. Fluorination can be carried out using fluorine diluted with an inert gas.

9.5 Iodine is a poorer electrophile than bromine or chlorine, and aromatic iodinations using elemental iodine are only weakly catalysed by many of the typical Lewis acids that are used for other halogenations. Consequently, novel methods have concentrated on generating more electrophilic iodine species. While many of the modern methods give excellent yields with activated arenes, such as phenols, phenyl ethers, amines and amides, they are less successful with deactivated arenes, such as aryl acids and nitro compounds. Iodinations can be carried out by mixtures of iodine and various oxidants. Iodination of moderately reactive aromatics can be effected by mixtures of iodine and silver or mercuric salts. Hypoiodites are presumably the active iodinating species. Bis-(pyridine)iodonium salts can iodinate benzene and activated derivatives in the presence of strong acids such as HBF_4 or CF_3SO_3H.

9.6 Nitration is the most important method for introduction of nitrogen functional group into aromatic rings. Nitro compounds can be easily reduced to the corresponding amino derivatives, which can provide access to diazonium ions. Concentrated nitric acid can be used as nitruting agent, but it is not as reactive as a mixture of nitric acid with sulfuric acid. Nitration can also be carried out in organic solvents, with acetic acid and nitromethane being common examples. Another useful medium for nitration is a solution prepared by dissolving nitric acid in acetic anhydride, which generates acetyl nitrate. Nitration can be catalyzed by lanthanide salts.

9.7 Aromatic diazonium salts, discovered by Griess in 1858, have wide spread applications in organic synthesis as well as at industrial level. Sandmeyer reaction is one of them, in which diazonium salts are used for the construction of carbon–halogen, carbon–phosphorous, carbon–sulfur, carbon–selenium, carbon–boron bond formation. Aryl bromides and chlorides are usually prepared by a reaction using the appropriate Cu(I) salt, which is known as the Sandmeyer reaction.Under the classic conditions, the diazonium salt is added to a hot acidic solution of the cuprous halide. The Sandmeyer reaction occurs by an oxidative addition reaction of the diazonium ion with Cu(I) and halide transfer from a Cu(Ⅲ) intermediate. Moreover, various trifluoromethylated compounds as well as a number of pharmaceutically important drugs can be synthesized via Sandmeyer reaction.

习题 (Exercises)

9.1 完成如下反应，写出产物或反应条件。

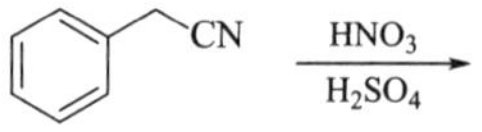

CN; HNO_3 / H_2SO_4 (a)

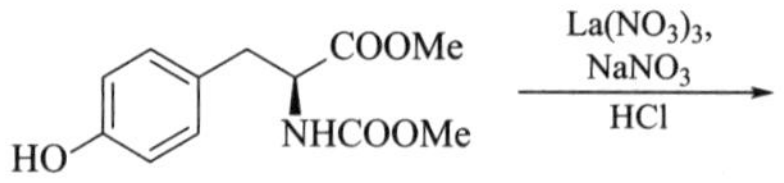

COOMe; HO; NHCOOMe; $La(NO_3)_3$, $NaNO_3$ / HCl (b)

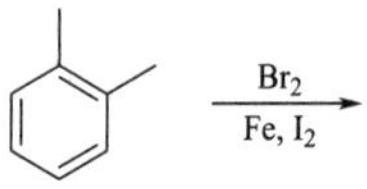

Br_2 / Fe, I_2 (c)

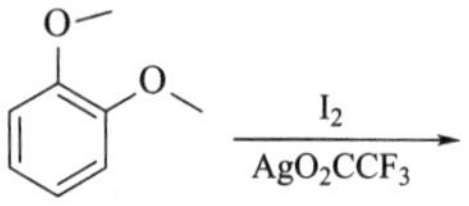

O; O; I_2 / AgO_2CCF_3 (d)

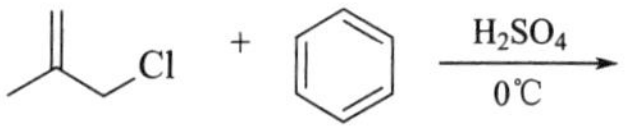

Cl + ; H_2SO_4 / 0℃ (e)

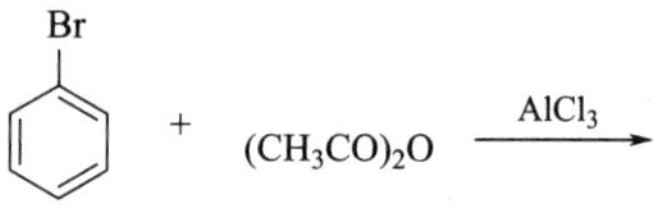

Br; + $(CH_3CO)_2O$; $AlCl_3$ (f)

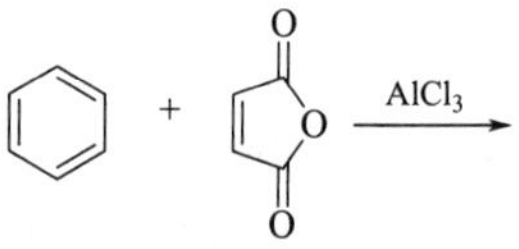

+ ; O; O; O; $AlCl_3$ (g)

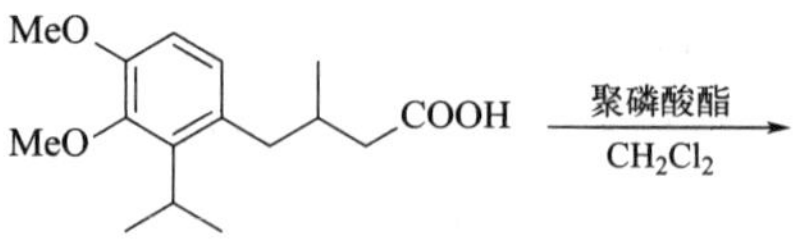

MeO; MeO; COOH; 聚磷酸酯 / CH_2Cl_2 (h)

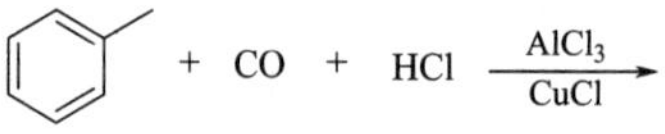

+ CO + HCl; $AlCl_3$ / CuCl (i)

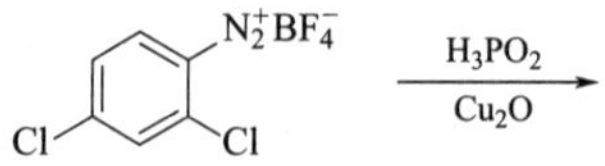

$N_2^+BF_4^-$; Cl; Cl; H_3PO_2 / Cu_2O (j)

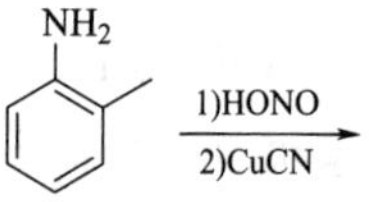

NH_2; 1)HONO / 2)CuCN (k)

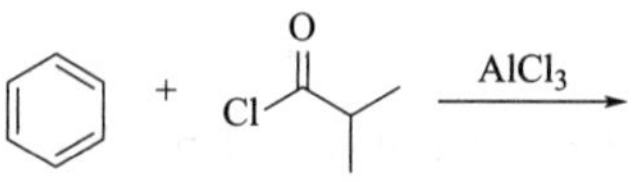

+ ; O; Cl; $AlCl_3$ (l)

9.2 Synthesis the target product using specified raw materials.

参考文献与课后阅读推荐材料 (References and recommended materials for reading after class)

1. Carey F A, Sundberg R J.Advanced organic chemistry, part B: Reactions and synthesis. Springer, 2007.
2. Bandini M, Melloni A, Umani-Ronchi A. New catalytic approaches in the stereoselective Friedel-Crafts alkylation reaction. Angewandte Chemie-International Edition, 2004, 43(5): 550-556.
3. Sartori G, Maggi R. Use of solid catalysts in Friedel-Crafts acylation reactions. Chemical Reviews, 2006, 106(3): 1077-1104.
4. Furuya T, Klein J E M N, Ritter T. Carbon-fluorine bond formation for the synthesis of aryl fluorides. Synthesis, 2010 (11): 1804-1821.
5. Hanson J R. Advances in the direct iodination of aromatic compounds. Journal of Chemical Research, 2006 (5):277-280.
6. Ridd J H. Some unconventional pathways in aromatic nitration. Acta Chemica Scandinavica, 1998, 52 (1): 11-22.
7. Akhtar R, Zahoor A F, Rasool N, et al. Recent trends in the chemistry of Sandmeyer reaction: A review. Molecular Diversity, 2022, 26(3): 1837-1873.
8. 董先明，胡艾希，符若文，等．Friedel-Crafts 酰基化反应研究进展．合成化学，2001 (6): 495-498.
9. 盛益飞，张安将，郑晓建，等．有机催化的不对称傅克烷基化反应．有机化学，2008 (4): 605-616.

第10章 切断法

(Disconnection approach)

本章的重点是通过一系列逆向思维把目标分子恰当地切断，找到合理的路线，而不再是猜测如何合成目标分子。这种逆向思维的方法就是切断法（disconnection approach）。计划合成目标分子时，首先所知道的是这个分子的化学结构。毫无疑问，这个分子是由许多原子组成的，但是直接把原子组合成分子是不可能的，需要通过一些更小分子的组合来合成这个目标分子。但是选择哪些更小分子的组合呢？这就是本章学习的重点（英文导读10.1）。

正确地使用逆合成分析有三个重要的手段，即“切”(disconnection，简写为dis)、“联”(connection，简写为con）和“重排”(rearrangement，简写为rearr)，如式（10.1）所示。

（10.1）

对较复杂的化合物，为了更加合理地对分子进行切断，还可以采用下述方法对目标分子进行改造，即官能团转化（functional group interconversion）、官能团引入（functional group addition）和官能团消除（functional group removal）。

官能团转换（functional group interconversion，简写为FGI）是将一个官能团转换成另一个官能团，以使切断成为可能的一种方法。这也是一个有机反应的逆过程，同样也可以用符号“⇒”，并在此符号上写上 FGI 表示。

官能团引入（functional group addition，简写为 FGA）是在目标分子中引入一个在目标分子中不存在的官能团，以便在切断后可以得出更符合实际情况的原料和选用更合理的反应，这也是一个有机反应的逆过程，同样也可以用符号“⇒”，并在此符号上写上 FGA 表示。

官能团消除（functional group removal，简写为 FGR）是将一个官能团从目标分子中除去，而所除去的这个官能团可以很容易通过反应来引入，这也是一个有机反应的逆过程，同样也可以用符号“⇒”，并在此符号上写上 FGR 表示。

以上三种切断方法如式（10.2）所示。

FGI FGI FGI FGA FGA FGR （10.2）

10.1 单官能团醇的 C—C 键的切断 (C—C disconnection of monofunctional alcohol)

对于那些同一个碳原子上连有两个杂原子（heteroatom）的化合物，采用 1, 1- 切断将其还原成一个醛和一个亲核试剂（**2**），其中亲核试剂（**2**）可为 R^2Li 或 R^2MgBr，如式（10.3）所示（英文导读 10.2）。

$$\underset{\mathbf{1}}{R^1CH(OH)R^2} \xrightarrow[C—C]{1,1-切断} \underset{RCHO}{R^1CHO} + \underset{\mathbf{2}}{^-R^2} \qquad (10.3)$$

对于有 1- 官能团的化合物（**3**），通常采用 1, 2- 切断将其切断成环氧化合物（epoxide）（**4**）和亲核试剂，其中亲核试剂可为 R^2Li 或 R^2MgBr，如式（10.4）所示（英文导读 10.3）。

$$\underset{\mathbf{3}}{R\text{-}CH_2CH_2OH} \xrightarrow[C—C]{1,2-切断} R^- + \underset{\mathbf{4}}{环氧乙烷} \qquad (10.4)$$

10.1.1 C—C 键的 1, 1- 切断合成醇 (1, 1-C—C disconnection: the synthesis of alcohol)

式（10.3）中的化合物（**1**）的切断表明，任何醇都可以在羟基邻位键切断。式（10.5）中同分异构的两个醇均可以由丙酮制得，其中一个用到格氏试剂，另一个要用到丁基锂。

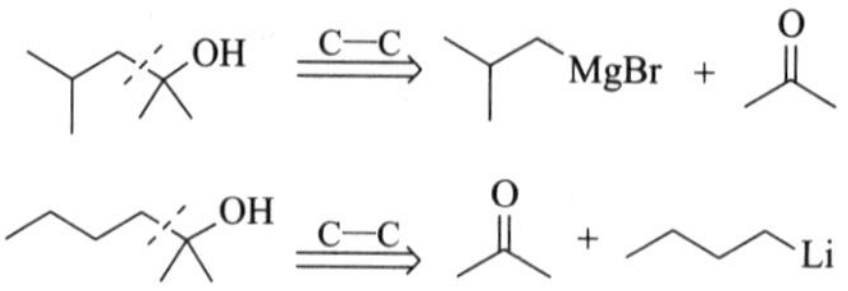

OH —C—C⟹ MgBr + O （10.5）

OH —C—C⟹ O + Li

采用格氏试剂的逆合成分析转化为相应的合成反应如式（10.6）所示，格氏试剂可由相应的卤代烷和金属镁在无水乙醚中制得，无须分离即可与亲电试剂直接反应，所有操作都必须在严格的无水条件下进行。

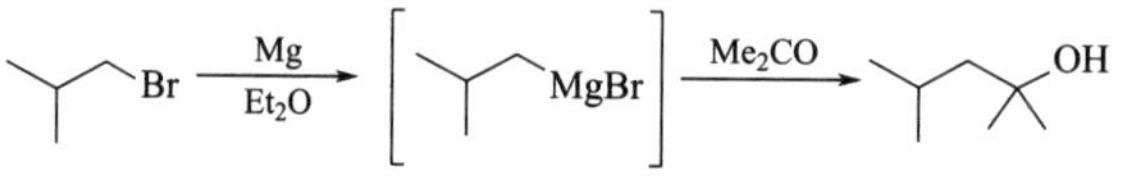

Br —Mg, Et_2O→ [MgBr] —Me_2CO→ OH （10.6）

羟基化合物的 1, 1- 切断往往有多种选择，可以切断为不同的羰基化合物和亲核试剂。因此如何切断就需要有一定的选择标准，其一是要合理可行，其二是力求简单。羟基化合物的切断如式（10.7）所示。

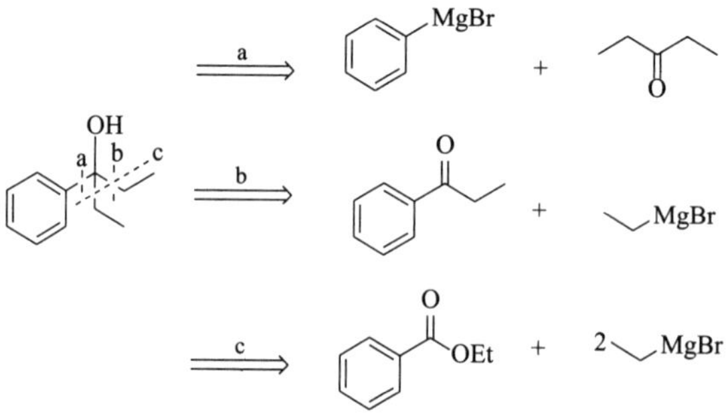

OH, a b c ⟹a MgBr + O; ⟹b O + MgBr; ⟹c O OEt + 2 MgBr （10.7）

式（10.7）中的醇的 1, 1- 切断可以有 a、b 和 c 三种切断方式，均可行，但从原料的情况分析，c 方式为同时切断两个乙基合成子，其以苯甲酸酯与两倍物质的量的溴乙烷格氏试剂反应，较为简单，原料易得。同样的例子又如式（10.8）所示。

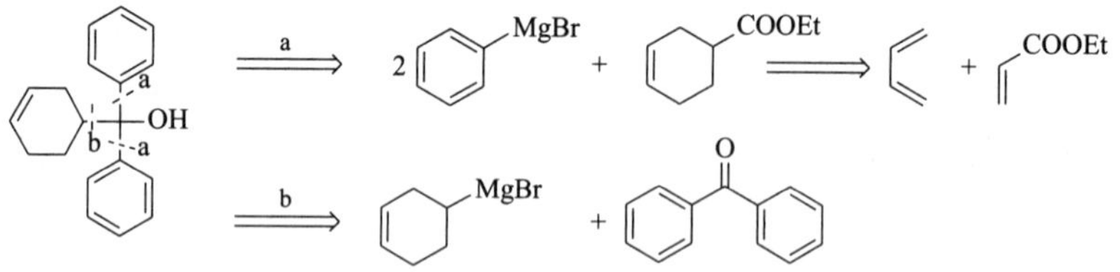

a, b, OH ⟹a 2 MgBr + COOEt ⟹ + COOEt; ⟹b MgBr + O （10.8）

同样，式（10.8）中的醇的 1, 1- 切可以有 a 和 b 两种切断方式，均可行，但从原料的情况分析，a 方式所用原料更为易得。

通常其原料是否易得与选择在哪一个 C—C 键上进行切断密切相关，如式（10.9）中不希望切断杂环醇（**5**）的芳香环，可以选择以 a 或 b 的方式进行切断。

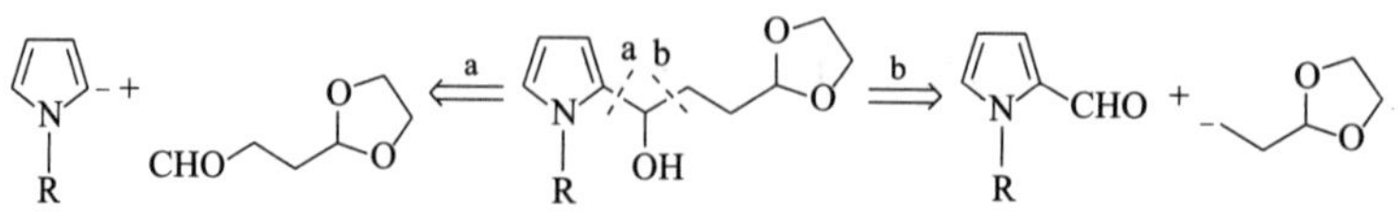

N R ⁻ + CHO O O ⟸a N R a b OH O O ⟹b N R CHO + ⁻ O O （10.9）

5

实际上，芳香醛和溴代乙缩醛都是易得的化学品，所以选用 b 切断方式，用被保护的格氏试剂来做亲核试剂，见式（10.10）。

丙烯醛 —(HO⌒OH, HBr)→ Br⌒(1,3-二氧戊环) —(Mg, Et_2O)→ BrMg⌒(1,3-二氧戊环) —(N-R-吡咯-2-CHO)→ **5** （10.10）

10.1.2 C—C 键的 1, 2- 切断合成醇 (1, 2-C—C disconnection: the synthesis of alcohol)

环氧开环在合成中应用广泛，尤其是单取代环氧化合物与亲核试剂反应具有很好的选择性。式（10.11）中的香料可以通过切断香料的醇羟基邻位的 C—C 键来合成，表明它可以由环氧化合物合成，而环氧化合物又可以由 1- 丁烯制得。

Ph⌒CH(OH)⌒ $\xrightarrow{1,2\ C—C}$ PhMgX + 1,2-环氧丁烷 $\xrightarrow{2\times\ C—O}$ 1-丁烯 （10.11）

格氏试剂和有机金属试剂是在环氧化合物位阻较小的一边进攻，所以格氏试剂与环氧化合物的反应只得到单一开环产物醇，如式（10.12）所示。

1-丁烯 $\xrightarrow{RCO_3H}$ 1,2-环氧丁烷 $\xrightarrow{PhMgX}$ Ph⌒CH(OH)⌒ （10.12）

10.1.3 醇和相关化合物的合成实例 (Example of the synthesis of alcohol and related compound)

式（10.13）中合成双环胺所需的醇可以从羟基两边的 C—C 键切断，即以醛中间体和格氏试剂作为其原料，但是否可以同时从另一侧切断？

二烯醇(OH) $\xrightarrow{1,1\ C—C}$ ⌒MgX + H(C=O)⌒ ? （10.13）

实际上，对称性醇可以由格氏试剂与酯合成，这是一个很好的合成方法，见式（10.14）。因为反应第一步生成的醛中间体，其比酯更具有亲电性，会继续参与反应。所以要注意，醛不能从格氏试剂与酯的反应得到。

⌒Br $\xrightarrow[2)\ HCOOEt]{1)\ Mg,\ EtO_2}$ 对称二烯醇(OH) （10.14）

式（10.15）中的叔烷基氯被用来研究吸电子基团对 S_N1 反应的影响，将其经官能团转化成醇后，就可以经过 C—C 键的 1, 1- 切断得到格氏试剂和丙酮。

O_2N-C₆H₄-CH₂C(CH₃)₂Cl $\xrightarrow{FGI}$ O_2N-C₆H₄-CH₂C(CH₃)₂OH $\xrightarrow{1,1\ C—C}$ O_2N-C₆H₄-CH₂MgX + 丙酮 （10.15）

硝基一定要在某一阶段引入，当苯环上另一个取代基体积大，并且是邻对位定位基时，可以选择将硝化放在最后一步，见式（10.16）。

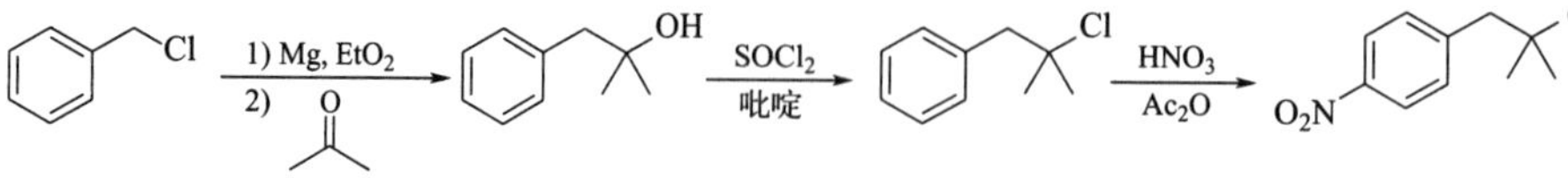

（10.16）

式（10.17）中的止痛剂胺基酯在 C—C 键切断前必须先进行 C—O 切断，酯切断得到叔醇，再将苯基切断后就可以看到中间体中隐藏的酮和氨基的 1, 3- 切断关系。

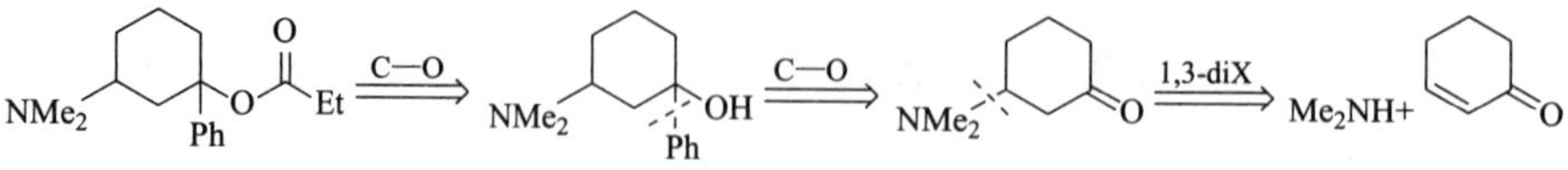

（10.17）

上述止痛剂的合成很简单，用苯基锂替代格氏试剂，见式（10.18）。其中苄基叔醇的烷基化需要采用比较温和的条件来避免其发生消除反应。

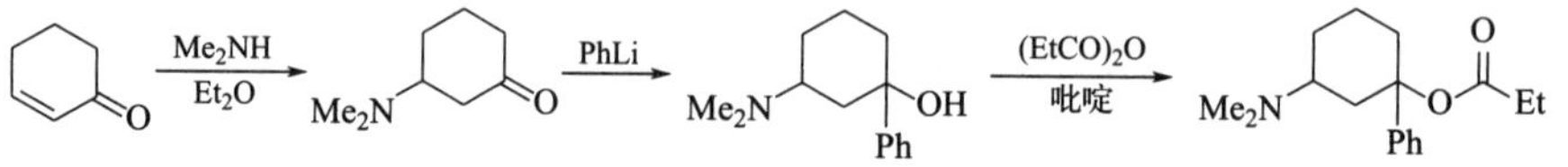

（10.18）

当叔醇目标中有两个相同烃基时，如式（10.19），可以用方案 a 经切断得格氏试剂和对称酮，也可用方案 b，即一次切断两个相同的取代基，起始原料为羧酸酯和两分子格氏试剂。

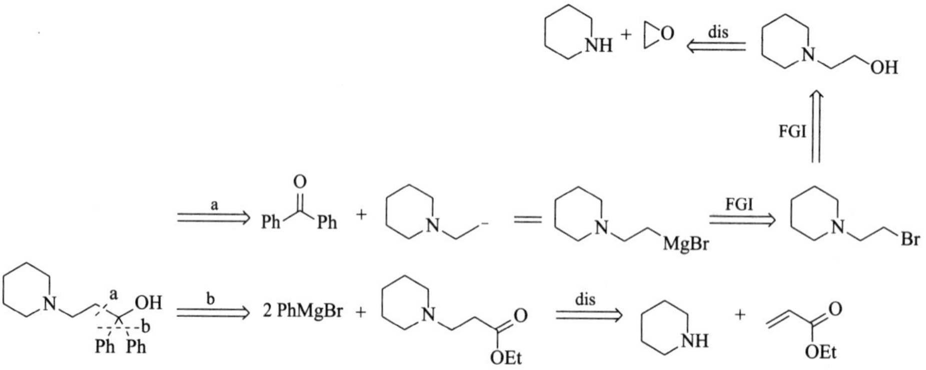

（10.19）

因此，上述叔醇可用两倍物质的量的苯基格氏试剂与酯反应合成，见式（10.20）。

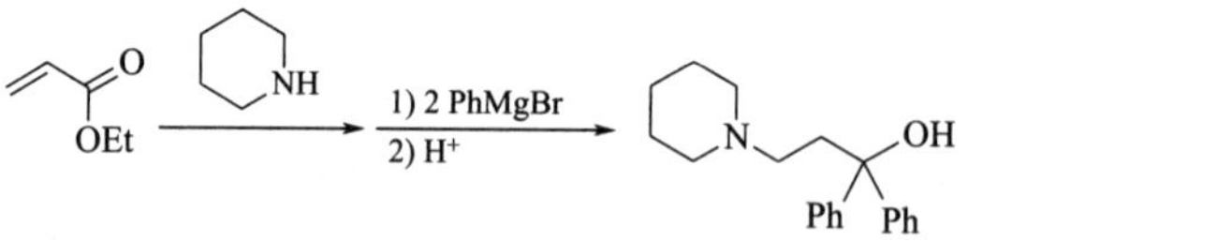

（10.20）

当叔醇目标中有三个相同的烃基时，如式（10.21），可用方案 a 经切断得格氏试剂和对称酮，也可用方案 b 一次切断两个相同的取代基，起始原料为羧酸酯和两分子格氏试剂，但这两种切断所用原料并不好获取。更好的一个方案是 c，一次切断三个相同的取代基，起始原料为碳酸二乙酯和三分子格氏试剂。

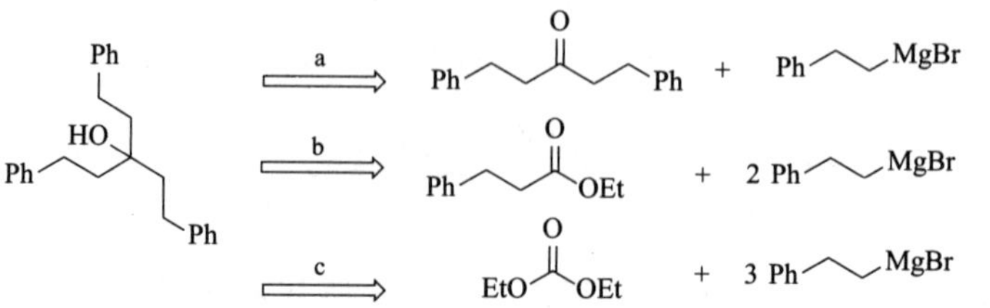

（10.21）

因此，上述叔醇可用三倍物质的量的苯基格氏试剂与碳酸二乙酯反应，见式(10.22)。

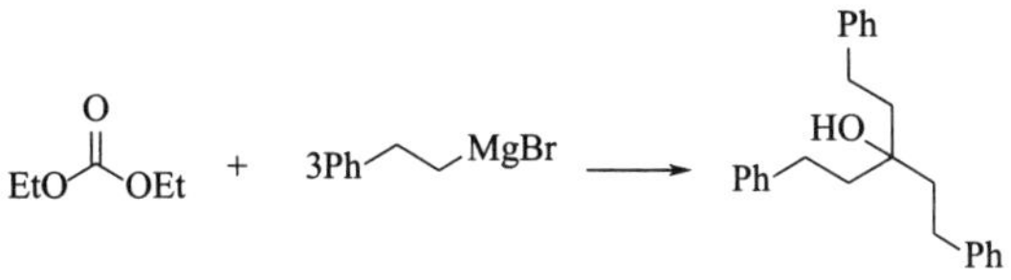

(10.22)

C—C键的1, 2-切断合成醇与上述C—C键的1, 1-切断不一样，其以环氧烷为合成子，这样的实例也很多，如式（10.23）所示。

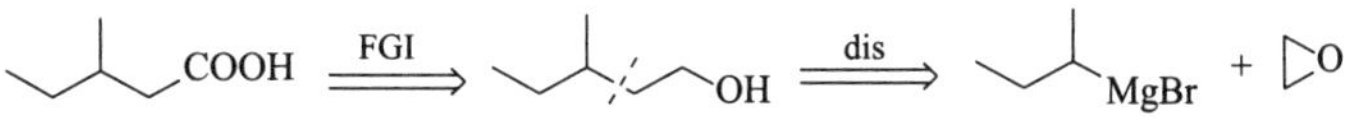

(10.23)

式（10.14）中的目标物可先作官能团转换，将羧基变为醇，再作1, 2切断，这里将羧酸看作醇的衍生物，合成反应如式（10.24）所示。

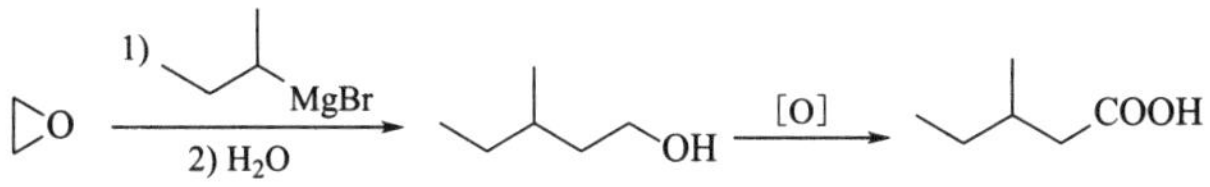

(10.24)

式（10.25）的切断是同时采用了1, 1-切断和1, 2-切断两种醇羟基切断方法，其中的碳负离子为炔基负离子。

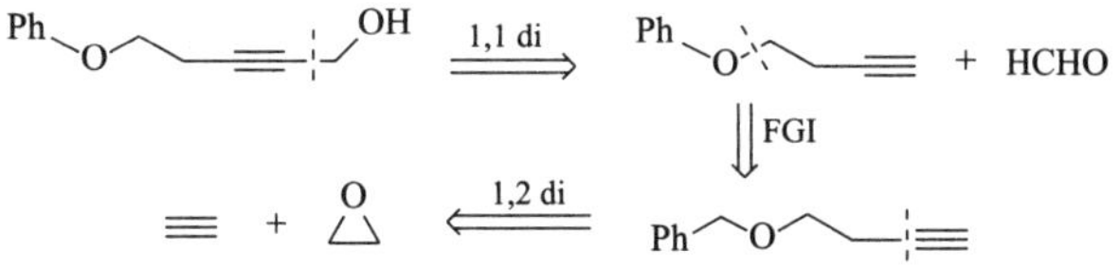

(10.25)

因此，可用乙炔与环氧乙烷反应，再与苄溴反应得式（10.25）中的目标物，见式(10.26)。

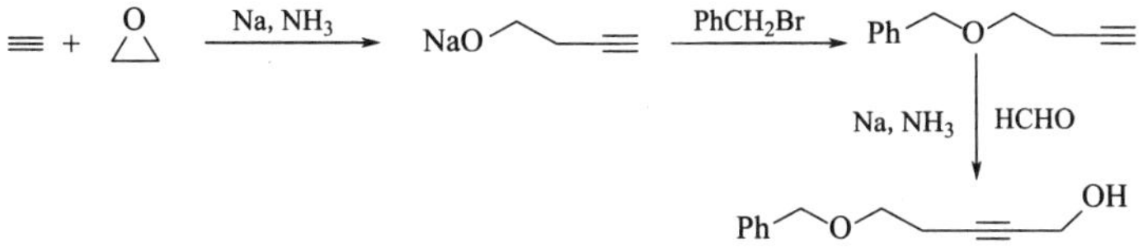

(10.26)

10.2 单官能团羰基化合物C—C键的切断(C—C bond disconnection of monofunctional carbonyl compound)

本小节将继续讨论羰基化合物在C—C键、C—X键这两种切断的相关应用，这里的羰基化合物主要是醛或酮类化合物。首先，通过羧酸衍生物如酯与亲核试剂的酰化，式(10.27a)对于化合物（**6**）的1, 1-双官能团切断（1, 1-diX）可以被看作是单官能团的C—X切断，而化合物（**7**）是一个酰化过程。式（10.27b）中对化合物（**8**）的1, 2-双官能团切断不是一个理想的途径，其需要对烯醇化物（**11**）进行烷基化，这里存在一个极性翻转。式（10.27c）中的1, 3-双官能团切断也是获得单羰基化合物的一个手段，其主要通过α, β-不饱和化合物1, 4-加成实现。单羰基化合物的获得还有一种途径，就是式（10.27d）所示的利用官能团转化（FGI），由炔基转化而得。

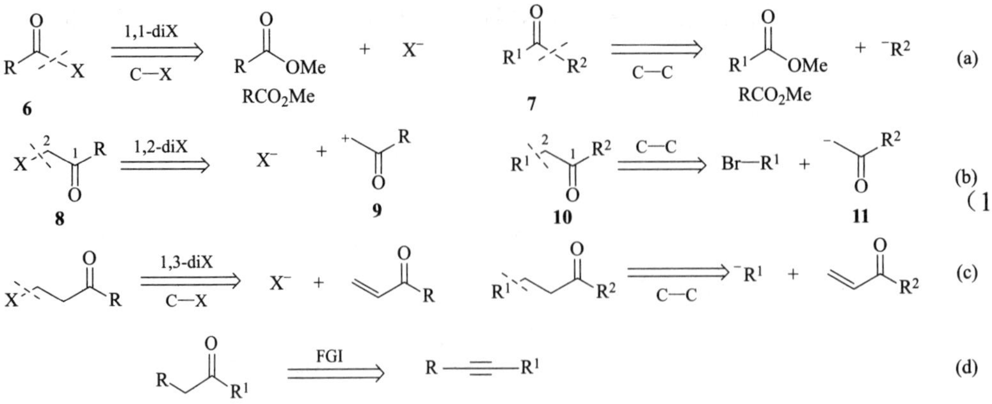

(10.27)

10.2.1 碳负离子的酰基化制备羰基化合物（Preparation of carbonyl compound by acylation of carbanion）

显然，式（10.27）中的化合物（**7**）的切断路线是不可行的，因为四面体（tetrahedra）中间体（**12**）中的MeO—是良好的离去基团，这样就得到了酮（**13**）。而酮的亲电性比酯的要强，酮（**13**）就会继续反应，从而生成叔醇（**14**），如式（10.28）所示（英文导读 10.4）。

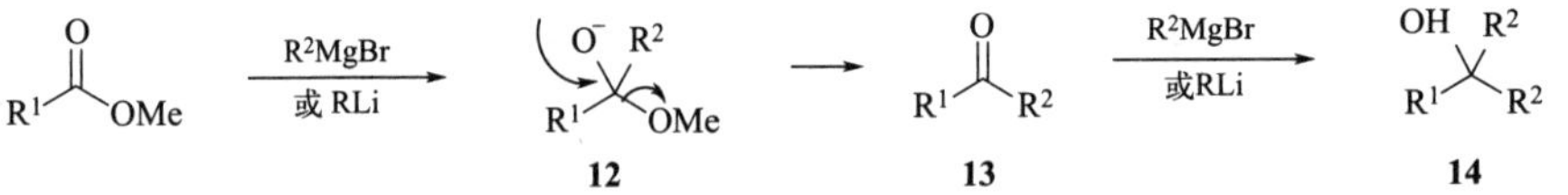

(10.28)

为解决上述问题，可以采用亲电性比酮强的酰氯作为酰化试剂，但该方案仍然存在一个问题，就是两种反应物都极为活泼，这会使反应很难控制。因此，一些其他反应（如有机铜试剂等）将进一步讨论。

10.2.1.1 有机铜试剂与酰氯反应制备羰基化合物 (Synthesis of carbonyl compound by the reaction of organic copper reagent and acyl chloride)

可以利用反应活性很弱的试剂来提高反应式（10.28）的选择性，如使用有机铜试剂，可以成功进行该酰化反应。在 −78℃的无水四氢呋喃（THF）中，用 CuI 对有机锂（RLi）试剂进行处理，可得到二烷基化铜锂（R_2CuLi）或者铜酸盐。这些试剂可以和酰氯在低温下反应得到酮，如式（10.29）所示。

$$Cu(I)I \xrightarrow{RLi} RCu \xrightarrow{RLi} R_2CuLi \qquad R^1COCl \xrightarrow{R_2CuLi} R^1COR^2 \qquad (10.29)$$

例如式（10.30）中通过溴代酰氯和相应的二烷基铜锂反应来制备酮，其中 R 可以是乙基或丙基，通过该方法就能合成一系列的溴代酮。

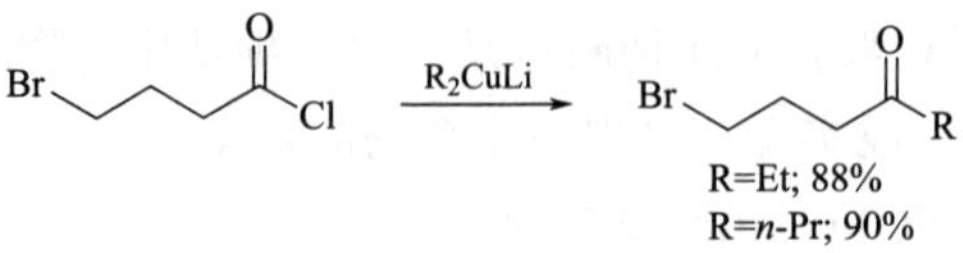

R=Et; 88%
R=*n*-Pr; 90%

(10.30)

10.2.1.2　DMF 与有机锂试剂反应制备羰基化合物 (Preparation of carbonyl compound by the reaction of DMF and organic lithium reagent)

另一种方法是用亲电性更弱的乙酰化试剂（acetylation reagent）来代替酯，这虽然看起来有些异想天开，但实际上已经用 DMF 直接和有机锂试剂反应得到了醛，并且产率很高。因为 Me_2N—是一个不易离去的基团，所以四面体中间体（**15**）在反应中是稳定的，在酸的水溶液中处理就能得到醛，如式（10.31）所示。

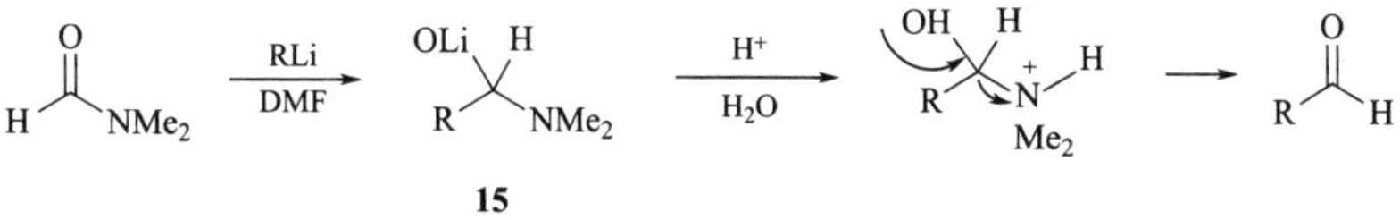

（10.31）

式（10.32）中的二碘化物进行反应时，一个碘原子可以被等物质的量的丁基锂取代，最后得到醛。芳杂环异噻唑（isothiazole）在靠近硫原子的位置有一个酸性最强的质子，能够以很好的产率制得醛。

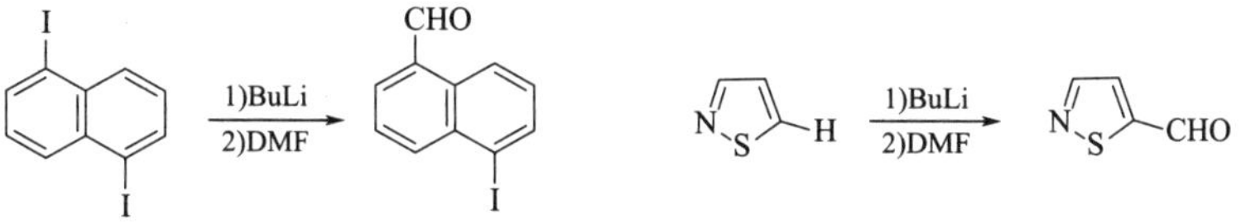

（10.32）

10.2.1.3　格氏试剂与腈反应制备羰基化合物 (Synthesis of carbonyl compound by the reaction of Grignard reagent and nitrile)

如果用腈制备酮，反应活性会更高，格氏试剂与腈反应得到的中间体（**16**）在反应过程中是稳定的，在酸性溶液中会水解得到酮，如式（10.33）所示。

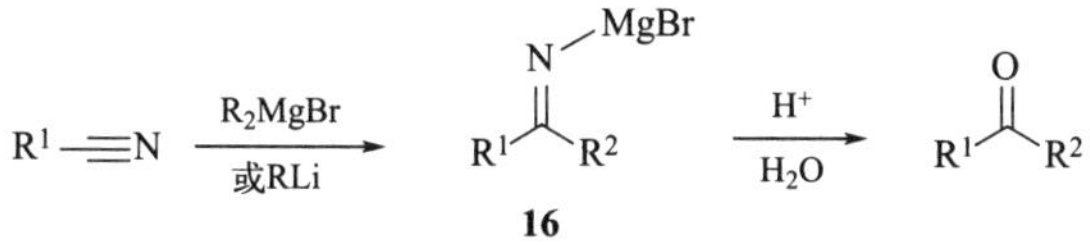

（10.33）

在这类反应中，格氏试剂的效果比有机锂试剂更好，若使用催化量的 Cu(Ⅰ)，反应效果会更好。例如式（10.34）中先制备格氏试剂，再与受保护的腈反应，可以得到产率较高的酮，同时在后处理过程中保护基也一并脱去。

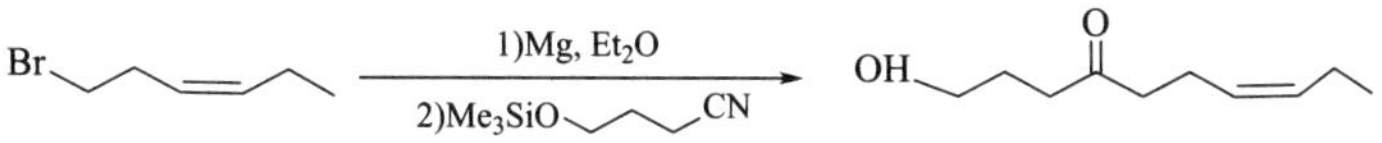

（10.34）

这类反应也可以发生在分子内，如式（10.35）中生成五元或者六元环酮，如螺环化合物（spiro compound）或有位阻的环己酮。

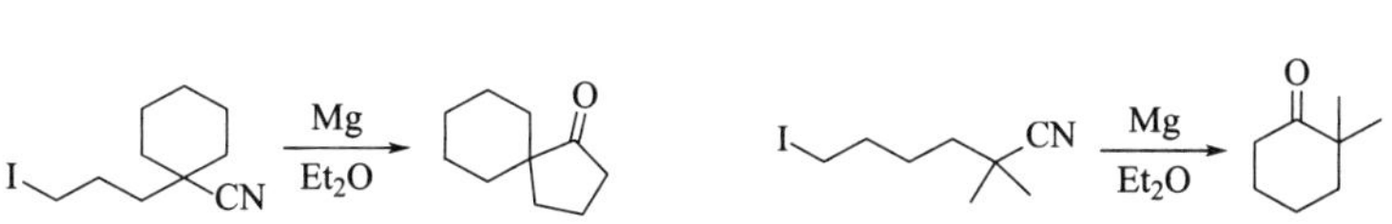

（10.35）

对上述实例通式总结如式（10.36）所示，均采用化合物（**7**）的羰基与它相连部分的

C—C 键的切断。亲核试剂是 Li、Cu 或者 Mg 的有机金属衍生物，亲电试剂则是酰氯、叔酰胺或者腈。

$$R_1COR_2\ (\mathbf{7}) \overset{C-C}{\Longrightarrow} RCOCl\ 或\ RCONMe_2\ 或\ RCN + {}^{-}R^2\ \boxed{=RLi、R_2CuLi或RMgBr} \quad (10.36)$$

10.2.2 碳负离子的烷基化 (Alkylation of carbanion)

按照羰基化合物的原有极性再次切断化合物（**10**）时，因为想用碳负离子（**11**）来进行烷基化反应，所以选择切断相邻的另一个键。但有一个很大的问题，如果简单地把酮（**10**）、烷基卤代烃和某种碱混合并不能生成需要的目标产物。因为酮本身就具有很好的亲电性，通过羟醛缩合反应自身缩合要比烷基化更容易发生，如式（10.37）所示。

$$R^1CH_2COR^2\ (\mathbf{10}) \overset{1,2\ C-C}{\Longrightarrow} R^1-Br + {}^{-}CH_2COR^2\ (\mathbf{11}) \quad (10.37)$$

$$\left[CH_3COR^2 \xrightarrow[碱]{R^1Br\ (\times)} R^1CH_2COR^2\ (\mathbf{10})\right]$$

10.2.2.1 1, 3- 二羰基化合物的碳负离子 (Carbon anion of 1, 3-dicarbonyl compound)

可以考虑修饰酮的结构，使碳负离子的形成更容易、更稳定，见式（10.38）。通过引入一个酯基，如化合物（**17**），使其能与碳负离子共轭，从而使负电荷能在两个氧原子上分散。仅需要一个相对较弱的碱就可以得到碳负离子中间体，同时选择使用与这个酯相应的醇盐来避免酯交换反应。烷基化会发生在中间的碳原子上，可以将烷基化后的酯水解成酸，然后加热脱羧。

$$CH_3COCH_3 \overset{FGA}{\Longrightarrow} CH_3COCH_2CO_2Et\ (\mathbf{17}) \xrightarrow[EtOH]{EtO^-} CH_3COCH^{-}CO_2Et \xrightarrow{RBr} CH_3COCH(R)CO_2Et \xrightarrow[2)H^+]{1)H_2O,\ NaOH} RCH_2COCH_3 \quad (10.38)$$

通常情况下，在切断时无需考虑酮上额外增加的酯基，乙酰乙酸乙酯和丙二酸二乙酯都是易得的原料。式（10.39）中的羧酸可以在侧链端切断得到一个卤代烃相应的合成子，以及一个丙二酸二乙酯或者乙酰乙酸乙酯相应的合成子。

$$CH_3CH_2CH(CH_3)CH_2CO_2H \overset{1,2\ C-C}{\Longrightarrow} CH_3CH_2CH(CH_3)Br + H_2C^{-}CO_2H \Longrightarrow CH_2(COOEt)_2 \quad (10.39)$$

以丙二酸酯为原料的具体合成路线见式（10.40），醇盐作碱，这样即使它作为亲核试剂来进攻酯也不会有影响。

$$CH_2(COOEt)_2 \xrightarrow[2)\ CH_3CH_2CH(CH_3)Br]{1)NaOEt,\ EtOH} CH_3CH_2CH(CH_3)CH(CO_2Et)_2 \xrightarrow[2)H^+,\ \triangle]{1)KOH,\ H_2O} CH_3CH_2CH(CH_3)CH_2CO_2H \quad (10.40)$$

式（10.41）中的化合物的切断也可以采用两种方式，其中a方式产生两个卤代烃相应的合成子，以及一个丙二酸二乙酯相应的合成子。

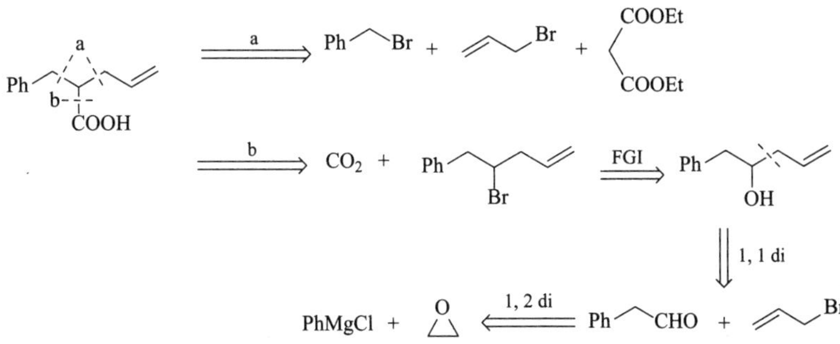

(10.41)

显然，两种方式均为合理路线，但a方式比b方式路线短，更符合最大简化原则，所以a方式比b方式更好，反应如式（10.42）所示。

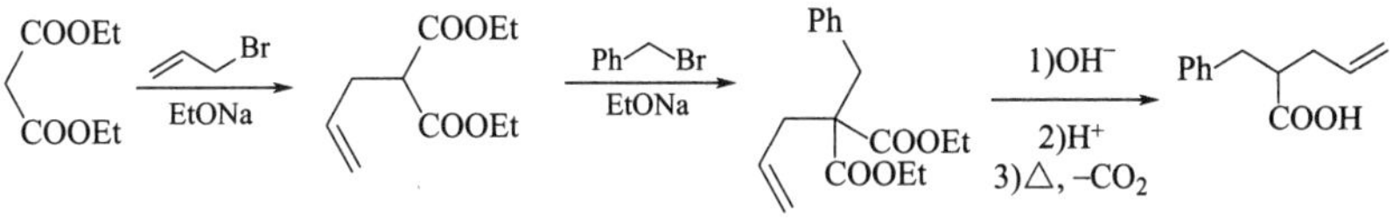

(10.42)

萜烯（terpene）的合成是利用该方法制备酮的典型例子，见式（10.43）。经过C—C键的1, 2-切断，引入一个酯基到碳负离子上得到原料乙酰乙酸乙酯。

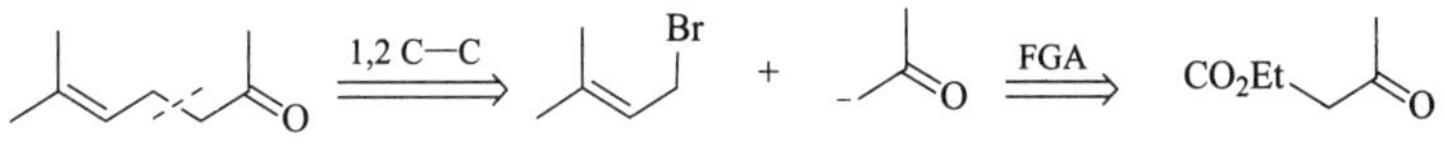

(10.43)

该烷基化反应很容易进行，因为烯丙基溴是一个活性很高的烯丙基卤代烃，加成产物的水解和脱羧也是常见反应，见式（10.44）。

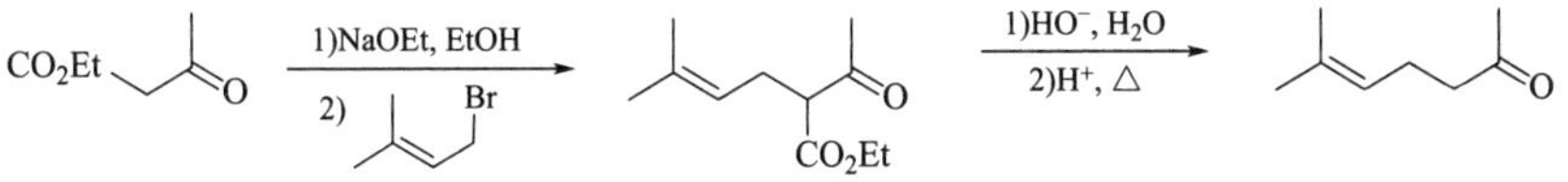

(10.44)

10.2.2.2 共轭加成制备羰基化合物 (Preparation of carbonyl compound by conjugate addition)

C—C键切断后留下的结构也易与共轭加成（conjugate addition）反应相联系，并且仍然可以利用羰基固有的性质。烯酮化合物当发生共轭加成时，生成1, 3-双官能团化合物（**18**）；当其与亲核试剂经过同样的历程反应时，得到羰基化合物（**19**），见式（10.45）（英文导读10.5）。

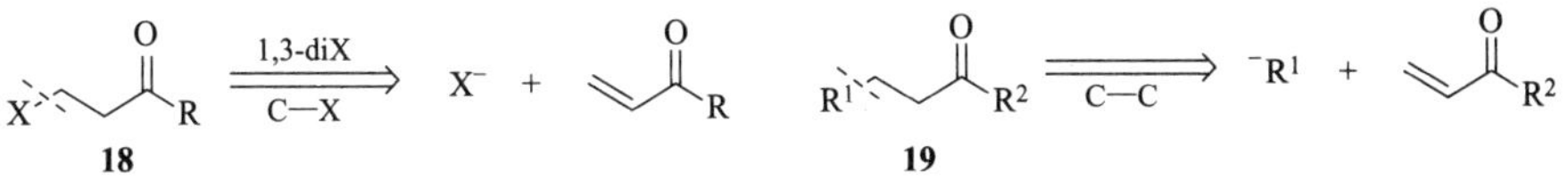

(10.45)

可以利用有机锂试剂或格氏试剂作为亲核试剂，但需要用Cu(I)来辅助共轭加成，见式（10.46）。若不用Cu(I)，两种方法的亲核试剂都容易直接加成到羰基上。

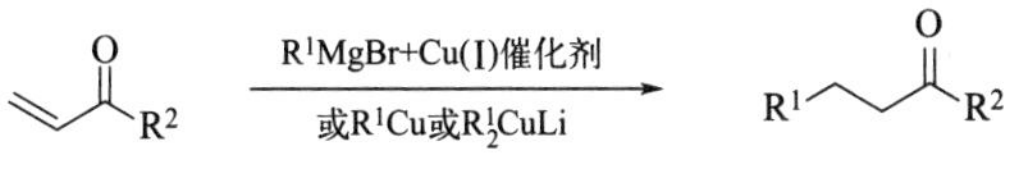

(10.46)

Corey 在合成一种海洋源异种信息素时需要环酮，环酮结构见式（10.47）。首先 Friedel-Crafts 切断给出了羧酸的衍生物。对侧链进行切断给出不饱和酸，因为烯键最后会消失，所以是 *E*- 构型还是 *Z*- 构型对结果并没有影响。

O OMe ⟹ (C—C) O OH OMe ⟹ (1,3 C—C + *i*-PrX) O OH OMe *E*或*Z*（10.47）

实际操作时，他用了较容易制备的 *E*- 不饱和酯，然后用异丙基格氏试剂加成并用 PhSCu 作催化剂，来避免浪费一物质的量的格氏试剂，产物酯同多聚磷酸反应，不需要再单独进行酯水解就能闭环得到目标产物。这是一个非常出色的生成五元环的分子内反应，见式（10.48）。

MeOOC OMe —(*i*-PrMgCl, PhSCu; THF, −15℃)→ MeOOC OMe —(PPA)→ O OMe（10.48）

10.2.3 炔烃的氧化 (Oxidation of alkyne)

炔烃的水合反应不如烯烃容易，因为三键不如双键活泼。因此 H_2SO_4 的水溶液对三键不起作用，但是在 $HgSO_4$ 的催化下，反应极易进行，如式（10.49）所示。

—(H_2O, H_2SO_4; $HgSO_4$)→ [OH] ⟶ O（10.49）

当三键在链端时，得到甲基酮；在碳链中间时，结构对称则得到一种酮产物，结构不对称则得两种酮的混合物，如式（10.50）所示，那它就失去了合成价值。

R—≡ —(H_2O, H_2SO_4; $HgSO_4$)→ R—C(=O)—CH₃

$R—≡—R^1$ —(H_2O, H_2SO_4; $HgSO_4$)→ R—C(=O)—CH₂—R^1 + R—CH₂—C(=O)—R^1（混合物）（10.50）

炔烃极易发生硼氢化反应，得到乙烯基硼化物。如进行碱性氧化，则得到羰基化合物。炔烃的硼氢化氧化与 $H_2SO_4/HgSO_4$ 水合反应可以相互补充，一个得到甲基酮，一个得到醛羰基，如式（10.51）所示。

3 —≡— —(BH_3; THF)→ (H, B)₃ —(H_2O_2; H_2O, OH^-)→ H OH 烯醇 ⟶ H O（10.51）

≡ —(BH_3; THF)→ —(H_2O_2; H_2O, OH^-)→ CHO

利用简单的官能团转化（FGI）获得酮羰基的逆合成分析与反应，如式（10.52）所示。

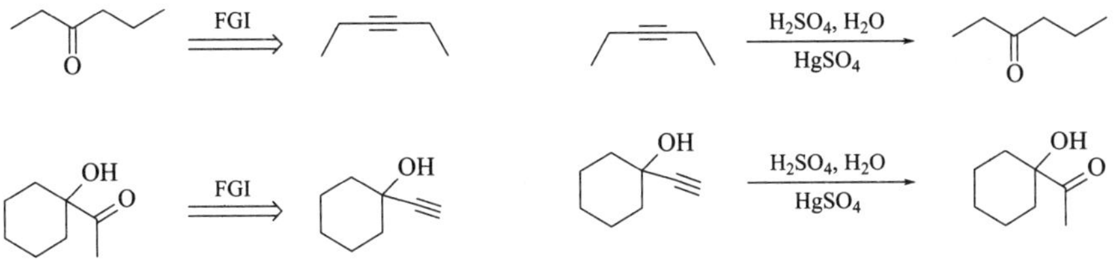

（10.52）

对式（10.53）中的羰基化合物进行逆合成分析，发现其可以通过 FGI 变为一个三键，再切断为原料乙炔和卤代物，如式（10.53）所示。

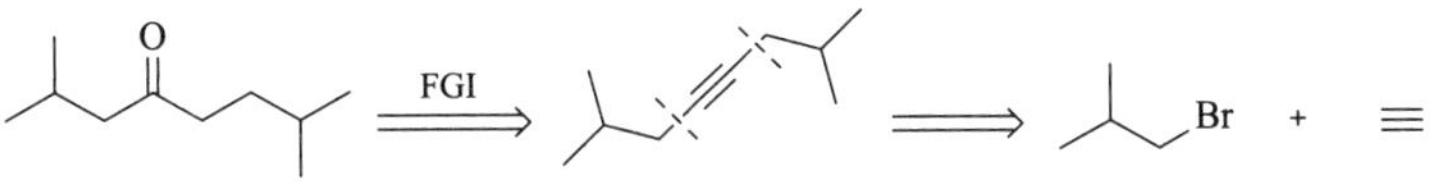

（10.53）

合成反应如式（10.54）所示。

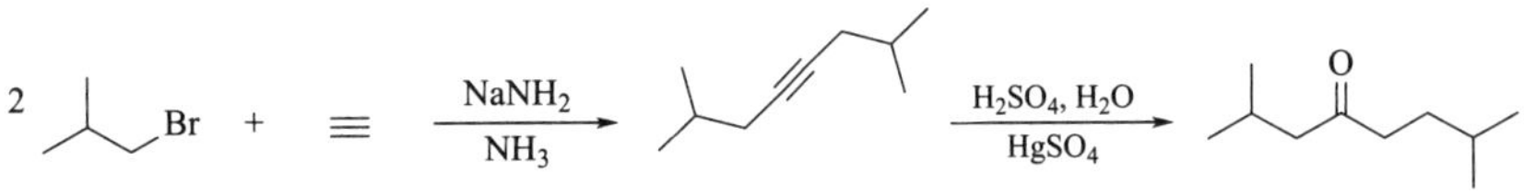

（10.54）

10.3 单官能团化合物的 C═C 键的切断 (C═C bond disconnection of monofunctional compound)

碳 - 碳双键的切断可通过 β- 消除反应、Wittig 反应、炔烃还原和缩合反应等实现，如式（10.55）所示。

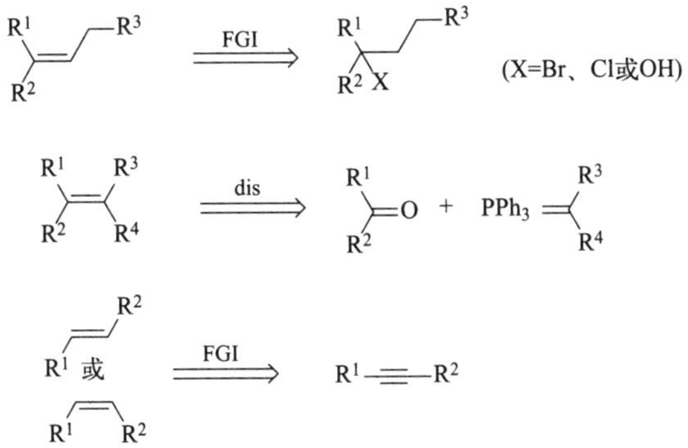

(X=Br、Cl或OH)

（10.55）

10.3.1 消除反应 (Elimination reaction)

通过消除反应实现官能团转化是制备双键的一个有效手段。消除反应是指从一个有机化合物分子中脱去两个原子或基团的反应，它是有机合成中应用非常广泛的一类反应，包括 α- 消除、β- 消除、γ- 消除和 1, 4- 消除等，其中 β- 消除是合成烯烃的重要反应。β- 消除是指从相邻的两个碳原子上脱去两个原子或基团形成重键的反应，如式（10.56）所示。

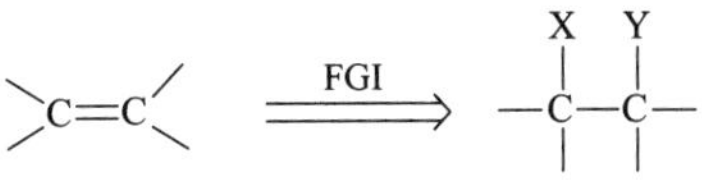

（10.56）

10.3.1.1 卤代烃脱卤生成双键 (Dehalogenation of halohydrocarbon to form C═C bond)

卤代烃经碱的醇溶液作用可以脱去卤化氢形成烯烃，这是合成烯烃的常用方法之一。但由于反应可以按多种历程进行，并且受试剂、溶剂等的影响，往往获得较复杂的混合产物。反应中常用的碱性试剂有碱金属氢氧化物的醇溶液，如乙醇钠的乙醇溶液、叔丁醇钾的叔丁醇溶液，以及三乙胺、吡啶、喹啉等有机碱等。

不同卤代烃脱 HX 的活性顺序为：叔卤代烷＞仲卤代烷＞伯卤代烷。

卤代烃脱卤化氢的消除反应遵循札依采夫规则，即优先生成热力学稳定的多取代烯烃，例如反应式（10.57）所示。

X; EtONa / EtOH; 81%; + 19% （10.57）

若 β- 碳上连有空间位阻较大的基团，则优先生成少取代烯烃，例如反应式（10.58）。

Br; EtOK / EtOH; 86%; + 14% （10.58）

卤代烃脱卤化氢反应具有一定的立体选择性，β- 消除一般是以反式消除方式发生反应。例如：1- 溴 -1, 2- 二苯基乙烯的切断，如式（10.59）所示，经 FGI 顺式烯烃只能获得一种对映体即顺式溴代二苯乙烯，而另一非对映异构体的 β- 消除只产生反式溴代二苯乙烯。

Ph Ph H; FGI; Br Ph H Ph H EtOK; Br Ph H Ph H; EtOK / EtOH; Ph Ph H （10.59）

对于环状化合物的切断其立体选择性更加明显，如环己烷衍生物，一般倾向于反式消除，如式（10.60）所示。

H; FGI; H H Cl; H H Cl; EtOK / EtOH; H （10.60）

10.3.1.2 醇脱水生成 C═C 键 (Dehydration of alcohol to form C═C bond)

醇的脱水也是合成烯烃的重要方法。常用的脱水剂有硫酸、磷酸、草酸等酸，也可以用氢氧化钾这样的碱或硫酸氢钾这样的盐，无机酰卤，如亚硫酰氯、三氯氧磷也可用于醇的脱水，其中酸催化脱水应用最为普遍。醇的脱水速率次序为：叔醇＞仲醇＞伯醇。仲醇与叔醇的脱水仍然符合札依采夫规则，如式（10.61）所示。

$$ \text{CH}_3\text{CH}_2\text{CH}_2\text{CH(OH)CH}_3 \xrightarrow{H_2SO_4} \text{CH}_3\text{CH}_2\text{CH=CHCH}_3\ (62\%) $$
$$ \text{CH}_3\text{CH}_2\text{C(OH)(CH}_3)_2 \xrightarrow{H_2SO_4} \text{CH}_3\text{CH=C(CH}_3)_2\ (46\%) \tag{10.61} $$

双键通过 FGI 转化为醇时，羟基的位置选择非常重要，通常有两个位置可以选择，但不同位置的羟基脱水可能生成不同的双键，如式（10.62）所示。

(10.62)

化合物（**20**）再经 FGI 可以得到醇（**21**）和醇（**22**），但经过分析会发现醇（**21**）脱水生成的是与苯环共轭的产物（**23**）而不是目标物（**20**），因此目标物（**20**）经 FGI 变为醇时应该选择转化为醇（**22**），其再切断为丙酮和相应的格氏试剂，合成反应如式（10.63）所示。

$$ \text{Br}\!\!\diagup\!\!\diagdown\text{Ph} \xrightarrow[2)\,Me_2CO]{1)\,Mg,\ Et_2O} (\text{CH}_3)_2\text{C(OH)CH}_2\text{CH}_2\text{Ph} \xrightarrow{H_3PO_4} (\text{CH}_3)_2\text{C=CHCH}_2\text{Ph} \tag{10.63} $$

因此，如何更好地实现双键到羟基的 FGI 十分重要，其同样也有一定的标准，即合理可行、力求简单，如式（10.64）中双键化合物的切断。

(10.64)

10.3.2 Wittig 反应 (Wittig reaction)

Wittig 反应和其他缩合反应制备双键的基础知识在第 5 章已进行了讲解，因此本小节将就利用切断的一些技巧进行讲解。

磷叶立德与醛、酮作用生成烯烃和氧化三苯基磷的反应称为 Wittig 反应，这是合成长链烯烃的一种非常重要的方法，其切断如式（10.65）所示。

$$ R^1R^2C{=}CR^3R^4 \overset{dis}{\Longrightarrow} R^1R^2C{=}O + Ph_3P{=}CR^3R^4 \tag{10.65} $$

烯烃切断成为磷叶立德和醛、酮时，选择如何切断也非常重要，哪一端为羰基，哪一端为叶立德决定了进一步逆合成分析的可行性，如式（10.66）所示。

a: PPh3 + OHC　b: CHO + Ph3P　（10.66）

式（10.66）中的烯烃切断有两种方式，分析来看，b 方式的原料苯乙醛不易得，不是一个好的切断方式，而 a 方式的原料合成方便可行，其合成如式（10.67）所示。

MgBr + O → OH PBr3 → Br 1)PPh3 2)碱 → PPh3
+ CHO → OHC　（10.67）

类胡萝卜素衍生物和其他多不饱和化合物双键的理想方法切断方式便是 Wittig 反应，其常常可用于制备单、二、三和四取代乙烯类化合物，例如式（10.68）。采用两分子的肉桂醛和相应的双叶立德反应可以合成类胡萝卜素衍生物。

Ph Ph ⟹ Ph CHO + Ph3P PPh3 + OHC Ph　（10.68）

在合适的条件下，天然抗生素大环内酯化合物的双键切断也可利用 Wittig 或 Horner-Wadsworth-Emmons 反应实现。分子内含羰基的季磷盐或膦酸酯在碱的作用下，通过分子内 Wittig 或 Horner-Wadsworth-Emmons 反应生成环状内双键目标物，例如式（10.69）所示。

O ⟹ O CHO CH=PPh3 ⟹ O CHO $CH_2\overset{+}{P}Ph_3\overset{-}{Br}$
O ⟹ O O O P(OEt)2　（10.69）
O O ⟹ O O O P(OEt)2 CHO

10.3.3 炔烃的还原 (Reduction of alkyne)

通过炔烃的部分还原可以生成烯烃，因此双键的制备除了上述的切断外，还可利用炔进行官能团转化。当炔烃用 H_2 部分还原制备烯烃时，一般使用 Lindlar 催化剂，该催化剂通过往钯 - 碳酸钙中加入醋酸铅或喹啉来降低其活性，使炔烃用 H_2 还原时停留在生成烯烃阶段，而不进一步被还原为烷烃。该反应具有很高的立体选择性，生成热力学不稳定的 *Z* 式烯烃，是合成 1, 2- 二取代 *Z* 式烯烃最方便的途径之一，在天然产物的合成中起到了很重要的作用。如油酸的合成，即通过十八炔酸在 Lindlar 催化剂存在下进行加氢还原实现官能团转化，可以以很高的产率制得油酸，见式（10.70）。

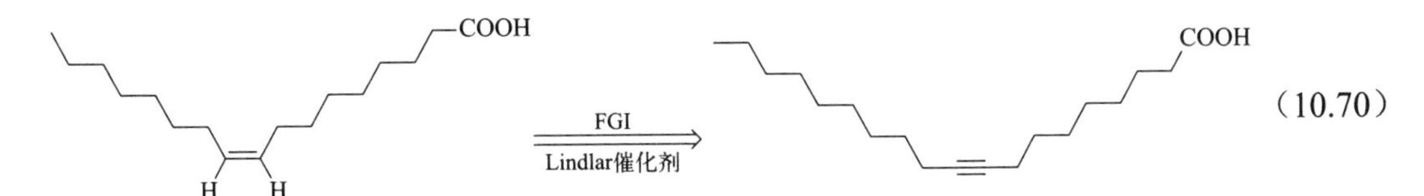

反式烯的官能团转化采用以 Na/ 液氨体系还原炔烃为烯烃的方式，反应的立体选择性很高，得到热力学稳定的 *E* 式烯烃，可与上述 Lindlar 催化剂还原互为补充。Na/ 液氨还原体系只选择性还原碳 - 碳三键，而不还原碳 - 碳双键，因而还原过程中没有烷烃生成，如式（10.71）所示。

（10.71）

10.4 1, 2- 双官能团化合物的切断 (Disconnection of 1, 2-difunctional compound)

当对偶数关系的 1, 2- 二羰基化合物进行合成时，无法使用碳负离子作为亲核试剂。以 1, 2- 二酮（**24**）和 *α*- 羟基酮（**27**）为例，羰基碳原子之间只有一个 C—C 键，需用酸的衍生物（**26**）或醛的衍生物（**28**）作为分子的合成原料，为此，就不得不用到一个极性反转的合成子，即乙酰基阴离子（**25**）作为另一个合成子，见式（10.72）。因此，将从寻找酰基阴离子等价物替代物开始进而找到解决此类问题的其他方法。

24 **25** **26** **27** **25** **28** （10.72）

10.4.1 酰基负离子等价物 (Acyl anion equivalent)

氰基阴离子是最简单的酰基阴离子（acyl anion），它也是少有的几个真正的碳阴离子。氰基阴离子与醛加成后，所得到的氰醇化合物可以转化成各种 1, 2- 双官能团化合物，式（10.73）中的各种合成子可以由上述化合物转化制得。

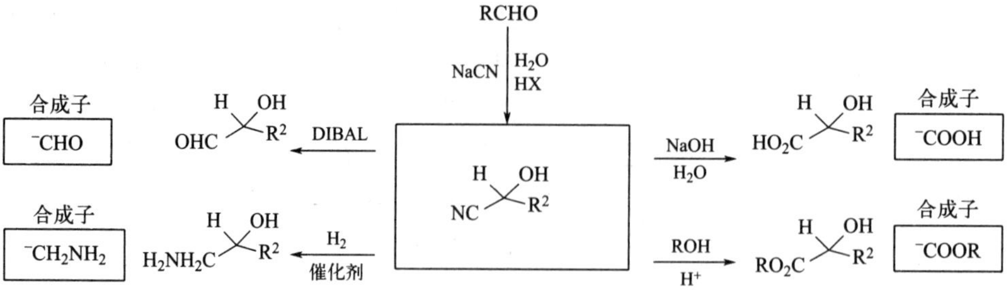

(10.73)

尽管可以提供多种合成子，但是氰基仅能为目标骨架增加一个碳原子，因此需要更通用的酰基阴离子替代物。已经知道乙炔可以在二价汞［Hg(Ⅱ)］催化下水解生成酮。如式（10.74）中，羟基酮类化合物可以由乙炔基醇通过水解反应制备，而中间体乙炔基醇可以通过丙酮和乙炔阴离子反应获得。

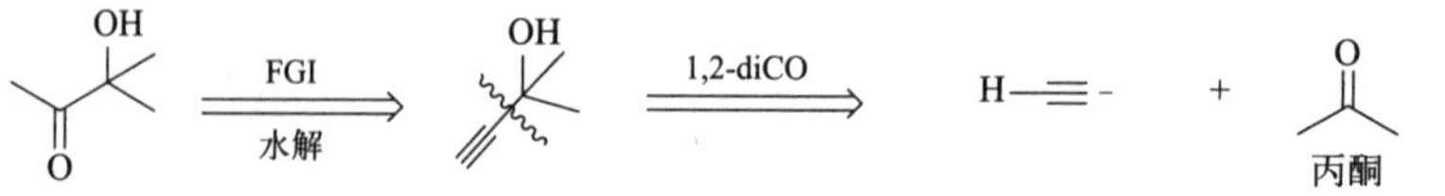

(10.74)

因此，乙炔在液氨中与氨基钠反应生成相应的乙炔阴离子，随后与丙酮反应，转化为乙炔基醇类化合物。最后，在酸性环境、Hg(Ⅱ) 离子的催化作用下，制得羟基酮类化合物，见式（10.75）。

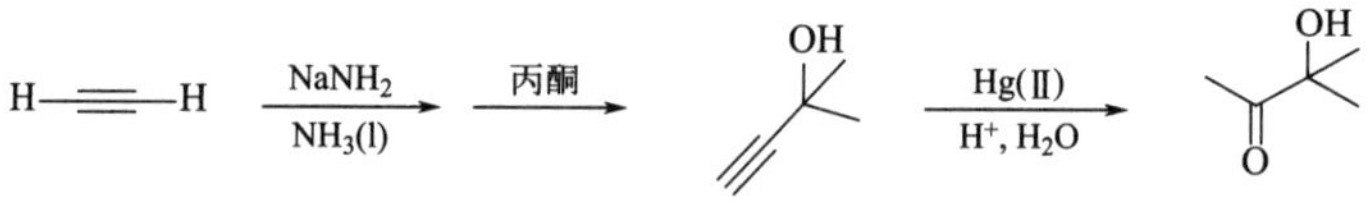

(10.75)

在棉籽象鼻虫激素诱导剂的合成中需要用到式（10.76）中的环己酮。在逆合成分析中，该骨架首先可以通过羟醛缩合反应制得，而结构（**29**）则可以利用 Robinson 环化反应由相应的烯酮构建。利用 Mannich 反应可用于化合物（**30**）制备烯酮化合物，官能团 X 可以为任何离去基团。

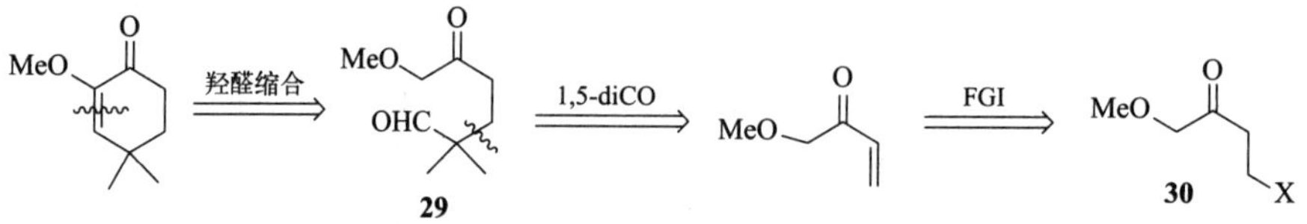

(10.76)

如果令烯酮结构中的 X 为 OMe，则利用对称炔烃的水解反应可以直接制备得到该结构。对称炔烃化合物可以通过 1, 4- 丁炔二醇的醚化反应制得，而 1, 4- 丁炔二醇很容易通过乙炔和甲醛反应制得，见式（10.77）。

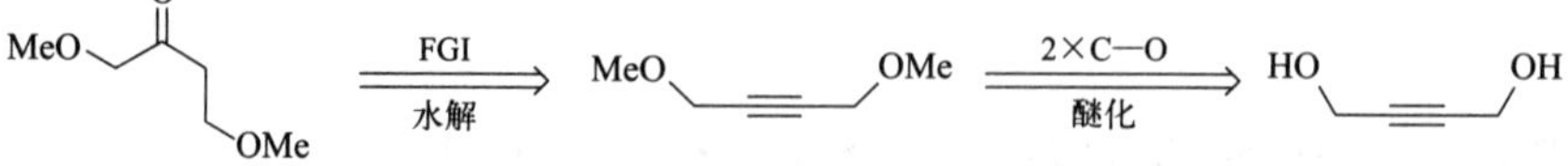

(10.77)

在碱性条件下，1, 4- 丁炔二醇与硫酸二甲酯发生醚化，再在 Hg(Ⅱ) 催化下发生水解反应可以得到目标化合物，如式（10.78）所示。

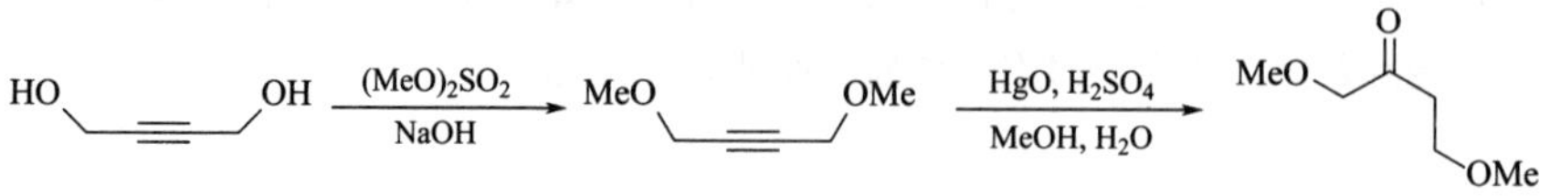

(10.78)

式（10.79）就是用于治疗轻度癫痫的非那二醇的逆合成分析。该 1, 2- 二醇化合物可以通过多种方法合成。其中的一种思路是，以对氯苯乙酮为起始物质，该化合物与氰基发生加成反应，生成 α- 羟基羧酸酯，随后再与格氏试剂加成生成目标化合物。

OH, Cl, OH —— 2×C—C / 格氏反应 ⟹ OH, CO_2R, Cl —— 1,2-diCO ⟹ O, Cl （10.79）

对氯苯乙酮可以由氯苯通过 Friedel-Crafts 反应制得，随后，对氯苯乙酮先后与氰化钾及硫酸反应，制备得到酰胺化合物，该结构在碱性条件下与醇反应生成相应的 α- 羟基酯，其再与过量的格氏试剂 MeMgI 反应，得到非那二醇目标物，见式（10.80）。

Cl —— MeCOCl / $AlCl_3$ → O, Cl —— 1)KCN / 2)H_2SO_4 → OH, $CONH_2$, Cl —— 1)NaOH / 2)ROH, H^+ → OH, CO_2R, Cl —— MeMgI → OH, OH, Cl （10.80）

10.4.2 烯烃制备 1, 2- 双官能团化合物 (Preparation of 1, 2-difunctional compound by alkene)

烯烃和很多亲电试剂反应生成 1, 2- 双官能团化合物（difunctional compound）。因此，二醇化合物（**31**）可以在四氧化锇的作用下由烯烃经双羟基化反应得到，而以醛和磷叶立德通过 Wittig 反应即可制得烯烃，烷基溴化物则可以与三苯基磷反应制备磷叶立德，如式（10.81）所示（英文导读 10.6）。

OH, R^2, R^1, OH, **31** —— FGI / 亲电加成 ⟹ R^1, R^2 —— Wittig反应 ⟹ R^1—CHO + $Ph_3\overset{+}{P}$ R^2 —— FGI ⟹ R^2 Br （10.81）

环氧化合物能以立体受控的方式生成很多 1, 2- 双官能团化合物，见式（10.82）。烯烃化合物经过亲电加成反应即可得到环氧化合物。与烯烃加成得到顺式结构不同，环氧化合物主要生成反式结构。

OH, R^1, R^2, NR_2 —— C—N / 1,2-diX ⟹ R^1, O, R^2 —— FGI / 亲电加成 ⟹ R^1, R^2 —— Wittig反应 ⟹ R^1—CHO + $Ph_3\overset{+}{P}$ R^2 （10.82）

式（10.83）中的 1, 2- 二醇类化合物进行逆合成分析，发现其可经 FGI 变为一个双键，再进行切断。其切断和合成如式（10.83）所示。

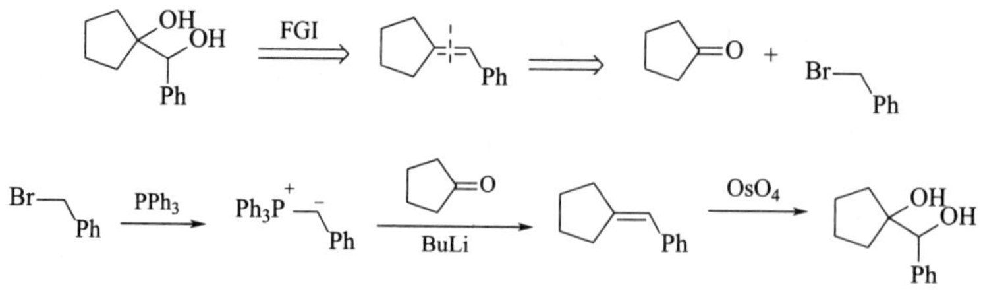

(10.83)

10.5 1, 3- 双官能团化合物的切断 (Disconnection of 1, 3-difunctional compound)

本节主要涉及两种类型的目标分子，如式（10.84）中的β- 羟基酮（hydroxyketone，**32**）和 1, 3- 二羰基化合物（**33**）。这两种分子的官能化的碳原子之间都呈 1, 3- 关系，都可以把两个官能团之间的一个 C—C 键采用 1, 3- 二羰基切断（1, 3-diO）切断为单羰基化合物的碳负离子和醛或酯等羧酸的衍生物（英文导读 10.7）。

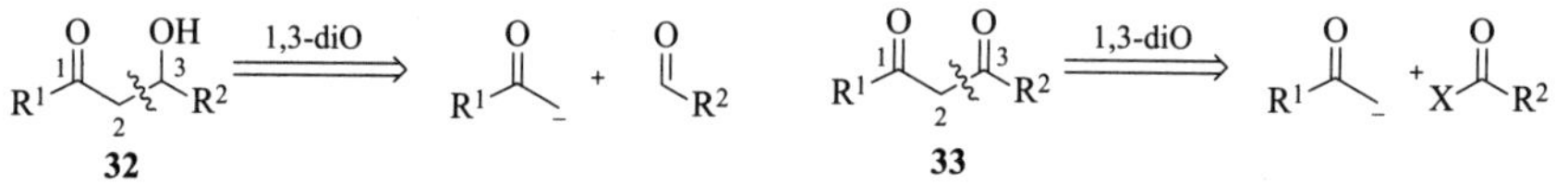

(10.84)

由醛、酮和酯三类化合物组成了同一等级的亲电试剂，而其所形成的碳负离子却极性翻转，组成了另一等级系列的亲核试剂。其中任意一类碳负离子都可以和任意一类醛、酮和酯的羰基进行反应，其活性关系如式（10.85）所示。

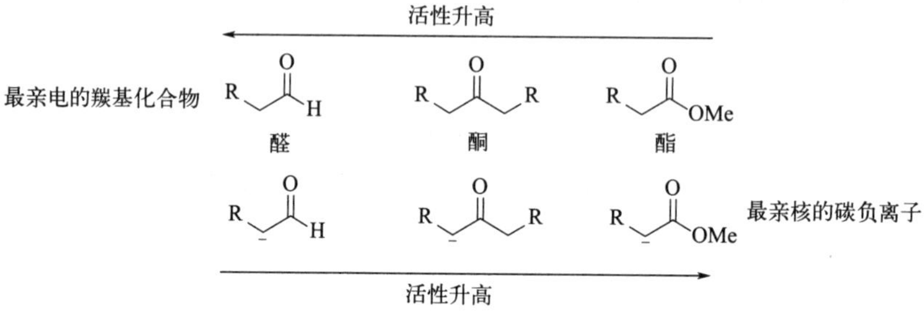

活性升高

最亲电的羰基化合物

醛　　酮　　酯

(10.85)

最亲核的碳负离子

活性升高

10.5.1 β- 羟基羰基化合物的合成 (Synthesis of β-hydroxy carbonyl compound)

对于式（10.84）中的β- 羟基酮（**32**）这一类化合物，两个官能团的 C—C 键中只有邻近羟基碳的那个键才值得切断。一个没有任何选择性的简单例子如式（10.86），β- 羟基酮被切断为碳负离子和酮，这是一个自身缩合，只需要在大量酮存在下生成少量的碳负离子，反应就能发生。

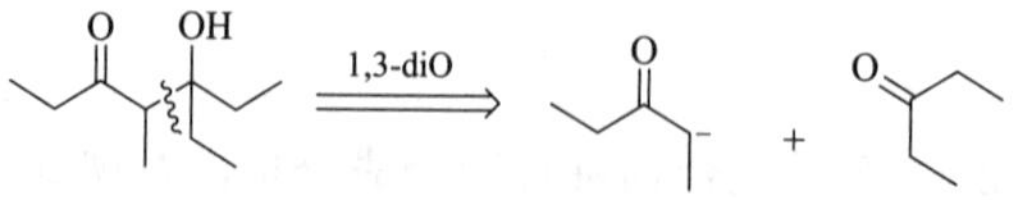

(10.86)

氢氧根负离子和烷氧根负离子都是强度合适的碱，常用氢氧化钡。将少量的碳负离子快速加入大大过量的酮中，生成的带负电的产物从水或醇中夺取一个质子又产生了碱，反应式见式（10.87）。产物分子内同时具有—OH 和—CHO 基团，因此被称为羟醛化物，这类反应被称为羟醛缩合反应（aldol reaction）。

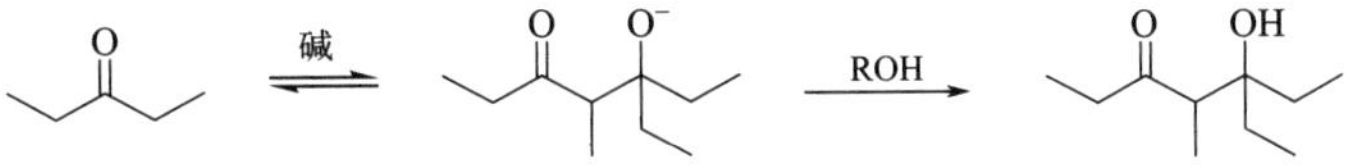

（10.87）

式（10.88）中的二醇被用来合成噁嗪类杂环化合物。虽然二醇不是羟醛化物，但通过对其进行官能团转化，可以看出它能从酮转化而来，从而揭示了它是一个羟醛产物，事实上它是丙酮的二聚体。

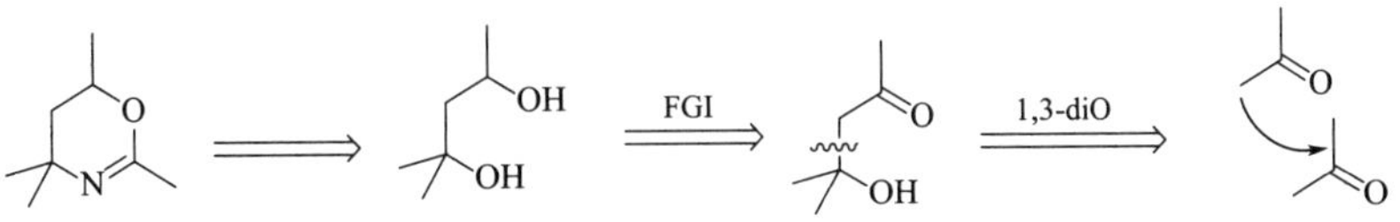

（10.88）

这个羟醛缩合反应用氢氧化钡为碱，还原反应可以使用许多还原剂来实现，其中催化氢化反应进行得很好，见式（10.89）。

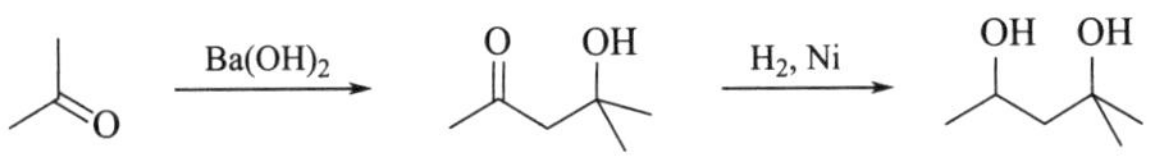

（10.89）

式（10.90）中的β-羟基羰基化合物可有两种切断方式 a 和 b，可以看出 a 方式切断后的合成子为羰基负离子，是完全不可行，只有采用 b 方式，其进行切断得到环己酮和二苯基乙二酮。

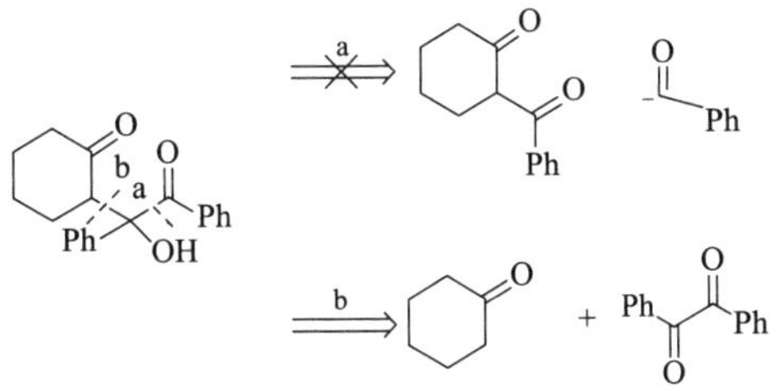

（10.90）

式（10.91）中的目标化合物能通过 Wittig 切断得到了β-酮醛。观察到碳架的对称性以及官能化碳原子的 1,3-关系，酮经 FGI 变为醇，然后切断为两分子的醛（发生羟醛缩合反应）。

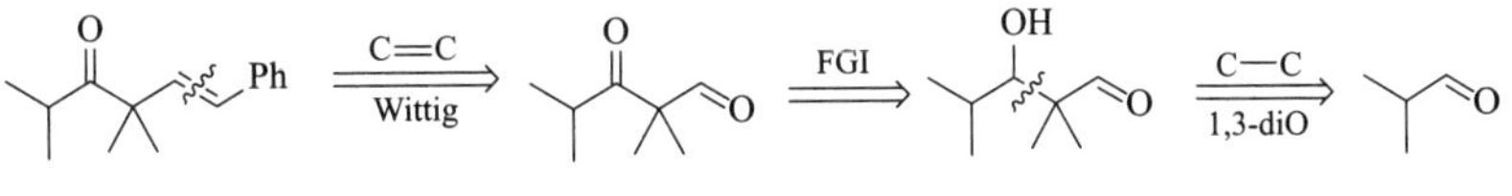

（10.91）

少量的氢氧化钠作碱可以完成这个羟醛缩合反应，在吡啶中用三氧化铬能选择性地氧化仲醇为酮，叶立德进一步和醛进行 Wittig 反应生成目标烯烃，见式（10.92）。

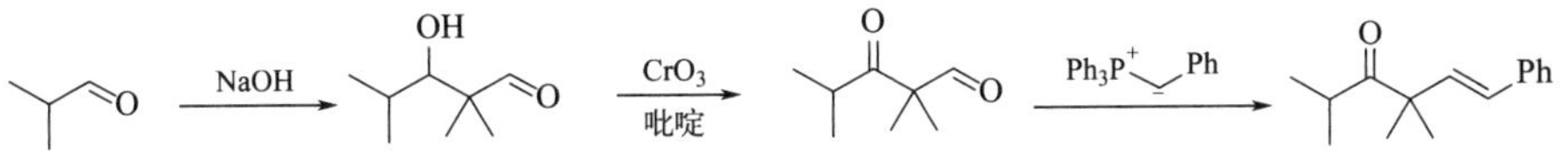

（10.92）

从式（10.93）中的扩瞳剂目标物的结构分析来看，它也是一个β-羟基羰基化合物，对其进行逆合成分析可以看出，其中间体为β-羟基羧酸酯，进一步切断可以看出中间体由羧酸酯负离子亲核进攻羰基而得到，这就是除了羟醛缩合反应之外另一大类β-羟基羧基化合物的获得途径，即通过雷福尔马茨基反应（Reformatsky reaction）得到β-羟基羧酸酯。

HO Ph O O NMe_2 $\xrightarrow{FGI}$ HO COOEt Ph + HO NMe_2

1,3-di ⇓ HO $^{+}NMe_2$ （10.93）

HO + COOEt Ph ⟹ Br CO_2Et Ph ⇓ O ⇓ $HNMe_2$

雷福尔马茨基反应（Reformatsky reaction）是合成β-羟基羧酸酯的有效方法，反应如式（10.94）所示。

Ph COOH $\xrightarrow[2)Et_2O]{1)P, Br_2}$ $\xrightarrow{H^+, EtOH}$ Ph Br COOEt $\xrightarrow[2)\ \text{O (cyclopentanone)}]{1)Zn, Et_2O}$ HO COOEt Ph

O $\xrightarrow{HNMe_2}$ HO NMe_2 ↓△ （10.94）

HO O O NMe_2 Ph

10.5.2 α, β-不饱和羰基化合物的合成 (Synthesis of α, β-unsaturated carbonyl compound)

如式（10.95）所示，任何α, β-不饱和羰基化合物（**34**）的首次切断都是通过官能团转化而推出醇（**35**）或醇（**36**）（发生脱水反应）。但是相对醇（**36**）中双氧的1, 2-关系，更倾向于利用醇（**35**）中双氧的1, 3-关系，因为合成那些有奇数官能团关系的化合物，合成子只需要使用的自身极性（polarity）即可（英文导读10.8）。

R^1 O R^2 **34** $\xrightarrow[\text{脱水反应}]{FGI}$ R^1 OH O R^2 **35** $\xrightarrow[1,3\text{-diO}]{C—C}$ R^1 O + O R^2

R^1 O OH R^2 **36** （10.95）

这就是常说的“缩合反应”（condesation reaction），即两个分子反应加成再消除一分子的水。现在这个术语被扩展到了这一种类羰基的大多数反应中，例如式（10.96）中的内酯，此分子经FGI后可以切断为两分子简单内酯，即两分子酯在甲醇中于甲醇钠存在下缩合，以高的产率生成内酯目标物。

O O O $\xrightarrow[\text{脱水}]{FGI}$ O OH O O $\xrightarrow[1,3\text{-diO}]{C—C}$ O =O + O O （10.96）

当合成目标为混合芳香醛缩合产物时，多以不含α-H的芳香醛与其他醛进行反应，例如式（10.97）中的切断中可使用过量苯甲醛以减少庚醛的自缩合反应。

Ph, CHO $\xRightarrow{\text{FGI}}$ OH, Ph, CHO $\xRightarrow{\text{dis}}$ O, Ph, H + CHO （10.97）

分子内羟醛缩合反应也是 α,β- 不饱和羰基化合物合成的重要应用，当对称的二醛或二酮分子内闭环生成五元或六元环时，反应具有非常好的选择性，如式（10.98）中的切断。

O $\xRightarrow[\text{脱水}]{\text{FGI}}$ O, HO $\xRightarrow[\text{1,3-diO}]{\text{C—C}}$ O, O

O $\xRightarrow[\text{脱水}]{\text{FGI}}$ O, HO $\xRightarrow[\text{1,3-diO}]{\text{C—C}}$ O, O （10.98）

式（10.99a）中的链状二酮环合生成目标物环己烯，无论哪个羰基的 α- 碳负离子化，它都会亲核进攻另一个羰基。式（10.99b）中环葵二酮的分子内闭环更是一个非常好的例子，分子中有四个等价的可碳负离子化的羰基 α- 位，但无论哪一个发生碳负离子化都生成同样的目标产物。

O, α, O, α $\xrightarrow{H_2SO_4}$ O (a)

O, α, α, α, α, O $\xrightarrow[H_2O]{Na_2CO_3}$ O (b) （10.99）

另一重要的获得 α,β- 不饱和羰基化合物的手段是通过 FGA 加上一个官能团，通常加入一个羧基或羧酸酯。利用脑文格缩合（Knoevenagel condensation）、德布纳缩合（Doebner condensation）和蒲尔金反应（Perkin reaction）合成 α,β- 不饱和羰基化合物，如式（10.100）所示。

COOH, NO_2 $\xRightarrow{\text{FGA}}$ COOEt, COOEt, NO_2 $\Longrightarrow$ CHO, NO_2 + COOEt, COOEt （10.100）

类似地，α,β- 不饱和羰基化合物还有利用 Perkin 反应的途径，如式（10.101）所示的香兰素类化合物和苯并环戊酮的切断。

O, O $\Longrightarrow$ CHO, OH + O, O, O

O $\Longrightarrow$ O, OH $\xRightarrow{\text{FGI}}$ O, OH $\Longrightarrow$ CHO + O, O, O （10.101）

曼尼希碱或其季铵盐受热或在碱的作用下，可以发生 β- 消除，失去含氮基团和 β-H，生成不饱和化合物，这也是 α,β- 不饱和羰基化合物重要的切断方式，如式（10.102）中化合物利尿酸的切断。

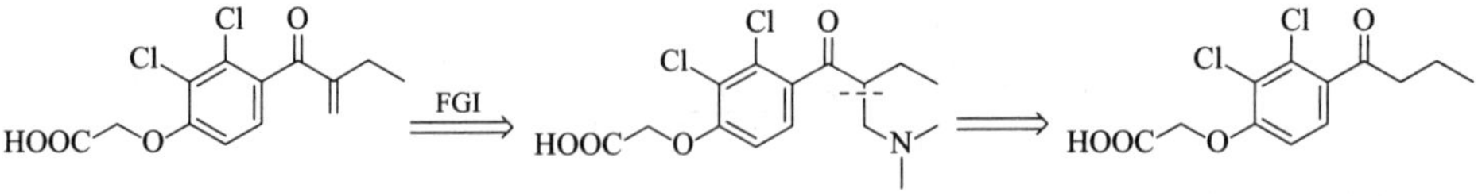

（10.102）

这个反应具有重要的实用价值，它是制取在 α- 碳上引入一个亚甲基的 α, β- 不饱和醛和酮的有效方法，通过饱和醛、酮上的 α- 碳发生氨甲基化然后消除而引入一个亚甲基，合成反应如式（10.103）所示。

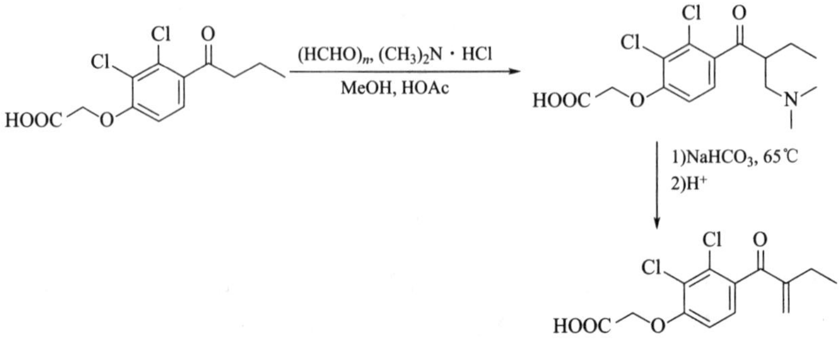

$$\xrightarrow[\text{MeOH, HOAc}]{(HCHO)_n,\ (CH_3)_2N\cdot HCl}$$

$$\xrightarrow[\text{2)}H^+]{\text{1)}NaHCO_3,\ 65℃}$$

（10.103）

10.5.3　1, 3- 二羰基化合物的合成 (Synthesis of 1, 3-dicarbonyl compound)

1, 3- 二羰基化合物乙酰乙酸乙酯的切断原则也和上面讲解的一样，但有两种选择，如式（10.104）所示，β- 酮酸酯能从 b 的位置切断为丙酮的碳负离子和碳酸二乙酯，虽然这种合成可以进行，但是更倾向于从 a 处切断为乙酸乙酯的碳负离子和乙酸乙酯本身，这就是熟悉的克莱森酯缩合（Claisen ester condensation）。

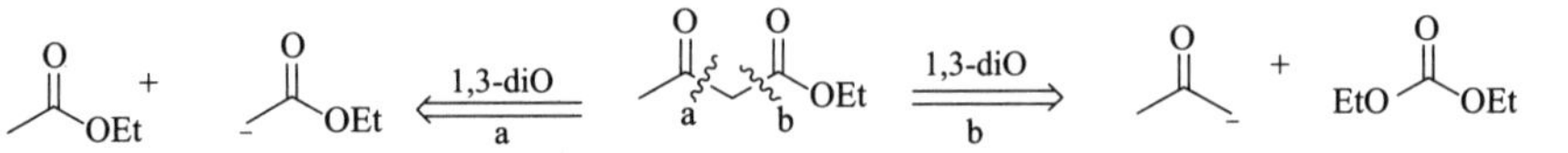

（10.104）

式（10.104a）所示切断的最常见形式是克莱森自缩合，如式（10.105）所示。

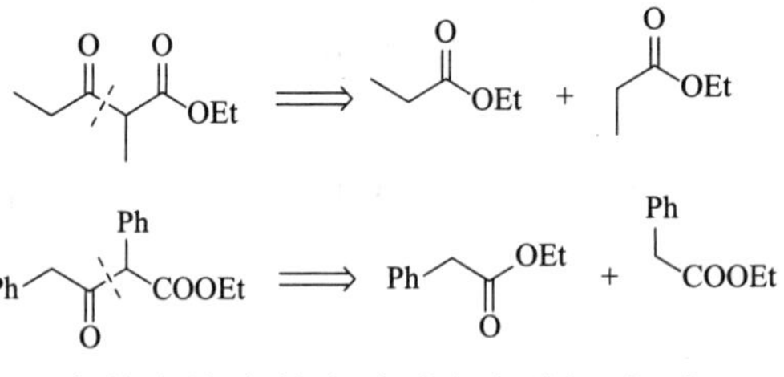

（10.105）

与之类似就是采用交叉克莱森缩合的方式进行切断，如式（10.106）所示。

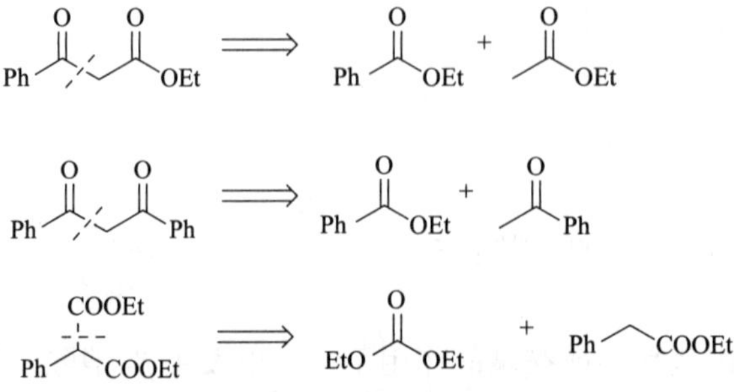

（10.106）

式（10.107）中的化合物杀鼠酮，从结构分析来看也是一个 1, 3- 二羰基化合物，其切断非常有意思，经过了两次上述切断，得到以邻苯二甲酸二乙酯和酮为原料的合成路线。

O O O dis ⟹ O O OEt O dis ⟹ O OEt OEt O + O （10.107）

有时 1, 3- 二羰基化合物的切断也可有多种方式，如式（10.108）所示，有 a 和 b 两种切断。虽然两个切断都合理，但 b 的切断使合成变得简单，因为它注意到了分子的对称性。

Ph b a Ph COOEt O
a ⟹ Ph Ph O + OEt CO_2Et
b ⟹ Ph OEt O + Ph OEt O （10.108）

有很多时候利用 1, 3- 二羰基化合物为中间体进行合成，目标物需要通过 FGA 加上一个羧酸酯官能团，从而得到 1, 3- 二羰基化合物。由于 1, 3- 二羰基化合物脱羧非常容易，因此其为一有效的切断和合成方法，如式（10.109）所示。

O FGA ⟹ EtOOC O ⟹ EtO O + EtO O （10.109）

分子内的反应在这里也非常常见，式（10.110）中的环状酮酯可以被切断为对称的二酯，发生的反应称为迪克曼反应（Dieckman reaction）。

O O OEt 1,3-diO ⟹ EtO O O OEt （10.110）

因为 *β*- 酮酯很容易脱羧，这种环化方法就变得很有意义。式（10.111）中的环酮可在分子上加一个—COOEt 基团，这样就可以用 1, 3- 双羰基切断方法将之切断为对称分子，然后再经过 1, 3- 双官能团切断得到起始原料。

O N FGA ⟹ O O OEt N 1,3-diO ⟹ OEt O OEt N O 2× 1,3-diX ⟹ COOEt + H_2N （10.111）

目标物的合成正如以上所述，只不过在环化反应中使用 NaH 为碱，酯基用 20%的盐酸一起加热水解为酸后脱羧就得到了产物，见式（10.112）。

COOEt $\xrightarrow{MeNH_2}$ OEt O OEt N O $\xrightarrow{NaH}$ O O OEt N $\xrightarrow[\triangle]{HCl, H_2O}$ O N （10.112）

10.6 1, 4- 双官能团化合物的切断 (Disconnection of 1, 4-difunctional compound)

在 1, 4- 双官能团化合物的逆合成切断分析中，经常会遇到极性反转的问题。以 1, 4-

二酮化合物（**37**）为例，该化合物的逆合成切断产生了两种合成子，其中合成子（**38**）是由碳负离子得到的，而极性反转的合成子（**39**）只能由 *α*- 卤代酮类化合物（**40**）得到，见式（10.113）。

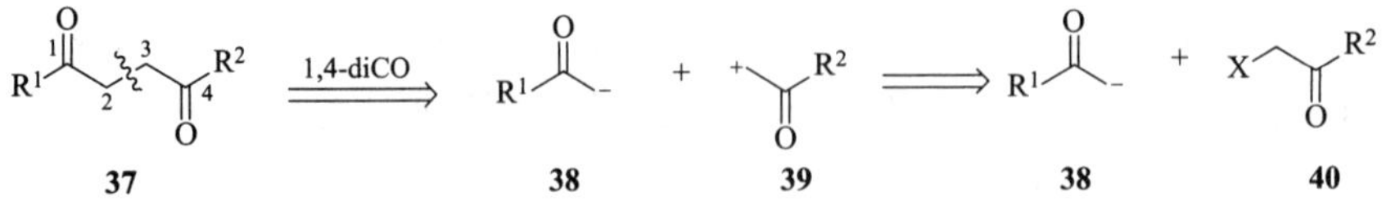

37 ⟹(1,4-diCO) 38 + 39 ⟹ 38 + 40　（10.113）

为规避上述问题，也可以在 C1 和 C2 之间进行切断。这样会产生具有正常极性的合成子（**42**），在操作中可以用烯酮化合物得到，至于合成子（**41**）则是上一节提到的酰基阴离子等价物，如氰基阴离子作为最简单的碳一试剂，可以很好地进行共轭加成，见式（10.114）。尤其是当化合物（**37**）中的 R 是 OH 或 OR 时，这一切断是非常理想的。

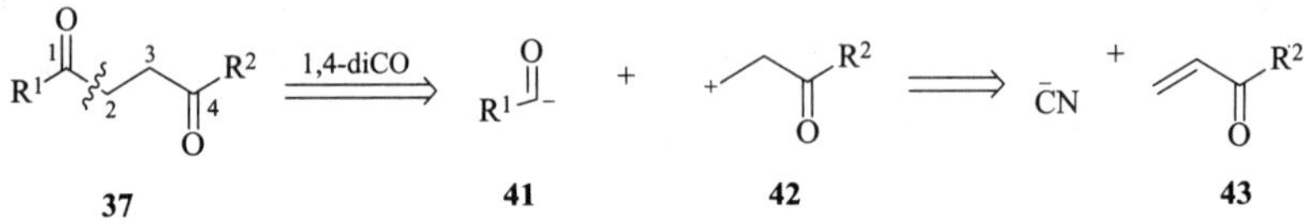

37 ⟹(1,4-diCO) 41 + 42 ⟹ $\bar{C}N$ + 43　（10.114）

对于 4- 羟基酮化合物（**44**），其官能团分别为羰基和羟基，使用相同的切断，得到的合成子（**45**）所对应的试剂应该是环氧化物（epoxide），见式（10.115）。

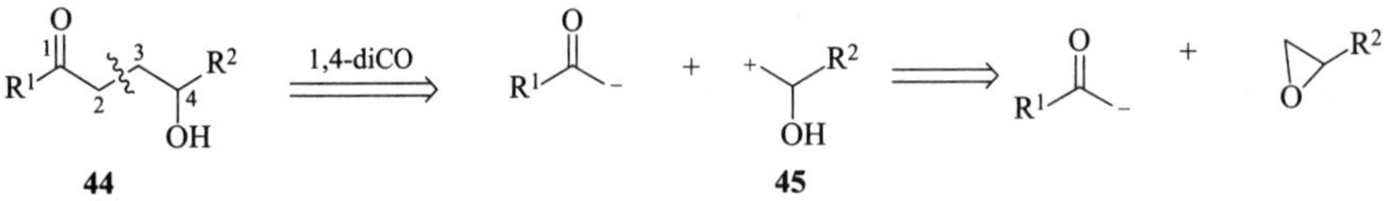

44 ⟹(1,4-diCO) + 45 ⟹　（10.115）

10.6.1 *α*- 卤代酮作反常极性合成子制备 1, 4- 双官能团化合物 (Synthesis of 1, 4-difunctional compound by using *α*-haloketone as unnatural polarity synthon)

按式（10.113）的切断思路，以式（10.116）中的酮酯类化合物为例，通常倾向于在支点处进行切断，这样就会产生相应的合成子，其中一个合成子由溴代乙酸乙酯得到。

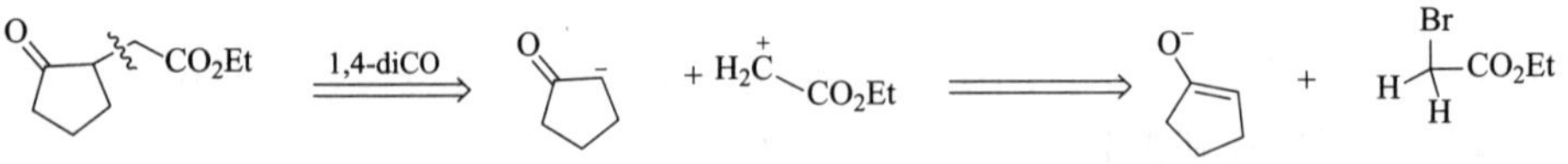

（10.116）

其合成如式（10.117）所示，由环戊酮和吗啉在酸性条件下得到吗啉烯胺化合物，随后该化合物与溴代乙酸乙酯反应，并在酸性条件下水解，得到目标酮酯化合物。

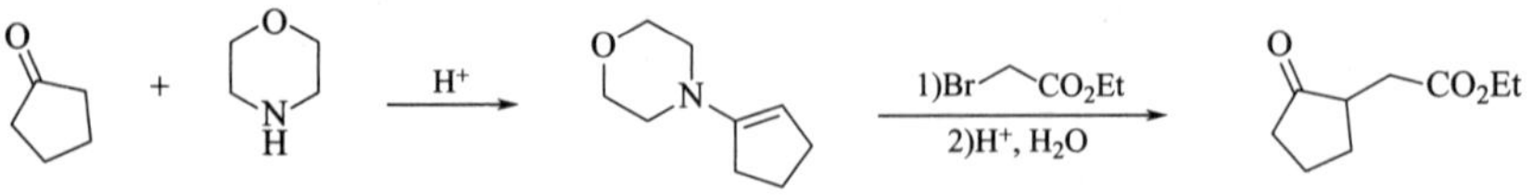

（10.117）

另外一种制备酮酯的方法如式（10.118）所示，以易得的 *β*- 酮酯化合物为原料，在乙醇钠的作用下，与溴代乙酸乙酯反应，得到烷基化的产物，随后在盐酸的作用下，水解得到目标酮酯化合物。

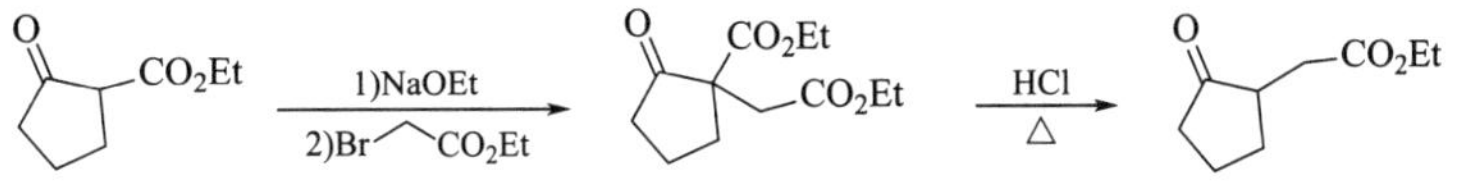

（10.118）

式（10.119）中的目标物化合物是合成抗生素甲基霉素的重要中间体。逆合成分析可知，此中间体是由1, 4-双官能团化合物经羟醛缩合而制备的，而1, 4-双官能团化合物的进一步切断是在其支点处，得到起始原料。

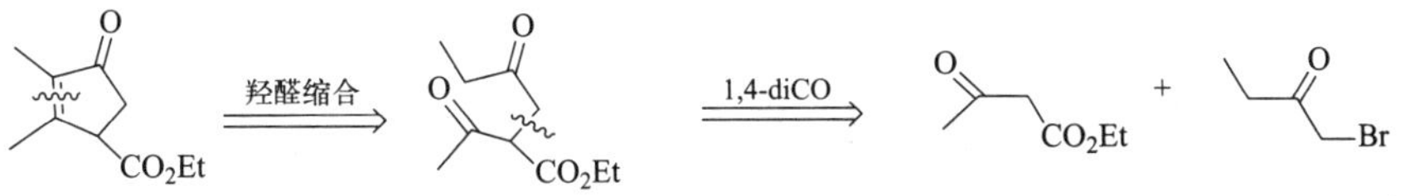

（10.119）

其合成如式（10.120）所示，其中环化过程生成取代基多的烯烃。

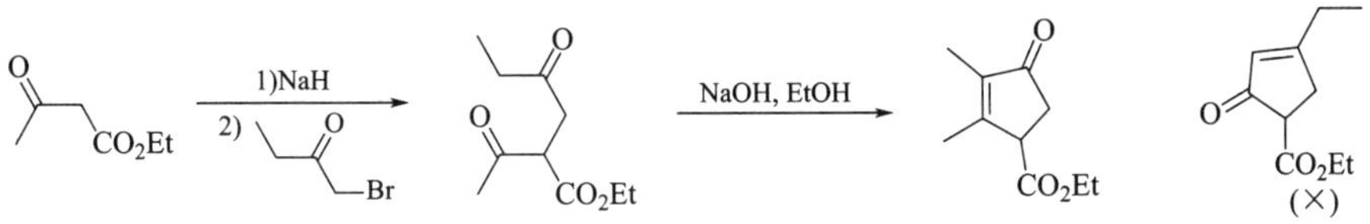

（10.120）

10.6.2 酰基阴离子等价物的共轭加成 (Conjugate addition of acyl anion equivalent)

式（10.121）中的抗惊厥药苯琥胺（phensuximide）是一种酰亚胺，它源自类1, 4-二羰基结构的1, 4-二羧酸衍生物。按式（10.114）的切断思路，将其中一个羧基看作由氰基转化而来，这样就可以回到商业化的起始原料肉桂酸。

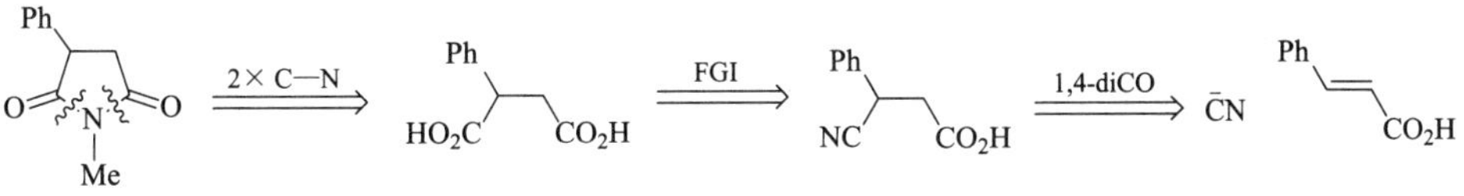

（10.121）

实际操作中，氰基阴离子与肉桂酸的共轭加成很慢，所以需要引入第二个吸电基（例如，氰基）。因此，氰乙酯被成功地用于下一步反应，见式（10.122）。

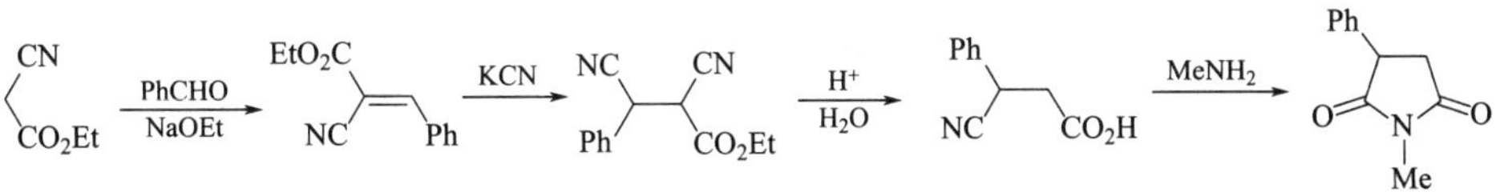

（10.122）

10.6.3 4-羟基酮化合物切断为环氧化合物 (Disconnection of 4-hydroxyketone into epoxid)

按式（10.115）的思路，5-溴-2-戊酮可以将官能转化为5-羟基-2-戊酮，其逆合成切断分析的原料是丙酮碳负离子和环氧乙烷化合物，见式（10.123）。

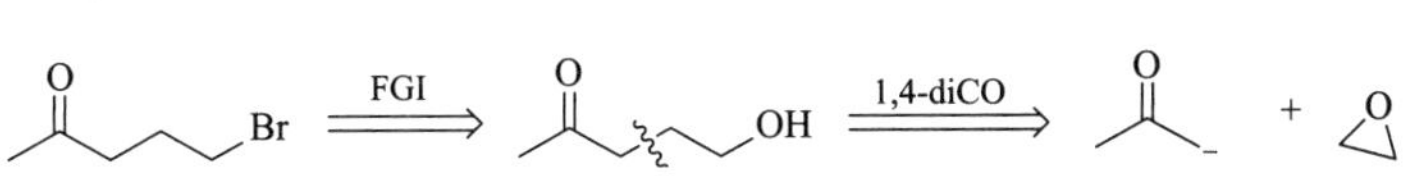

（10.123）

相比于丙酮的碳负离子锂盐，用乙酰乙酸乙酯作为起始原料效果更好。在反应过程中，中间体将会环化并可分离出稳定的内酯。经酸处理后内酯开环脱羧生成目标化合物，两步反应的条件都较温和，见式（10.124）。

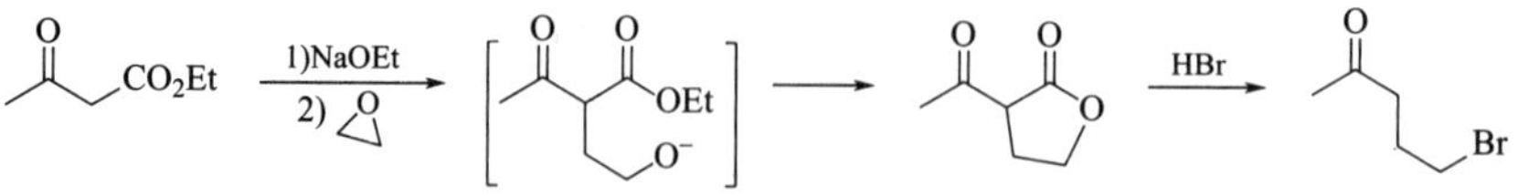

（10.124）

10.7 1, 5- 双官能团化合物的切断 (Disconnection of 1, 5-difunctional compound)

1, 5- 二羰基化合物（**46**）可以切断成两个合成子，其相应的合成等价物分别为碳负离子化合物和烯酮（**47**），共轭效应使得烯酮末端碳原子有亲电性，如式（10.125）所示。

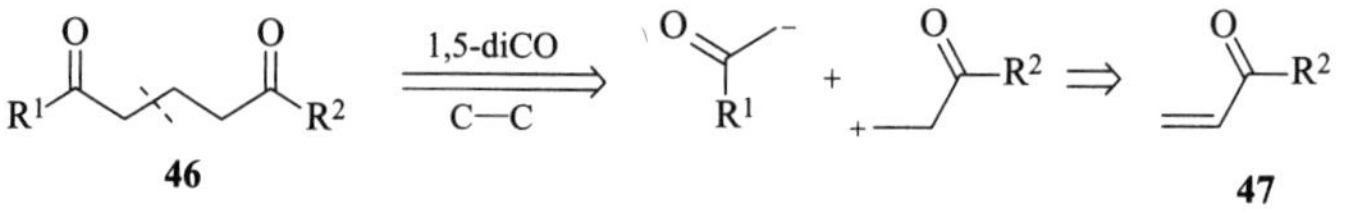

（10.125）

这里的新意在于组合这两个试剂，通过共轭加成一个碳负离子化合物到烯酮（ketene）上，得到产物烯醇，质子化后就可以得到 1, 5- 二酮，见式（10.126）。

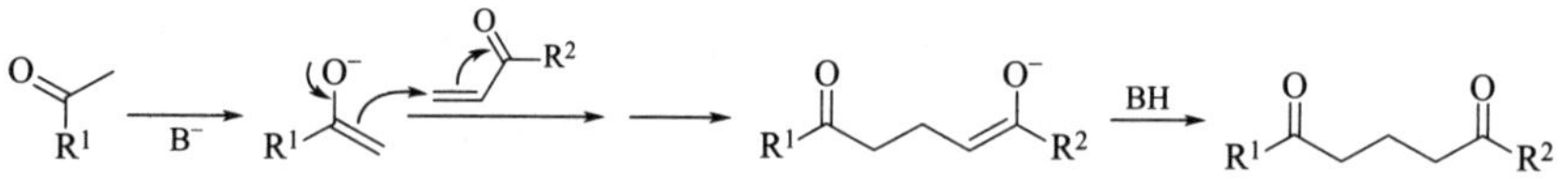

（10.126）

但这里存在一个区域选择性问题，即碳负离子化合物是以共轭（Michael）方式加成还是直接与羰基反应，因此，需要考虑碳负离子化合物和烯酮（Michael 受体）的种类来确定反应是按共轭加成进行而不是直接与羰基加成（英文导读 10.9）。

10.7.1 特定碳负离子等价物的 Michael 加成 (Micheal addition of specific carbanion equivalent)

如果要制备式（10.127）中的化合物（**48**），有两个选择，一是将一个碳负离子的醛（**49**）加成到不饱和酯（**50**）上，另一个是将一个碳负离子的酯（**51**）加成到不饱和醛（**52**）上。优选 a 方案是因为不饱和酯（**50**）更可能发生共轭加成，同时烯胺作为合成子（**49**）的合成等价物会是好的选择。

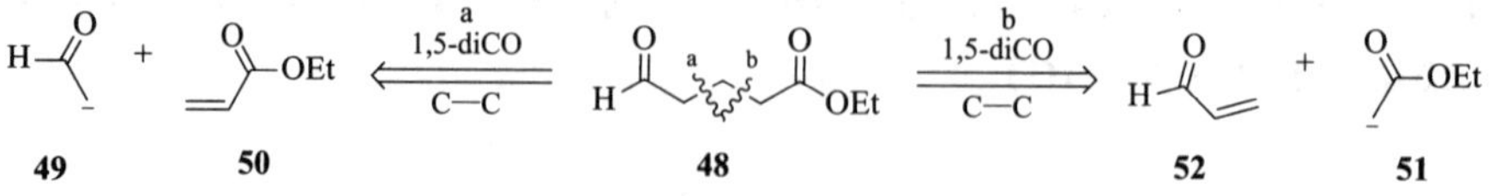

（10.127）

然而，如果目标分子变成了化合物（**53**），比目标物（**48**）多了两个甲基，则 a 切断方案只有在五价碳存在时才有可能实现。因此，将采用不饱和烯醛（**54**）作为 Michael 加成的受体，如式（10.128）所示。

O OEt ⟸ a 1,5-diCO C—C 基本不实现 — H O a b O OEt **53** ⟹ b 1,5-diCO C—C — H O **54** + O OEt **55** （10.128）

α, β- 不饱和羰基化合物（**56**）的 1, 5- 切断非常方便，同时中间体烯酮（**58**）的再切断也不会有问题，烯酮（**58**）可通过 Mannich 反应制得，见式（10.129）。

R^1 O O R^2 **56** ⟹ 1,5-diCO C—C — R^1 O **57** + O R^2 **58** ⟹ Mannich — O R^2 + CH_2O （10.129）

为了使得共轭加成反应发生，有时需要使用 β- 酮酸酯或烯胺作为碳负离子化合物。这里还可能用到 Mannich 碱，它能在成碳负离子盐的碱性条件下发生消除。产物通过酯水解和脱羧就能制备，见式（10.130）。

R^1 O —$(EtO)_2CO$ / EtO^-→ R^1 O CO_2Et —$R_3\overset{+}{N}$ O R^2→ —EtO^-→ R^1 O O R^2 CO_2Et （10.130）

式（10.131）中的酮酸可以在侧链处切断，得到非常易制备的环己烯酮和碳负离子合成子，后者相对应的合成等价物是丙二酸二乙酯。

O 1 2 3 4 5 CO_2H ⟹ 1,5-diCO C—C — O + $H_2\bar{C}$ —CO_2H ⟹ FGA — CO_2Et CO_2Et （10.131）

使用醇钠作碱的反应可以避免酯交换，虽然表面上后续的水解和脱羧比较烦琐，但共轭加成反应的产率较高，见式（10.132）。

CO_2Et CO_2Et —EtO^- / EtOH→ $^-$ CO_2Et CO_2Et —(环己烯酮)→ O CO_2Et CO_2Et —1)NaOH, H_2O / 2)H^+, △→ O CO_2H （10.132）

式（10.133）中的二酮化合物则需要进行 FGA 加上一个羧酸酯官能团，然后在侧链处切断，得到非常易制备的甲基乙烯酮，以及 2- 环己酮甲酸乙酯替代的碳负离子合成子。

O O ⟹ FGA — O COOEt O ⟹ O COOEt + O （10.133）

对于 1, 5- 双官能团化合物的切断，它们都有多种切断，有一些可行性高而另一些可行性低，如式（10.134）中的 a 切断采用的是式（10.129）那种切断方式，虽然中间体烯酮可通过 Mannich 反应获得，但与 b 切断相比更为困难。

Ph O Ph b a CHO ⟹(a, ×) Ph O Ph + $^-$ O H （10.134）

⟹ b — Ph O $^-$ Ph CHO

利用迈克尔加成反应可合成得到 1, 5- 二羰基化合物。通过分析 1, 5- 二羰基化合物的结构，不难看出，要制取一种产物，所用原料有两种组合可供选择。例如，要合成式（10.135）中的 1, 5- 二羰基化合物，可选用的原料可以是以下两组化合物中的任一组。

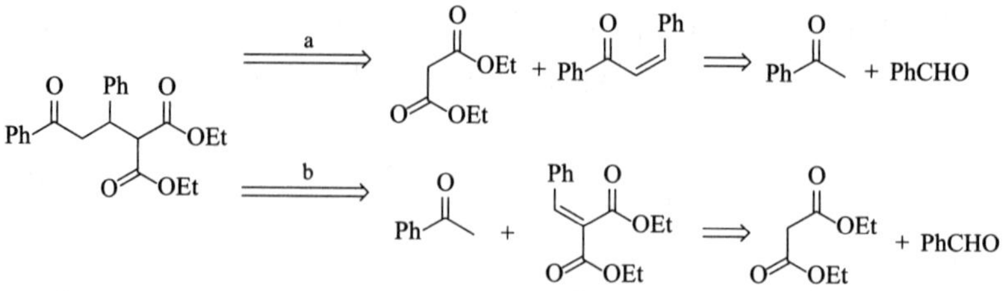

O Ph O
Ph OEt
O OEt
a ⟹ O OEt + Ph O Ph ⟹ Ph O + PhCHO
O OEt
b ⟹ Ph O + Ph O OEt ⟹ O OEt + PhCHO
O OEt O OEt

（10.135）

类似的例子还如式（10.136）中的两种切断，其中 a 切断是腈乙酸酯与苄叉丙酮经 Michael 加成得到 1, 5- 二羰基化合物，苄叉丙酮由丙酮和苯甲醛经羟醛缩合得到。b 切断是由丙酮与中间体 Michael 加成得到 1, 5- 二羰基化合物，中间体由腈乙酸酯和苯甲醛经 Knoevenagel 缩合得到，最终两种方式获得了相同的原料，两种切断均可行。

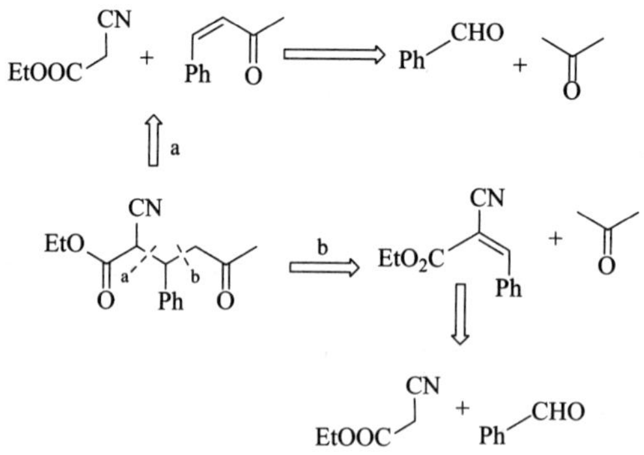

CN
EtOOC + Ph O ⟹ Ph CHO + O
⇑ a
CN
EtO a b
O Ph O
b ⟹ EtO_2C CN Ph + O
⇓
CN
EtOOC + Ph CHO

（10.136）

式（10.137）中的化合物是对称的，两侧进行相同切断得到原料，这也是非常有意思的逆合成分析的例子。

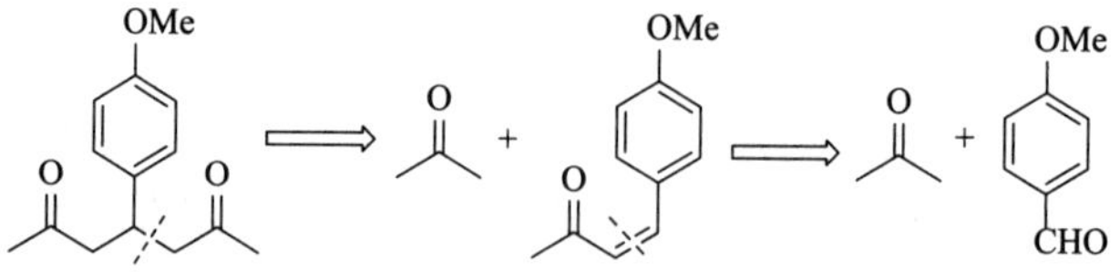

OMe
O O
⟹ O + OMe O ⟹ O + OMe CHO

（10.137）

烯胺是一种特殊的碳负离子等价物，并特别适用于共轭加成。式（10.138）中，环己酮制得的吡咯烷烯胺与丙烯酸酯共轭加成，首先生成中间体，通过质子交换再水解得目标化合物。

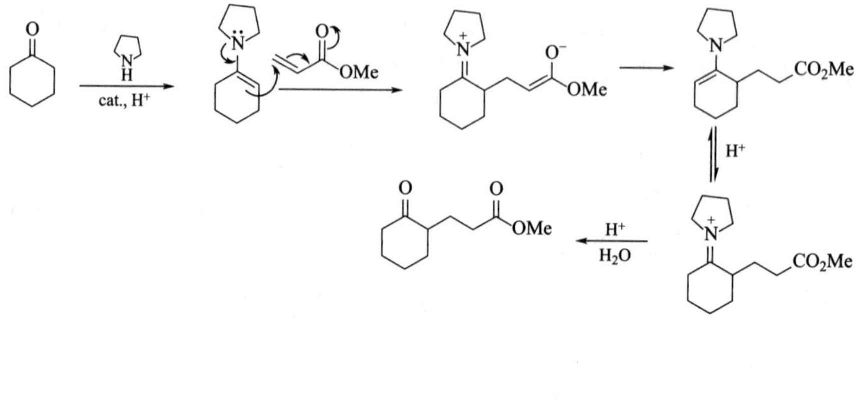

O
N H
cat., H^+
N O OMe → N^+ O^- OMe → N CO_2Me
⇅ H^+
O O OMe ← H^+ H_2O ← N^+ CO_2Me

（10.138）

式（10.139）中的不对称二酮较好的切断是 a 方式，其切点位于侧链处，中间体烯酮可以通过 Mannich 反应制得。

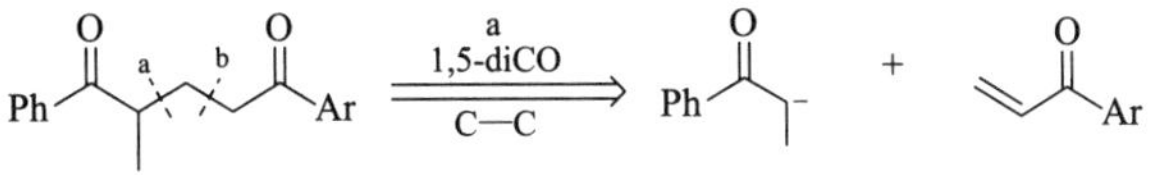

（10.139）

其合成反应如式（10.140）所示，使用吗啉、烯胺作碳负离子合成子等价物。

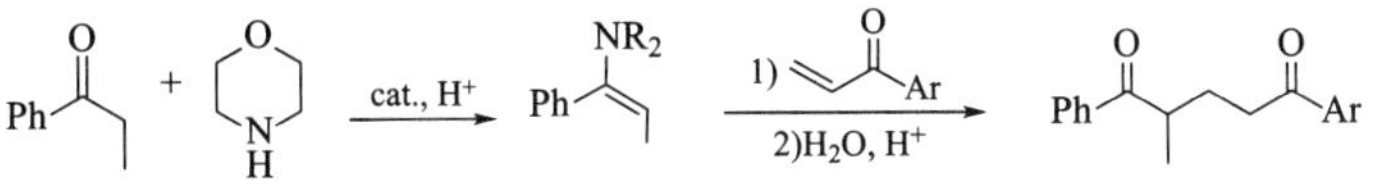

（10.140）

10.7.2 罗宾逊环化反应 (Robinson annelation)

组合醇醛缩合和 Michael 加成在同一反应中将是非常强大的手段，特别是用在有环化产物生成的反应里，相关知识在第 8 章环化反应中进行了讲解，在此对其切断再进行分析。在甾体的合成过程中，Robinson 环化反应能给出一个新环，如式（10.141）中切断目标物的烯酮键可以发现三酮中间体同时具有 1, 3- 和 1, 5- 二羰基关系。1, 3- 切断法只开环，不会减少任何碳原子。用 1, 5- 切断法且切点位于侧链处时，可以获得一对称的 β- 二酮，且它正好可以进行共轭加成。

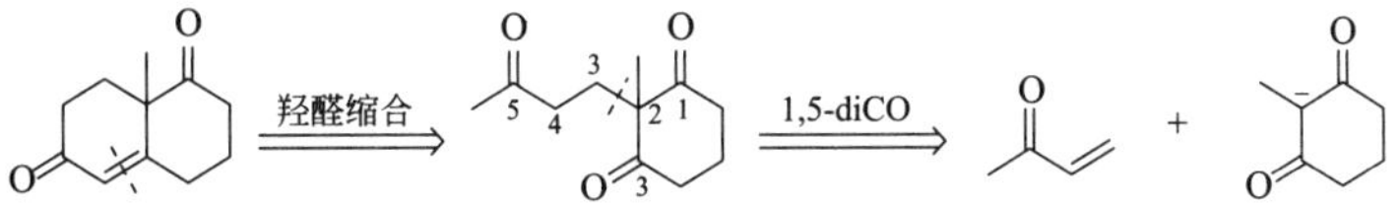

（10.141）

整个合成能在很温和的条件下进行，见式（10.142）。共轭加成可以在水中进行，胺催化环化的同时由酸催化脱水。正如发生分子内反应时所期望的那样，中间体具有 *cis*- 双环结构。

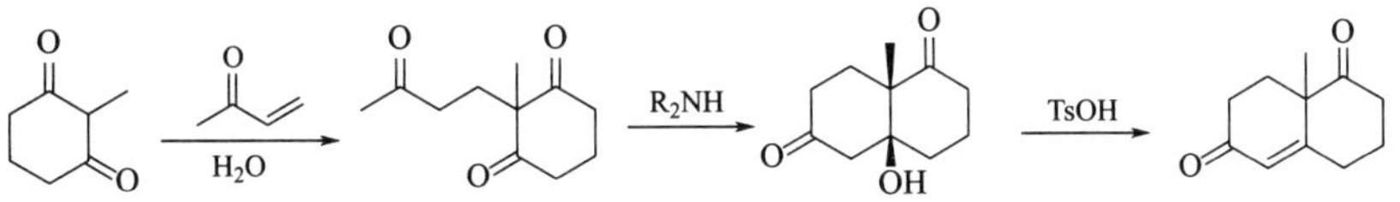

（10.142）

通过引入—CO_2Et 基团，Robinson 环化反应所新生成的环也可以不稠合到已有的环上。如式（10.143）中合成环己烯酮，可以在第二次切断前，通过 FGA 加上一个—CO_2Et 基团得中间体，然后再进行第二次切断。

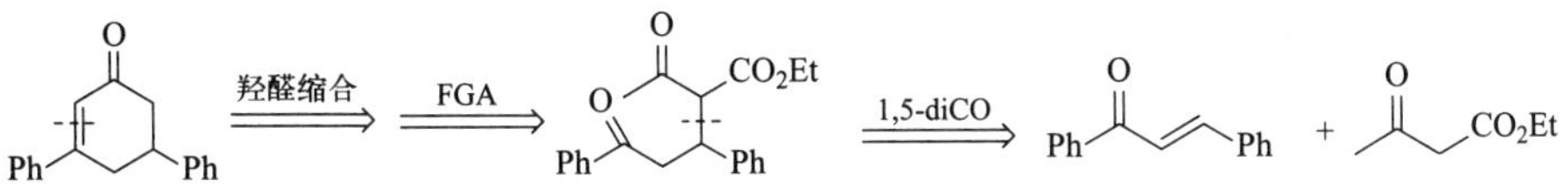

（10.143）

反应如式（10.144）所示，查耳酮和乙酰乙酸乙酯的碳负离子共轭加成可以高产率获得中间体，接下来通过水解和脱羧就可以得到目标物。

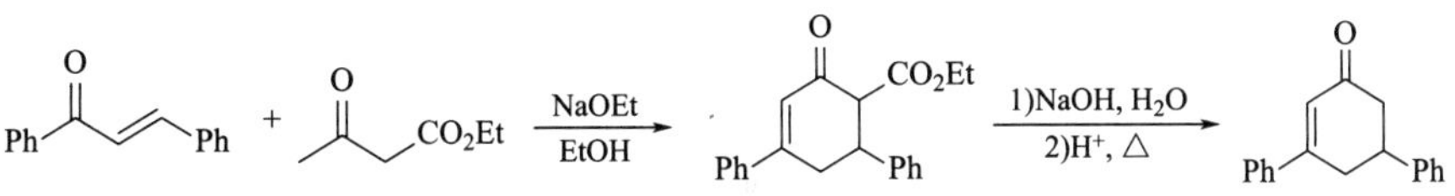

（10.144）

式（10.145）中制备二甲酮的过程中使用的共轭加成和酰基化同 Robinson 环化反应关系密切。以 a 或 b 方式切断 1, 5- 二羰基关系都可行，但倾向使用 a 方式，因为 4- 甲基 -3 戊烯 -2- 酮是相对易得的丙酮自身羟醛反应的产物。

O O ⟹ (1,3-diCO) EtOOC a b O ⟹ (1,5-diCO) EtO_2C CO_2Et + O（10.145）

这一合成仅需使用丙二酸二乙酯在乙醇 / 乙醇钠作用下的一步反应，见式（10.146），接下来通过常规的水解和脱羧就可以好的产率得到二甲环酮目标物。

O —($CH_2(CO_2Et)_2$, NaOEt)→ [EtO_2C O EtO_2C] → EtO_2C O O —(1)NaOH, H_2O; 2)H^+, △)→ O O（10.146）

10.7.3 1, 5- 二羰基化合物制备杂环 (Synthesis of heterocycle by 1, 5-dicarbonyl compound)

式（10.147）中的目标物是一种钙离子通道拮抗剂，用于治疗高血压。通过切断分子内的 C—N 键可以发现中间体具有 1, 5- 二酮关系的对称结构。因此，无论从哪边再切断都可以推导出相同的原料，即一个烯酮和一个乙酰乙酸酯。

Ar RO_2C CO_2R N H ⟹ (2×C—N, 烯胺) Ar RO_2C CO_2R O O ⟹ (1,5-diCO) Ar RO_2C O + CO_2R O（10.147）

烯酮其实就是芳香醛与乙酰乙酸酯的羟醛反应产物，因此所有的反应有可能同时发生。通过新的 Hantzsch 吡啶合成法，即三组分和氨经过一步反应即可生成目标物，见式（10.148）。

RO_2C O —(ArCHO, NH_3)→ Ar O CO_2R —(RO_2C O, NH_3)→ Ar RO_2C CO_2R O O —(NH_3)→ Ar RO_2C CO_2R N H（10.148）

10.8 1, 6- 二羰基化合物的切断 (Disconnection of 1, 6-dicarbonyl compound)

如式（10.149），如果从中间切断 1, 6- 二羰基化合物（**59**），则得到合成子（**60**）和合成子（**61**）。由于合成子（**60**）在现实中从烯酮制得，且合成子（**61**）因其非正常的极性会给合成带来麻烦，因此 1, 6- 二羰基化合物任意位置的切断都会面临一个现实的困难，因为这两个羰基官能团离得太远。

O R^1 1 2 3 4 5 6 R^2 O ⟹ (1,6-diCO?) O R^1 + + − R^2 O ⟹ ?（10.149）

59 **60** **61**

10.8.1 环己烯氧化 (Oxidation of cyclohexene)

对于1, 6-二羰基化合物来说，重接策略更为实用，如式（10.150）中将分子内标记C1和C6的原子连接起来形成六元环（**62**），同时这两个相连原子之间的化学键要比分子内的其他键弱，双键化合物（**63**）恰好可以满足这个要求（英文导读10.10）。

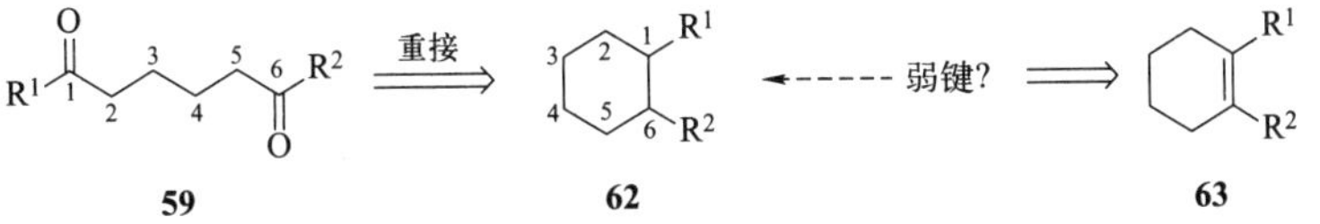

（10.150）

价廉的环己烯在制备环己酸的裂解反应中没有原子损失；用浓硝酸和环己醇反应，可能经过脱水反应生成烯烃，然后被氧化生成己二酸，见式（10.151）。

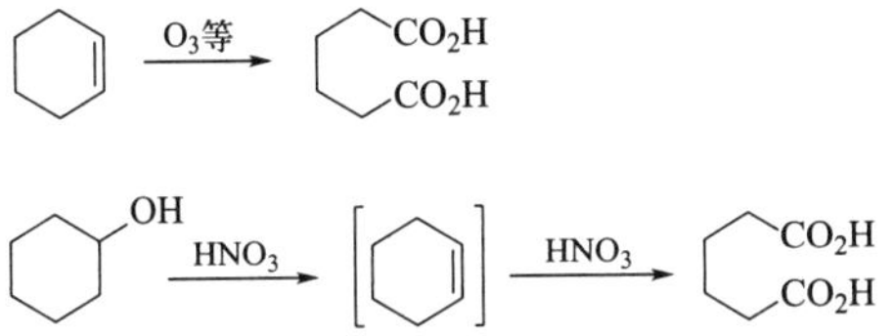

（10.151）

1, 6-酮酸很容易从环己酮制得，环己酮与有机锂或格氏试剂反应生成叔醇，脱水生成环己烯，再氧化得到己二酸，见式（10.152）。

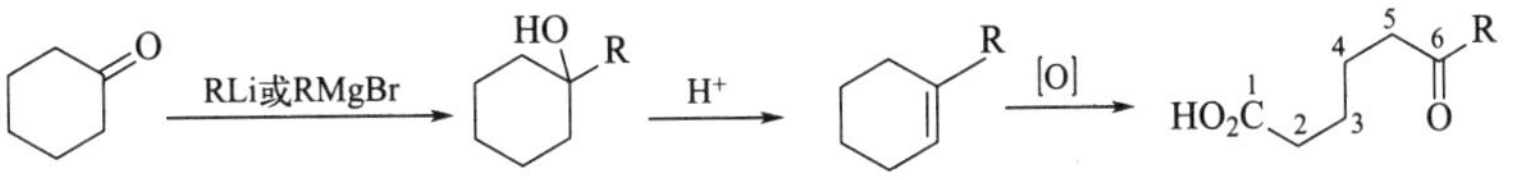

（10.152）

式（10.153）中的酮醛化合物是一个典型的1, 6-二羰基化合物，该化合物可以由环己烯制得。在目标酮醛化合物上标记数字1～6以保证各取代基在正确的位置上，然后经官能团转化得到中间体，切断甲基得到一个简单的起始原料环己酮。

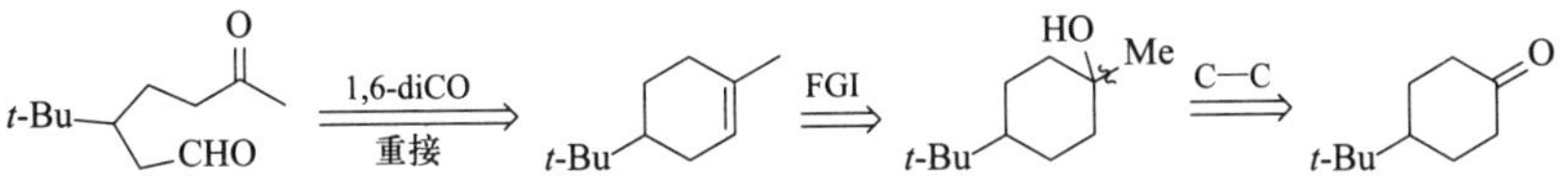

（10.153）

其反应如式（10.154）所示，环己酮在甲基锂的作用下可以得到醇，而醇无需分离，直接脱水后得到环己烯，随后用臭氧氧化切断双键得到酮醛目标化合物。

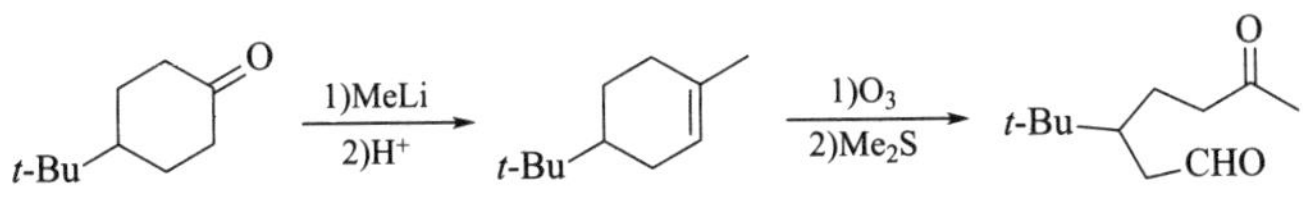

（10.154）

10.8.2 Diels-Alder 反应 (Diels-Alder reaction)

前面的例子表明必须合成出用于氧化切断的环己烯，而合成这种化合物的最好方法是Diels-Alder反应。一个常见的例子是用臭氧裂解丁二烯和烯酮的加成产物，所得的双羧酸产物即是1, 6-二羰基化合物，见式（10.155）。

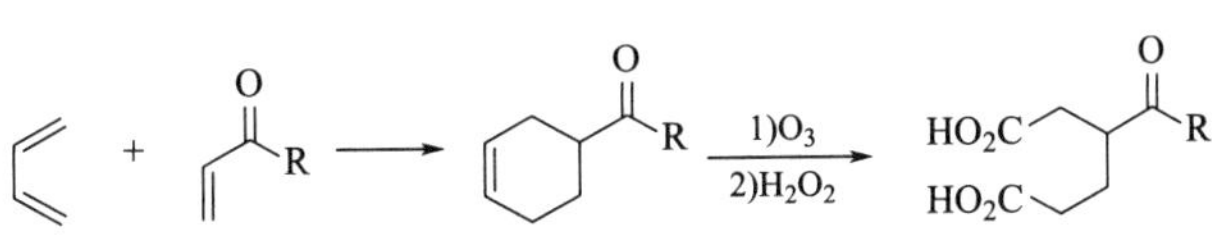

（10.155）

式（10.156）中的二酯化合物可用来合成抗生素戊丙酯菌素衍生物。二酯化合物经重接切断得到环己烯，环己烯经 FGI 由酸酐转化得到，酸酐显然可以通过丁二烯和马来酸酐经 Diels-Alder 加成得到。

MeO_2C, MeO_2C, H, H, OMe, OMe $\xrightarrow[1,6\text{-diCO}]{重接}$ H, H, OMe, OMe $\xrightarrow{FGI}$ H, H, O, O, O $\xrightarrow{D\text{-}A}$ + O, O, O （10.156）

因此，二酯化合物的合成路线是丁二烯和马来酸酐经 Diels-Alder 加成，再经还原得到醚，随后利用臭氧氧化切断双键，最终与重氮甲烷反应得到酯，见式（10.157）。

\+ O, O, O ⟶ H, H, O, O, O $\xrightarrow[2)NaH,\ MeI]{1)LiAlH_4}$ H, H, OMe, OMe $\xrightarrow[2)H_2O_2\ \ 3)CH_2N_2]{1)O_3,\ MeOH}$ MeO_2C, MeO_2C, H, H, OMe, OMe （10.157）

10.8.3 Baeyer-Villiger 反应 (Baeyer-Villiger reaction)

环己酮被过氧酸氧化裂解得到七元环内酯（lactone），这就是 Baeyer-Villiger 反应。反应发生从碳到氧的迁移，最终结果是一个氧原子插入环内。内酯已经有 1, 6- 二羰基关系，转化为羟基酸后这一关系将更为明显，见式（10.158）（英文导读 10.11）。

O $\xrightleftharpoons{RCO_3H}$ ÖH, O, O, O, R ⟶ O, O $\xrightarrow[H_2O]{NaOH}$ CO_2H, OH （10.158）

在这一切断中释放氧原子是有一定问题的，如式（10.159）中两种不同取代内酯都可以切断得到氧化产物，有可能两个都不正确。迁移时有更多取代基的更倾向于迁移，它可以更多地稳定分子左侧的极性正电荷，这个问题在氧化章节已进行了讲解，这就不再深入讨论了。

O, O, R $\xrightarrow[重接]{Baeyer\text{-}Villiger}$ O, R $\xleftarrow[重接]{Baeyer\text{-}Villiger}$ R, O, O （10.159）

:OH, O, O, O, R[1], R

式（10.160）中的羟酮可以通过内酯与有机锂化合物亲核取代制备得到，这种类型的内酯恰好可以由环己酮通过 Baeyer-Villiger 反应制备，而中间体可通过苯酚衍生物的还原得到。

O, R, OH, R=*n*-Octyl $\xrightarrow{C-C}$ O, O $\xrightarrow[重接]{Baeyer\text{-}Villiger}$ O $\xrightarrow{FGI}$ OH （10.160）

其反应如式（10.161）所示，苯酚催化还原得到非对映异构体的混合物，氧化后可得到纯的环酮，再经 Baeyer-Villiger 反应和正辛基锂开环得目标产物。

OH $\xrightarrow[cat.]{H_2}$ OH $\xrightarrow{CrO_3/H_2SO_4}$ O $\xrightarrow{m\text{-}CPBA}$ O, O $\xrightarrow{n\text{-}OctLi}$ OH, O, R, R=*n*-Octyl （10.161）

10.9 芳香族化合物的切断 (Disconnection of aromatic compound)

芳香族化合物包括芳香碳环化合物和芳香杂环化合物，其切断发生在芳核与侧链之间。为了说明方便，大部分的例子均以苯环为芳核，并以例证来说明芳香族化合物的切断分析。

首先来看一个烷基芳烃的制备的切断，如式（10.162）所示。

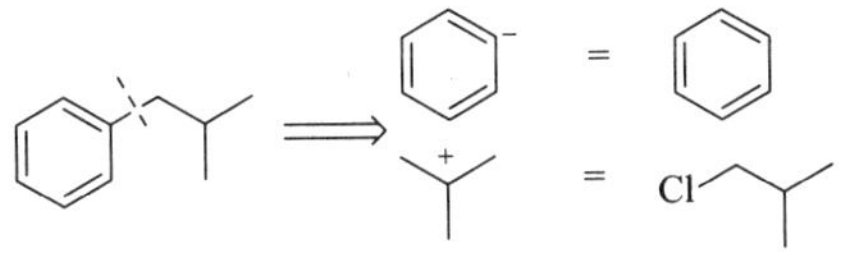

（10.162）

苯本身可作为合成子 $C_6H_5^-$ 的试剂，烃基正离子相应的试剂为卤代烃，即利用傅 - 克烷基化反应可以完成目标物的合成。上述切断似乎没有问题，但是在三氯化铝催化下，该碳正离子易重排成稳定的叔碳正离子，如式（9.8）所示情况一样。且烷基化的苯环比原料苯更活泼，易得到多取代的产物，如式（9.5）所示情况一样。

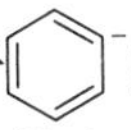

一个更优秀的切断是采用一条迂回的路线。在傅 - 克酰基化反应中，酰化产物由于羰基的吸电子作用减弱了苯环的亲电活性，不易生成多取代产物，而且酰基正离子也不会发生重排。而酮羰基可经克莱门森（Clemmensen）还原反应或沃尔夫 - 凯惜纳 - 黄鸣龙方法还原成亚甲基，如式（10.163）所示。

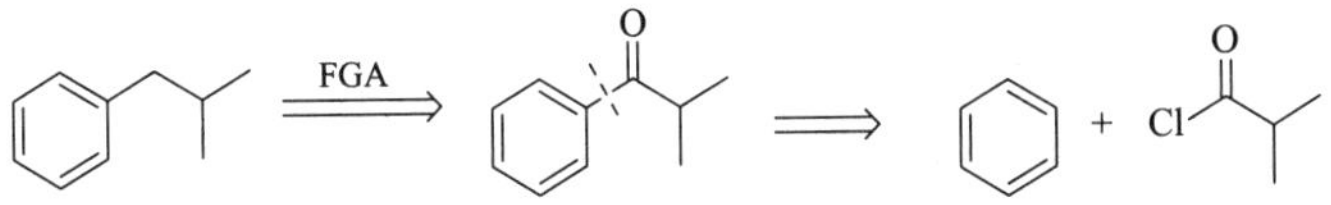

（10.163）

芳香化合物是足够好的亲核试剂，可以在 Friedel-Crafts 反应条件下发生共轭加成，这样就不需要使用有机金属试剂了。用 $AlCl_3$ 作催化剂把苯加到苯丙烯酸上，一步就能得到目标产物，见式（10.164）。

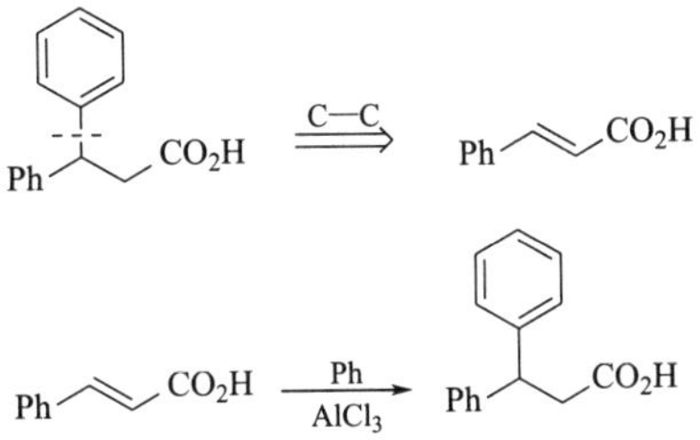

（10.164）

再来看一个芳香醛切断的例子，如式（10.165）所示。

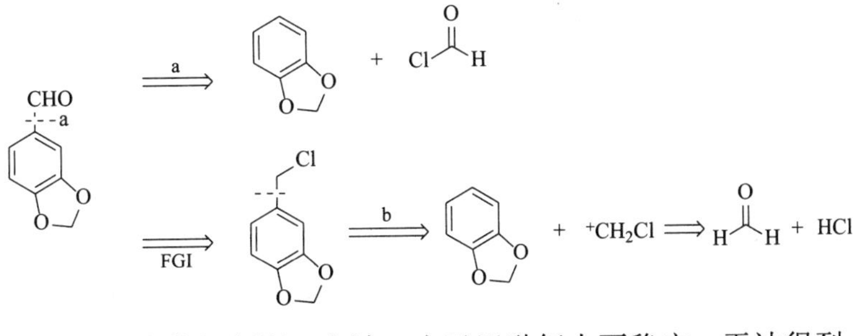

（10.165）

式（10.165）中的直接切断即 a 方法，由于甲酰氯太不稳定，无法得到，需要考虑间接的方法。苯环上的氯甲基很容易被氧化成醛羰基，首先进行一次 FGI，将醛羰基转化为氯甲基，再进行 b 切断，b 切断中的苄基氯由氯甲基化反应简单制得。

式（10.166）中是一个多取代苯衍生物，其关键是酚的制备，其切断分析如下。

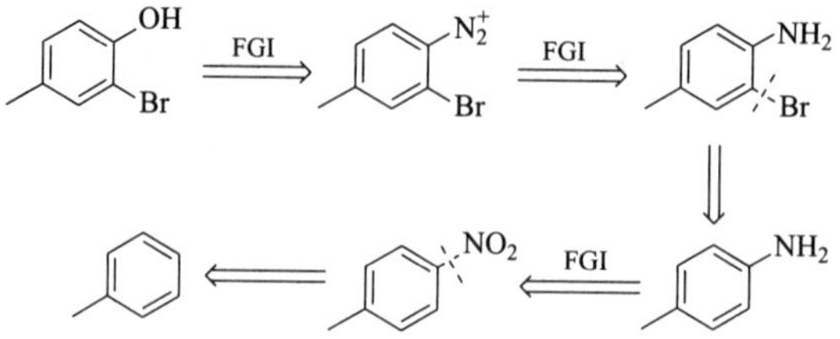

（10.166）

式（10.166）中的目标产物上的酚羟基可以由重氮盐取代得到，重氮盐由硝基转化成氨基，经过重氮化反应得到，而氨基是比甲基更强的定位基团，因此在苯胺阶段引入溴原子。氨基可以用乙酰基保护以避免被氧化，合成反应如式（10.167）所示。

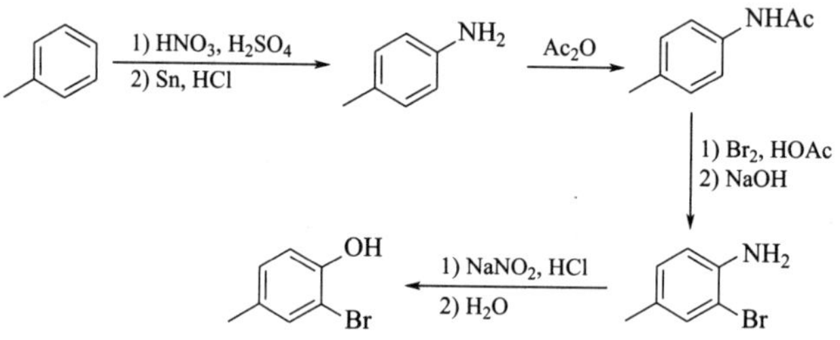

（10.167）

在第一步反应中，生成邻位和对位硝基甲苯混合物，它们可用蒸馏方法分开，以获得纯的对硝基甲苯。类似使用重氮盐进行合成的例子还如式（10.168）所示。

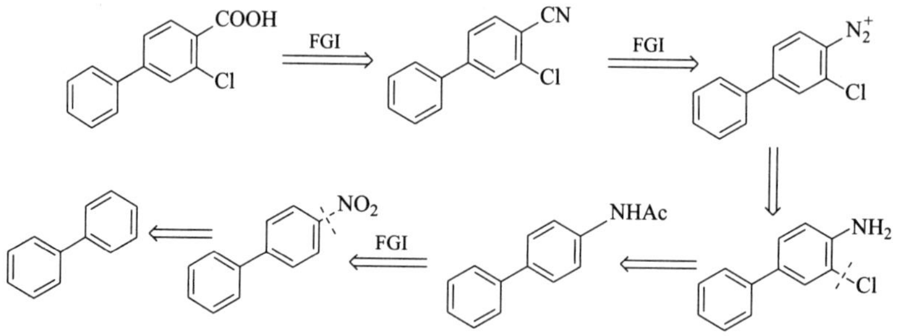

（10.168）

式（10.168）中的目标产物是联苯衍生物，可考虑利用联苯作为起始原料，其中—COOH 可由—CN 水解得到，而—CN 可经重氮盐取代制得。制备重氮盐的氨基正好是邻对位定位基，故可在氨基阶段引入氯原子。为了避免氨基的氧化，在进行氯化时还是应该如式（10.167）那样进行氨基乙酰化保护。

式（10.169）中的目标产物是一个苯并环，其关键是通过 Friedel-Crafts 酰化成环，其切断分析如式（10.169）所示。

由式（10.169）中的目标产物进行环的切断可以看出，其为 Friedel-Crafts 酰基化的产物，但长链烷基通过直接 Friedel-Crafts 烷基化无法获得，只能经 FGA 加上一个羰基，这时发现其可以很容易地切断为丁二酸酐和联苯，反应如式（10.170）所示。

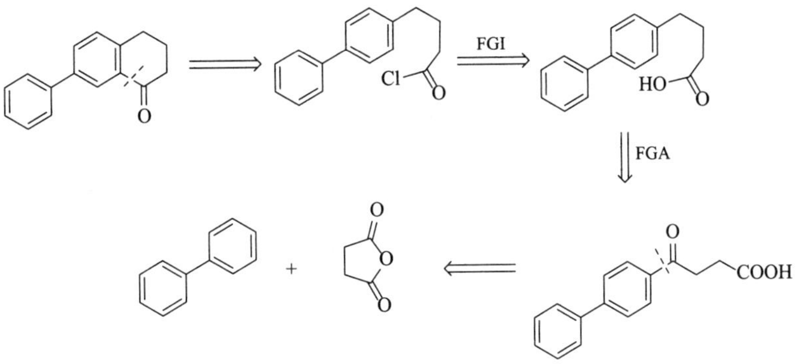

(10.169)

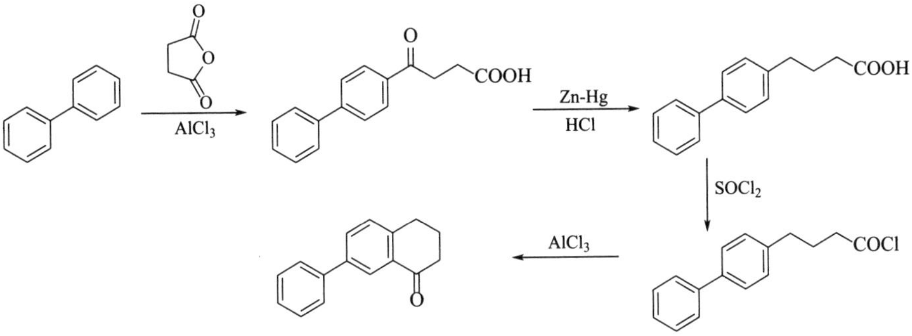

(10.170)

对式(10.171)中的目标物进行逆合成分析，发现如 a 方式那样直接进行傅-克切断是不可行的，氯丙烯与底物的烷基化既有烯加成产物，也有氯加成产物，另外底物上的羟基和甲氧基定位也不能确定烷基化发生在羟基邻位上，所以 a 切断不可行。对称物结构进行分析发现，其可由邻位醚重排获得，这样再进行醚键的切断，可以获得目标物。

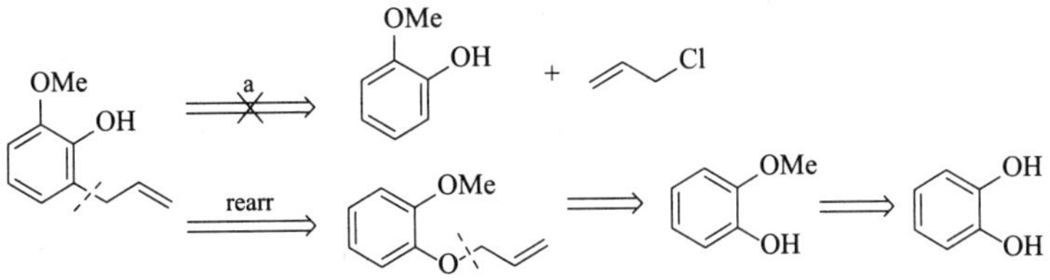

(10.171)

其合成反应如式(10.172)所示，是重排在芳环取代中一优秀的例子，其可以由邻苯二酚通过两步 Williamson 合成制备醚，再重排得到目标物。

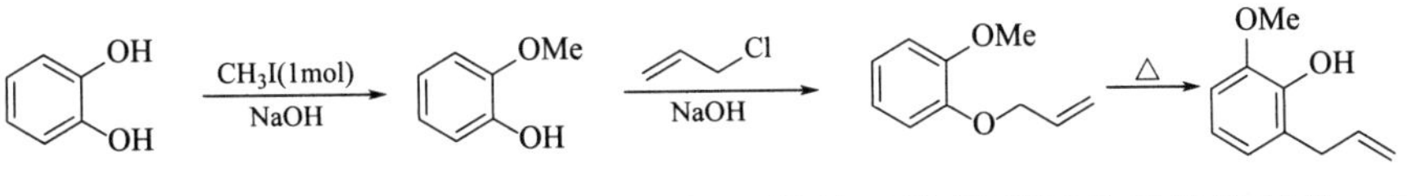

(10.172)

从上述例子可以看出芳香环的切断相对简单，均是利用熟悉的烷基化、酰基化、硝化和重氮化来实现的，只是在定位和基团保护上需要注意。

本章小结 (Summary)

本章主要就切断法的基本知识和技巧进行学习。主要学习以下内容：

1. 单官能团 C—C 键切断合成醇的基础知识，包含醇合成中 C—C 键切断策略、C—C 键的 1, 1- 切断合成醇、C—C 键的 1, 2- 切断合成醇及醇和相关化合物的合成实例四个部分。

2. 单官能团C—C键切断合成羰基化合物的基础知识，包括羰基合成中C—C键的切断策略，以及通过碳负离子的酰基化、碳负离子的烷基化和炔烃的氧化来制备羰基化合物。
3. 单官能团化合物C═C键切断的基础知识，碳-碳双键的切断可通过*β*-消除反应、Wittig反应和炔烃还原来实现。
4. 1, 2-双官能团化合物C—C键切断的基础知识，主要讲解酰基负离子等价物、烯烃制备1, 2-双官能团化合物。
5. 1, 3-双官能团化合物C—C键切断的基础知识，如*β*-羟基羰基化合物的合成、*α*, *β*-不饱和羰基化合物的合成、1, 3-二羰基化合物的合成。
6. 1, 4-双官能团化合物切断的基础知识，主要有*α*-卤代酮作反常极性合成子制备1, 4-双官能团化合物、酰基阴离子等价物的共轭加成和4-羟基酮化合物切断为环氧化合物。
7. 1, 5-双官能团化合物切断的基础知识，主要有特定碳负离子等价物的Michael加成、罗宾逊环化反应的应用和1, 5-二羰基化合物制备杂环。
8. 1, 6-二羰基化合物切断的基础知识，包含环己烯氧化制备1, 6-二羰基化合物、Diels-Alder反应合成1, 6-二羰基化合物和Baeyer-Villiger反应氧化断裂制备1, 6-双官能团化合物。
9. 以例子的形式讨论了芳香族化合物的切断。

1. C—C disconnection of monofunctional alcohol, includes C—C disconnection strategy of alcohol, 1, 1-C—C disconnection: the synthesis of alcohol, 1, 2-C—C disconnection: the synthesis of alcohol, and the example of the synthesis of alcohol and related compound.
2. C—C disconnection of monofunctional carbonyl compound, includes C—C disconnection strategy of carbonyl compound, and synthesis of carbonyl compound by acylation of carbanion, alkylation of carbanion and oxidation of acetylene.
3. C═C bond disconnection of monofunctional carbonyl compound: Get C═C bond through FGI by elimination reaction, preparation of double bond by Wittig reaction and reduction of alkyne.
4. Disconnection of 1, 2-difunctional compound, includes the knowledge of acyl anion equivalent, the preparation of 1, 2-difunctional compound by alkene.
5. Disconnection of 1, 3-difunctional compound, includes the synthesis of *β*-hydroxy carbonyl compound, the synthesis of *α*, *β*-unsaturated carbonyl compound, the synthesis of 1, 3-dicarbonyl compound.
6. Disconnection of 1, 4-difunctional compound, includes the synthesis of 1, 4-difunctional compound by using *α*-haloketone as unnatural polarity synthon, the conjugate addition of acyl anion equivalent, the disconnection of 4-hydroxyketones into epoxid.
7. Disconnection of 1, 5-difunctional compound, includes Michael addition of specific carbanion equivalent, Robinson annelation and the synthesis of heterocycle by 1, 5-dicarbonyl compound.
8. Disconnection of 1, 6-difunctional compound, includes the synthesis of 1, 6-dicarbonyl compound by oxidation of cyclohexene, Diels-Alder reaction and Baeyer-Villiger reaction.
9. The disconnection of aromatic compounds is discussed in the form of examples.

重要专业词汇对照表（List of important professional vocabulary）

English	中文	English	中文
acyl anion	酰基阴离子	functional group addition	官能团引入
acetylation ragent	乙酰化试剂	functional group interconversion	官能团转化
aldol reaction	羟醛缩合反应	functional group removement	官能团消除
carbon-carbon disconnection	C—C 键切断	heteroatom	杂原子
conjugate addition	共轭加成	hydroxyketone	羟基酮
connection	联	isothiazole	异噻唑
difunctional compound	双官能团化合物	polarity	极性
disconnection	切	rearrangement	重排
disconnection approach	切断法	spiro compound	螺环化合物
ketene	烯酮	terpene	萜烯
epoxide	环氧化物	tetrahedra	四面体

重要概念英文导读（English reading of important concepts）

10.1 This chapter is about making molecules, or rather, it is to help you design your own syntheses by logical and sensible thinking. This is not a matter of guesswork but requires a way of thinking backwards that we call the disconnection approach. When you plan the synthesis of a molecule, all you know for certain is the structure of the molecule you are trying to make. It is made of atoms, but we don't make molecules from atoms: we make them from smaller molecules. But how to choose which ones?

10.2 For compounds with a heteroatoms attached to the same carbon, we used 1, 1-diX disconnection **1** revealing the aldehyde and nucleophilic reagent **2**, probably R^2Li or R^2MgBr.

10.3 For 1-functional group compound **3**, we used an epoxide **4** at the alcohol oxidation level in combination with a carbon nucleophile such as RLi or RMgBr.

10.4 The disconnection for **7** is not useful because, as MeO— is the best leaving group from the tetrahedral intermediate **12**, the ketone **13** is formed during the reaction. The ketone is more electrophilic than the ester so it reacts again and the product is the tertiary alcohol **14**.

10.5 The remaining style of C—C disconnection takes us straight to conjugate addition and we are still using the natural polarity of the carbonyl group. Conjugate addition of a heteroatom to the ketene gives the 1, 3-relationship in **18** and the same process with a carbon nucleophile gives **19**.

10.6 Alkenes react with many electrophiles to give 1, 2-difunctionalised compounds. So the 1, 2-diol **31** would easily come from the alkene by dihydroxylation with OsO_4. Further disconnection reveals that we would be coupling a haloalkene with an aldehyde.

10.7 This chapter deals with two main types of target molecules: hydroxyketones **32** and

1, 3-diketones **33**. Both have a 1, 3-relationship between the two functional carbons. Both can be disconnected at one of the C—C bonds between the functional groups to reveal the carbanion of one carbonyl compound reacting with either an aldehyde or acid derivative such as an ester.

10.8 The first disconnection for any α, β-unsaturated carbonyl compound **34** is an FGI reversing the dehydration. We could suggest two alcohols: **35** or **36**，but we much prefer the 1, 3-diO relationship in **35** to the 1, 2-diO in **35**，as the synthesis of compounds with odd numbered relationships needs synthons of only natural polarity.

10.9 This raises the regioselectivity question of whether the ketene will add in a conjugate (or Michael) fashion or directly to the carbonyl group. We need to consider which types of carbanion and which types of ketene (Michael acceptors) are good at conjugate rather than direct addition.

10.10 Instead, we reconnect intramolecularly so that the marked atoms C1 and C6 form a ring **62** and the bond between these atoms must be made weaker than any other bond in the molecule. Ironically, we can do this by making it a double bond **63**.

10.11 Cyclohexanones may be cleaved oxidatively by peroxy acids to give seven-membered ring lactones. This is the Baeyer-Villiger rearrangement: a migration from carbon to oxygen that has the effect of inserting an oxygen atom into the ring. The lactone already has a 1, 6-diO relationship but this is more obvious in the hydroxy acid.

习题（Exercises）

10.1 Retrosynthetic Analysis.

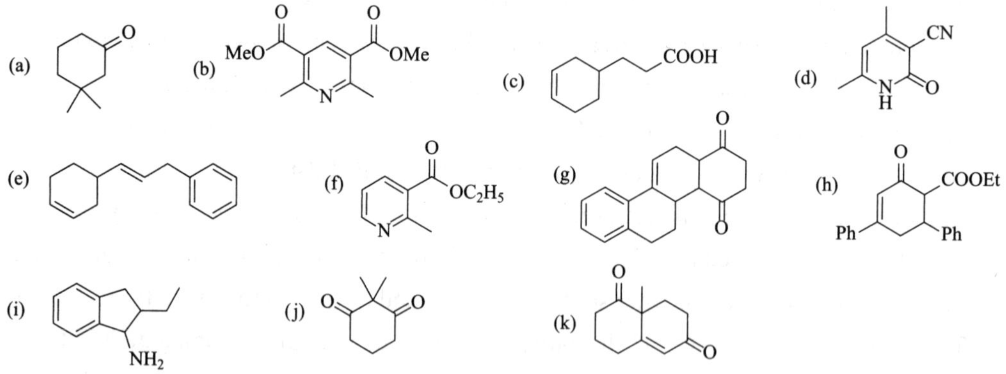

(a) (b) MeO O O OMe N (c) COOH (d) CN N H O

(e) (f) O OC_2H_5 N (g) O O (h) O COOEt Ph Ph

(i) NH_2 (j) O O (k) O O

10.2 按要求完成如下合成，其余无机原料和适当有机原料自选。

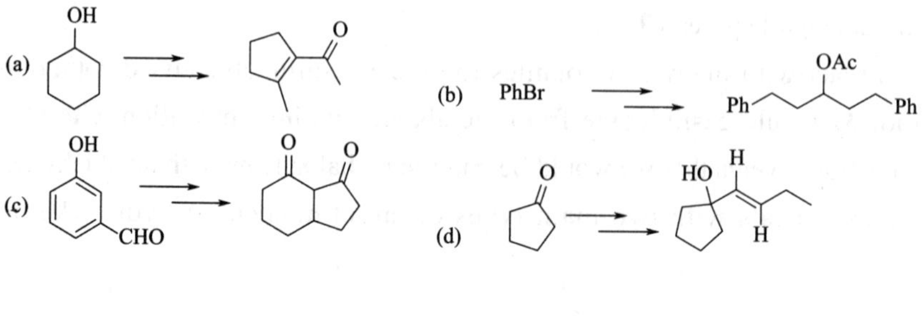

(a) OH → O

(b) PhBr → OAc Ph Ph

(c) OH CHO → O O

(d) O → HO H H

(e) 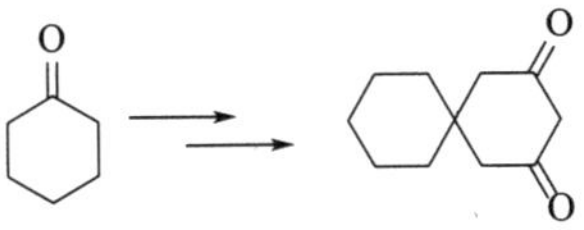 (f)

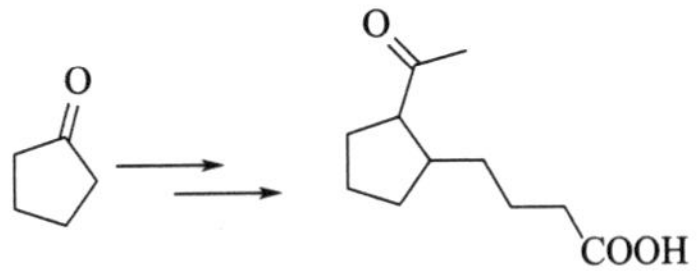

10.3 对下列药物片段进行逆合成分析并写出合成路线。

a．普鲁卡因是局部麻醉药，试对其作切断分析并写出合成路线。

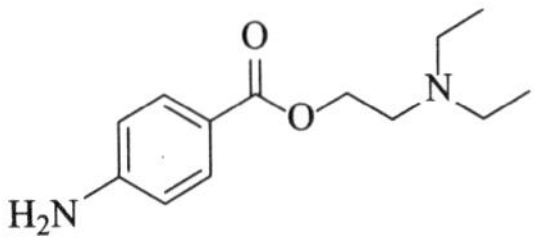

b．泛影酸为诊断用的有机碘造影剂，试为其设计一条合成路线。

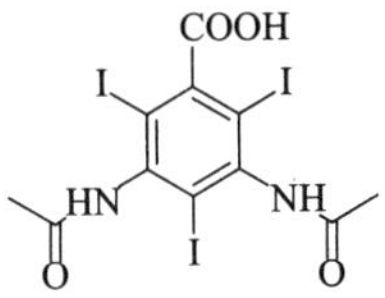

c．试对下列药物片段进行切断分析并写出合成路线。

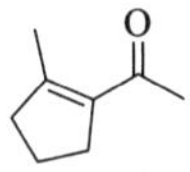

d．试对镇静催眠药苯巴比妥作切断分析，并设计一条合成路线。

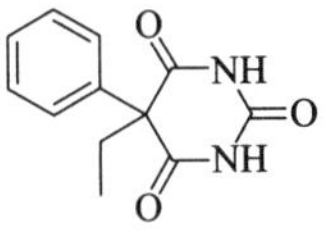

参考文献与课后阅读推荐材料（References and recommended materials for reading after class）

1. Stuart W, Paul W. Organic synthesis：The disconnection approach. 2nd ed. Hoboken: Wiley, 2008.
2. Christoffers J, Baro A, Werner T. *α*-hydroxylation of *β*-dicarbonyl compounds. Advanced Synthesis & Catalysis, 2004, 346(2-3): 143-151.
3. Hilt G, Weske D F. Aromatic compounds as synthons for 1, 3-dicarbonyl derivatives. Chemical Society Reviews, 2000, 38(11): 3082-3091.
4. Van Veller B. A decision tree for retrosynthetic analysis. Journal of Chemical Education,2021, 98(8): 2726-2729.
5. 程玉桥，杨光，张贤松，等．*α*, *β*- 不饱和羰基化合物的合成研究进展．合成化学，2017, 25（10）：871-880.

第11章 不对称合成

(Asymmetric synthesis)

11.1 基础知识与分析方法 (Basic knowledge and analytical method)

11.1.1 手性 (Chirality)

11.1.1.1 手性和不对称合成的意义 (Significance of chiral and asymmetric synthesis)

当一个物体没有对称中心或者没有对称平面时，物体与它的镜像（mirror image）就不能重合，它们之间互为对映异构体（对映体），就像人的左手和右手一样，这种物体具有对映体的现象就称为物体的手性（chirality）。如大部分攀爬植物的缠绕具有右手性，大部分海螺的花纹也具有右手性。如果化学分子也具有对映体，这种现象就称为分子的手性，这种分子就称为手性分子（chiral molecule），见式（11.1）。

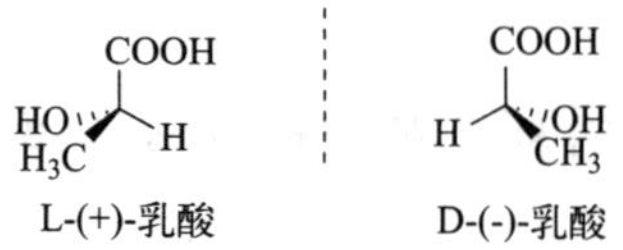

COOH HO H H_3C L-(+)-乳酸 | COOH H OH CH_3 D-(-)-乳酸 （11.1）

尽管手性分子的两个对映体具有相同的分子式、相同的原子结合顺序，只是原子或者原子团的空间排列顺序不一样，但它们的性能往往会表现出很大的差异。当把具有对映异构体的化合物用作药物时，它们可能表现出极不相同的生物或者生理现象。比如，在二十世纪六十年代德国一家制药公司开发的一种治疗孕妇早期不适的药物——沙利度胺（thalidomide），商品名为反应停，其中（*R*）-构型对映异构体（enantiomer）是强力镇静剂，（*S*）-构型对映异构体是强烈的致畸剂［式（11.2)］，但由于当时对此缺少认识以及管理存在漏洞，将反应停以等量的（*R*）-和（*S*）-构型对映体的混合物进行出售，虽然药效很好，但很多服用了反应停的孕妇生出的婴儿四肢残缺，导致全球大约有1万两千名新生儿出现先天残疾，引起了轩然大波。此外，许多其他对映异构体的生物或者生理性能也是相差很大的（表11.1）。

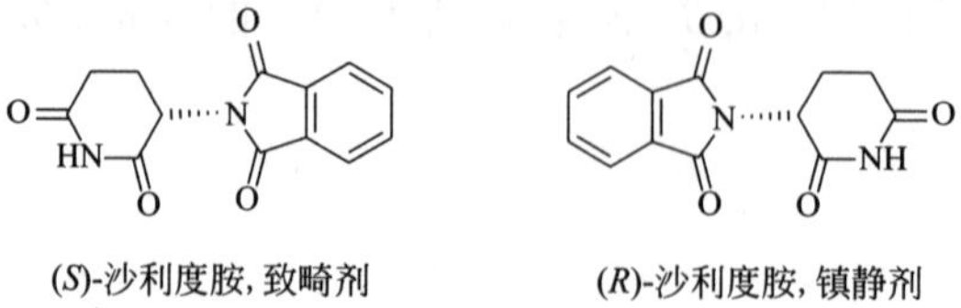

O O HN N O O | O O N NH O O （11.2）

(*S*)-沙利度胺，致畸剂　　(*R*)-沙利度胺，镇静剂

表 11.1 手性分子不同异构体不同的生理或者生物性能

名称	结构	一种对映异构体性能	另一种对映异构体性能
多巴	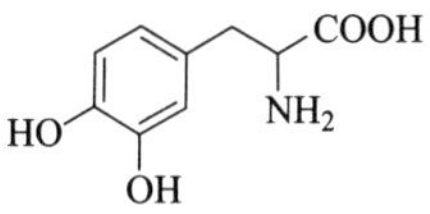 COOH, NH_2, HO, OH	(*S*) - 异构体，治疗帕金森病	(*R*) - 异构体，有严重副作用
氯胺酮	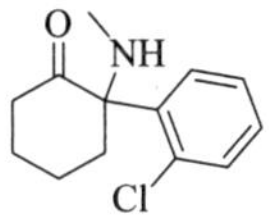 O, NH, Cl	(*S*) - 异构体，麻醉剂	(*R*) - 异构体，致幻剂
青霉胺	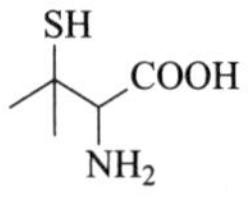 SH, COOH, NH_2	(*S*) - 异构体，治疗关节炎	(*R*) - 异构体，突变剂
乙胺丁醇	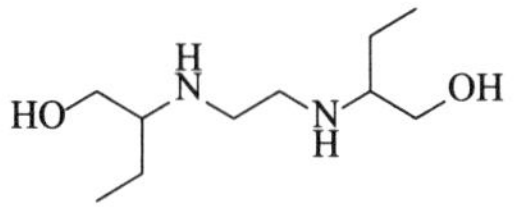 HO, H, N, N, H, OH	(*S*) - 异构体，治结核病	(*R*) - 异构体，致盲
天冬酰胺	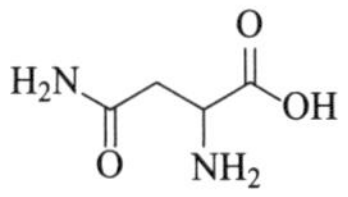 H_2N, O, O, OH, NH_2	(*S*) - 异构体，苦的	(*R*) - 异构体，甜的
丙氧芬	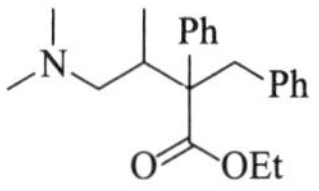 N, Ph, Ph, O, OEt	(*S*) - 异构体，止痛	(*R*) - 异构体，止咳
噻吗洛尔	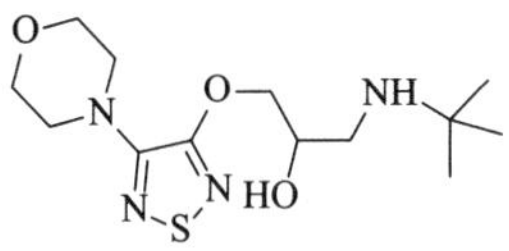 O, N, O, NH, N, N, S, HO	(*S*) - 异构体，肾上腺素阻断剂	(*R*) - 异构体，无效
普萘洛尔	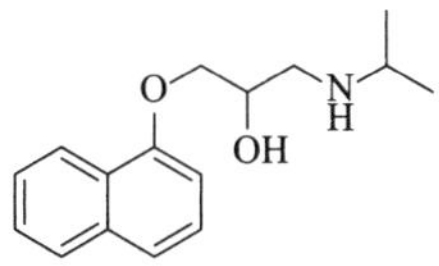 O, N, H, OH	(*S*) - 异构体，*β* 受体阻断剂，治疗心脏病	(*R*) - 异构体，作为 *β* 受体阻断剂，只有（*S*）- 异构体 1% 疗效
萘普生	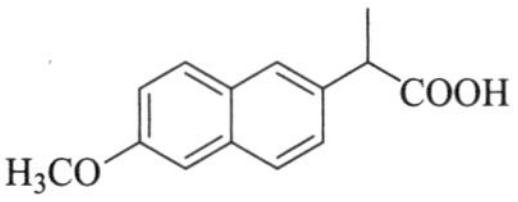 COOH, H_3CO	(*S*) - 异构体，抗炎药	(*R*) - 异构体，只有（*S*）- 异构体的 1/28 疗效
吡氟禾草灵	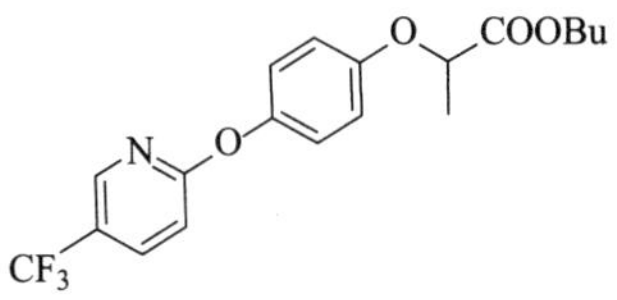 O, COOBu, N, O, CF_3	(*S*) - 异构体，除草剂	(*R*) - 异构体，无效

当认识到手性是生命的一个本质属性后，这种仅由分子的立体结构不同而引起在生物体内极不相同的生理性能现象就容易得到解释。在生命的产生和演变过程中，自然界往往只对一种手性有偏爱，构成生命的糖为 D- 构型，氨基酸为 L- 构型，蛋白质和 DNA 的螺旋结构又都是右旋的，因此整个生命体处在高度不对称环境中。当具有不同对称性的两个对映体进入生命体后，只有与生命体某种不对称受体在空间构型上相匹配的对映体才能表现出活性。所以不同的构型会产生不同的生理活性和药理作用。因此，要得到性能可靠的

化学物质，就必须制备出具有单一构型的对映异构体。经典的合成方法只能得到对映体（antimer）等量的混合物，即外消旋体（racemate），而不对称合成可以得到单一的对映体或者某一对映体过量的混合物。现在，有越来越多的合成药物是由单一对映体构成的，疗效好、毒副作用小的手性药物（chiral drug）在医药、农药、材料等领域得到应用。

如今，不对称催化（asymmetric catalysis）方面已经被两次授予诺贝尔化学奖，分别是 2001 年和 2021 年。瑞典皇家科学院将 2001 年诺贝尔化学奖奖金的一半授予美国科学家威廉·诺尔斯（William S. Knowles）与日本科学家野依良治（Ryoji Noyori），以表彰他们在“手性催化氢化反应”领域所作出的贡献；奖金的另一半授予美国科学家巴里·夏普利斯（K. Barry Sharpless），以表彰他在“手性催化氧化反应”领域所取得的成就。1974 年，诺尔斯在孟山都公司利用由他于 1968 年首先发现的不对称催化氢化反应的改进方法，生产出了治疗帕金森病的药物——左旋多巴（L-dopa）。1980 年，Noyori 等发现的一类有效手性催化剂，现在已经被广泛地应用于手性药物及其中间体的合成。而 Sharpless 则于 1980 年，为氧化反应发现了高效易得的不对称烯烃环氧化反应催化剂，该成果和后来由他拓展得到的不对称双羟基化反应，在世界范围内得到极为广泛的应用。催化剂是化学家的基本工具，但科学家长期以来一直认为，对于不对称反应而言，原则上只有两种类型的催化剂可用：金属和酶。瑞典皇家科学院将 2021 年诺贝尔化学奖授予本亚明·利斯特（Benjamin List）和大卫·麦克米伦（David MacMillan），因为他们在 2000 年分别研究出了用于不对称反应的第三种催化剂——有机小分子催化剂。

11.1.1.2 分子手性的发现 (Discovery of molecular chirality)

1809 年法国物理学家马吕斯（E. Malus）首次发现了由石英晶体产生的偏振光（polarized light），随后在 1812 年另一个法国物理学家拜奥特（J. B. Biot）发现有些石英晶体将偏振光朝右旋，有些石英晶体将偏振光朝左旋。他进一步又发现某些有机化合物的液体或者溶液也具有旋转偏振光的作用。由于有机化合物的溶液具有旋光性，因此他认为石英晶体对偏振光的旋转与有机溶液对偏振光的旋转是不同的。石英产生的旋光性（optical activity）是由石英整体产生的，有机物质产生的旋光性是由单个分子产生的，因此他推测旋光性应该和物质组成的不对称性有关。1848 年巴斯德借助显微镜用镊子将酒石酸铵钠晶体分离成两个对映体，一个将偏振光朝左旋 , 一个将偏振光朝右旋，因此他提出分子有旋光性即有光学活性的性质是由分子的不对称性引起的，左旋和右旋的酒石酸盐为实物和镜像的关系，相互不能重叠。

1874 年，年轻的物理化学家范霍夫（J. H. Van't Hoff）和勒贝尔（J. A. Le Bel）分别独立地发表论文提出碳的四价指向四面体的四个顶点，分子的旋光性是由不对称碳原子形成的。范霍夫更进一步预言，某些分子如丙二烯衍生物即使没有不对称碳原子，也应该有旋光异构体存在，这个预言在六十年后为实验所证实。现在通过 X 光衍射法可以清楚看到碳原子的四面体结构图像。

11.1.2　不对称合成中的一些术语 (Terms in asymmetric synthesis)

11.1.2.1　(*R*)、(*S*)- 构型

一个碳原子连接有四个不同的基团，最小的基团离眼睛最远（即在最小基团背面看），其余三个基团原子的序数按照大→中→小顺序。若顺序为顺时针方向，则为 (*R*)- 构型；反之，为 (*S*)- 构型［式（11.3）］。

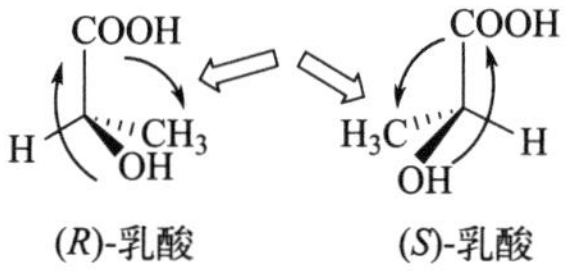

COOH　COOH
H　CH_3　H_3C　H
OH　OH
(*R*)-乳酸　(*S*)-乳酸　（11.3）

11.1.2.2　旋光性和光学纯度 (Optical activity and optical purity)

旋光性（光学活性）是指分子有旋转偏振光的性质；光学纯度指用测旋光度（optical rotation）的方法测定的某一对映体的含量（%）。例如纯品 L- 脯氨酸比旋光度为 -85°，相同条件下测得某合成 L- 脯氨酸粗品比旋光度 -78°，则其光学纯度为 78/85=92%。这些术语在工厂及商业中常用。但有些手性分子对一些波长的偏振光没有旋光性，这些术语就不是很适用了。

11.1.2.3　内消旋体、外消旋体及外消旋化 (Mesomer，racemate and racemization)

内消旋体（mesomer），是指有两个及以上的不对称原子，但存在对称面或者其他对称元素而没有手性的分子，常用 *meso* 表示。如 *meso*- 酒石酸（*meso*-tartaric acid）普通命名法为 (2*S*，3*R*)-2, 3- 二羟基丁二酸，含有两个不对称碳原子，但是整个分子存在对称面，分子没有手性［式（11.4）］。

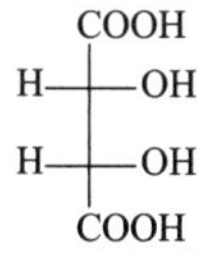

COOH
H—OH
H—OH
COOH
meso-酒石酸　（11.4）

外消旋体（racemate），指两个对映体 1 ∶ 1 的混合物，没有旋光性，常用 D/L- 或者（±）表示。例如，一个混合物含有大约 50% (*R*)- 乳酸（lactic acid）和 50% (*S*)- 乳酸，这个混合物即为外消旋体。

外消旋化（racemization），指纯的单一对映体转化为两个对映体 1 ∶ 1 的混合物（即外消旋体）而不再有旋光性的过程。光学纯的 (*R*)- 乳酸，在长时间强酸（或者强碱）水溶液条件下加热，最后得到 (*R*)- 乳酸和 (*S*)- 乳酸的混合物，比例大致为 1 ∶ 1，这个过程就是外消旋化。

11.1.2.4 费歇尔命名规则 (D/L- 构型)(D/L-configuration of Fisher naming rules)

在二十世纪初旋光异构体的绝对构型是不知道的。费歇尔（E. Fisher）决定要将尽可能多的构型和一个标准结构的构型相关联，该标准结构的绝对构型也是未知的，只好人为设定。为了确定其他手性分子的相对构型，费歇尔选择右旋的甘油醛作为构型联系的标准，并且把右旋的甘油醛所具有的立体结构，即与不对称碳原子相结合的氢原子处在费歇尔投影式左边，羟基在右边（氢和羟基好像是在纸平面的前面），醛羰基在费歇尔投影式顶部，羟甲基在底部（醛羰基和羟甲基好像是在纸平面的后面），这样的一种结构称为 D-构型，其对映体为 L- 构型。由 D- 构型衍生出来的化合物仍然为 D- 构型［式（11.5)］。费歇尔投影式的最大优点是，它能对大量天然产物做出系统的立体化学描述。巧合的是，1951 年用现代分析方法确定，费歇尔选择的右旋的甘油醛（D- 甘油醛）恰好为 (*R*)- 甘油醛，所以这些惯例至今还应用于碳水化合物和氨基酸。但后来因为许多化合物在结构上与标准化合物甘油醛相去甚远，其局限性才越来越显露出来。

CHO / H—OH / CH_2OH —HgO→ COOH / H—OH / CH_2OH ←HNO_2— COOH / H—NH_2 / CH_2OH —NaOBr→ COOH / H—OH / CH_2Br —Na-Hg→ COOH / H—OH / CH_3 （11.5）

D-(+)-甘油醛　D-(-)-甘油酸　D-(+)-异丝氨酸　D-(-)-*β*-溴乳酸　D-(-)-乳酸

11.1.2.5 对映体和非对映体 (Enantiomer and disastereomer)

a．对映体（enantiomer），异构体互为不能重叠的镜像关系。例如，(*R*)- 乳酸与（*S*）-乳酸为一对对映体，D- 甘油醛与 L- 甘油醛为一对对映体，(2*S*, 3*S*)-2- 羟基 -3- 氯丁酸与 (2*R*, 3*R*)-2- 羟基 -3- 氯丁酸为一对对映体，(2*S*, 3*R*)-2- 羟基 -3- 氯丁酸与 (2*R*, 3*S*)-2- 羟基 -3-氯丁酸为一对对映体［式（11.6)］。

b．非对映体（disastereomer），有两个及以上的手性中心，但异构体不互为镜像关系。例如，(2*S*, 3*R*)-2- 羟基 -3- 氯丁酸与 (2*R*, 3*R*)-2- 羟基 -3- 氯丁酸为一对非对映体，(2*S*, 3*S*)-2- 羟基 -3- 氯丁酸与 (2*R*, 3*S*)-2- 羟基 -3- 氯丁酸为一对非对映体［式（11.6)］。

对映体

Cl COOH OH　Cl COOH OH　Cl COOH OH　Cl COOH OH　（11.6）

非对映体

11.1.2.6 对映体过量和非对映体过量 (Enantiomer excess and diastereomeric excess)

a．对映体过量（enantiomer excess），简称 e.e.，单位为 %。对映异构体过量（e. e.）

是指生成的主要异构体的比例减去生成的少量异构体的比例，常常采用百分比来表示。当 (*R*)- 构型的产物多于 (*S*)- 构型的产物时，e.e. 的计算公式如式（11.7a）所示，反之见式（11.7b）。

$$\text{e.e.}=\frac{[R]-[S]}{[R]+[S]} \quad \text{(a)}$$

$$\text{e.e.}=\frac{[S]-[R]}{[R]+[S]} \quad \text{(b)} \qquad (11.7)$$

b．若底物分子中已有手性中心存在，且反应的产物为不等量的一对非对映异构体，则该反应就具有非对映选择性，用非对映体过量表示。像对映异构体过量一样，将它定义为生成的主要非对映异构体的比例减去生成的少量非对映异构体的比例。非对映体过量（diastereomer excess），简称 d.e.，单位为 %。计算方法与对映体过量类似，只是将对映体换成非对映体。式（11.8a）所示反应具有非对映选择性，d.e. 的计算方法见式（11.8b），其 d.e. 为 96%。从对映体过量（e.e.）和非对映体过量（d.e.）可以看出不对称合成反应的对映体选择性或者非对映体选择性的高低，显然数值越大，选择性越好（英文导读 11.1）。

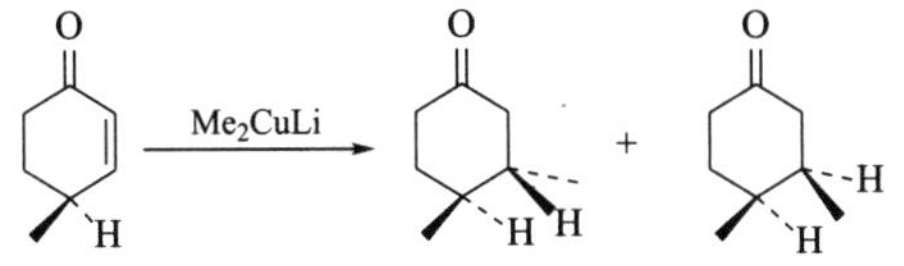

(*S*) —Me_2CuLi→ (*S*, *S*) 98% A + (*S*, *R*) 2% B　(a)　（11.8）

$$\text{d.e.}=\frac{[\text{A}]-[\text{B}]}{[\text{A}]+[\text{B}]} \quad \text{(b)}$$

11.1.2.7　*Re* 面和 *Si* 面 (*Re*−face and *Si*−face)

在不对称合成中，底物中要发生反应的原子以及和它紧紧相连的其他原子在一个平面上，发生反应后，这个原子成为不对称原子。这个面称作潜手性面 , 这个原子往往称作潜不对称原子。当潜手性面面对着观察者时，手性原子上连接的原子或者基团的大小是顺时针旋转的（a ＞ b ＞ c），这个面称作 *Re* 面，如果是逆时针旋转则称作 *Si* 面［式（11.9)］。

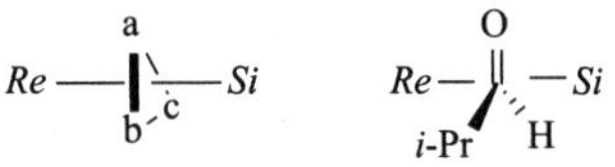

Re — a, b, c — *Si*　　*Re* — O, *i*-Pr, H — *Si*　（11.9）

11.1.3　对映体组成的测定 (Determination of enantiomeric composition)

11.1.3.1　测定旋光度（Determination of optical rotation）

旋光度的大小和管内所放物质的浓度、温度、旋光管的长短及溶剂的性质等有关。一般用比旋光度表示物质的旋光能力大小和旋光方向。

$$[\alpha]_\lambda^t=\frac{\alpha_\lambda^t}{L\times c}$$

式中，α_λ^t 为测定的旋光度；L 为管长，dm；c 为浓度，g/mL。如果为纯的液体则浓度改换成比重（g/cm^3），此时浓度 c 为 g/100mL。通常文献中报道的即是以 g/100mL 为单位的浓度。

$$[\alpha]_\lambda^t=\frac{\alpha_\lambda^t}{L\times c}\times 100$$

因为旋光性是分子的一种性质，所以化合物之间旋光性的强弱比较，还需通过摩尔旋光度［M］才能看出：

$$[M]_\lambda^t=\frac{[\alpha]_\lambda^t\times M_r}{100}$$

其中 100 完全是人为指定的，为的是使摩尔旋光度的值不至于过大，使用起来更方便。

11.1.3.2 核磁共振 (NMR) 测定 (Determination by NMR)

两个对映体不容易区分，而两个非对映体则容易区分。两个非对映体可能通过薄层色谱法（TLC）、柱色谱法得到分离，也可能在非手性的气相色谱柱、非手性的液相色谱柱上得到分离，还可能在 NMR 谱上看到区别。同样，NMR 一般不能区别两个对映体，但当这两个对映体与其他手性物质或者环境有作用时，这两个对映体实际上成为非对映体，此时则可以区别这两个对映体。

a．在手性溶剂中测定。1966 年 W. H. Pirkle 研究组发现用 (-)-α- 甲基苄基胺作溶剂，2, 2, 2- 三氟 -1- 苯基乙醇的两个对映体可以用 ^{19}F NMR 谱区别开来。同年，T. G. Burlingame 和 W. H. Pirkle 还发现，这种区别也可以通过 ^{1}H NMR 来实现。

b．使用位移试剂。常使用手性镧系配合物。对映体中含有孤对电子的原子能与手性金属配合物的金属离子配位，使对映体成为非对映体而能被 NMR 区别。很多手性化合物如酰胺、胺、酯、酮和硫砜等都能与手性镧系配合物作用，使对映体的 NMR 谱产生差异。

除了手性镧系配合物外，一些手性化合物也能用作位移试剂。如使用 5.4% 的手性杯芳烃化合物即能够有效地区别扁桃酸的两个对映异构体［式（11.10）］。在手性杯芳烃化合物的影响下，扁桃酸手性碳上的氢，不仅向高场偏移，而且分裂为两个峰（图 11.1）。

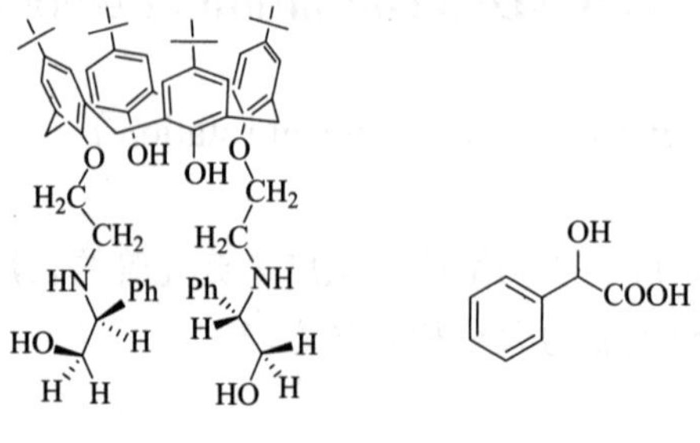

（11.10）

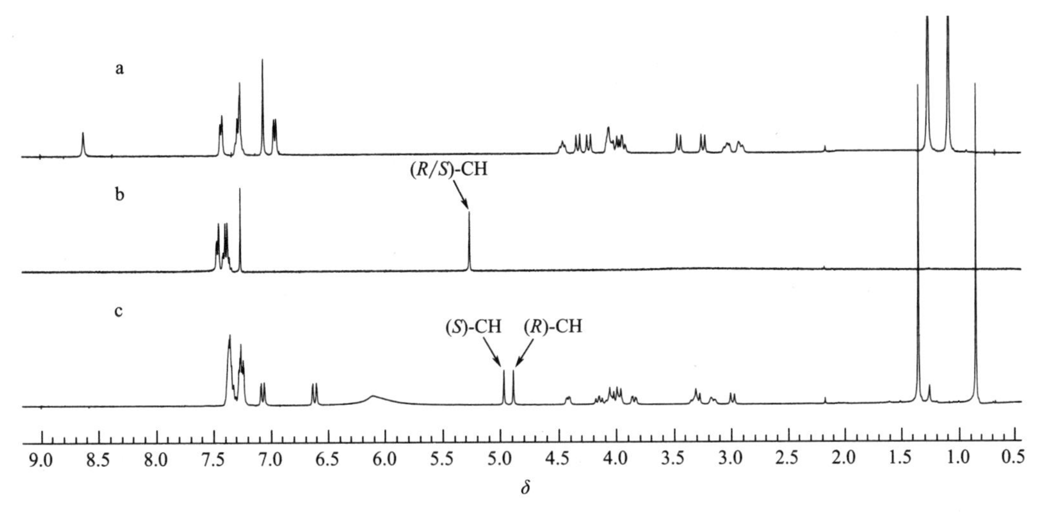

图 11.1　^{1}H NMR 谱图

a. 手性杯芳烃的 ^{1}H NMR 谱图，b. 扁桃酸的 ^{1}H NMR 谱图，c. 手性杯芳烃和扁桃体酸混合后的 ^{1}H NMR 谱图

c．使用手性衍生化试剂。手性衍生化试剂是一种纯的光学活性试剂，它与被测的对映体反应后，使之成为非对映体而达到区别两个对映体的目的。最常用的是 Mosher 试剂（MTPA），它有一个羧基，能和醇或者胺生成酯和酰胺。外消旋二酮醇的甲羰基上的甲基为单峰，与 (*R*)-Mosher 试剂生成酯后分裂为两个相等的峰，见式（11.11）。

OCH_3, COOH, CF_3 — (*R*)-MTPA　　OCH_3, CF_3, COOH — (*S*)-MTPA

Mosher试剂 + 二酮醇 $\xrightarrow[\text{DCC}]{\text{DMPA}}$ 酯（H_3CO, CF_3, C–O）　（11.11）

11.1.3.3　用手性色谱柱测定 (Determination by Chiral HPLC Columns)

用手性色谱柱确定对映体的组成是最为广泛使用的方法，因为很多对映体都可用手性色谱柱分开。对于低沸点的手性分子，一般小于 260℃，或者在高温下稳定的手性分子，可用气相色谱来分析；对于高沸点的手性分子，或者在高温下不稳定的手性分子，可用液相色谱来分析。使用该类方法，往往需要获得外消旋体混合物，采用手性色谱柱进行分离，找到两个对映体的出峰时间。根据对映体的分析结果，对比得到不对称合成反应的 e.e.。

11.2　获得手性化合物的策略 (Strategies for obtaining chiral compound)

获得手性化合物很容易，困难的是得到获得单一对映体的途径。丁酮的羰基还原为羟基（还原的方法很多，大多操作也很容易）就很容易得到手性化合物 (*R*)-2- 丁醇与 (*S*)-2- 丁醇的混合物，难的是获得单一对映体 (*R*)-2- 丁醇［或者 (*S*)-2- 丁醇］。获得单一对映体的途径主要有天然产物提取、外消旋体拆分、不对称合成等。

a．天然产物提取。从天然产物中提取是早期获得单一对映体的主要方法，该方法受到诸多限制，例如单一对映体含量低、提取工艺复杂、产率低、成本高、分子结构受限等。

b．外消旋体拆分（racemate resolution）。外消旋体拆分又包括结晶法拆分、衍生法拆分、酶法拆分、色谱法拆分。外消旋体拆分方法至今在工业化中仍然有很多经典的应用，但是也存在显著缺陷。外消旋体拆分方法只利用了一半原料，从原子经济学角度看是一种浪费，理论上拆分最高达到 50% 的产率。

c．不对称合成。按照 Morrison 与 Mosher 提出的定义，即底物分子中潜在手性单元与反应物作用形成不等量立体异构体的过程称为不对称合成。也就是说，不对称合成是将潜在手性单元转化为手性单元，从而产生不等量的立体异构体产物的过程。不对称合成主要关注如何合成手性产物，一般不涉及天然产物提取和消旋体拆分。不对称合成符合绿色化学要求，是制备手性化合物的最佳途径。

按照手性基团的影响方式及不对称合成的发展历史，不对称合成可大致划分为四大类手性合成的方法：第一代方法，使用手性底物；第二代方法，采用手性助剂；第三代方法，采用手性试剂；第四代方法，不对称催化。

11.3 第一代方法：使用手性底物 (First generation method: using chiral substrate)

第一代不对称合成方法为使用手性底物（chiral substrate）的不对称合成方法，也称作手性底物诱导的不对称合成、手性底物控制的不对称合成、手性源（chiral pool）的不对称合成。通过手性底物中已经存在的手性单元进行分子内定向诱导（控制），在底物中，新的手性单元常常通过与非手性试剂反应而产生，此时邻近的手性单元控制非对映面上的反应使形成两种构型的概率不均等，其中一种构型占主要，从而达到不对称合成的目的。S 为底物分子中的潜手性单元，G^* 为底物分子中的手性基团（$S—G^*$ 共同组成一个手性分子，为反应起始原料），R 为非手性的反应试剂，P^* 为反应过程中产生的新不对称中心［式（11.12）］。

$$\underset{\text{起始原料}}{S—G^*} \xrightarrow{R} \underset{\text{产物}}{P^*—G^*} \qquad (11.12)$$

(*S*)-2- 苯基丁醛［(*S*)-2-phenylbutyraldehyde］与非手性试剂（甲基碘化镁）进行格氏反应，水解后得到两个非对映体产物，产率分别为 71% 和 29%，反应的 d.e. 为 42%［式（11.13)］。(3*R*)-3- 环己基 -2- 丁酮［(3*R*)-3-cyclohexyl-2-butan one］与非手性试剂（$LiAlH_4$）进行还原反应，水解后得到两个非对映体产物，比例分别为 72% 和 28%，反应的 d.e. 为 44%［式（11.13)］。

$$\xrightarrow{CH_3MgI}\xrightarrow{H_3O^+}\ 71\% + 29\%$$

$$\xrightarrow{LiAlH_4}\xrightarrow{H_3O^+}\ 72\% + 28\% \qquad (11.13)$$

产生的新不对称中心的主要构型的判断方法可以采用Cram规则。Cram规则：如果醛和酮的不对称 α- 碳原子上结合的三个基团以L（大）、M（中）、S（小）表示，这些非对称的醛和酮与某些试剂（如格氏试剂）发生加成反应时，总是取R-L重叠构象，见式（11.14）。反应时，试剂从羰基旁空间位阻较小的基团（S）的一边接近分子，进攻醛、酮的R-L重叠构象，得到主要产物，见式（11.15）。使用该规则就容易解释式（11.13）中所举反应主要产物的构型。

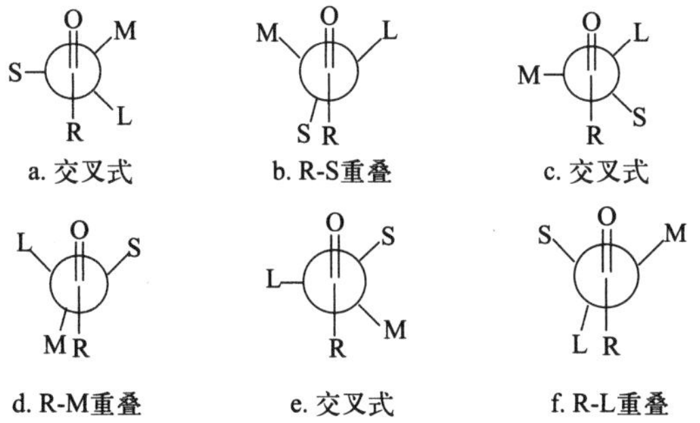

a. 交叉式　b. R-S重叠　c. 交叉式

d. R-M重叠　e. 交叉式　f. R-L重叠　（11.14）

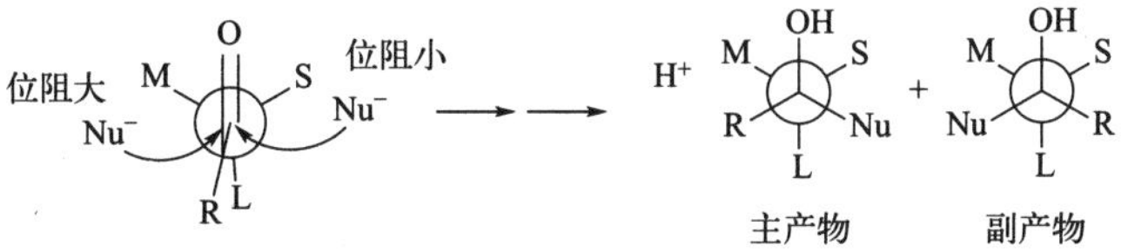

位阻大　位阻小　主产物　副产物　（11.15）

(*S*)-2- 苯基丁醛［(*S*)-2-phenylbutyraldehyde］与非手性试剂（RMgI）进行格氏反应，水解后得到两个非对映体产物，在不同温度、不同取代基的情况下，反应结果存在显著差异。在相同的温度下（35℃或者 −75℃），格氏试剂（RMgI）的R基团越大，反应立体选择性越高；当格氏试剂（RMgI）的R基相同时，−70℃的反应比35℃的反应立体选择性高［式（11.16）］。

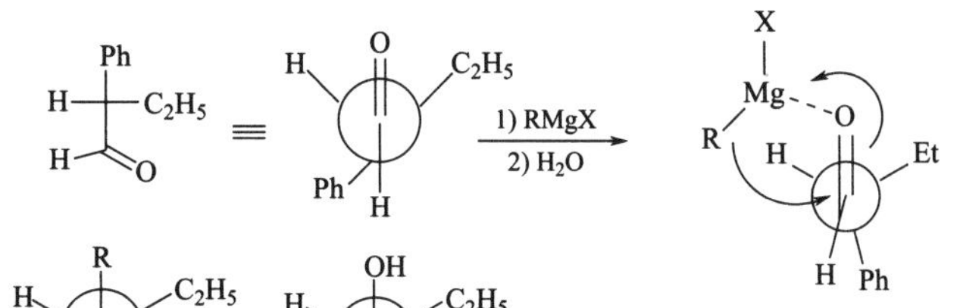

1) RMgX　2) H_2O

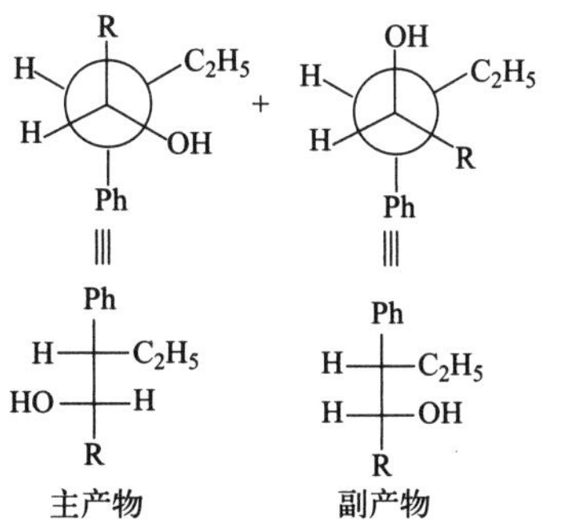

主产物　副产物

35℃

R	主	:	副
CH_3	2.5	:	1
C_6H_5	>4	:	1
$(CH_3)_2CH$	5	:	1
$(CH_3)_3C$	49	:	1

−70℃

R	主	:	副
$(CH_3)_3C$	499	:	1
CH_3	5.6	:	1

（11.16）

底物诱导的选择性反应的控制因素主要有以下几个方面：①反应物和进攻试剂的空间位阻的大小；②反应的过渡状态的稳定性；③反应物与产物的异构体之间是否可逆，即反应是否是平衡控制的；④反应条件（如是酸、碱性介质还是中性介质，催化剂的强弱等）。

第一代不对称合成方法与其他几代对比（特别是与第四代对比），存在明显缺点：此法制备 1mol 手性产物至少需要 1mol 手性反应物，要求有易得的且满足反应需要的手性起始原料才能进行这项工作，因而该不对称合成方法的应用受到一定的限制。

11.4 第二代方法：采用手性助剂 (Second generation method: using chiral auxiliary)

第二代不对称合成方法，或称为辅基控制法。这个方法与第一代方法类似，手性控制仍是通过底物中的手性基团在分子内实现的。其不同点在于，定向基团（即“辅助基团”）是有意连接在非手性底物上，以便对反应进行定位，并在达到目的后再除去。从反应过渡态考虑选择适当的手性辅助基团（辅基），使在反应中心形成刚性的不对称环境，可获得很高的立体选择性。

S 起始原料

$$S \xrightarrow{A^*} S{-}A^* \xrightarrow{R} P^*{-}A^* \longrightarrow P^* + A^* \quad (11.17)$$

产物

S 为含潜手性基团的底物，也是反应起始原料；A^* 为光学纯的手性辅助试剂；S—A^* 为连上辅助基团的底物；R 为非手性的反应试剂；P^*—A^* 为连着辅助基团的产物；P^* 为去除辅助基团后的最终手性产物［式（11.17）］。

丙酮酸（2-pyruvic acid）的羰基还原反应，采用 (-)- 薄荷醇［(-)-menthol］为光学纯的手性辅助试剂，通过酰氯中间体使反应起始原料与 (-)- 薄荷醇连接，然后经过 $NaBH_4$ 还原、酸碱后处理，脱下手性辅助基团，得到主要产物 (-)- 乳酸［式（11.18）］。

$SOCl_2$　(-)-薄荷醇　$OC_{10}H_{19}$　$NaBH_4$ / C_2H_5OH　OH^- / H_2O　H^+　(-)-乳酸(主产物)　（11.18）

乙醛酸酯及类似物与氨基吲哚啉通过酮羰基亚胺化环合，铝汞齐还原双键为 C—N 键，催化氢解还原 N—N 键，可以得到光学活性的氨基酸，e.e. 可达 96% ～ 99%，其中光学纯的氨基吲哚啉作为手性辅助试剂［式（11.19）］。光学纯的吲哚啉回收后，经亚硝化和还原再得到氨基吲哚啉，可以重复使用，因此是较为理想的辅基控制不对称合成反应［式（11.19）］。

氨基吲哚啉 + 乙醛酸酯 $\xrightarrow[\text{环化}]{\text{取代}}$ 腙-内酯化合物 $\xrightarrow[\text{还原}]{\text{Al-Hg}}$

H_2/Pd，还原N—N键 → 旋光性的氨基酸 + 吲哚啉 （11.19）

Diels-Alder 反应由于亲双烯体和双烯体上难以存在手性基团，因此控制不对称环合反应可通过在亲双烯体和 / 或双烯体上引入手性辅助基团。在手性辅助基团影响下，顺丁烯二酸酐与丁二烯衍生物的 Diels-Alder 反应的 d.e. 可达到 100%；在手性辅助基团影响下，1, 4- 萘醌与丁二烯甲醚衍生物的 Diels-Alder 反应的 d.e. 可达到 97% 以上［式（11.20)］。

PhH, 回流：100%，100% d.e.

$B(OAc)_3$：98%，97% d.e. （11.20）

虽然第二代方法已证明是非常有用的，并且手性辅助试剂一般可回收再使用，但需要增加连接和脱除手性辅基的两个额外步骤，因此是不可取的。这个缺点可以通过使用第三代、第四代方法来避免。

11.5 第三代方法：采用手性试剂 (Third generation method: using chiral reagent)

第三代不对称合成方法，或称为手性试剂控制反应，该方法使用手性试剂使潜（非）手性底物直接转化为手性产物。在手性试剂的不对称反应中最常见的是不对称还原反应。S 为含潜手性基团的底物，也是反应起始原料；R^* 为手性试剂；P^* 为手性产物［式（11.21)］。

$$\underset{\text{起始原料}}{S} \xrightarrow[\text{手性试剂}]{R^*} \underset{\text{产物}}{P^*} \qquad (11.21)$$

手性硼试剂是近代有机合成的重要试剂，许多有机硼化合物可以通过硼氢化反应来制备。试剂控制的不对称硼氢化反应，用高纯度（大于 94% e.e.）的 α- 蒎烯（过量 15%）与硼烷［$(BH_3)_2$］反应，可以得到 e.e. 超过 99% 的二蒎基硼烷（IPC）$_2$BH［式（11.22)］。在合成该手性试剂的反应中，α- 蒎烯不发生重排，但生成二蒎基硼烷之后，反应即停止。蒎基的空间要求大，致使其上只能连接两个蒎基。所生成的二蒎基硼烷（IPC）$_2$BH 是一种光学活性的硼氢化试剂，可用于多种类型不对称反应。例如，该试剂在用于 *Z*-2- 丁烯等位阻较小的烯烃进行硼氢化反应，能够取得不错的效果［式（11.22)］。

$(BH_3)_2$ 二甲氧基乙烷, 0℃

α-蒎烯　(-)-$(IPC)_2BH$

1) (-)-$(IPC)_2BH$ 2) H_2O_2/OH^-

(2*R*)-(-)-丁醇 (2*S*)-(+)-丁醇

$[\alpha]_D^{20}$ −11.8°

87% e.e.

1) (+)-$(IPC)_2BH$ 2) H_2O_2/OH^-

2R-(-)-丁醇 2S-(+)-丁醇

$[\alpha]_D^{20}$ +11.7°

86% e.e.

（11.22）

具有旋光性的联萘酚、氢化铝锂、简单一元醇组成的手性烷氧基铝还原剂［(*S*)-BINAL-H］可用于还原酮或不饱和酮，所得产物的光学纯度很高。其中 1- 苯基 -1- 丁酮（1-phenyl-1-butan one）的羰基还原反应，采用 (*S*)-BINAL-H 为手性还原试剂，该反应可以获得近 100% e.e.［式（11.23）］。

(*S*)-BINAL-H, R=Me、Et

(*S*)-BINAL-H THF, 100℃

100% e.e.

（11.23）

和第一代及第二代方法相反，这里的立体化学控制是依赖分子间的作用实现的。虽然合成 1mol 手性产物仍然需要等物质的量的手性试剂，但与第一代和第二代方法对比，立体化学控制通过分子间进行的，这就方便于手性试剂的设计及反应底物的多样性。

11.6 第四代方法：不对称催化(Fourth generation method: asymmetric catalysis)

第四代不对称合成方法，或称为手性催化剂控制反应，该方法使用手性催化剂或者酶催化使潜（非）手性底物直接转化为手性产物。利用手性催化剂往往能够获得很高的对映体过量值。由于在每一次催化循环中，催化剂可以再生，因此用少量的手性催化剂，能得到大量光学活性的产物。生物催化反应通常条件温和、高效，并且具有高度的立体专一性。S 为含潜手性基团的底物，也是反应起始原料；P* 为手性产物［式（11.24）］。

第四代不对称合成方法根据催化剂种类及发展历史，可大致划分为三大类不对称催化（asymmetric catalysis）方法：第一类方法，即使用金属催化剂；第二类方法，即使用酶催化剂；第三类方法，即使用有机小分子催化剂。

$$\underset{\text{起始原料}}{\mathrm{S}} \xrightarrow{\text{手性催化剂}} \underset{\text{产物}}{\mathrm{P}^*} \qquad (11.24)$$

11.6.1 金属催化剂 (Metal catalyst)

不对称催化合成是最理想的不对称合成方法。它仅使用少量的手性催化剂便可获得大量的手性产物。不对称催化反应的关键是设计和合成具有高催化活性和高选择性的催化剂，而其中与金属配位的手性配体（ligand）是手性催化剂产生不对称诱导和控制立体化学的根源。金属催化剂一般是金属与手性配体的配合物。通过手性配体控制金属的配位点，可使金属剩余的配位点呈现特殊的空间取向，从而导致产物的单一立体结构。通过改变配体或配位金属可以改良催化剂，提高其催化活性和立体选择性。因此，它是不对称催化合成最活跃的研究领域。手性配体可以是手性膦、手性胺、手性硫化物、手性醇等，但其中研究最多、应用最广泛的是手性膦配体（phosphine ligand）。

11.6.1.1 不对称催化氢化 (Asymmetric catalytic hydrogenation)

在手性催化剂的作用下，含有碳碳、碳氮、碳氧双键的烯烃、亚胺和酮类能被氢分子不对称还原，形成手性中心含氢的产物。手性膦配体与过渡金属配合物（铑、钌、铱等）可以生成手性过渡金属催化剂，催化烯酰胺的不对称氢化，可用的手性膦配体种类繁多。所得产物脱去氨基保护基可得到手性氨基酸［式（11.25）］（英文导读 11.2）。

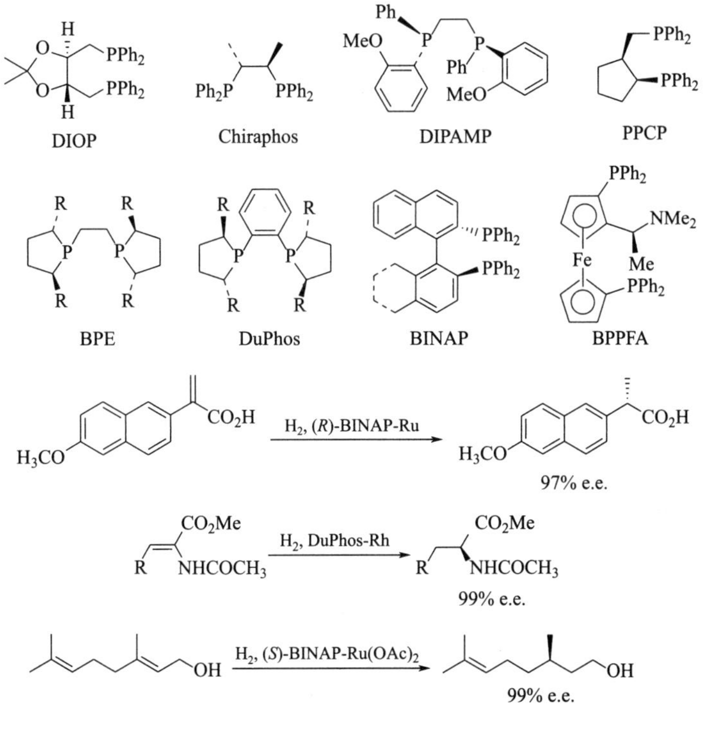

DIOP　Chiraphos　DIPAMP　PPCP

BPE　DuPhos　BINAP　BPPFA

（11.25）

H_3CO-萘基-C(=CH$_2$)CO$_2$H $\xrightarrow{H_2,\ (R)\text{-BINAP-Ru}}$ H_3CO-萘基-CH(CH$_3$)CO$_2$H　97% e.e.

R-CH=C(CO$_2$Me)NHCOCH$_3$ $\xrightarrow{H_2,\ \text{DuPhos-Rh}}$ R-CH$_2$-CH(CO$_2$Me)NHCOCH$_3$　99% e.e.

（香叶醇）OH $\xrightarrow{H_2,\ (S)\text{-BINAP-Ru(OAc)}_2}$ OH　99% e.e.

以 (2*S*, 4*S*)-BPPM 与碘化铋（BiI_3）形成的催化剂催化氢化二氟代环状烯胺中间体，以 96% 产率得到胺中间体，经六步反应制备得到药物左氧氟沙星，实现工业化生产［式（11.26)］。

烯胺中间体　胺中间体　左氧氟沙星　（11.26）

以含二茂铁单元的手性膦配体（L*）与氯化铱衍生的路易斯酸［$Ir(COD)Cl]_2$ 形成的催化剂催化氢化甲氧基亚胺中间体，以 79% 的 e.e. 得到胺中间体，经与氯乙酰氯缩合得到高效低毒除草剂 (*S*)- 异丙甲草胺［(*S*)-metolachlor］，是迄今为止最大的单一品种不对称合成精细化学品的工业实例（>10000t/a），见式（11.27）。该不对称催化反应步骤中，催化剂催化效率极高（TON 达到 100 万）、转化速率快（TOF 达到 30000/s）。

含二茂铁单元的手性膦配体(L*)　COD

（11.27）

e.e. 79%
TON 1000000
TOF 30000/s

(*S*)-异丙甲草胺

1966 年，威尔金森等人发现了可用于均相催化氢化的威尔金森催化剂［三 (三苯基膦) 氯化铑］。1974 年威廉・诺尔斯采用 $\{Rh[(R, R)\text{-DiPAMP}]COD\}^+BF_4^-$ 为催化剂，从非手性的烯胺出发，经过一步不对称催化氢化反应和一步简单的酸性水解反应得到左旋多巴（治疗帕金森病的有效药物），见式（11.28），并将此应用于工业化生产，从而解决了工业上制备左旋多巴的关键步骤。此合成路线于 1974 年投入生产，是第一个通过不对称催化反应合成的商品药物。威廉・诺尔斯因此获得 2001 年诺贝尔化学奖奖金的四分之一。

DIPAMP　COD

（11.28）

100%, 95% e.e.

左旋多巴

11.6.1.2　不对称环氧化 (Asymmetric epoxidation)

在不对称催化氢化反应研究得如火如荼的时候，巴里·夏普利斯教授却独辟蹊径，开始了不对称催化氧化反应的研究。1980 年，夏普利斯及其合作者发现，在少量四异丙氧基钛（Ⅳ）和光学纯的酒石酸二烷基酯存在情况下，叔丁基过氧化氢能够高度立体选择性地将烯丙醇中的碳碳双键环氧化得到环氧醇（一类活泼的手性中间体），见式（11.29）。夏普利斯反应极富规律性，可预测反应的主要产物。夏普利斯反应出现后不久就用于工业生产。例如含苄氧基取代基的碳负离子 (*E*)-4-(benzyloxy)but-2-en-1-ol 不对称催化氧化反应可以获得 98% 的 e.e.［式（11.29）］。现在 (*S*)- 和 (*R*)- 缩水甘油、(*S*)- 和 (*R*)- 甲基缩水甘油的生产能力已经达到吨级水平。这些缩水甘油可作为生产治疗心脏病的普萘洛尔等药物和 (7*R*, 8*S*)- 环氧十九烷（吉普赛蛾信息素）等农药的原料。经典的二羟基化反应是用催化剂量的四氧化锇（OsO_4）和化学配比剂量的共氧化剂氧化碳 - 碳双键得到顺式邻位二醇。加入胺可以加速此反应。夏普利斯等人将光学纯的奎宁（金鸡纳碱）引入二醇化反应，得到产率及对映体过量比较满意的反式邻位二醇，从而开创了催化不对称二醇化反应的先河。他们开创了一个崭新的研究领域，使合成具有新性质的分子和物质成为可能。今天，他们基础研究的成果被许多工业合成所采用，生产出抗生素、抗炎药等一系列药物。巴里·夏普利斯因此获得 2001 年诺贝尔化学奖奖金的二分之一（英文导读 11.3）。

D-(-)-酒石酸二乙酯　　　　L-(+)-酒石酸二乙酯

$Ti(O—i\text{-}Pr)_4$, *t*-BuOOH / D-(-)-DET → e.e. >90%

$Ti(O—i\text{-}Pr)_4$, *t*-BuOOH / L-(+)-DET

（11.29）

BnO—CH=CH—OH $\xrightarrow[\text{D-(-)-DET}]{Ti(O—i\text{-}Pr)_4,\ t\text{-BuOOH}}$ 98% e.e.

Sharpless 不对称环氧化反应通常具有以下特点：①简易性，所有的试剂都是商品化的并且是廉价的；②可靠性，对于大多数烯丙醇反应都能成功（大的取代基不利）；③高光学纯度，e.e. 一般 >90%，通常 >95%，迄今最高值 >99.5%；④可预见产物构型，对于潜手性烯丙醇而言，迄今为止无一例外地符合所示规律；⑤不敏感于已有手性中心，手性钛酒石酸酯有足够强的非对映面优先性，能够克服手性底物中已有的非对应面选择性；⑥产物多用性，通过打开环氧环，可以制备多种结构的手性化合物。

Sharpless 不对称环氧化反应一般采用过氧叔丁醇（*t*-BuOOH）作为氧化剂，Jocobsen 研究小组利用 NaClO 代替过氧叔丁醇。采用 Mn(Ⅱ)-Salen 络合物作催化剂、次氯酸钠等作为氧化剂对孤立烯烃进行的环氧化反应（Jocobsen 氧化反应），得到对映选择性很高的氧化产物，见式（11.30）。

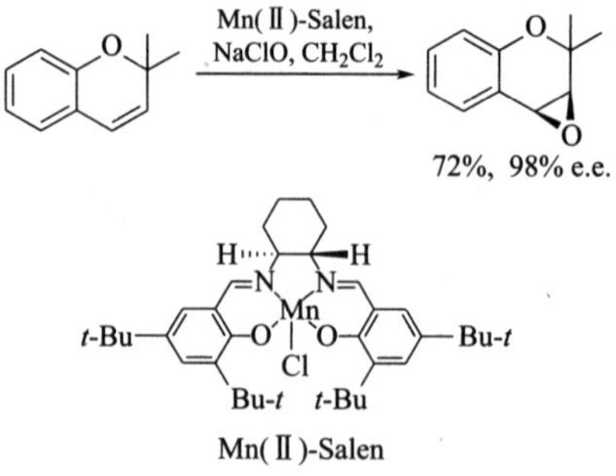

Mn(Ⅱ)-Salen, NaClO, CH_2Cl_2

72%，98% e.e.

H H N N Mn O O Cl *t*-Bu Bu-*t* Bu-*t* *t*-Bu

Mn(Ⅱ)-Salen

（11.30）

11.6.1.3 羰基化合物的不对称还原 (Asymmetric reduction of carbonyl compounds)

a．醛的不对称还原。采用樟脑衍生的手性醇配体 (1*R*,2*S*)-3-(dimethylamino)-1, 7, 7-trimethylbicyclo[2.2.1]heptan-2-ol 与二烷基锌［$Zn(R')_2$］原位生成手性催化剂催化醛的不对称还原，底物具有普适性，e.e. 可以达到 85% ～ 97%，见式（11.31）。

NMe_2 OH $\xrightarrow[\text{RCHO}]{Zn(R')_2}$ [N Zn O R + O Zn R' R' H] → HO H R R'

85%～97% e.e.

（11.31）

b．酮的不对称还原。采用 (*R*)-BINAl-H 为催化剂、苯乙酮（R=Me）为反应底物进行还原，反应产率为 61%，e.e. 为 95%；苯丙酮（R=Et）为反应底物，其产率为 62%，e.e. 为 98%，见式（11.32）。

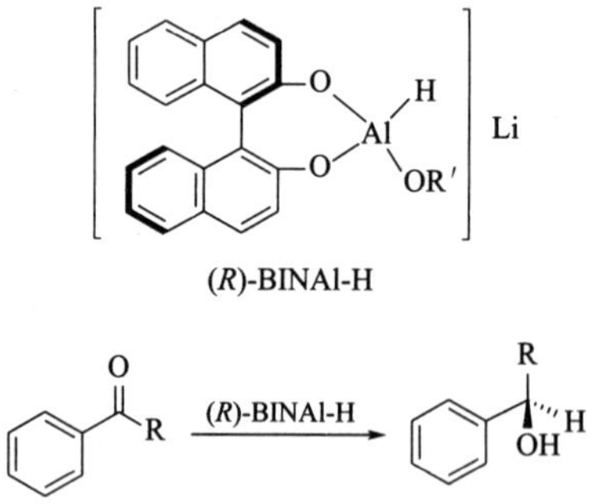

[O Al H O OR′] Li

(*R*)-BINAl-H

（11.32）

O R $\xrightarrow{(R)\text{-BINAl-H}}$ R H OH

11.6.1.4 不对称羟醛缩合反应 (Asymmetric aldol condensation reaction)

羟醛缩合反应，即亲核试剂与亲电的羰基基团（及类似基团）的缩合反应，是构建不对称 C—C 键的最简单的一类化学转化，同时能满足不对称有机合成方法学的最严格要求。在有机合成和天然产物化学中，羟醇缩合是最重要的反应之一。苯甲醛与噁唑啉酮衍生物在 n-Bu_2BOTf 与 DIPEA（*N*, *N*- 二异丙基乙胺）形成的催化剂催化条件下进行的羟醛缩合反应称为 Evans 羟醛缩合反应，在较高产率条件下，非对应选择性（dr）均达到 500 ∶ 1，见式（11.33）。

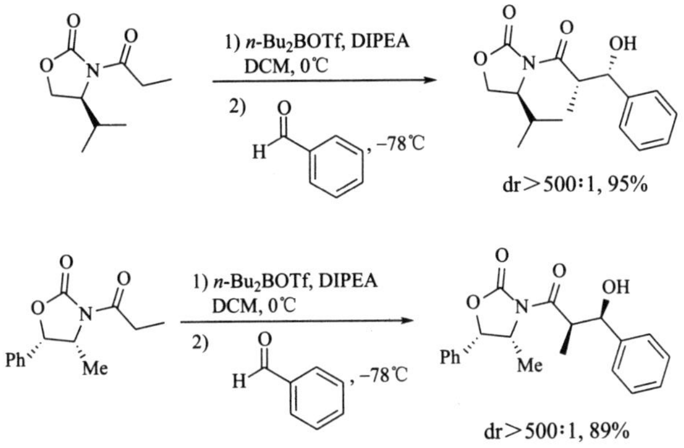

（11.33）

苯甲醛与烯氧硅醚衍生物在 Sn（OTf）$_2$/L* 与 Bu_3SnF 形成的催化剂的催化条件下进行的羟醛缩合反应，称为 Mukaiyama 羟醛缩合反应，产物几乎 100% 为 *syn*- 构型，e.e. 大于 98%，见式（11.34）。

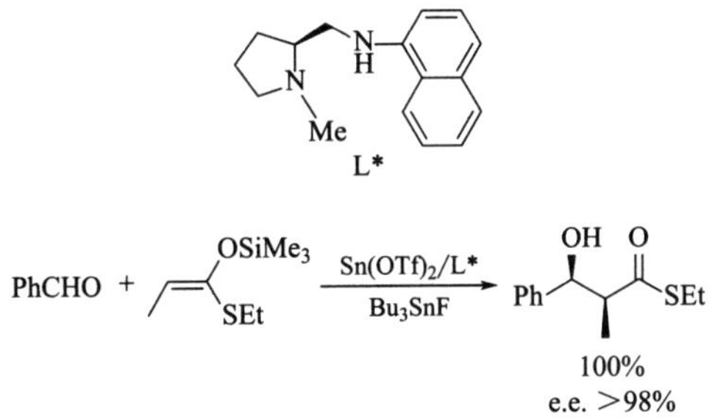

（11.34）

11.6.1.5 不对称 Diels–Alder 反应 (Asymmetric Diels–Alder reaction)

Diels-Alder 反应如果亲双烯体和双烯体上都没有可以配位的杂原子，则直接不对称 Diels-Alder 反应难以实现。当亲双烯体噁唑啉酮衍生物与 2- 甲基丁二烯进行 Diels- Alder 反应时，Narasaka 催化剂（手性配体与 Ti 组成的催化剂）催化的不对称 Diels-Alder 反应，能取得 92% e.e.，见式（11.35）；当亲双烯体噁唑啉酮衍生物与环戊二烯进行 Diels-Alder 反应时，BINOL-Yb 催化剂（手性配体联萘酚与 Yb 组成的催化剂）催化的不对称 Diels-Alder 反应，所得产物产率为 77%，*endo*/*exo* 比例为 89 ∶ 11，其中 *endo*- 产物 e.e. 为 93%，见式（11.35）。

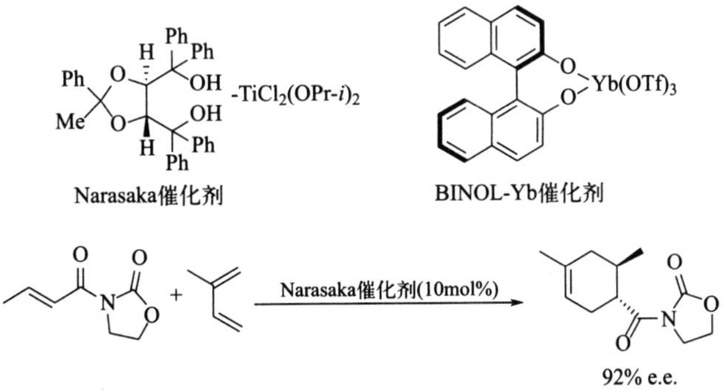

BINOL-Yb催化剂(10mol%)
DCM, 0℃

77%, *endo*/*exo*=89∶11
endo 93% e.e.

（11.35）

11.6.2 酶催化剂 (Enzyme catalyst)

酶催化（enzyme catalysis）反应通常条件温和、高效，并且具有高度的立体专一性。因此，在探索不对称合成光学活性化合物时，一直没有间断进行生物催化研究。例如，采用 D- 羟腈酶作催化剂，以苯甲醛和 HCN 进行亲核加成反应，合成 (*R*)-(+)- 苦杏仁腈，具有很高的立体选择性，见式（11.36）。

D-羟腈酶
HCN

(*R*)-(+)-苦杏仁腈 94% e.e.　(*S*)-(−)-苦杏仁腈

（11.36）

内消旋化合物的对映选择性反应目前只有在酶的作用下才有可能进行。马肝醇脱氢酶（HLADH）可选择性地将二醇氧化成光学活性内酯，e.e. 大于 87%，见式（11.37）。

HLADH　HLADH

>87% e.e.

（11.37）

猪肝酯酶（PLE）可使二酯选择性水解成光学活性产物 *β*- 羧酸酯。戊二酸是第一个用高对映选择性的 PLE 水解的底物，虽然产率适中，但对映选择性极高（e.e. 为 99%），见式（11.38）中的第一步反应。酶催化的应用，使得不对称合成策略成为可能：许多合成目标具有隐藏的对称性，可以通过应用逆合成“对称”变换来发现；虽然产品本身是不对称的，但去对称化和官能团化允许其由非手性起始原料合成。例如，合成的目标产物（*R*）- 甲羟戊酸内酯［(*R*)-mevalonolactone］具有隐藏的对称性，可以通过去对称水解、化学选择性还原和内酯化由对称二酯（3- 甲基 -3- 羟基 - 戊二酸二甲酯）快速合成［式（11.38）］。

PLE　$LiBH_4$　环化

62%, 99% e.e.　(*R*)-甲羟戊酸内酯

（11.38）

酶催化的应用已经非常广泛，如天冬氨酸酶可以催化富马酸加氨生成 L- 天冬氨酸；还有苯丙氨酸氨解酶（phenylalanine ammonialyase）能够催化肉桂酸加氨生成 L- 苯丙氨酸等。一些酯、酰胺和醇、胺、酸的衍生物的外消旋体，可以利用水解酶（hydrolase）如酯酶、脂肪酶、蛋白酶、酰化酶等进行酶催化的水解反应拆分，水解酶催化不需要辅助因子，相对简单易行。氧化还原酶类（oxidoreductase）如醇脱氢酶（dehy drogenase）在辅酶 NAD(P)H［nicotinamide adenine diuncleotide（phosphate）hydrogen，烟酰胺腺嘌呤二核苷

酸（磷酸）］协助下，催化羰基的还原反应，利用氧化还原酶来还原羰基可以得到光学纯度极高的手性醇类化合物。酶催化将给不对称合成带来无限的生机。

11.6.3 有机小分子催化剂 (Organic small molecule catalyst)

德国和美国科学家本亚明·利斯特（Benjamin List）和大卫·麦克米伦（David MacMillan）因在不对称有机催化方面的贡献被授予 2021 年诺贝尔化学奖。目前，众多化学工作者已经证明了有机小分子催化剂可以用来驱动大量的化学反应。现在利用这些反应，研究人员可以更有效地构建许多东西，比如新的药物、农药，也可以在太阳能电池中捕捉光的分子等等。通过这种方式，有机催化剂给人类带来了极大的益处（英文导读 11.4）。

有机催化中，使用较为广泛的一类有机催化剂为脯氨酸及其衍生物。L- 脯氨酸（L-proline）催化丙酮与 2- 甲基丙醛的羟醛缩合反应，产率和不对称选择性都取得很好的结果，见式（11.39a）。后来又将该类似方法扩展应用到手性二醇的不对称合成上，L- 脯氨酸催化羟基丙酮与 2- 甲基丙醛的羟醛缩合反应，虽然产率不是很高（62%），但不对称选择性却很好，dr（*anti* ∶ *syn*）＞ 20 ∶ 1，e.e. 为 99%（*anti*- 产物），见式（11.39b）。L- 脯氨酸催化羟基丙酮与环己基甲醛的羟醛缩合反应，虽然产率同样不是很高（61%），但不对称选择性仍然很好，dr（*anti* ∶ *syn*）＞ 20 ∶ 1，e.e. 为 99%（*anti*- 产物），见式（11.39c）。

O + O H —L-脯氨酸 (30mol%) DMSO→ O OH (a)

97%, 96% e.e.

O OH + O H —L-脯氨酸 (30mol%) DMSO→ O OH OH (b)

62%(dr>20∶1),99% e.e.

N H O OH L-脯氨酸

(11.39)

O OH + O H —L-脯氨酸 (30mol%) DMSO→ O OH OH (c)

60%(dr>20∶1),99% e.e.

Benjamin List 研究小组于 2000 年首先报道了有机小分子 L- 脯氨酸催化的醛、酮、胺一锅三组分直接不对称 Mannich 反应［式（11.40）］, 这为直接不对称 Mannich 反应研究开辟了一个新的途径。

O R^1 + O H R^2 + NH_2 OMe PMP-NH_2 —L-脯氨酸 (5～35mol%) DMSO→ O HN PMP R^1 R^2

(11.40)

O R^1 OH + O H R^2 + NH_2 OMe —L-脯氨酸 (5～35mol%) DMSO→ O HN PMP R^1 R^2 OH

Strecker 反应一般指的是亚胺（醛亚胺或者酮亚胺）与 HCN 的加成反应，生成产物为 α- 氨基腈，它不仅可以很容易转化为 α- 氨基酸，而且是合成许多具有重要生物活性的天然产物和药物的重要中间体。原位 Strecker 反应是以醛、氨和氰化物为原料，一锅法制备 α- 氨基腈。氰化物一般为 HCN、三甲基硅氰（TMSCN）、乙酰氰（AcCN）等。四川大学冯小明研究组设计合成了一类新的手性氮氧化合物，实验研究发现该双氮氧催化剂是实现酮亚胺不对称 Strecker 反应的一种有效催化剂，得到的产物构型是 *S* 型，而且反应仅需 5 摩尔分数的催化剂。实验结果表明，芳香酮亚胺相应产物的产率和对映选择性都较高，而脂肪酮亚胺、环酮亚胺和杂环酮亚胺只能得到中等程度的对映选择性，但 *N*- 对甲苯磺酰环己基甲酮亚胺的 Strecker 产物的产率和对映选择性都较高，分别是 99% 和 85% e.e.。

cat.

cat. (5mol%), DADQ(20%)

TMSCN, 甲苯, −20℃, 68～80h

90%～99%, 61%～91% e.e.

（11.41）

不对称合成的目的不单是制备光学活性化合物，而且要达到较高的非对应选择性（高的 e.e. 或者 d.e.）。成功的不对称反应具有下述特征：①诱导产生高的对映选择性或非对映选择性；②手性助剂或试剂易于制备，并能循环使用；③可以分别制备得到 *R* 和 *S* 两种构型的异构体；④具有较高的反应速率。

围绕手性催化中催化剂的选择性和效率等难题，旨在寻找高选择性高效率的手性催化剂、实现催化剂的回收和循环利用、探讨不对称诱导机理以及发展不对称反应新方法和新策略等研究，是当前不对称合成研究的关键内容。

本章小结 (Summary)

1. 本章中对立体化学的专业术语进行了介绍，给出了对映异构体过量 (e.e.) 和非对映异构体过量 (d.e.) 的定义。
2. 不对称合成分为以下四种类型：

   ① 底物控制的方法。这种方法的起始原料化合物是以对映异构体纯形式获得的，新的立体中心是在已有的立体中心的影响下形成的。

   ② 助剂控制的方法。这种方法中，手性的引入是通过连接所谓的“手性助剂”，直接影响到后续的反应，而最终被去除。

   ③ 试剂控制的方法。这种方法中，手性产物通过直接将非手性起始原料和手性试剂反应而形成。

   ④ 催化剂控制的方法。该法通过采用非手性试剂在手性催化剂的存在下进行反应，酶催化和有机小分子催化的反应属于这种类型。

1. Stereochemical vocabulary is revised and definitions provided for enantiomeric excess and

diastereomeric excess.

2. Asymmetric syntheses are classified into four types.

① Substrate-controlled methods, in which the starting compound is available in enantiomerically pure form and a new stereogenic center is formed under the influence of an already existing compound.

② Auxiliary-controlled methods, in which chirality is introduced by the attachment of a so-called "chiral auxiliary" : this directs the subsequent reaction and is finally removed.

③ Reagent-controlled methods, in which a chiral product is formed directly by treating an achiral starting compound with a chiral reagent.

④ Catalyst-controlled methods, the reaction is brought about using an achiral reagent in the presence of a chiral catalyst; enzyme catalysis and small molecule catalysed reactions belong to this class.

重要专业词汇对照表（List of important professional vocabulary）

English	中文	English	中文
asymmetric catalysis	不对称催化	enzyme catalysis	酶催化
asymmetric synthesis	不对称合成	lactic acid	乳酸
chiral molecule	手性分子	mesomer	内消旋体
chiral pool	手性源	tartaric acid	酒石酸
chiral substrates	手性底物	mirror image	镜像
chirality	手性	optical activity	旋光性
diastereomer excess	非对映体过量	optical rotation	旋光度
disastereomer	非对映体	phosphine ligand	膦配体
enantiomer	对映异构体	racemate	外消旋体
enantiomer excess	对映体过量	racemic resolution	外消旋体拆分

重要概念英文导读 (English reading of important concepts)

11.1 The e.e. is defined as the proportion of the major enantiomer produced, less that of the minor enantiomer, and is commonly expressed as a percentage. The d.e. is defined, like the enantiomeric excess, as the proportion of the major diastereomer produced, less that of the minor.

11.2 Chirality (handedness; left or right) is an intrinsic universal feature of various levels of matter. Molecular chirality plays a key role in science and technology. In particular, life depends on molecular chirality, in that many biological functions are inherently asymmetric. Most physiological phenomena arise from highly precise molecular interactions, in which chiral host molecules recognize two enantiomeric guest molecules in different ways. There are numerous examples of enantiomer effects which are frequently dramatic. Enantiomers often smell and taste different. The structural difference between enantiomers can be serious with respect to the actions of synthetic drugs. Chiral receptor sites in the human body interact only with drug molecules having the proper absolute configuration, which results in marked differences in the pharmacological activities of enantiomers. A compelling example of the relationship between pharmacological activity and molecular chirality was provided by the tragic administration of thalidomide to pregnant women in the 1960s. (*R*)-thalidomide has desirable sedative properties, while its (*S*)-enantiomer is teratogenic and induces fetal malformations. Such problems arising from inappropriate molecular recognition should be avoided at all costs. Nevertheless, even in the early 1990s, about 90% of synthetic chiral drugs were still racemic, that is, equimolar mixtures of both enantiomers, which reflects the difficulty in the practical synthesis of single enantiomeric compounds. In 1992, the Food and Drug Administration in the U.S. introduced a guideline regarding "racemic switches", in order to encourage the commercialization of clinical drugs consisting of single enantiomers. Such marketing regulations for synthetic drugs, coupled with recent progress in stereoselective organic synthesis, resulted in a significant increase in the proportion of single enantiomer drugs. Thus, gaining access to enantiomerically pure compounds in the development of pharmaceuticals, agrochemicals, and flavors is a very significant endeavor.

11.3 In 1980, the Sharpless asymmetric epoxidation was discovered as a good example of the stereoselective epoxidation of alkenes, using a protocol to achieve full stereochemical control for such an important and key reaction. This protocol stereoselectively converts a prochiral allylic alcohol to an epoxy alcohol using titanium isopropoxide [$Ti(OPr\text{-}i)_4$], *t*-butyl hydroperoxide (TBHP), and an appropriate chiral diethyl tartrate (DET). Since then, Sharpless asymmetric epoxidation has attracted much attention and is used as a tool for the synthesis of optically active epoxides as the known multi-purpose reactive substrate, in laboratories as well as on an industrial scale.

11.4 In contrast, in organocatalysis, a purely organic and metal-free small molecule is used to catalyze a chemical reaction. In addition to enriching chemistry with another useful strategy for catalysis, this approach has some important advantages. Small organic molecule catalysts are generally stable and fairly easy to design and synthesize. They are often based on nontoxic compounds, such as sugars, peptides, or even amino acids, and can easily be linked to a solid support, making them useful for industrial applications. However, the property of organocatalysts most attractive to organic chemists may be the simple fact that they are organic molecules. Organocatalysts have been used sporadically throughout the last century; indeed, an organic catalyst was used in one of the very first examples of a nonenzymatic asymmetric catalytic reaction. But recently, this area has grown at a breathtaking pace. Within a few years, powerful organocatalysts for a wide range of reactions have been designed and developed.

参考文献与课后阅读推荐材料（References and recommended materials for reading after class）

1. Christmann M, Brase S. Asymmetric synthesis Ⅱ：More methods and applications. Hoboken: Wiley, 2013.
2. Noyori R. Asymmetric catalysis:science and opportunities(nobel lecture 2001). Angewandte Chemie-International Edition, 2002, 41(12): 2008-2022.
3. Heravi M M, Lashaki T B, Poorahmad N. Applications of Sharpless asymmetric epoxidation in total synthesis tetrahedron: Asymmetry, 2015, 26(8-9): 405-495.
4. List B, Yang J W. The organic approach to asymmetric catalysis. Science, 2006, 313(5793): 1584-1586.
5. 曹伟地，刘小华，冯小明．手性双氮氧配体及其金属配合物不对称催化．科学通报，2020, 65（27）：2941-2951.
6. 何煦昌．杂环手性辅助剂不对称合成方法综述 - 纪念有机立体化学名家 Ernest L. Eliel 教授．合成化学，2021, 29（10）：893-901.